21世纪高等院校教材

新编普通化学

雷家珩　郭丽萍　主编

科学出版社
北京

内 容 简 介

本书是普通高等学校工科非化工专业公共课的化学基础课教材。

全书共8章，内容包括化学热力学基础、电离平衡、沉淀-溶解平衡、配位平衡、氧化还原平衡、电化学、物质结构基础、单质及一些重要无机化合物、高分子化合物、生命中的活性物质等，涵盖了化学的基本原理、基本方法及其具体应用。书中穿插了丰富的与生活密切相关的化学知识，并将化学的一些最新技术成果及其在现代技术领域中的应用作为阅读材料，旨在开拓学生的化学视野，提高学生对化学的学习兴趣。

本书可作为普通高等学校工科非化工专业本科生化学基础课程的教材，也可供相关专业教师、学生和自学者参考。

图书在版编目(CIP)数据

新编普通化学/雷家珩，郭丽萍主编. —北京：科学出版社，2008
21世纪高等院校教材
ISBN 978-7-03-022426-2

Ⅰ.新… Ⅱ.①雷… ②郭… Ⅲ.普通化学-高等学校-教材 Ⅳ.O6

中国版本图书馆CIP数据核字(2008)第097959号

责任编辑：杨向萍 赵晓霞 沈晓晶 张秀兰 / 责任校对：张小霞
责任印制：张 伟 / 封面设计：耕者设计工作室

科学出版社出版
北京东黄城根北街16号
邮政编码：100717
http://www.sciencep.com
北京凌奇印刷有限责任公司 印刷
科学出版社发行 各地新华书店经销
*
2009年3月第 一 版 开本：B5(720×1000)
2023年8月第十次印刷 印张：17 1/4 插页：1
字数：326 000

定价：49.00元

(如有印装质量问题，我社负责调换)

前　　言

化学的主要任务是研究物质的变化与合成、创造新物质。自19世纪近代化学诞生以来，化学的理论体系和研究方法日趋完善，从而产生了一系列对人类生活有重要影响的技术成果。1867年瑞典化学家诺贝尔(Alfred Nobel，1833—1896)发明了可安全使用的硝化甘油炸药配方，1909年德国化学家哈伯(Fritz Haber，1868—1934)发明了可用于工业生产的循环制氨法，1933～1935年德国化学家、药理学家杜马克(Gerhard Domagk，1895—1964)等发现并证实4-磺酰胺基-2′，4′-二氨基偶氮苯对治疗人体葡萄球菌和链球菌感染有神奇的效果，1935年美国化学家卡洛瑟斯(W. H. Carothers，1896—1962)发明了世界上第一种合成纤维——尼龙66……。上述一系列研究成果不仅提高了人类开发自然的能力，而且显著地延长了人类的寿命，提高了人类的健康水平。我国著名化学家、中国科学院院士徐光宪曾撰文指出："如果没有发明合成氨、合成尿素和第一、第二、第三代新农药技术，世界粮食最少要减半，60亿人有30亿会饿死；如果没有发明各种抗生素和大量的新药物的技术，人类寿命要缩短25年"。

化学作为一门中心学科同时也影响到其他学科和相关的技术领域。例如，20世纪人类最伟大的发明——计算机和光纤通信，其中，计算机核心技术之一的芯片采用的超高纯单晶硅原料的制备技术，光纤通信采用的超高纯二氧化硅材料的提纯及其掺杂技术都依赖于化学。

化学在我们的生活中无处不在。普通化学是本科生的一门重要的素质教育课程，学生通过该课程的学习可更好地了解化学，掌握化学的基本知识和方法。编写过程中强调了以下几个方面：

(1) 突出化学的实用性。在加强化学基本原理教学的前提下，重点介绍一些实用的无机物及有机高分子化合物的性质、变化规律及其应用，同时增加生命化学内容，并将能源、食品、环境、材料、生命中的一些化学问题作为课程的扩展知识(用小字或加*表示，包括阅读材料)。

(2) 适当介绍化学原理的发展背景，并选用一些科学实例作为例题和习题。这不仅有利于学生理解化学的学科性质，而且有利于学生了解化学的思维方法，并启发学生的智慧。

(3) 力求通俗易懂，方便阅读，避免学生为了考试而死记硬背。

参加本书编写工作的有雷家珩教授、郭丽萍教授(第1～6章，第7章部分)，巫辉教授(第7章部分)，郑连爽教授(第8章)，谢征讲师参与了第1～6章习题的素材收集。全书由雷家珩统稿。另外，参与本书整理和打印工作的还有博士生刘丹，硕士生赵晓鹏、杜小弟、屈中伟、柳璐、曾凯等。

本书的初稿曾在武汉理工大学多个院系使用，在本书的出版过程中，得到了科学出版社的大力支持，在此一并表示诚挚的感谢。

由于编者水平有限，书中不足之处在所难免，希望读者给予批评指正。

雷家珩

2008年7月

目　　录

第1章　热　化　学

化学研究的一个重要内容是化学反应中能量的产生和转化问题。例如，人体摄取食物以提供生命所需要的能量，煤燃烧产生热能并可以转化为电能，炸药和火箭推进燃料可以用于国防和人类的太空探测活动。化学反应都包含有能量的变化，现代人类社会生活中有90%以上的能量来自化学反应，如煤、石油和天然气的燃烧等。

热化学(thermochemistry)研究化学反应中的热效应及其变化规律。这个领域的研究始于欧洲工业革命时期。对热、功和燃料燃烧产生的能量之间关系的研究，有效地提高了当时蒸汽机的做功能力。

1.1　化学反应的热效应及体积功

1.1.1　系统和环境

在研究能量的变化时，研究的对象称做**系统**(system)或**体系**，系统周围的部分称做**环境**(environment)。一个化学反应，通常化学试剂构成系统，容器和系统以外的其他部分则称为环境。通常只与环境交换能量而不交换物质的系统叫做**封闭系统**[①](isolated system)，如密闭容器中的系统，是最容易研究的系统。例如，考察一个气缸中待燃烧的氢气和氧气的混合物(图1.1)，氢气和氧气即为系统，气缸、活塞以及其他相关部分则为环境。如果氢气和氧气反应生成水，就会放出热量：

$$2H_2(g)+O_2(g)\longrightarrow 2H_2O(l)+\text{热量}$$

虽然系统中氢原子和氧原子的化学形态发生了变化，但系统并没有失重或增重。系统与环境间没有发生物质交换，但却与环境以热和功的形式交换了能量。

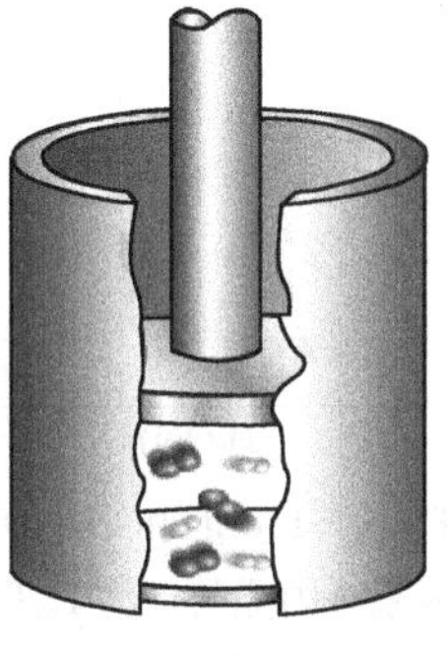

图1.1　H_2和O_2在密闭的金属气缸中燃烧构成封闭系统

与封闭系统相对，当与环境之间既有物质交换，又有

① 除封闭系统和敞开系统外，为讨论问题方便，热力学上还定义有孤立系统和绝热系统等。孤立系统与环境既没有能量交换，也没有物质交换。而绝热系统是指与环境只有功交换的系统。

能量交换时，则称做敞开系统。例如，一杯热水，它既向环境中释放出能量，又不断有水分子以蒸汽形式逸出，这就是一个典型的敞开系统。

1.1.2　热力学第一定律

能量既不会凭空产生，也不会凭空消失，但可以从一种形式转变成另一种形式。系统失去的能量必定被环境所得到，反之亦然。这一重要而基本的原理称做**热力学第一定律**，也称做**能量守恒定律**(principle of conservation of energy)。要定量地运用这个定律，必须更精确地定义系统的能量。

1.1.3　内能

系统的总能量是指组成它的各部分的所有动能和势能的总和。对于图 1.1 中氢气和氧气的系统，总能量不仅包括 H_2 和 O_2 分子各自的运动能量和相互作用，还包括组成它们的原子核和电子的能量①，这个总能量称做系统的**内能**(inner energy)，用 U 表示。对于一个给定的系统，其内能有一个固定的值。**能量**是一个广延量(见 1.3 节)，一个系统的总的内能正比于该系统中物质的总质量。

由于系统的内能包含许多种运动和相互作用，不能测得系统微粒拥有的能量的准确值，但能测出系统发生化学和物理变化后的内能改变量。

将系统在终态与始态之间的内能差值定义为系统的内能改变量，用 ΔU 表示：

$$\Delta U = U_{终} - U_{初} \tag{1.1}$$

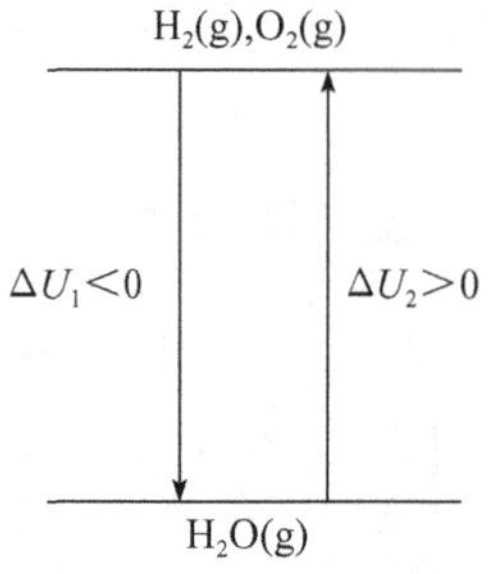

图 1.2　$H_2(g)$和 $O_2(g)$组成的系统内能与产物 $H_2O(g)$ 的内能间的关系

ΔU 包含两方面的意义：数字和单位表明变化量，符号表明能量转移的方向。当 $U_{终} > U_{初}$ 时 ΔU 为正，表示系统从环境中得到能量；当 $U_{终} < U_{初}$ 时 ΔU 为负，表示系统失去能量并传递给了环境。

化学反应中系统的始态是指反应物所处的状态(包括质量、温度、压力、体积、聚集状态等)，而终态是指产物所处的状态。当氢气和氧气反应生成水时，系统失去的能量以热的形式释放给环境，产物所拥有的内能少于反应物，从而过程的 ΔU 是负值。这说明始态时反应物氢和氧的内能之和比终态水的内能大，如图 1.2 所示。

1.1.4　内能的改变量与热和功的关系

封闭系统与环境之间以功和热的方式交换能量。系统改变的能量可以以热的

---

① 内能包括分子的平动能、转动能和振动能，以及分子间的吸引与排斥能、分子内原子间的相互作用(化学键)能、原子内核与电子的作用能、核内基本粒子的相互作用能等。

形式传递给环境或从环境中吸收能量，也可以以功的形式与环境交换，由此可以写出**热力学第一定律的数学表达式**。

当一个系统发生化学或物理变化时，它的内能的改变量 ΔU 等于系统吸收或放出的热量 Q 加上环境对系统所做的功或系统对环境做的功 W，即

$$\Delta U = Q + W \tag{1.2}$$

热力学规定，当系统从环境中吸热时 Q 为正值，当系统对环境做功时，W 为负值。换句话说，**系统吸收热和环境对系统做功都增加了系统的内能**。相反，系统放出的热和系统对环境所做的功都为负值，它们降低系统的内能。

化学反应中系统对外所做的功主要有体积功（又称机械功或膨胀功）和电功。本章主要考虑体积功，电功将在第 4 章专门讨论。

【例 1.1】 点燃图 1.1 中所示的气缸中的氢气和氧气，系统放出 1.15 kJ 热量。气体受热膨胀引起活塞上升，膨胀气体对环境做了 0.48 kJ 的功，系统内能的变化量是多少？

解 已知热由系统传给环境，且系统对环境做功。因此 Q 和 W 都是负值：$Q=-1.15$ kJ，$W=-0.48$ kJ。根据式(1.2)，体系内能的变化量 ΔU 为

$$\Delta U = Q + W = -1.15\ \text{kJ} + (-0.48\ \text{kJ}) = -1.63\ \text{kJ}$$

即系统传递给环境的能量为 1.63 kJ。

1.1.5 吸热过程和放热过程

系统与环境之间的热传递是热化学讨论的重要内容。当一个过程从环境中吸收热量时，称该过程是**吸热过程**(endothermic process)。在吸热过程中，热量从环境流入系统。例如，冰融化是一个吸热过程。用手触摸正在融化的冰块时，会感觉到冷，这是因为热由手传给了冰块。固体 NH_4SCN 与 $Ba(OH)_2 \cdot 8H_2O$ 在室温下混合是一个典型的吸热反应的例子，该反应可使体系的温度从 20 ℃降到−9 ℃。当一个过程向环境释放热量时，称该过程是**放热过程**(exthothermal process)。在放热过程中，热由系统传递给环境。如果触摸一个发生放热反应的容器，会感觉到“热”。汽油燃烧是一个强放热过程，Al 粉与 Fe_2O_3 粉末的反应是一个剧烈的放热过程。

1.1.6 状态函数

内能是一个**状态函数**(state function)。系统的内能由它的状态决定，系统的状态包括系统的温度、压力、物质的量、物质的聚集状态等。由于 U 是状态函数，所以 ΔU 取决于系统的始态和终态，而与过程无关，即 ΔU 与路径无关。

并不是所有的热力学量都是状态函数，例如，在一个给定的过程中系统释放或吸收的热量 Q 和所做的功 W 不是状态函数，它们取决于过程变化的途径。也就

是说，对于一个系统给定的过程（ΔU 相同），若过程变化的途径不同，则 Q 和 W 是不同的。

1.2 焓及焓变

1.2.1 焓

自然界包括生命系统在内的大多数物理变化和化学变化是在大气环境中发生的。实验室中的化学反应一般也是在与大气相通的容器中进行的，例如，烧杯和试管中的反应。这种与环境既有能量交换又有物质交换的系统称为**敞开系统**(open system)。大多数在常温常压下没有气体参加的反应由于系统的体积变化很小，所做的体积功也小，因此其能量的变化主要是恒压条件下的热传递。

恒压条件下体系吸收或放出的热量，可以通过定义**焓**(enthalpy)来表达。焓以符号 H 来表示：

$$H = U + pV \tag{1.3}$$

式中，U 为系统的内能；p 为系统的压力；V 为系统的体积。焓也是一个状态函数，因此系统的焓也只取决于它所处的状态。

在讨论内能时曾指出系统的内能不能测量，但能测量内能的变化量 ΔU。同样，不能测量系统的焓，但能测量焓的变化量，简称焓变，以符号 ΔH 来表示。可以证明，体积无非体积功时，焓变 ΔH 在数值上等于恒压条件下系统得到或失去的热量① Q_p：

$$\Delta H = H_{终} - H_{始} = Q_p \tag{1.4}$$

式中，热量 Q 的下标表示压力恒定。只有在恒压且不做非体积功的条件下，热的传递量与焓的变化量才相等。

ΔH 的符号表示体系在恒压过程中热传递的方向。ΔH 为正值（也即 Q_p 为正值）表明系统是一个吸热过程。ΔH 为负值表明系统是一个放热过程。

H 是一个状态函数，这与前面讨论的 Q 不是状态函数并不矛盾，因为只有在恒压这一特殊条件下 ΔH 才与 Q_p 相等。因此，可以直接用过程的焓变 ΔH 来表示系统在恒压条件下的热效应。

ΔU、ΔH 和体积功的关系

从方程式 $\Delta U=Q+W$ 可知，体系发生变化所做的功是内能变化的一部分。而方程式 $\Delta H=Q_p$ 表明，在恒压条件下系统的焓变等于系统所吸收或放出的热量。为了进一步说明体系 ΔU、

---

① 由于系统的反应热 Q 和所做的功 W 与过程变化的途径有关，且环境对系统做功为正，所以在恒压条件下，$\Delta U=Q_p+p(V_1+V_2)$，即 $\Delta U=Q_p+p\Delta V$。而在恒压条件下，$\Delta H=H_1+H_2=\Delta(U+pV)=\Delta U+p\Delta V$。比较上述两式即有 $\Delta H=Q_p$。

ΔH 和体积功的关系，以图 1.3 的等压系统为例考察密封在气缸中的气体反应。假设气缸放在大气中，则该反应气体不仅与环境有热量的交换而且还可能做体积功。

假设环境给系统的作用力为 F，气缸的底面积为 A，则系统的压强 $p=F/A$。若活塞无质量，则作用在系统上的压强即为大气压。

当气缸中的反应气体膨胀导致活塞移动一段距离 Δh 时，则系统所做的机械功等于活塞移动的距离乘以作用在活塞上的作用力：

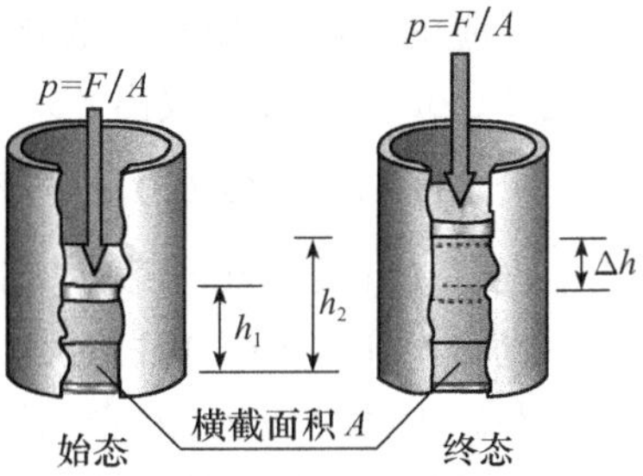

图 1.3 封闭的气体通过移动活塞对环境做功

$$W = F \times \Delta h = p \times A \times \Delta h = p \times \Delta V$$

由于系统对环境做功，功的符号为负：

$$W = - p\Delta V \tag{1.5}$$

因此，反应气体内能的总改变量可表示为

$$\Delta U = Q + W = Q_p - p\Delta V = \Delta H - p\Delta V \tag{1.6}$$

即

$$\Delta H = \Delta U + p\Delta V \tag{1.7}$$

或

$$Q_p = \Delta U + p\Delta V \tag{1.8}$$

恒容反应热与化学反应热的测量

化学反应热的测量通常在弹式量热计中进行。在此条件下，系统处于恒容状态（$\Delta V=0$），因此对环境不做体积功，所测量的反应热称为恒容反应热。由于系统对环境不做体积功，所以系统向环境所传递的热量等于内能的改变量：

$$\Delta U = Q_V \quad (\text{恒容}) \tag{1.9}$$

式中，下标 V 表示恒容状态。

而在恒容条件下，反应的焓变：

$$\Delta H = \Delta(U + pV) = \Delta U \quad (\text{恒容}) \tag{1.10}$$

式(1.10)表明，在恒容条件下，系统内能的改变量 ΔU 等于 ΔH。对于理想气体，内能是温度的函数，因此，根据式(1.8)和式(1.9)可得

$$Q_p = Q_V + p\Delta V$$

1.2.2 反应的焓变

因为 $\Delta H = H_{终} - H_{始}$，化学反应的焓变由产物的焓减去反应物的焓，得

$$\Delta H = H(\text{产物}) - H(\text{反应物}) \tag{1.11}$$

一个化学反应[①]的焓变称做反应焓或反应热，通常用 ΔH 表示。

---

① 除化学变化外，物理变化也有焓变，如水的蒸发、冰的融化以及碘的升华等。由于焓是状态函数，系统物理变化的焓变计算与化学变化的焓变计算公式相同。

反应的 ΔH 与相对应的化学方程式写在一起很方便。例如，2 mol 氢气燃烧生成 2 mol $H_2O(g)$，放出 483.6 kJ 的热量，即

$$2H_2(g) + O_2(g) \longrightarrow 2H_2O(g) \qquad \Delta H_m = -483.6\ \text{kJ} \cdot \text{mol}^{-1} \qquad (1.12)$$

式中，ΔH_m(m 表示 mol)表示上述反应的摩尔焓变，即 2 mol $H_2(g)$和 1 mol $O_2(g)$反应生成 2 mol $H_2O(g)$时该反应所放出的热量。注意：必须注明反应物和产物的聚集状态。上述反应中(g)表示反应物为气态，相应的固体物质记为(s)，液体物质记为(l)。ΔH_m 写在平衡方程式的末尾，其数值与平衡方程式中反应物和产物的配平系数有关。这种表示化学反应相应焓变的平衡方程式称做热化学方程式。

焓的概念和热化学反应方程式的注意事项：

(1) 焓是一种广延性质的量。ΔH 正比于过程中消耗的反应物的量。以 CH_4 形成 CO_2 的燃烧反应为例，在常压系统中，燃烧 1 mol 的 CH_4 会产生 802 kJ 热量。

$$CH_4(g) + 2O_2(g) \longrightarrow CO_2(g) + 2H_2O(g) \qquad \Delta H_m = -802\ \text{kJ} \cdot \text{mol}^{-1} \qquad (1.13)$$

相应的 2 mol 的 CH_4 和 4 mol 的 O_2 燃烧会产生 1604 kJ 的热量。

(2) 逆反应的焓变与正反应的焓变数值相等，符号相反。例如，当反应式(1.13)逆向进行时，过程的 ΔH_m 是 802 $\text{kJ} \cdot \text{mol}^{-1}$。

$$CO_2(g) + 2H_2O(g) \longrightarrow CH_4(g) + 2O_2(g) \qquad \Delta H_m = 802\ \text{kJ} \cdot \text{mol}^{-1} \qquad (1.14)$$

这个关系如图 1.4 所示。

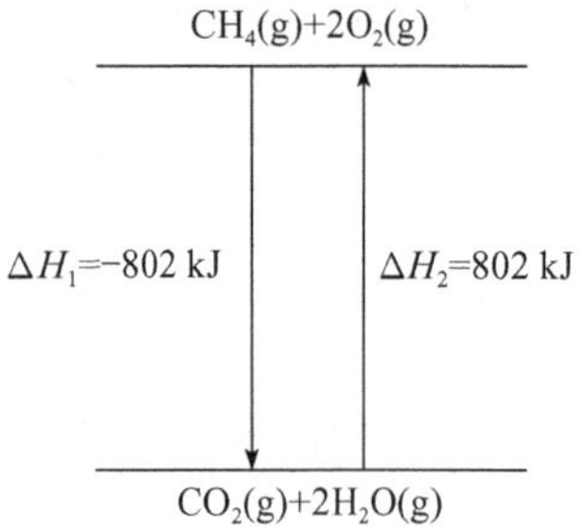

图 1.4　正、逆反应焓变示意图

(3) 反应的焓变取决于反应物和产物的状态。如果甲烷燃烧得到的产物是液态的 H_2O 而不是气态的 H_2O，ΔH_m 将会是 $-890\ \text{kJ} \cdot \text{mol}^{-1}$。因为当 2 mol 气态水凝聚成液态水时放出 88 kJ 的热量。

$$2H_2O(g) \longrightarrow 2H_2O(l) \qquad \Delta H_m = -88\ \text{kJ} \cdot \text{mol}^{-1} \qquad (1.15)$$

所以，热化学反应方程式中反应物和产物的状态必须是明确指定的。另外，如果没有特别注明，通常假定反应物和产物是在大气压环境和 298 K(25 ℃)的条件下。

系统的焓变可衡量该系统储存了多少热量，如同系统的势能或热容一样。氢气燃烧是强放热反应，表明产物较反应物有较低的焓值，而且反应一旦开始，就能产生很强的爆炸力，其反应的 ΔH_m 是负的，且绝对值很大。

焓变的大小对于判断化学反应的方向是十分重要的。ΔH_m 能直接由实验测定或利用热力学第一定律由相关的其他反应的焓变计算得到。

【例 1.2】 在常压系统中燃烧 4.5 g 甲烷，放出多少热量？

解 根据反应式(1.13)，常压下 1 mol CH_4 燃烧产生 802 kJ 的热量。由于 1 mol CH_4 的质量为 16.0 g，所以系统放出的热量：

$$Q_p=\frac{4.50\ \text{g}}{16.0\ \text{g}}\times(-802\ \text{kJ})=-226\ \text{kJ}$$

负号表示系统释放给环境 226 kJ 的热量。

热容和比热容

化学反应的 ΔH 可以通过测量该反应常压下的热效应得到。当系统吸热或放出热量时，伴随着温度的改变，测量这种温度的变化，即可计算出相应的化学反应的热量。

反应热的计算需要参与反应的各种物质的比热容和热容。物质每升高 1 K 所需吸收的热量叫做该物质的热容，热容符号为 C，单位为 $J\cdot K^{-1}$。物质的热容越大，升高一定的温度所需的热量就越大。热容分为**等压热容 C_p 和等容热容 C_V**。

1 mol 物质的热容叫做摩尔热容。1 g 物质的热容叫做比热容(图 1.5)，其单位为 $J\cdot g^{-1}\cdot K^{-1}$。表 1.1 列出了一些物质在 298 K 时的比热容数据。

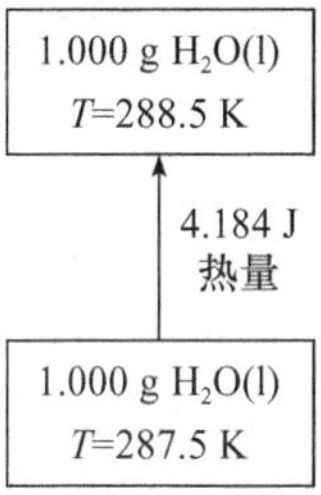

图 1.5 1 g $H_2O(l)$ 从 14.5 ℃升高到 15.5 ℃吸收 4.184 J 的热量

表 1.1 一些物质在 298 K 时的比热容

单 质	比热容/($J\cdot g^{-1}\cdot K^{-1}$)	化合物	比热容/($J\cdot g^{-1}\cdot K^{-1}$)
$N_2(g)$	1.04	$H_2O(l)$	4.18
Al(s)	0.90	$CH_4(g)$	2.20
Fe(s)	0.45	$CO_2(g)$	0.84
Hg(l)	0.14	$CaCO_3(s)$	0.82

经验表明，化学反应的方向可以通过反应的焓变大小进行初步判断。因为绝大多数化学反应是放热的，ΔH_m 越负则反应越易进行。例如，$H_2(g)$和 $O_2(g)$的燃烧是强放热反应：

$$H_2(g)+\frac{1}{2}O_2(g)\longrightarrow H_2O(g) \qquad \Delta H_m=-242\ \text{kJ}\cdot\text{mol}^{-1} \qquad (1.16)$$

在这个反应中，大量的热由系统传递给环境。一般来说，系统内能减少，以热量的形式传递给环境，对反应是有利的。

但有少数吸热反应在没有任何外力的作用下也能自发进行。例如，冰的融化是一个吸热过程：

$$H_2O(s)\longrightarrow H_2O(l) \qquad \Delta H_m=6.01\ \text{kJ}\cdot\text{mol}^{-1} \qquad (1.17)$$

温度高于水的凝固点(0℃)时，冰就会融化，而在温度低于 0℃时水会凝固成冰。它们都是**自发过程**(spontaneous process)。所谓自发过程，是指在一定条件下，不借助任何外力可以自动进行的过程。第 2 章将详细地讨论这方面的问题。

粗略估计，如果 ΔH_m 小于 $-100\ kJ \cdot mol^{-1}$，则反应在任何条件下都可能自发进行。有许多方法可以用来估算化学反应的焓变，根据这些估算，就能初步判断反应在热力学上是否自发。

1.3 赫斯定律

赫斯(Hess，1802—1850)在 19 世纪 30～40 年代通过大量实验发现，任何一个化学反应，无论是一步完成的，还是通过几个步骤完成的，它所产生的热效应是相同的。也就是说，当反应物和产物的状态一定时，过程的总焓变与反应步骤或反应发生的途径无关，这就是著名的赫斯定律。

赫斯定律可以用 H 的定义来解释。因为 H 是状态函数，所以化学过程的焓变 ΔH 只取决于系统的始态和终态。

赫斯定律提供了一种计算难于测量的化学反应的能量变化的方法。例如，直接测量 C 生成 CO 的燃烧焓是不可能的。因为 1 mol C 燃烧不仅生成 CO 还有 CO_2，还会残留一些未反应的 C。然而，固体 C 和 CO 在 O_2 中都能完全燃烧生成 CO_2。可以用这些反应的焓变来计算 C 转变成 CO 的燃烧热。

【例 1.3】 C 燃烧生成 CO_2 的燃烧焓是 $-393.5\ kJ \cdot mol^{-1}$，而 CO 燃烧生成 CO_2 的燃烧焓是 $-283.0\ kJ \cdot mol^{-1}$。

(1) $C(s) + O_2(g) \longrightarrow CO_2(g) \quad \Delta H_m = -393.5\ kJ \cdot mol^{-1}$

(2) $CO(g) + \frac{1}{2}O_2(g) \longrightarrow CO_2(g) \quad \Delta H_m = -283.0\ kJ \cdot mol^{-1}$

利用这些数据，计算 C 燃烧生成 CO 的燃烧焓。

(3) $C(s) + \frac{1}{2}O_2(g) \longrightarrow CO(g)$

解 方程式(1)中 C(s)是反应物，目标反应方程式(3)中 CO 是产物，将方程式(2)转换为以 CO(g)为产物的方程式，其 ΔH_m 就要变号。

(4) $CO_2(g) \longrightarrow CO(g) + \frac{1}{2}O_2(g) \quad \Delta H_m = 283.0\ kJ \cdot mol^{-1}$

将(1)、(4)两个方程式相加即得到目标方程式，同时两个方程式的 ΔH_m 相加，则可得到目标方程式的燃烧焓。

(5) $C(s) + \frac{1}{2}O_2(g) \longrightarrow CO(g) \quad \Delta H_m = -110.5\ kJ \cdot mol^{-1}$

【例 1.4】 已知下列反应及其焓变，计算反应 $2C(s) + H_2(g) \longrightarrow C_2H_2(g)$ 的 ΔH_m。

(1) $C_2H_2(g) + \frac{5}{2}O_2(g) \longrightarrow 2CO_2(g) + H_2O(l) \quad \Delta H_m = -1299.66\ kJ \cdot mol^{-1}$

(2) $C(s) + O_2(g) \longrightarrow CO_2(g) \quad \Delta H_m = -393.5\ kJ \cdot mol^{-1}$

(3)　　$H_2(g)+\frac{1}{2}O_2(g)\longrightarrow H_2O(l)$　　　$\Delta H_m=-285.9\ kJ\cdot mol^{-1}$

解　因为目标方程式以 $C_2H_2(g)$ 为产物，将方程式(1)颠倒过来，记为方程式(4)，因此 ΔH_m 的符号也应改变。因为目标方程式中 2 C(s)作反应物，将方程式(2)和它的 ΔH_m 都乘以 2，记为方程式(5)。

(4)　　$2CO_2(g)+H_2O(l)\longrightarrow C_2H_2(g)+\frac{5}{2}O_2(g)$　　$\Delta H_m=1299.66\ kJ\cdot mol^{-1}$

(5)　　$2C(s)+2O_2(g)\longrightarrow 2CO_2(g)$　　　$\Delta H_m=-787.0\ kJ\cdot mol^{-1}$

目标方程式中 H_2 作反应物，将方程式(3)保持原状。根据赫斯定律，将方程式(3)、(4)、(5)相加，从而计算出目标方程式的焓变：

(6)　　$2C(s)+H_2(g)\longrightarrow C_2H_2(g)$　　$\Delta H_m=226.7\ kJ\cdot mol^{-1}$

方程式相加后，箭头两边都有 $2CO_2(g)$、$\frac{5}{2}O_2(g)$ 和 $H_2O(l)$，在写总反应方程式时，这些都可以消去。

因为 H 是状态函数，所以上述计算无论采取何种步骤得到最终产物，其反应所得到的 ΔH_m 总是相同的。例如，参考 CH_4 和 O_2 反应生成 CO_2 和 H_2O，我们能像前面一样假定反应直接生成 CO_2 或先生成 CO 再燃烧得到 CO_2。这一系列的假定如图 1.6 所示，两种路径产生的 ΔH_m 值相同。显然由焓变图可得

$$\Delta H_1=\Delta H_2+\Delta H_3$$

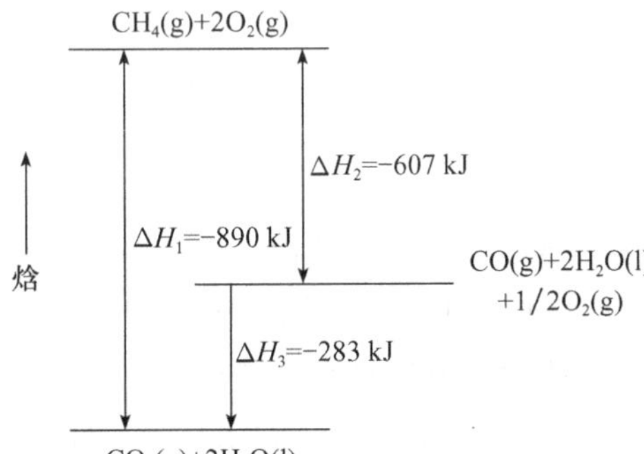

图 1.6　无论反应是一步进行还是多步进行，燃烧 1 mol CH_4 放出的热量一定

1.4　标准生成焓及反应的标准焓变

1.4.1　标准生成焓

通过前面所讨论的方法，可由少量已知过程的 ΔH 计算大量反应的焓变。根

据过程的类型，许多实验数据已被列成热力学数据表(附录 2)。例如，蒸发焓(液体转化为气体的 ΔH)、熔解焓(固体熔化为液体的 ΔH)和燃烧焓(在氧气中燃烧某物质的 ΔH)等。

任何过程的焓变在数值上取决于温度、压力和反应物以及产物的聚集状态(气、液、固及晶型)。要比较不同反应焓变的大小，需要定义一套称做标准状态(简称标态)的条件。**标准态**(standard state)是指物质在标准压力①$p^\ominus$下的纯物质。反应的标准焓变是以所有反应物和生成物都处于标准态时来定义的。标准焓变记做 $\Delta H^\ominus$，上标“$\ominus$”表示标准状态。

化合物的**标准生成焓**(standard enthalpy of formation)$\Delta_f H_m^\ominus$ 是指在标准状态下，由稳定单质生成 1 mol 该化合物时反应的焓变，此处 f 表示生成(formation)的意思。由于自然界的反应大多数在室温下发生，因此通常使用的是 298 K 时测得的物质的标准生成焓。如果某种元素在标准状态下有多种存在形态(如金刚石和石墨)，则一般采用最稳定的形态②用于生成反应中。例如，乙醇(C_2H_5OH)的标准生成焓是下列反应在标准态进行时的焓变：

$$2C(\text{石墨}) + 3H_2(g) + \frac{1}{2}O_2(g) \longrightarrow C_2H_5OH(l) \qquad \Delta_f H_m^\ominus = -277.7\ \text{kJ}\cdot\text{mol}^{-1} \tag{1.18}$$

通常定义稳定单质的标准生成焓是零，如定义 C(石墨)、$H_2(g)$、$O_2(g)$和其他元素稳定单质的标准生成焓 $\Delta_f H_m^\ominus$ 值是零。而非稳定单质的标准生成焓大于零，如 C(金刚石)的标准生成焓 $\Delta_f H_m^\ominus = 1.895\ \text{kJ}\cdot\text{mol}^{-1}$。根据定义，物质标准生成焓的单位以 $\text{kJ}\cdot\text{mol}^{-1}$表示。附录 2 中给出了一些常见物质的标准生成焓。

1.4.2 反应的标准焓变

$\Delta_f H_m^\ominus$ 是一个非常有用的热力学基本数据。根据赫斯定律可以由已知的所有反应物和产物的 $\Delta_f H_m^\ominus$ 值计算过程的标准焓变。例如，考察标准条件下丙烷 $C_3H_8(g)$ 与 $O_2(g)$燃烧生成 $CO_2(g)$和 $H_2O(l)$的标准焓变：

$$C_3H_8(g) + 5O_2(g) \longrightarrow 3CO_2(g) + 4H_2O(l) \tag{1.19}$$

根据标准生成焓的定义，可以将这个反应的方程式写成三种化合物的标准生成焓的化学反应方程式：

$$C_3H_8(g) \longrightarrow 3C(s) + 4H_2(g) \qquad \Delta H_1 = -\Delta_f H_m^\ominus[C_3H_8(g)] \tag{1.20}$$

$$3C(s) + 3O_2(g) \longrightarrow 3CO_2(g) \qquad \Delta H_2 = 3\Delta_f H_m^\ominus[CO_2(g)] \tag{1.21}$$

---

① 根据 IUPAC 推荐，1992 年将热力学标准压力 1 atm(101.325 kPa)改为 100 kPa。

② 极少数化合物的标准生成焓 $\Delta_f H_m^\ominus$ 的测定没有采用最稳定的单质。例如，测定 $PCl_5(s)$的 $\Delta_f H_m^\ominus$ 时，采用的是白磷[$\Delta_f H_m^\ominus(P_4,s,\text{白}) = 0$]，但实际上白磷没有红磷和黑磷稳定(附录 2)。

$$4H_2(g)+2O_2(g)\longrightarrow 4H_2O(l) \qquad \Delta H_3=4\Delta_f H_m^{\ominus}[H_2O(l)] \qquad (1.22)$$

依据赫斯定律，将式(1.20)～(1.22)相加，并利用它们的标准生成焓计算式(1.23)的标准焓变：

$$C_3H_8(g)+5O_2(g)\longrightarrow 3CO_2(g)+4H_2O(l) \quad \Delta H_r^{\ominus}=\Delta H_1+\Delta H_2+\Delta H_3 \quad (1.23)$$

$$\begin{aligned}\Delta_r H_m^{\ominus} &=\Delta H_1+\Delta H_2+\Delta H_3\\ &=-\Delta_f H_m^{\ominus}[C_3H_8(g)]+3\Delta_f H_m^{\ominus}[CO_2(g)]+4\Delta_f H_m^{\ominus}[H_2O(l)]\\ &=-(-103.85\ kJ\cdot mol^{-1})+3(-393.5\ kJ\cdot mol^{-1})+4(-285.8\ kJ\cdot mol^{-1})\\ &=-2220\ kJ\cdot mol^{-1} \qquad (1.24)\end{aligned}$$

上述计算结果表示 1 mol $C_3H_8(g)$和 5 mol $O_2(g)$反应生成 3 mol $CO_2(g)$和 4 mol $H_2O(l)$的焓变。$\Delta_r H_m^{\ominus}$ 表示标准条件下化学反应的生成焓或生成热。

根据上述实例可以得出计算 $\Delta_r H_m^{\ominus}$ 的一般公式：

$$\Delta_r H_m^{\ominus}=\sum_i n_i \Delta_f H_m^{\ominus}(\text{产物})-\sum_j m_j \Delta_f H_m^{\ominus}(\text{反应物}) \qquad (1.25)$$

式中，符号 $\sum$ 表示“总和”；n 和 m 分别代表产物和反应物的化学计量系数。方程式第一项代表产物的标准生成焓，第二项代表反应物的标准生成焓。方程式(1.25)是赫斯定律在等温等压条件下的具体体现。

【例 1.5】 (a) 计算 1 mol 苯[$C_6H_6(l)$]燃烧生成 $CO_2(g)$和 $H_2O(l)$的标准焓变；(b) 比较由 1.00 g 丙烷和 1.00 g 苯燃烧所产生的热量。

解 (a) 第一步写出 1 mol $C_6H_6(l)$燃烧的平衡反应方程式。

$$C_6H_6(l)+\frac{15}{2}O_2(g)\longrightarrow 6CO_2(g)+3H_2O(l)$$

第二步根据方程式(1.25)和附录 2 中的数据计算反应的标准焓变。

$$\begin{aligned}\Delta_r H_m^{\ominus} &=\{6\Delta_f H_m^{\ominus}[CO_2(g)]+3\Delta_f H_m^{\ominus}[H_2O(l)]\}-\left\{\Delta_f H_m^{\ominus}[C_6H_6(l)]+\frac{15}{2}\Delta_f H_m^{\ominus}[O_2(g)]\right\}\\ &=[6\times(-393.5\ kJ\cdot mol^{-1})+3\times(-285.8\ kJ\cdot mol^{-1})]\\ &\quad -\left(49.04\ kJ\cdot mol^{-1}+\frac{15}{2}\times 0\ kJ\cdot mol^{-1}\right)\\ &=(-2361-857.4-49.04)\ kJ\cdot mol^{-1}=-3267\ kJ\cdot mol^{-1}\end{aligned}$$

(b) 由式(1.24)可知 1 mol 丙烷燃烧的 $\Delta_r H_m^{\ominus}=-2220\ kJ\cdot mol^{-1}$。因此，根据 $C_3H_8(g)$和 $C_6H_6(l)$的摩尔质量可以求出每克物质的燃烧热。

$$C_3H_8(g):\quad (-2220\ kJ\cdot mol^{-1})\times(1\ mol/44.0\ g)=-50.5\ kJ\cdot g^{-1}$$

$$C_6H_6(l):\quad (-3267\ kJ\cdot mol^{-1})\times(1\ mol/78.0\ g)=-41.9\ kJ\cdot g^{-1}$$

碳氢化合物的燃烧热有一条重要的规律，即每克碳氢化合物燃烧所得到的能量在 40～50 kJ。

【例 1.6】 反应 $CaCO_3(s) \longrightarrow CaO(s) + CO_2(g)$ 的标准焓变是 178.1 $kJ \cdot mol^{-1}$。由附录 2 中所给出的 CaO(s) 和 $CO_2(g)$ 的标准生成焓值，计算 $CaCO_3(s)$ 的标准生成焓。

解 $\Delta_r H_m^\ominus = \{\Delta_f H_m^\ominus[CaO(s)] + \Delta_f H_m^\ominus[CO_2(g)]\} - \Delta_f H_m^\ominus[CaCO_3(s)]$

该反应的标准焓变即

$$178.1\ kJ \cdot mol^{-1} = [-635.5 - 393.5]kJ \cdot mol^{-1} - \{\Delta_f H_m^\ominus[CaCO_3(s)]\}$$

解得 $\Delta_f H_m^\ominus[CaCO_3(s)] = -1207.1\ kJ \cdot mol^{-1}$

阅读材料　能　源

燃烧反应可以产生大量的热。1 g 物质燃烧所释放的热量常称做该物质的燃烧值。由于燃烧反应都是放热的，所以通常所报道的燃烧值不带负号。

在燃料燃烧的过程中，碳转化为 CO_2 而氢转化为 H_2O，这两种物质都有很大的负生成焓。相反，碳和氢在燃料中的质量分数越大，其燃烧值就越高。例如，煤和木材相比，由于煤有更高的含碳量，因而有更高的燃烧值。

煤、石油和天然气称做化石燃料。它们都是由动植物分解后的产物经过几百万年所形成的，而且它们的消耗比形成快得多。天然气主要含甲烷(CH_4)及少量的乙烷(C_2H_6)、丙烷(C_3H_8)和丁烷(C_4H_{10})。石油是由几百种化合物组成的液体，这些化合物大部分是碳氢化合物，其余的主要是含硫、氮或氧的有机化合物。固体煤含有高分子碳氢化合物，同样也含有硫、氧和氮的化合物。石油和煤中的硫是空气污染的主要来源，将在后面章节中讨论。下面将简单介绍在日常生活中占有重要地位的石油和煤。

一、石油

石油是多种烃类的混合物，含有链烷烃、环烷烃、芳香烃和少量含氧和含硫的有机物质，平均含碳(质量分数)84%～85%，含氢 12%～14%。石油经过分馏和裂解等加工过程后可得到石油气、汽油、煤油、柴油、润滑油等一系列产品。石油加工产品中最重要的燃料是汽油。我国汽车消耗的燃料占全国汽油消耗量的 95.4%，柴油消耗量的 27.7%。与外国石油相比，我国大部分的石油具有以下特点：轻质油收率较低；原油中烷烃多，其中正烷烃含量高；渣油中沥青质少；硫含量低，但氮含量偏高；钒含量很低，镍含量中等。

旧中国的石油工业几乎为空白。中华人民共和国成立后，我国地质学家李四光(1889—1971)在 20 世纪 50 年代以其具有独创性的地质力学理论指导我国地质勘探工作者找到了大庆、胜利等一大批丰产油田。截至 2003 年，我国石油已探明储量为 150 亿吨左右，居世界第十一位。其中陆上石油资源主要分布在松辽、渤海湾、塔里木、准噶尔和鄂尔多斯等地，海上石油资源主要分布在渤海。

随着我国经济的快速增长和消费水平的提高，石油的需求急剧上升。据《2005 年 BP 世界能源统计评论》，1986年我国石油消费量为1亿吨，1999年突破2亿吨，2004年突破3亿吨，达3.086亿吨。在过去的十年间，我国的石油消费量年均增长7.52%，远高于国内同期的石油产量增速。

从1983年开始我国使用进口石油，当年进口量为905万吨，1996年成为原油净进口国。2004年我国进口原油已达1.2亿吨，进口成品油3788万吨，扣除当年出口的原油和成品油，进口原油和成品油折合超过1.5亿吨原油，接近当年国产原油的总量。目前我国对进口石油的依赖度已超过40%，并且还在不断提高。

二、煤

煤是一种最充足的化石燃料，在自然界化石燃料的储量中约占90%。煤是一种复杂的混合物，其主要成分为碳、氢、氧和少量的氮、硫及其他元素。从地下开采煤成本较高并常带有危险性。另外，煤的富产区往往离能量消耗高的地区较远，所以常需要花费较高的运输费用。

我国的煤炭资源十分丰富，是世界第一产煤大国，也是煤炭消费的大国。1996年我国煤炭探明可采储量居世界第三位，全行业年煤炭开采量近10亿吨。煤炭行业已经成为国民经济高速发展的重要基础。但是我国煤炭资源地区分布不平衡，一是北多南少，以秦岭-大别山为界，北方地区的煤炭资源储量占全国总储量的85%，而南方地区煤炭资源储量仅占全国的15%；二是西多东少，位于中西部地区的山西、内蒙古、陕西、河南、安徽、宁夏、新疆、云南、贵州九省（自治区）煤炭储量占全国总储量的87.7%，而东部沿海地区的储量只占全国的8%。

煤的一种较为合理的利用是对煤进行汽化处理生成气态的碳氢化合物，称为合成气。将煤加工成粉末，在高温条件下用过热的水蒸气处理，生成的混合气含有少量硫化物、水及二氧化碳，将这种混合气提纯，可以得到燃烧值很高的CH_4、H_2和CO的合成气。

$$煤+蒸汽\xrightarrow{转化}成分复杂的混合气\xrightarrow{提纯}CH_4、H_2、CO的混合物（合成气）$$

合成气是气态的，很容易在管道中输送。而且，由于煤中大多数的硫在气化过程中被脱除，合成气燃烧产生的SO_2污染也少于煤燃烧产生的污染。由于这些原因，煤转化成“清洁”燃料如合成气和氢气（见下文中氢作燃料的化学领域）是现代化学和工程研究的一个非常活跃的领域。

三、氢能源

H_2长久以来被认为是一种取之不尽用之不竭的燃料。H_2有非常高的燃烧值，而且它的燃烧产物是水，是一种无负面环境影响的“清洁”产物。但自然界中H_2的含量很少，不可能用作一种主要的能源。大部分H_2是由分解水或碳氢化合物产生的。这种分解需要较多的能量。实际上，由于热量损失，当H_2最终用作燃料时，用于产生H_2的能量比回收的能量还要多。因此，人们一直企盼着有一天能利用太阳能来产生既轻便又易储存的氢能源。

H_2也能通过过热蒸汽与煤反应得到：

$$煤+H_2O(g)\longrightarrow CO(g)+H_2(g)$$

高硫煤直接燃烧产生的 SO_2 对环境尤其有害(见第 3 章阅读材料),因此可以用高硫煤与过热水蒸气反应制得 H_2,硫在这些过程中可以被除掉。

四、其他能源

核能和太阳能是一种主要的潜在能源,它们能提供足够的能量以满足整个世界的需求。目前在许多发达国家,核能的利用已占总电能的 50%。在法国,核能占总电能的 75%。我国的核能利用才刚刚开始,目前核电仅占我国电力的 2%,因此未来核能的开发与核技术的利用有着广阔的发展空间。核能开发与核技术利用已被国家列为重点项目。

太阳能是世界上最丰富的能源之一。在晴朗的天气条件下,地球表面每秒每平方米能接收约 1 kJ 太阳能。太阳能很难被利用的原因是它很稀薄,而且随着时间和天气条件的变化而变化。太阳能的有效利用取决于能量储存技术的发展,任何实际利用太阳能的方法都涉及吸热过程。例如

$$CH_4(g) + H_2O(g) + \text{热量} \longrightarrow CO(g) + 3H_2(g)$$

这个反应能在太阳炉中进行,反应中生成的 CO 和 H_2 的燃烧可用来做有用功。

太阳能可以通过太阳能电池的光电装置直接转化成电能。近几年用这些装置转化太阳能的效率已显著提高,并用作卫星工作的电源。然而,太阳能电池成本较高,目前很难在地面获得广泛的应用。

思　考　题

1. 什么是状态函数?它有什么性质?Q、W、H 是否是状态函数?为什么?

2. 何为化学计量数?化学计量数与化学反应方程式的写法有何关系?

3. 用弹式量热计测量反应热效应的原理是什么?对于一般反应来说,用弹式热量计所测得的热量是否就等于反应的热效应?为什么?

4. 热化学方程式与一般的化学反应方程式有何异同?书写热化学方程式时应注意哪些事项?

5. 如何理解赫斯定律是热力学第一定律的必然推论?赫斯定律与化学反应 $\Delta_r H_m$ 的计算公式有何关联?举例说明。

6. 下列叙述是否正确?并解释原因。

(1) 由于 $CaCO_3$ 的分解反应是吸热的,故它的标准摩尔生成焓是负值。

(2) 298 K 时,标准条件下由元素的最稳定单质生成 1 mol 某纯物质时的热效应,称为该物质的标准摩尔生成焓。

(3) 因为 Q 与 W 不是系统所具有的性质,并且与过程有关,所以热力学过程中 $Q+W$ 的值也应由具体的过程决定。

(4) 当热量由系统传递给环境时,系统的内能必然减少。

(5) 封闭系统经过一循环过程后,其 $Q=-W$,$\Delta U=\Delta H=0$。

(6) $H_2O(l)$的标准摩尔生成焓等于 $H_2(g)$的标准摩尔燃烧焓。

习 题

1. 已知反应 $2N_2(g)+O_2(g)\longrightarrow 2N_2O(g)$，$\Delta H_m=163.2\ kJ\cdot mol^{-1}$。

(1) 在常压下生成 25.0 g N_2O 时，该反应的焓变是多少？

(2) 当反应焓变为 5.00 kJ 时，需要多少 N_2 参加反应？

(3) 在常压下，当 10 g $N_2O(g)$分解为 $N_2(g)$和 $O_2(g)$时，会产生多少热量？

2. 乙烷气体燃烧，$C_2H_6(g)+\frac{7}{2}O_2(g)\longrightarrow 2CO_2(g)+3H_2O(g)$，$\Delta H_m=-1430\ kJ\cdot mol^{-1}$，试问：

(1) 从能量角度考虑，上述反应是正反应有利还是逆反应有利？

(2) 如果反应生成的 $H_2O(g)$改为 $H_2O(l)$，判断 ΔH_m 的量是增加还是减小？为什么？

3. 液态苯[$C_6H_6(l)$]分解为气态的乙炔，$\frac{1}{3}C_6H_6(l)\longrightarrow C_2H_2(g)$，$\Delta H_m=210\ kJ\cdot mol^{-1}$，试问：

(1) 其逆反应的焓变为多少？

(2) 1 mol 液态苯分解为乙炔时的焓变为多少？

(3) 如果用 $C_6H_6(g)$代替 $C_6H_6(l)$，判断 ΔH_m 是增加、减小还是保持不变？为什么？

4. 在恒容条件下，葡萄糖($C_6H_{12}O_6$)的燃烧热为 $15.57\ kJ\cdot g^{-1}$，2.500 g 葡萄糖试样在弹式量热计中燃烧，量热计的温度从 20.55 ℃升高到 23.25 ℃。

(1) 量热计的总热容为多少？

(2) 如果量热计中装有 2.700 kg 水，该量热计的热容为多少？

(3) 当量热计中含有 2.000 kg 水时，葡萄糖试样燃烧，量热计的温度将升高多少度？

5. 航天飞机火箭助推器使用了金属铝、高氯酸铵为燃料，有关反应为

$$3Al(s)+3NH_4ClO_4(s)\longrightarrow Al_2O_3(s)+AlCl_3(s)+3NO(g)+6H_2O(g)$$

请计算该反应的焓变 $\Delta_r H_m^\ominus(298\ K)$。

6. 下列假设的反应 $A\longrightarrow B$，$\Delta H_{m_1}=30\ kJ\cdot mol^{-1}$；$B\longrightarrow C$，$\Delta H_{m_2}=60\ kJ\cdot mol^{-1}$。

(1) 应用赫斯定律计算反应 $A\longrightarrow C$ 的焓变。

(2) 请画出物质 A、B、C 的焓变关系图。

7. 已知下列反应的反应热：

$$N_2(g)+2O_2(g)\longrightarrow 2NO_2(g) \qquad \Delta H_m=67.6\ kJ\cdot mol^{-1}$$

$$2NO(g)+O_2(g)\longrightarrow 2NO_2(g) \qquad \Delta H_m=-113.2\ kJ\cdot mol^{-1}$$

试计算 $N_2(g)+O_2(g)\longrightarrow 2NO(g)$的反应热。

8. 已知下列反应的反应热：

$$H_2(g)+F_2(g)\longrightarrow 2HF(g) \qquad \Delta H_m=-537\ kJ\cdot mol^{-1}$$

$$C(s)+2F_2(g)\longrightarrow CF_4(g) \qquad \Delta H_m=-680\ kJ\cdot mol^{-1}$$

$$2C(s)+2H_2(g)\longrightarrow C_2H_4(g) \qquad \Delta H_m=52.3\ kJ\cdot mol^{-1}$$

计算 $C_2H_4(g)+6F_2(g) \longrightarrow 2CF_4(g)+4HF(g)$ 的焓变。

9. 已知下列反应的反应热：

$$2C_2H_6(g)+7O_2(g) \longrightarrow 4CO_2(g)+6H_2O(l) \qquad \Delta H_m=-3120\ kJ \cdot mol^{-1}$$

$$C(s)+O_2(g) \longrightarrow CO_2(g) \qquad \Delta H_m=-394\ kJ \cdot mol^{-1}$$

$$2H_2(g)+O_2(g) \longrightarrow 2H_2O(l) \qquad \Delta H_m=-572\ kJ \cdot mol^{-1}$$

利用赫斯定律计算 $2C(s)+3H_2(g) \longrightarrow C_2H_6(g)$ 的 ΔH_m。

10. 下面是熟知的铝热反应 $2Al(s)+Fe_2O_3(s) \longrightarrow Al_2O_3(s)+2Fe(s)$，这一高放热反应常用来焊接大型金属物件，如大船的螺旋桨。请利用附录 2 中生成焓的数据，计算这一反应的 $\Delta_r H_m^\ominus$。

11. 有一种甲虫，俗名为投弹手，它能用尾部喷射出的爆炸性排泄物自卫，爆炸性排泄物所涉及的化学反应是氢醌被过氧化氢氧化生成醌和水。

$$C_6H_4(OH)_2(aq)+H_2O_2(aq) \longrightarrow C_6H_4O_2(aq)+2H_2O(l)$$

请根据下列热化学方程式计算该反应的 $\Delta_r H_m^\ominus$。

(1) $C_6H_4(OH)_2(aq) \longrightarrow C_6H_4O_2(aq)+H_2(g)$　　$\Delta_r H_m^\ominus(1)=177.4\ kJ \cdot mol^{-1}$

(2) $H_2(g)+O_2(g) \longrightarrow H_2O_2(aq)$　　$\Delta_r H_m^\ominus(2)=-191.2\ kJ \cdot mol^{-1}$

(3) $H_2(g)+\frac{1}{2}O_2(g) \longrightarrow H_2O(g)$　　$\Delta_r H_m^\ominus(3)=-241.8\ kJ \cdot mol^{-1}$

(4) $H_2O(g) \longrightarrow H_2O(l)$　　$\Delta_r H_m^\ominus(4)=-44.0\ kJ \cdot mol^{-1}$

12. 实验室“火山”是由重铬酸铵受热分解产生的。反应方程式如下：

$$(NH_4)_2Cr_2O_7(s) \longrightarrow N_2(g)+4H_2O(g)+Cr_2O_3(s)$$

计算该反应在 298 K 等压条件只做体积功时的 $\Delta_r H_m^\ominus$ 和 $\Delta_r U_m^\ominus$。

13. 利用附录 2 的数据，计算下列反应的标准焓变。

(1) $NH_3(g)+HCl(g) \longrightarrow NH_4Cl(s)$

(2) $C_2H_4(g)+2H_2O(g) \longrightarrow 2CH_3OH(l)$

(3) $KClO_3(s)+3PCl_3(l) \longrightarrow 3POCl_3(l)+KCl(s)$

(4) $4NH_3(g)+5O_2(g) \longrightarrow 4NO(g)+6H_2O(g)$

14. 汽车防冻液的主要成分是乙二醇，其结构式为 HO—CH_2—CH_2—OH。已知 1 mol 乙二醇完全燃烧生成 $CO_2(g)$ 和 $H_2O(l)$ 的焓变 $\Delta_r H_m^\ominus=-1190\ kJ \cdot mol^{-1}$。

(1) 写出 1 mol 乙二醇燃烧的热化学反应方程式；

(2) 写出相应的稳定单质生成 $C_2H_6O_2(l)$ 的化学反应方程式；

(3) 利用题中信息和附录 2 中给的数据，计算乙二醇的 $\Delta_f H_m^\ominus$。

15. 利用下列热力学数据，计算气态乙硼烷 B_2H_6 的标准摩尔生成焓。

$$4B(s)+3O_2(g) \longrightarrow 2B_2O_3(s) \qquad \Delta_r H_m^\ominus=-2509.1\ kJ \cdot mol^{-1}$$

$$2H_2(g)+O_2(g) \longrightarrow 2H_2O(l) \qquad \Delta_r H_m^\ominus=-571.7\ kJ \cdot mol^{-1}$$

$$B_2H_6(g)+3O_2(g) \longrightarrow B_2O_3(s)+3H_2O(l) \qquad \Delta_r H_m^\ominus=-2147.5\ kJ \cdot mol^{-1}$$

16. 根据下面的数据：

$$2Mg(s)+O_2(g) \longrightarrow 2MgO(s) \qquad \Delta_r H_m^\ominus=-1203.6\ kJ \cdot mol^{-1}$$

$$Mg(OH)_2(s) \longrightarrow MgO(s) + H_2O(l) \qquad \Delta_r H_m^\ominus = 37.1\ kJ \cdot mol^{-1}$$

$$2H_2(g) + O_2(g) \longrightarrow 2H_2O(l) \qquad \Delta_r H_m^\ominus = -571.7\ kJ \cdot mol^{-1}$$

计算固体 $Mg(OH)_2$ 的标准摩尔生成焓。

17. 气态丙炔(C_3H_4)、丙烯(C_3H_6)、丙烷(C_3H_8)的标准生成焓分别是 185.4 $kJ \cdot mol^{-1}$、20.4 $kJ \cdot mol^{-1}$、-103.85 $kJ \cdot mol^{-1}$。

(1) 上述每摩尔物质燃烧生成 $CO_2(g)$和 $H_2O(g)$时放出的热分别是多少?

(2) 上述每种物质,当其质量为 1 kg 时燃烧放出的热量分别是多少?

(3) 上述结果说明哪种燃料是最有效的?

18. 联氨(N_2H_4)和二甲基联氨[$N_2H_2(CH_3)_2$]均易与氧气反应,并可用作火箭燃料。它们的燃烧反应分别为

$$N_2H_4(l) + O_2(g) \longrightarrow N_2(g) + 2H_2O(g)$$

$$N_2H_2(CH_3)_2(l) + 4O_2(g) \longrightarrow 2CO_2(g) + 4H_2O(g) + N_2(g)$$

试计算每克联氨燃烧和二甲基联氨燃烧所放出的热量。已知 $\Delta_f H_m^\ominus[N_2H_2(CH_3)_2, l] = 42.0\ kJ \cdot mol^{-1}$,其余所需数据由附录查出。

19. 根据下列三种未来燃料的数据,计算哪一种单位体积的燃料可以提供最多的能量。

燃　料	密度 d(20℃)/($g \cdot cm^{-3}$)	摩尔燃烧焓 $\Delta_f H_m^\ominus$/($kJ \cdot mol^{-1}$)
硝基乙烷 $C_2H_5NO_2(l)$	1.052	−1348
乙醇 $C_2H_5OH(l)$	0.789	−1371
乙醚 $(C_2H_5)_2O(l)$	0.714	−2727

20. $TiCl_4$ 和水反应如下:

$$TiCl_4(l) + 2H_2O(l) \longrightarrow TiO_2(s) + 4HCl(g) \qquad \Delta_r H_m^\ominus = 67.0\ kJ \cdot mol^{-1}$$

已知 $TiCl_4(l)$的 $\Delta_f H_m^\ominus$ 是-804.2 $kJ \cdot mol^{-1}$,试利用附录 2 中的数据计算 $TiO_2(s)$的 $\Delta_f H_m^\ominus$。

21. 甲烷在氧气中燃烧能产生三种不同的含碳产物:煤烟(很好的石墨微粒)、CO(g)和 $CO_2(g)$。

(1) 分别写出甲烷在氧气中燃烧生成这三种产物的化学方程式。假设在每个反应中,另一种产物只有 $H_2O(l)$;

(2) 计算每个反应的标准焓变;

(3) 说明为什么在氧气充足时,甲烷燃烧的主要含碳产物是 CO_2。

22. 氨的沸点为-33 ℃,在此温度下,它的密度为 0.81 $g \cdot cm^{-3}$,$NH_3(g)$的生成焓为-46.2 $kJ \cdot mol^{-1}$,蒸发焓变为 4.6 $kJ \cdot mol^{-1}$。计算 1 L 液态的 NH_3 在空气中燃烧生成 $N_2(g)$和 $H_2O(g)$时的焓变,与 1 L 液态的甲醇(25 ℃时的密度为 0.792 $g \cdot cm^{-3}$,$\Delta_f H_m^\ominus[CH_3OH(l)] = -239\ kJ \cdot mol^{-1}$)完全燃烧的焓变相比的结果如何。

第 2 章　化学反应的基本原理

化学反应速率和化学平衡是化学研究者最关心的两个基本问题。前者属于化学反应动力学，后者属于化学反应热力学。本章首先介绍化学反应速率的概念，并对影响化学反应速率的因素进行讨论，进而引出熵变和吉布斯自由能的变化，分析和探讨化学反应的推动力和平衡问题，并对化学反应的平衡常数进行理论计算。

通过本章的学习，可以在更深层次上理解化学反应的本质，掌握化学平衡的相关理论和相关计算问题。

2.1　化学反应速率

2.1.1　基本概念

1. 平均速率和瞬时速率

考察一氯丁烷(C_4H_9Cl)放入水中生成丁醇(C_4H_9OH)和盐酸的反应：

$$C_4H_9Cl(aq) + H_2O(l) \longrightarrow C_4H_9OH(aq) + HCl(aq) \tag{2.1}$$

假定开始时 C_4H_9Cl 在水中的浓度是 0.100 $mol \cdot L^{-1}$，反应发生后在不同时间测得 C_4H_9Cl 的浓度分别列于表 2.1，则利用这些数据以 $mol \cdot L^{-1} \cdot s^{-1}$ 为单位来计算 C_4H_9Cl 和水反应的**平均速率**或**表观速率**(apparent velocity)。

$$\bar{v} = -\frac{\Delta[C_4H_9Cl]}{\Delta t} \tag{2.2}$$

表 2.1　C_4H_9Cl 和水反应的速率变化

时间 t/s	$[C_4H_9Cl]/(mol \cdot L^{-1})$	平均速率/($mol \cdot L^{-1} \cdot s^{-1}$)
0.0	0.1000	0
50.0	0.0905	1.9×10^{-4}
100.0	0.0820	1.7×10^{-4}
150.0	0.0741	1.6×10^{-4}
200.0	0.0671	1.4×10^{-4}
300.0	0.0548	1.22×10^{-4}
400.0	0.0448	1.01×10^{-4}
500.0	0.0368	8.00×10^{-5}
800.0	0.0200	5.60×10^{-5}
1000.0	0	0

式(2.2)中的负号使平均速率为正值。计算出的每个时间段的平均速率见表 2.1 中的第三列。

表 2.1 中 C_4H_9Cl 的浓度对时间作图见图 2.1。通过这条曲线,可以求得反应在任何时刻的**瞬时速率**(instantaneous velocity)。其求算方法是在曲线上作该点的切线。图 2.1 中两条切线,一条为 $t=0$ 时,另一条为 $t=600$ s时。例如,在 600 s时,瞬时速率为

$$v=-\frac{(0.017-0.042)\ \text{mol}\cdot\text{L}^{-1}}{(800-400)\ \text{s}}$$
$$=6.2\times10^{-5}\ \text{mol}\cdot\text{L}^{-1}\cdot\text{s}^{-1} \qquad (2.3)$$

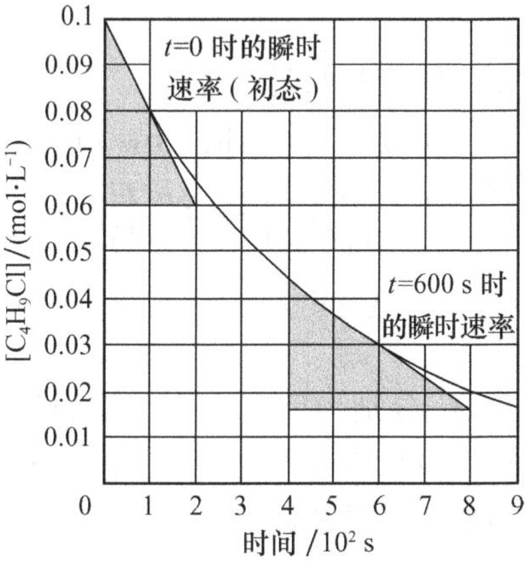

图 2.1 C_4H_9Cl 的水解反应浓度随时间的变化

【例 2.1】 (a) 用表 2.1 中的数据计算时间从 50.0 s 到 150.0 s 的 C_4H_9Cl 平均速率。

(b) 根据图 2.1 估算 C_4H_9Cl 在 $t=0$ 时的瞬时速率。

解 (a) 由表 2.1 中的数据得平均速率

$$\bar{v}=-\frac{\Delta[C_4H_9Cl]}{\Delta t}=-\frac{(0.0741-0.0905)\ \text{mol}\cdot\text{L}^{-1}}{(150.0-50.0)\ \text{s}}=1.64\times10^{-4}\ \text{mol}\cdot\text{L}^{-1}\cdot\text{s}^{-1}$$

(b) $t=0$ 时,系统的瞬时速率可由图 2.1 中曲线的斜率给定。直线的斜率由纵轴的改变量除以对应横轴的改变量得到。从 0～200 s 的时间范围内,C_4H_9Cl 的浓度由开始的 0.100 $\text{mol}\cdot\text{L}^{-1}$降至 0.060 $\text{mol}\cdot\text{L}^{-1}$,因此瞬时速率

$$v=-\frac{(0.060-0.100)\ \text{mol}\cdot\text{L}^{-1}}{(200-0)\ \text{s}}=2.0\times10^{-4}\ \text{mol}\cdot\text{L}^{-1}\cdot\text{s}^{-1}$$

2. 化学反应速率与反应进度

反应速率既可以用单位时间内反应物浓度的降低来表示,也可以用单位时间内产物浓度的升高来表示。但是,对于同一个反应,由于它们在反应方程式中的计量系数不同,用反应物或生成物的浓度变化来表示反应速率可能得到不同的值。因此有必要引入一个新的概念——**反应进度**(extent of reaction),通常用 ξ 表示。所谓反应进度是指反应物或生成物中任一物质的浓度改变量除以其反应计量系数,以此来避免反应速率值的不同。

例如,研究 $N_2(g)+3H_2(g)\longrightarrow 2NH_3(g)$的反应速率时,由于反应物和生成物的反应系数不同,所得到的反应速率的数值也不同。如果用反应进度来表示该反应的速率,则

$$N_2(g)+3H_2(g)\longrightarrow 2NH_3(g)$$

反应开始时	n_B/mol	3.0	10.0	0
反应进行到 t 时	n_B/mol	2.0	7.0	2.0

$$\xi=\frac{\Delta n(N_2)}{m_1(N_2)}=\frac{\Delta n(H_2)}{m_2(H_2)}=\frac{\Delta n(NH_3)}{n_1(NH_3)}$$

$$=\frac{(2.0-3.0)\ \text{mol}}{-1}=\frac{(7.0-10.0)\ \text{mol}}{-3}=\frac{(2.0-0)\ \text{mol}}{2}=1.0\ \text{mol}$$

m_j、n_i 分别为反应物和产物的化学计量数。从上述计算结果可知，当用反应进度来计算反应速率时，不管是用反应物还是用生成物表示的反应进度，所得反应速率的数值都是相同的。

2.1.2 浓度对反应速率的影响

一般情况下，化学反应速率会随反应物浓度的减小而减小。相反地，反应物浓度增加反应速率一般也会增加。

讨论浓度对反应速率的影响可以测定不同浓度下反应的初始速率，因为反应的初始速率取决于初始浓度。为介绍这一方法，参考下列反应：

$$NH_4^+(aq)+NO_2^-(aq)\longrightarrow N_2(g)+2H_2O(l) \qquad (2.4)$$

可以通过测定反应物 NH_4^+ 或 NO_2^- 的浓度随时间的变化或通过测定 N_2 的体积来求得反应速率。表 2.2 为 NH_4^+ 和 NO_2^- 在不同初始浓度条件下测得的不同初始速率（$t=0$ 时的瞬时速率）。这些数据表明，$[NO_2^-]$保持恒定时，$[NH_4^+]$加倍则反应速率加倍（对照实验 1 和实验 2）。如果$[NH_4^+]$增加到原来的 4 倍（对照实验 1 和实验 3），反应速率也变为原来的 4 倍，以此类推。这些结果表明反应[式(2.4)]的速率与$[NH_4^+]$的一次幂成正比。当$[NH_4^+]$保持恒定，而$[NO_2^-]$改变时，反应速率也相应发生变化，据此可以得出反应速率随$[NO_2^-]$的变化。

表 2.2 25 ℃时，NH_4^+ 与 NO_2^- 在水中反应的速率随时间的变化

实验号	初始$[NH_4^+]$ /(mol · L^{-1})	初始$[NO_2^-]$ /(mol · L^{-1})	测得初始速率 /(mol · L^{-1} · s^{-1})
1	0.0100	0.200	5.4×10^{-7}
2	0.0200	0.200	10.8×10^{-7}
3	0.0400	0.200	21.5×10^{-7}
4	0.0600	0.200	32.3×10^{-7}
5	0.200	0.0202	10.8×10^{-7}
6	0.200	0.0404	21.6×10^{-7}
7	0.200	0.0606	32.4×10^{-7}
8	0.200	0.0808	43.3×10^{-7}

综合上述分析，可以得出反应式(2.4)的反应速率与浓度的关系为

$$v = k[NH_4^+][NO_2^-] \tag{2.5}$$

这种表示化学反应速率与反应物浓度之间关系的表达式叫做**化学反应速率方程**。该方程中常数 k 叫做**速率常数**(rate constant)。利用表 2.2 还可以计算出反应式(2.5)的速率常数 $k=2.7\times10^{-4}$ L · mol^{-1} · s^{-1}。一般来讲，化学反应不同，其速率常数 k 也不同。另外，速率常数 k 是温度的函数。化学反应速率方程定量地提供了一个关于化学反应最为重要的性质。

根据一个化学反应的速率方程和速率常数，可以求出该反应在任何浓度下的反应速率。例如，根据反应式(2.5)，$k=2.7\times10^{-4}$ L · mol^{-1} · s^{-1}，可计算出$[NH_4^+]$为 0.10 mol · L^{-1}，$[NO_2^-]$为 0.10 mol · L^{-1}时的反应速率为

$$\begin{aligned} v &= (2.7\times10^{-4}\ \text{L}\cdot\text{mol}^{-1}\cdot\text{s}^{-1})\times(0.100\ \text{mol}\cdot\text{L}^{-1})\times(0.10\ \text{mol}\cdot\text{L}^{-1}) \\ &= 2.7\times10^{-6}\ \text{mol}\cdot\text{L}^{-1}\cdot\text{s}^{-1} \end{aligned}$$

1. 反应级数

反应速率方程的一般形式可表示为

$$v = k[\text{反应物 1}]^m[\text{反应物 2}]^n \tag{2.6}$$

式中，指数 m 和 n 分别叫做反应物 1 和反应物 2 的**反应级数**(order of reaction)，它们的和称为**总反应级数**。例如，在 NH_4^+ 和 NO_2^- 反应的速率方程[式(2.5)]中，NH_4^+ 的浓度指数是一次，因此 NH_4^+ 的反应级数是 1，即反应对 NH_4^+ 来说是一级的；相应的反应对 NO_2^- 来说也是一级的。该反应的总反应级数为 1+1=2，我们说反应是二级反应。

下面是速率方程的一些例子：

$$2N_2O_5(g) \longrightarrow 4NO_2(g)+O_2(g) \qquad v=k[N_2O_5] \tag{2.7}$$

$$CHCl_3(g)+Cl_2(g) \longrightarrow CCl_4(g)+HCl(g) \qquad v=k[CHCl_3][Cl_2]^{1/2} \tag{2.8}$$

$$H_2(g)+I_2(g) \longrightarrow 2HI(g) \qquad v=k[H_2][I_2] \tag{2.9}$$

注意：反应级数的值是由实验测定的，不一定与化学反应方程式的系数一致。在多数速率方程中，反应级数为 0、1 或 2。偶尔也会遇到速率方程的反应级数为分数[式(2.8)]，甚至为负数的情况。

2. 速率常数的单位

速率常数的单位(unit of the rate constant)取决于速率方程的总反应级数。例如，在一个总反应级数为二级的反应中，速率常数的单位必须满足：

$$\text{速率单位} = (\text{速率常数单位})\times(\text{浓度单位})^2$$

因此，在常用的浓度和时间单位中：

$$\text{速率常数单位}=\frac{\text{速率单位}}{(\text{浓度单位})^2}=\frac{\text{mol}\cdot\text{L}^{-1}\cdot\text{s}^{-1}}{(\text{mol}\cdot\text{L}^{-1})^2}=\text{L}\cdot\text{mol}^{-1}\cdot\text{s}^{-1}$$

2.1.3　温度对反应速率的影响

大多数化学反应的速率随温度的升高而增加。例如，钢铁在夏季的锈蚀比在冬季快，植物在温暖天气中的生长比在寒冷天气中的快。通过发光反应可以观察到温度对反应速率的影响。化学发光反应最普通的例子就是萤火虫特有的荧光。因为温度越高反应速率越快，故在夏季晴朗的高温天气，萤火虫在夜晚产生的光较为明亮。

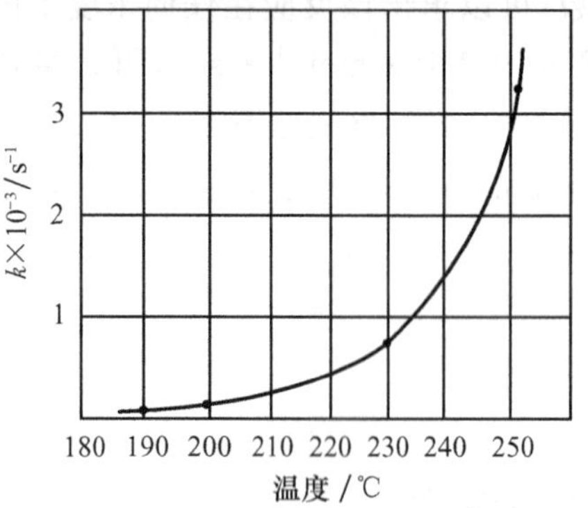

图 2.2　温度对一级反应速率常数的影响

为了研究温度对反应速率的影响，我们考察下列反应：

$$CH_3NC \longrightarrow CH_3CN$$

图 2.2 描述了该反应的速率常数与温度的关系。随着温度的升高，速率常数或者说反应速率迅速增加，温度每升高 10 ℃，速率常数就增加 1 倍。

2.2　化 学 平 衡

2.2.1　化学平衡概念

首先考察一个可逆反应 $A \rightleftharpoons B$，假定该反应的正向反应和逆向反应都是简单反应（只包含一个反应步骤），那么这个反应的速率可以表达为

正向反应　　$A \longrightarrow B$　　$v=k_f[A]$　　(2.10)

逆向反应　　$B \longrightarrow A$　　$v=k_r[B]$　　(2.11)

式中，k_f 和 k_r 分别是正向反应和逆向反应的速率常数。

假定反应在一个封闭的容器中进行，反应开始时容器中只有纯净的化合物 A。当反应发生时，A 的浓度下降而 B 的浓度上升[图 2.3(a)]。当[A]下降时，正向反应速率下降而逆向反应速率上升。当正向反应速率和逆向反应速率相同时[图 2.3(b)]，反应达到平衡。此时，系统所处的状态称为化学平衡状态，一般简称**化学平衡**(chemical equilibrium)。

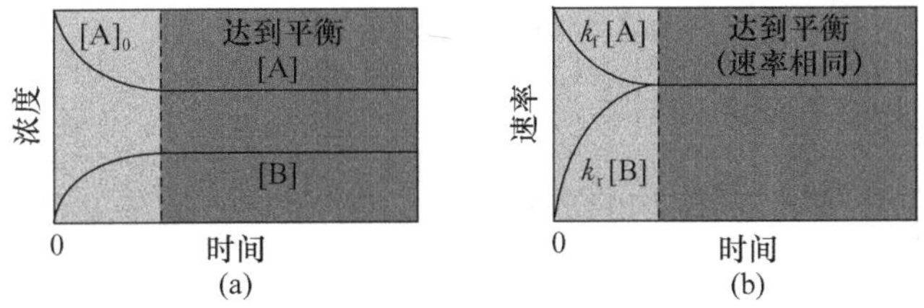

图 2.3　A $\rightleftharpoons$ B 反应达到化学平衡

(a) 时间和浓度的关系；(b) 时间和速率的关系

系统达到平衡时：

$$\text{正向反应速率} = \text{逆向反应速率}$$

即

$$k_f[A]_{平} = k_r[B]_{平}$$

所以

$$\frac{[B]_{平}}{[A]_{平}} = \frac{k_f}{k_r} = \text{常数} \tag{2.12}$$

研究表明，无论上述反应开始时反应物是 A 还是 B 或者是两者的混合物，只要温度不变，平衡时 A 和 B 的浓度之比都是一个常数。并且一旦平衡建立，A 和 B 的浓度就不再发生变化。但化学平衡是动态的，反应达到平衡后，同时存在正向和逆向两个反应，因此化学反应方程式中使用双箭头：

$$A \rightleftharpoons B$$

2.2.2　平衡常数

为了理解真实的化学平衡系统，讨论一个极其重要的化学反应，即哈伯(Fritz Haber，1868—1934)法合成氨的反应。

哈伯法是在高温高压以及催化剂作用下，由 N_2(g)与 H_2(g)作用合成氨：

$$N_2(g) + 3H_2(g) \xrightleftharpoons[\text{催化剂}]{\text{高温、高压}} 2NH_3(g) \tag{2.13}$$

但是上述反应进行不完全，在一定条件下，反应达到平衡后 H_2、N_2 和 NH_3 的量取决于反应开始时 H_2 和 N_2 的量而不取决于催化剂的量。而且，在相同条件下，不管反应开始时反应釜中的起始反应物是物质的量比为 3∶1 的 H_2 和 N_2 还是与之量相当的纯 NH_3，反应达到平衡后，产物中各种气体的组成是相同的。

早在 19 世纪，化学家们就已经开始研究化学反应的平衡问题并于 1864 年提出了**质量作用定律**(mass action law)。质量作用定律指出，对于任何化学平衡，假设平衡后的反应方程式为

$$aA + bB \rightleftharpoons gG + hH \tag{2.14}$$

1. 用浓度表示平衡常数

当平衡条件不变时，反应物的平衡浓度①和产物的平衡浓度存在如下关系：

$$K_c = \frac{[G]_{平}^g [H]_{平}^h}{[A]_{平}^a [B]_{平}^b}$$

简记为

$$K_c = \frac{[G]^g [H]^h}{[A]^a [B]^b} \tag{2.15}$$

式中，$[A]_{平}$、$[B]_{平}$、$[G]_{平}$、$[H]_{平}$分别表示反应物和产物的平衡浓度；a、b、g、h 是各物质的反应系数。这个关系称为该反应的**平衡常数表达式**，K_c 称为**浓度平衡常数**(equilibrium constant)，由于 K_c 是由实验测得的平衡常数，所以 K_c 又称实验平衡常数，下标 c 表示体积摩尔浓度。

在一定温度下，式(2.15)表示的是当化学反应处在平衡状态时，以其化学反应的化学计量数(绝对值)为指数的各产物浓度的乘积与各反应物浓度的乘积之比为一个常数。需要强调的是，分子项是平衡反应方程式中的产物浓度的乘积，分母项是反应物浓度的乘积，每种产物的平衡浓度以该物质系数为指数的幂的乘积表示。对于哈伯制氨法[式(2.13)]，其平衡常数表达式为

$$K_c = \frac{[NH_3]^2}{[H_2]^3[N_2]} \tag{2.16}$$

根据质量作用定律，对任一化学方程式，均可以写出其平衡常数表达式。平衡常数表达式仅取决于反应的化学计量数，而与反应的历程无关。在任何给定温度下，平衡常数的值与反应物和生成物的浓度无关，与存在于反应中但不参与反应的物质也无关。平衡常数的值随温度的变化而变化。

通过 N_2O_4 和 NO_2 之间的平衡来阐明质量作用定律：

$$N_2O_4(g) \rightleftharpoons 2NO_2(g) \tag{2.17}$$

如果反应开始以纯的 N_2O_4 作为反应物(无色气体)，达到平衡时可通过比色法测量气体混合物中 NO_2 的量(NO_2 为暗棕色，它的浓度越大，混合气体的颜色越深)。

对式(2.17)，其平衡表达式为

$$K_c = \frac{[NO_2]^2}{[N_2O_4]} \tag{2.18}$$

---

① 本书采用“[ ]”表示系统物质的浓度，其中初始浓度用“$[\ ]_{初}$”表示，平衡浓度用“$[\ ]_{平}$”表示。在化学平衡的有关计算中，为了方便平衡表达式的书写，平衡浓度也简写为“[ ]”。

表 2.3 设计了四组反应起始物 $N_2O_4(g)$ 浓度不同的实验，分析测定混合物中 NO_2 和 N_2O_4 的平衡浓度，然后根据式(2.18)，计算出各组反应在 100 ℃时的平衡常数（表 2.3）。结果表明，尽管反应物 NO_2 的初始浓度不同，但 K_c 的值仍然是一个常数（K_c = 0.212，在实验误差范围内）。而且实验 3 和实验 4 显示出以 N_2O_4 为起始反应物得到的平衡与以 NO_2 为起始反应物得到的平衡一样，即相同的平衡可以以不同的方式得到（图 2.4）。

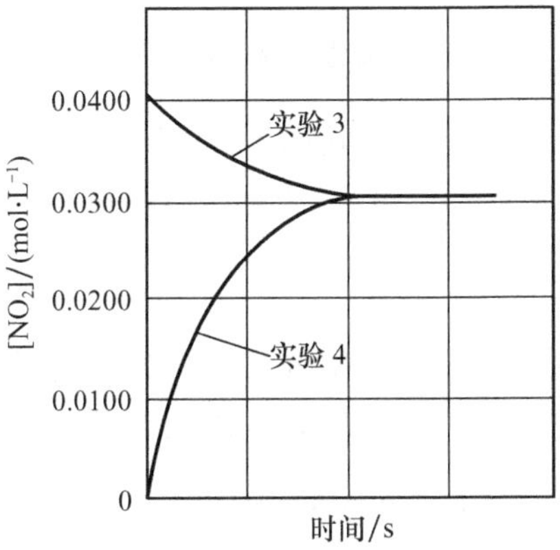

图 2.4　以 0.0400 $mol \cdot L^{-1}$ NO_2 或 0.200 $mol \cdot L^{-1}$ N_2O_4 开始能达到同一平衡

用同样的方法可以计算出表 2.3 中的其他样本的 K_c 值。

注意：为了使实验平衡常数 K_c 和理论平衡常数 $K_c^{\ominus}$（见 2.3 节）一致，**本书将实验平衡常数 K_c 规定为无量纲量**①。

表 2.3　反应起始物 $N_2O_4(g)$ 不同浓度的实验数据（100℃）

实　验	$[N_2O_4]_{初}$ /($mol \cdot L^{-1}$)	$[NO_2]_{初}$ /($mol \cdot L^{-1}$)	$[N_2O_4]_{平}$ /($mol \cdot L^{-1}$)	$[NO_2]_{平}$ /($mol \cdot L^{-1}$)	K_c
1	0.0	0.0200	0.001 40	0.0172	0.211
2	0.0	0.0300	0.002 80	0.0243	0.211
3	0.0	0.0400	0.004 52	0.0310	0.213
4	0.0200	0.0	0.004 52	0.0310	0.213

【例 2.2】　写出如下反应的 K_c 平衡表达式：

$$2NO(g) + Cl_2(g) \rightleftharpoons 2NOCl(g)$$

解　如式(2.15)，平衡表达式是一种商的形式，分子包含平衡方程式中各产物的平衡浓度，分母包含平衡方程式中各反应物的平衡浓度，各种物质的平衡浓度以平衡反应方程式中各自的系数为幂来表示。

$$K_c = \frac{[NOCl]^2}{[NO]^2[Cl_2]}$$

① 历史上 K_c 是由实验确定的，各物质的平衡浓度及其单位代入平衡表达式，因此得到的实验平衡常数 K_c 有量纲。为了表示方便，本书规定 K_c 为无量纲量。

2. 用压力项表示的实验平衡常数

对于气相反应①,可以用平衡时各物质的相对分压代替摩尔浓度来计算平衡常数,用 K_p 表示,下标 p 表示压力。对于式(2.14)的一般反应,其 K_p 的表达式为

$$K_p = \frac{(p_G)^g (p_H)^h}{(p_A)^a (p_B)^b} \tag{2.19}$$

式中,p_A 为 A 的相对分压;a 为反应物 A 的计量系数,其他以此类推。

一般来讲,K_c 和 K_p 的数值是不同的。

3. K_c 与 K_p 的关系

气相反应的实验平衡常数既可以用 K_c 来表达,也可以用 K_p② 来表达,那么这两个平衡常数之间的关系如何呢?可以用理想气体状态方程对 K_c 和 K_p 的关系进行换算。

理想气体状态方程 $pV=nRT$,因此

$$p = \left(\frac{n}{V}\right)RT = cRT \tag{2.20}$$

将式(2.20)代入式(2.19),有

$$K_p = \frac{(c_G RT)^g (c_H RT)^h}{(c_A RT)^a (c_B RT)^b} \tag{2.21}$$

因此

$$K_p = K_c (RT)^{\Delta n} \tag{2.22}$$

式中,Δn 为从反应物到生成物的气体的物质的量的变化量;T 为热力学温度;R 为摩尔气体常量,取 0.0821 $L \cdot atm \cdot K^{-1} \cdot mol^{-1}$。由于本书规定 K_c 为无量纲量,R 和 T 代入式(2.22)时不用单位。

【例 2.3】 某合成氨反应在一密闭的容器中发生,472 ℃时达到平衡。平衡混合物经过分析发现含 0.1207 $mol \cdot L^{-1}$ 的 H_2,0.0402 $mol \cdot L^{-1}$ 的 N_2 和 0.002 72 $mol \cdot L^{-1}$ 的 NH_3。试计算该反应的平衡常数 K_c 和 K_p。

---

① 系统中物理性质和化学性质完全相同的部分称为一个相。例如,均匀的混合气体或纯净的固态化合物。

② 实验常数 K_p 中各物质的平衡压力过去一直采用标准大气压单位(atm),因此 K_p 过去是一个有量纲量。现在我国采用国际单位制,压力的单位改用 Pa,1 atm=1.013 25×10^5 Pa。为了保证科学数据的一致性,现在有关 K_p 的计算可采用各物质的平衡相对分压来代替。气态物质的相对分压是指该物质的分压与标准压力 $p^\ominus$ 的比值,它是一个无量纲量,其数值与大气压为单位的数值相等,因此本书把实验平衡常数 K_p 处理为一个无量纲量,一方面可以与理论平衡常数保持一致,另一方面可以适当了解一些热力学发展的历史。

解

$$N_2(g)+3H_2(g) \rightleftharpoons 2NH_3(g)$$

$$K_c=\frac{[NH_3]^2}{[N_2][H_2]^3}=\frac{0.002\,72^2}{0.0402\times0.1207^3}=0.105$$

由于 $\Delta n=2-(1+3)=-2$(记住 Δn 总是产物减去反应物)。因为 T 为 273 K+472 K=745 K,摩尔气体常量 R 的值是 0.0821 L · atm · K^{-1} · mol^{-1},因此有

$$K_p=\frac{p_{NH_3}^2}{p_{N_2}p_{H_2}^3}=K_c(RT)^{\Delta n}=0.105\times0.0821\times745^{-2}=2.81\times10^{-5}$$

4. 平衡常数的大小

平衡常数的大小提供了平衡混合物的重要信息。例如,考察 327.15 K 下 CO 和 Cl_2 形成光气 $COCl_2$ 的反应。光气是应用于第一次世界大战时的一种剧毒化学武器,当前仍用于聚合物和杀虫剂的制备。

$$CO(g)+Cl_2(g) \rightleftharpoons COCl_2(g) \qquad K_c=\frac{[COCl_2]}{[CO][Cl_2]}=4.57\times10^9$$

因为平衡常数是如此之大,所以平衡时 $COCl_2$ 的平衡浓度必定比 CO 和 Cl_2 的大得多,平衡混合物基本上是纯 $COCl_2$,平衡位于右边,即向着生成物的一边。相反地,一个反应的平衡常数远小于 1,则表明平衡混合物几乎全是反应物,平衡位于左边,也即向着反应的一边。一般地:

$K\gg1$,平衡位于右边,对产物有利;

$K\ll1$,平衡位于左边,对反应物有利。

【例 2.4】 N_2 和 O_2 形成 NO 的反应曾经被认为是固定氮的反应:

$$N_2(g)+O_2(g) \rightleftharpoons 2NO(g)$$

25 ℃时该反应的平衡常数 K_p 的值为 1×10^{-30},说明该固定氮反应的合理性。

解 因为 K_p 很小,所以 25 ℃时形成的 NO 很少,平衡位于左边,对反应物有利。因而,至少在 25 ℃时,该反应固定氮的可能性极小。

【例 2.5】 写出如下反应的 K_p 表达式,根据例 2.4 中的信息,确定 25 ℃(298 K)时该平衡常数的值。

解

$$2NO(g) \rightleftharpoons N_2(g)+O_2(g)$$

$$K_p=\frac{(p_{N_2})(p_{O_2})}{(p_{NO})^2}$$

该反应恰好是例 2.4 中给出反应的逆反应,因此其平衡常数表达式与例 2.4 中的平衡常数表达式互为倒数。

$$K_p=\left[\frac{(p_{NO})^2}{(p_{N_2})(p_{O_2})}\right]^{-1}=\frac{1}{1\times10^{-30}}=1\times10^{30}$$

例 2.4 表明，NO 在 25 ℃时是极不稳定的，易分解为 N_2 和 O_2，而且分解十分完全。

2.2.3　多相平衡

许多重要的平衡如合成氨的体系，涉及的物质都在同一相中，这样的平衡叫做**均相平衡**(homogeneous equilibrium)。若化学反应中的反应物和产物处于不同的相，则达到的平衡称为**多相平衡**(heterogeneous equilibrium)，如碳酸钙分解：

$$CaCO_3(s)\rightleftharpoons CaO(s)+CO_2(g)$$

上述平衡体系中有两种固体和一种气体。由于通常纯固体或者纯液体无所谓浓度，因此，不管纯固体或者纯液体的量有多少，都将其浓度总是看作是一个常数。故碳酸钙分解的平衡常数表达式可写为

$$K_c=[CO_2] \tag{2.23}$$

式(2.23)表明，在给定温度下，只要三种物质都存在，则 CaO、$CaCO_3$ 和 CO_2 之间的平衡总会使 CO_2 达到相同的浓度或相同平衡分压。这就是说，在多相反应中，参加反应的纯固体或者纯液体尽管在表达式中不出现，但是它们必须存在并参与反应，只有这样平衡才能建立。

【例 2.6】　写出下列反应的平衡常数表达式 K_c 和 K_p。

(a)　$CO_2(g)+H_2(g)\rightleftharpoons CO(g)+H_2O(l)$

(b)　$SnO_2(s)+2CO(g)\rightleftharpoons Sn(s)+2CO_2(g)$

解　(a) 平衡表达式为

$$K_c=\frac{[CO]}{[CO_2][H_2]}\quad 和 \quad K_p=\frac{p_{CO}}{p_{CO_2}p_{H_2}}$$

因为水作为一种纯液体在反应中出现，故其浓度不出现在平衡表达式中。

(b) 平衡表达式为

$$K_c=\frac{[CO_2]^2}{[CO]^2}\quad 和 \quad K_p=\frac{p_{CO_2}^2}{p_{CO}^2}$$

因为 SnO_2 和 Sn 都是纯固体，所以它们的浓度都不出现在平衡表达式中。

【例 2.7】　下列物质置于封闭的容器中，指出哪一种能够达到平衡：(a)纯 $CaCO_3$；(b)CaO 和 CO_2，其中 CO_2 的相对分压高于 K_p；(c)一些 $CaCO_3$ 和相对压力高于 K_p 的 CO_2；(d)$CaCO_3$ 和 CaO。

解　只要有适当的温度和足够量的固体存在，除了(c)外其他反应都可以达到平衡。在(a)中，$CaCO_3$ 简单分解成 CaO 和 CO_2 直到 CO_2 达到平衡压力，但是必须要有足够的 $CaCO_3$ 以使 CO_2 达到平衡压力。(b)中 CO_2 与 CaO 合成 $CaCO_3$ 直至 CO_2 的压力降至平衡值。(c)中由于没有 CaO，就不能使 CO_2 的压力降至平衡值，故不能达到平衡。(d)中的情况与(a)中相同：$CaCO_3$ 分解直到达到平衡，CaO 的存在没有什么影响。

2.2.4　平衡常数的计算

哈伯在合成氨问题中面临的第一个任务就是探求不同温度下合成氨的平衡常数的大小。如果式(2.16)中 K_c 值很小，则平衡混合物中氨的量就非常少。如果 K_c 值较大，氨的合成就有可能取得令人满意的结果。

哈伯和他的合作者在不同的温度下求该反应的平衡常数值，运用的方法类似于表 2.3 中的方法：在特定温度下采用不同比例的氮气、氢气和氨气混合物反应，达到平衡后，测得混合气体中三种气体的浓度，由于所有生成物和反应物的平衡浓度已知，根据平衡常数表达式就可以计算平衡常数。

【例 2.8】　700 K 下，氢气和溴气的混合物在一个封闭容器中发生反应，生成 HBr(g)，气体平衡混合物经分析含 0.283 mol·L^{-1} 的 H_2，0.025 mol·L^{-1} 的 Br_2 和 0.195 mol·L^{-1} 的 HBr。试计算反应的实验平衡常数 K_c。

解

$$H_2(g)+Br_2(g) \rightleftharpoons 2HBr(g)$$

$$K_c=\frac{[HBr]^2}{[H_2][Br_2]}=\frac{0.195^2}{0.283\times0.025}=5.37$$

通常不知道平衡时反应中各化学物质的平衡浓度，但是如果知道至少一种物质的平衡浓度，就可以根据反应的化学计量系数推断出该化学方程式中其他物质的平衡浓度。

【例 2.9】　448 ℃时将 5.000×10^{-3} mol 的 H_2 和 1.000×10^{-2} mol 的 I_2 置于 5.000 L 的容器内，使其反应达到平衡。分析显示平衡混合物中 HI 的浓度为 1.87×10^{-3} mol·L^{-1}，试计算反应 $H_2(g)+I_2(g) \rightleftharpoons 2HI(g)$在 448 ℃的 K_c。

解　根据题目给定的 HI 的浓度和反应物也即产物的计量系数，可以算出：

	$H_2(g)$	+ $I_2(g)$	$\rightleftharpoons$ 2HI(g)
初始浓度/(mol·L^{-1})	1.000×10^{-3}	2.000×10^{-3}	0
变化浓度/(mol·L^{-1})	-0.935×10^{-3}	-0.935×10^{-3}	1.87×10^{-3}
平衡浓度/(mol·L^{-1})	0.065×10^{-3}	1.065×10^{-3}	1.87×10^{-3}

故该反应的平衡常数：

$$K_c=\frac{[HI]^2}{[H_2][I_2]}=\frac{(1.87\times10^{-3})^2}{0.065\times10^{-3}\times1.065\times10^{-3}}=51$$

2.2.5 平衡常数的应用

平衡常数 K 的大小不仅可以说明化学反应进行的程度，而且可以判断化学反应进行的方向，同时根据平衡常数还能对反应达到平衡后反应物和生成物的平衡浓度进行计算。

1. 判断反应方向

为了判断某一化学反应进行的方向，可以将反应物的浓度或压力和生成物的浓度或压力代入平衡常数表达式中，得到的结果称为反应商，用字母 Q 表示。当 $Q<K$ 时，说明生成物的浓度或分压小于其平衡时的浓度或分压，因此反应会向正反应方向进行，直到达到平衡 $Q=K$ 为止；当 $Q>K$ 时，说明生成物的浓度或压力大于其平衡时的浓度或压力，因此反应会向逆反应方向进行，直至达到平衡。

Q 与 K 的关系及其对化学反应方向的判断如表 2.4 所示。例如，将 2.00 mol H_2、1.00 mol N_2 和 2.00 mol NH_3 在 472 ℃下置于 1.00 L 的容器中，可以利用 Q 与 K 的关系判断反应的方向。将 N_2、H_2 和 NH_3 的初始摩尔浓度代入平衡表达式得

$$Q_c = \frac{[NH_3]^2_{初}}{[N_2]_{初}[H_2]^3_{初}} = \frac{2.00^2}{1.00 \times 2.00^3} = 0.500$$

而根据例 2.3，在此温度下：

$$N_2(g) + 3H_2(g) \rightleftharpoons 2NH_3(g)$$

该反应的 $K_c=0.105$。因此，体系的 Q_c 需要从 0.500 变为 0.105 才能达到平衡，因而反应朝着生成 N_2 和 H_2 的方向进行。

表 2.4 总结了反应商 Q 与平衡常数 K 的关系，称为**化学反应商判据**。

表 2.4　化学反应商判据

关　系	方　向
$Q<K$	反应向右进行
$Q=K$	平衡
$Q>K$	反应向左进行

【例 2.10】 448 ℃时，2.0 L 的容器加入 2.0×10^{-2} mol 的 HI、1.0×10^{-2} mol 的 H_2 和 3.0×10^{-2} mol 的 I_2，反应按下列反应方程式进行：

$$H_2(g) + I_2(g) \rightleftharpoons 2HI(g)$$

试预测该温度下反应进行的方向。

解 为了判断反应方向，首先需要计算各物质的相对压力：

$$[\mathrm{HI}]_{初} = \frac{2.0\times10^{-2}\ \mathrm{mol}}{2.0\ \mathrm{L}} = 1.0\times10^{-2}\ \mathrm{mol\cdot L^{-1}}$$

$$p_{\mathrm{HI}初} = cRT = 1.0\times10^{-2}\ \mathrm{mol\cdot L^{-1}}\times8.314\ \mathrm{m^3\cdot Pa\cdot mol^{-1}\cdot K^{-1}}\times721.15\ \mathrm{K} = 5.99\times10^4\ \mathrm{Pa}$$

相对分压为 $$p_{\mathrm{HI}} = \frac{5.99\times10^4}{1\times10^5} = 0.599$$

$$[\mathrm{H_2}]_{初} = \frac{1.0\times10^{-2}\ \mathrm{mol}}{2.0\ \mathrm{L}} = 5.0\times10^{-3}\ \mathrm{mol\cdot L^{-1}}$$

$$p_{\mathrm{H_2}初} = cRT = 5.0\times10^{-3}\ \mathrm{mol\cdot L^{-1}}\times8.314\ \mathrm{m^3\cdot Pa\cdot mol^{-1}\cdot K^{-1}}\times721.15\ \mathrm{K} = 3.00\times10^4\ \mathrm{Pa}$$

相对分压为 $$p_{\mathrm{H_2}} = \frac{3.00\times10^4}{1\times10^5} = 0.300$$

$$[\mathrm{I_2}]_{初} = \frac{3.0\times10^{-2}\ \mathrm{mol}}{2.0\ \mathrm{L}} = 1.5\times10^{-2}\ \mathrm{mol\cdot L^{-1}}$$

$$p_{\mathrm{I_2}初} = cRT = 1.5\times10^{-2}\ \mathrm{mol\cdot L^{-1}}\times8.314\ \mathrm{m^3\cdot Pa\cdot mol^{-1}\cdot K^{-1}}\times721.15\ \mathrm{K} = 8.99\times10^4\ \mathrm{Pa}$$

相对分压为 $$p_{\mathrm{I_2}} = \frac{8.99\times10^4}{1\times10^5} = 0.899$$

因此，反应商为

$$Q_p = \frac{p_{\mathrm{HI}}^2}{p_{\mathrm{H_2}}p_{\mathrm{I_2}}} = \frac{0.599^2}{0.300\times0.899} = 1.33$$

而根据例 2.9，在此温度下该反应的 $K_c = 51$。因此 $Q < K$，若要达到平衡，反应将向右进行。

2. 化学平衡的计算

根据平衡常数计算化学反应中反应物或产物的平衡浓度或者平衡分压是化学工作者经常遇到的问题。

【例 2.11】 哈伯制氨法在 500 ℃(773 K)反应达到平衡时，气体混合物中 H_2 的分压为 9.28×10^4 Pa($0.928\ p^\ominus$)，N_2 的分压为 4.32×10^4 Pa($0.432\ p^\ominus$)，则平衡混合物中 NH_3 的分压为多少？已知 500 ℃时，$K_p = 1.45\times10^{-5}$。

解

	$N_2(g)$ +	$3H_2(g)$ $\rightleftharpoons$	$2NH_3(g)$
平衡时的分压/Pa	4.32×10^4	9.28×10^4	x
平衡时的相对分压	0.432	0.928	y

$$K_p = \frac{p_{\mathrm{NH_3}}^2}{p_{\mathrm{N_2}}p_{\mathrm{H_2}}^3} = \frac{y^2}{0.432\times0.928^3} = 1.45\times10^{-5}$$

整理方程以求解 y，得

$$y^2 = 1.45\times10^{-5}\times0.432\times0.928^3 = 5.01\times10^{-6}$$
$$y = \sqrt{5.01\times10^{6}} = 2.24\times10^{-3}\ p^{\ominus}$$
$$x = 2.24\times10^{-3}\ p^{\ominus}$$

【例 2.12】 448 ℃(721 K)时，一个 1.000 L 烧瓶中充满 1.000 mol 的 H_2 和 2.000 mol 的 I_2，反应为

$$H_2(g)+I_2(g)\rightleftharpoons 2HI(g)$$

平衡常数 K_c 的值在 448 ℃是 50.5，则平衡时烧瓶中 H_2、I_2 和 HI 的浓度各为多少？

解 首先求出各初始浓度：

$$[H_2]=1.000\ mol\cdot L^{-1},\quad [I_2]=2.000\ mol\cdot L^{-1},\quad [HI]=0$$

则

	$H_2(g)$	+ $I_2(g)$	$\rightleftharpoons$ 2HI(g)
初始浓度/($mol\cdot L^{-1}$)	1.000	2.000	0
变化浓度/($mol\cdot L^{-1}$)	$-x$	$-x$	$2x$
平衡浓度/($mol\cdot L^{-1}$)	$(1.000-x)$	$2.000-x$	$2x$

$$K_c=\frac{[HI]^2}{[H_2][I_2]}=\frac{(2x)^2}{(1.000-x)(2.000-x)}=50.5$$

展开该方程得到 x 的二次方程：

$$4x^2=50.5(x^2-3.000x+2.000)$$
$$46.5x^2-151.5x+101.0=0$$

解此一元二次方程得到 x 的两个解：

$$x=\frac{-(-151.5)\pm\sqrt{(-151.5)^2-4\times46.5\times101.0}}{2\times46.5}$$
$$x_1=2.323\ mol\cdot L^{-1},\quad x_2=0.935\ mol\cdot L^{-1}$$

把 $x_1=2.323$ 代入平衡常数表达式时，发现氢气和碘的浓度为负值。一个负浓度是没有任何化学意义的，因此舍弃。根据 $x_2=0.935\ mol\cdot L^{-1}$ 求得平衡浓度：

$$[H_2]=1.000-x=0.065(mol\cdot L^{-1})\quad [I_2]=2.000-x=1.065(mol\cdot L^{-1})$$
$$[HI]=2x=1.870\ mol\cdot L^{-1}$$

最后，将这些数值代入平衡表达式来验证所得的解：

$$K_c=\frac{[HI]^2}{[H_2][I_2]}=\frac{1.870^2}{0.065\times1.065}=51$$

用一元二次方程解化学平衡的计算问题，总有一个解没有化学意义而需要舍弃。

2.2.6 勒夏特列原理

研究表明，一个化学平衡建立后，改变反应物或产物的浓度或者压力以及系统的温度，平衡将会发生改变。1884 年，法国工业化学家亨利·路易斯·勒夏特列(Henri-Louis Le Châtelier，1850—1936)通过大量研究总结出了如下原理：**如果一个系统的平衡被温度、压力或者其中任何一个组分的浓度变化所破坏，那么系统的平衡会向着减少这种破坏影响的方向移动。**

下面结合化学平衡被破坏的三种方式在化学平衡系统中对勒夏特列原理的应用进行讨论。

1. 浓度对化学平衡的影响

化学平衡是动态的，系统条件的改变会破坏平衡的状态。如果出现这种情况，平衡就会移动直到达到新的平衡。勒夏特列原理指出了化学平衡移动的方向是减小这种改变的影响。因此，如果在一个处于平衡的化学系统中加入反应物或者产物，该反应将通过消耗加入的这些反应物或者产物来重新建立平衡。相反地，在一个化学平衡系统中移走某种物质后，化学平衡将会向着生成这种物质的方向移动。

在合成氨的反应中，从 N_2、H_2 和 NH_3 的平衡混合物中移走 NH_3 会导致反应向着生成 NH_3 的方向移动。由于 NH_3 的沸点(−33 ℃)比 N_2(−196 ℃)和 H_2(−253 ℃)的高得多，在氨的工业生产中，通过不断地对 NH_3 进行选择性液化并与反应物 N_2 和 H_2 分离，从而使 N_2 和 H_2 可以循环生成更多的 NH_3。通过这种不断的循环，反应基本上可以进行完全。

2. 压力对化学平衡的影响

对于有气体参与的化学反应，当系统达到平衡后，如果减小系统的体积，则系统的总压就会上升，由勒夏特列原理可知，该系统将会通过平衡移动来降低压力，方向将向着气体总物质的量减少的反应方向移动。相反地，增大系统体积会引起平衡向着气体总物质的量增加的反应方向移动。例如，下列平衡：

$$N_2O_4(g) \rightleftharpoons 2NO_2(g)$$

反应达到平衡后，如果减小系统体积以增加平衡混合物的总压，平衡将向反应物 N_2O_4 一边移动，因此当平衡重新建立时将有一部分 NO_2 转化成 N_2O_4。

如果气相中的气体反应物的计量系数之和等于气体产物的计量系数之和，当反应物达到平衡后，若改变系统的总压力对平衡没有影响。例如，对于下列反应：

$$H_2(g) + I_2(g) \rightleftharpoons 2HI(g)$$

当系统达到平衡后，增加或减少系统的体积将不会对平衡产生影响。

只要温度保持恒定，压力和体积变化只会改变系统中气体物质的浓度或分压而不会使平衡常数 K 值发生变化。

在例 2.3 中，对含有$[H_2]=0.1207\ mol\cdot L^{-1}$、$[N_2]=0.0402\ mol\cdot L^{-1}$和$[NH_3]=0.002\ 72\ mol\cdot L^{-1}$的平衡混合物，计算了反应在 472 ℃时的 K_c 值为 0.105。考虑如果突然将系统的体积减小为原来的 1/2，这个体积变化会导致所有物质的浓度增加到原来的 2 倍，则反应商不再与平衡常数相等。

$$Q=\frac{[NH_3]^2}{[N_2][H_2]^3}=\frac{0.005\ 44^2}{0.0804\times0.2414^3}=2.62\times10^{-2}$$

因为 $Q<K$，所以反应必须向右进行，直到 $Q=K=0.105$ 以重新建立新的平衡。这与勒夏特列原理预测的移动方向是一致的。

将不参与反应的气体加入到反应容器中也可以增加反应系统的总压。例如，将氩气加入到合成氨反应的平衡系统中。但是这种惰性气体的加入不会改变任何反应组分的分压，因此不会引起化学平衡的移动。

3. 温度对化学平衡的影响

在化学平衡中，改变反应物或产物的浓度，或改变反应容器的大小，只会改变化学平衡的方向，而不会改变平衡常数的大小。然而，当温度改变时几乎每一个化学反应的平衡常数都会改变。例如，$CoCl_2\cdot6H_2O$ 在室温下溶入盐酸的平衡，其方程式为

$$Co(H_2O)_6^{2+}(aq)+4Cl^-(aq)\rightleftharpoons CoCl_4^{2-}(aq)+6H_2O(l) \qquad (2.24)$$

$Co(H_2O)_6^{2+}$ 生成 $CoCl_4^{2-}$ 是一个吸热过程，$Co(H_2O)_6^{2+}$ 是粉红色，而 $CoCl_4^{2-}$ 是蓝色，故根据溶液颜色的变化就可以判断平衡移动的方向。$Co(H_2O)_6^{2+}$ 和 $CoCl_4^{2-}$ 的混合溶液呈现紫色。当对系统加热时，溶液颜色变成深蓝，表明平衡向着生成更多 $CoCl_4^{2-}$ 的方向移动；当系统冷却时，溶液颜色向粉红色转变，表明平衡向着产生更多 $Co(H_2O)_6^{2+}$ 的方向移动。上述现象可以根据勒夏特列原理进行解释，升高温度有利于平衡向吸热的方向移动(减小对平衡破坏的影响)，平衡常数 K 值增大，平衡向右移动。降低温度有利于平衡向着放热的方向移动(减小对平衡破坏的影响)，平衡常数 K 值减小，平衡向左移动。

相反，当降低一个吸热反应的温度时，平衡向着逆反应方向移动，K 值减小；降低一个放热反应的温度，平衡向着正反应方向移动，K 值增加。

温度对化学平衡的影响规律可以总结如下：

对于吸热过程，升高温度，平衡向正反应方向移动，K 值增大。

对于放热过程，升高温度，平衡向逆反应方向移动，K 值减小。

【例 2.13】 下列反应平衡：

$$N_2O_4(g) \rightleftharpoons 2NO_2(g) \qquad \Delta H>0$$

当系统达到平衡后，进行如下操作，平衡分别向哪个方向移动？

(a) 增加 N_2O_4；(b) 移走 NO_2；(c) 通过加 N_2 增加总压；(d) 减小反应系统体积；(e) 降低温度。平衡分别向哪个方向移动？

解 利用勒夏特列原理可以判断上述变化对化学平衡移动的影响。

(a) 平衡向减少 N_2O_4 的方向即生成 NO_2 的方向移动；

(b) 系统向生成 NO_2 的方向移动；

(c) 加入 N_2 会增加系统的总压力，但是 N_2 不参与反应。NO_2 和 N_2O_4 的分压不变，故平衡不移动；

(d) 反应将向减小压力的方向移动，即平衡向左移动；

(e) 反应是吸热的，降低反应温度 K 值将减小，故平衡将向逆反应方向移动。

【例 2.14】 根据附录 2 中的标准生成热数据，计算下列反应在 25 ℃(298 K)时的标准焓变，并判断该反应的平衡常数随温度如何变化。

$$N_2(g)+3H_2(g) \rightleftharpoons 2NH_3(g)$$

解 25 ℃时，NH_3 的 $\Delta_f H_m^\ominus=-46.19\ kJ\cdot mol^{-1}$。因此反应的标准焓变：

$$\Delta H^\ominus(298\ K)=2\times(-46.19\ kJ\cdot mol^{-1})-0=-92.38\ kJ\cdot mol^{-1}$$

上式表明反应是放热的，因此升高温度 K 值将减小，降低温度 K 值将增大。

表 2.5 列出了不同温度下合成氨反应的平衡常数 K_p。表中数据说明 K_p 随温度的变化很显著，并且在低温下变化更大。这一规律具有一定的普遍性。在实际生产中，在合理的速率下生成氨需要较高的温度，然而在高温下平衡常数较小，氨的转化率也较小。因此，反应一般在高压下进行，因为高压对氨的形成有利。

表 2.5　反应 $N_2(g)+3H_2(g) \rightleftharpoons 2NH_3(g)$ 在不同温度时 K_p 的变化

温度/℃	K_p
300	4.34×10^{-3}
400	1.64×10^{-4}
450	4.51×10^{-5}
500	1.45×10^{-5}
550	5.38×10^{-6}
600	2.25×10^{-6}

4. 催化剂的影响

催化剂可以改变反应速率，但是不能改变平衡混合物的组成，即平衡常数 K 不受催化剂存在的影响。

在早期合成氨的研究中，哈伯遇到了一个非常棘手的问题，在足够高的温度下可以得到合成氨的一个令人满意的反应速率，但反应的平衡常数却较小，如表 2.5 所示。为了解决这个难题，哈伯想到了使用催化剂。

在试验了许多不同的物质之后，哈伯终于筛选出铁和金属氧化物的混合物作为当时最适合的催化剂，这类原始催化剂现在仍在使用。为了使平衡时获得满意的转化率，保持高压是必要的。哈伯最终选定的合成氨的条件是，温度在 400～500 ℃，压力为 $2.0\times10^7\sim3.0\times10^7$ Pa。此时反应可以获得一个合适的反应速率以使体系快速达到平衡，同时体系也有较高的转化率。

如果能找到一种改良的催化剂，能在低于 400～500 ℃时将合成氨反应快速催化并达到平衡，那么它就有可能在相当低的压力下使合成氨反应获得较高的平衡转化率，这样会大大节省合成氨生产的设备投资。氨作为肥料由于需求不断增长，氮的固定将成为一个重要的研究课题。

2.3 化学反应的方向和吉布斯自由能变

2.3.1 熵和热力学第二定律

前面已经介绍，在给定条件下，不需要借助任何外力就能自发进行的化学反应或过程称为**自发反应（或自发过程）**。如图 2.5 所示两个用活塞开关连接的体积分别为 1 L 的细颈瓶，其中一个细颈瓶中是标准压力的理想气体，另外一个细颈瓶为真空状态。现在假定开关打开后系统温度不变，则气体最终会自发地从第一个细颈瓶扩散到第二个细颈瓶，直到两个细颈瓶中的压力都为 5×10^4 Pa。恒温条件下，气体扩散进入真空不会做功（真空条件下的 $p=0$，所以 $W=0$），而且系统和环境之间没有热量交换（$Q=0$），但该过程却是自发进行的过程。相反地，均匀分散在两个细颈瓶中的气体在没有热交换或作体积功的情况下将其转移到一个细颈瓶中是不可能的。上述现象说明，气体自发膨胀除热或功的影响之外还有其他影响因素。

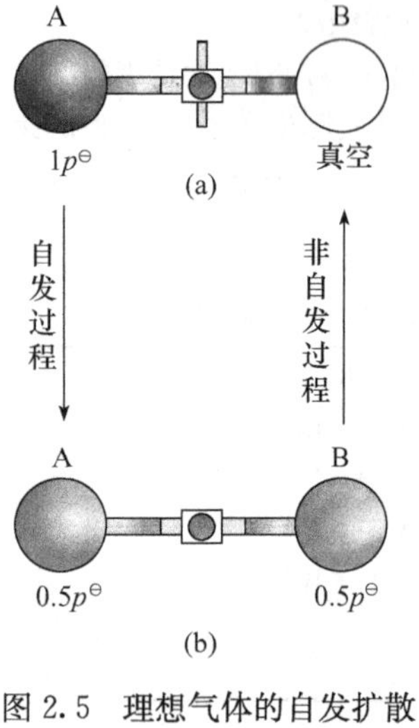

图 2.5 理想气体的自发扩散

1. 熵

自发进行的过程的例子有很多。例如，气体的自发膨胀，冰在高于熔点温度时自发融化（吸热过程），NH_4NO_3(s) 和 KCl(s) 都易溶于水，但其溶解却是吸热的（$\Delta H_{soln}>0$）等。研究这些自发过程进行的诱因会发现，这些过程的系统的终态的自由度比始态更大，即系统在终态比在始态具有更大的自由度和无序性。

当气体装在一个 1 L 的细颈瓶中时，如图 2.5(a)所示，每个气体分子都在 1 L 的空间内运动，气体扩散后，每个气体分子可以在 2 L 的空间内运动，气体的密度也相应减小。因此，气体分子具有更大的自由度。

冰的水分子在冰晶格的格点上规则排列(图 2.6)，冰融化后水分子可以自由移动(有少量的水分子通过氢键缔结在一起)。因此，液态水分子的自由度和无序性比固态水分子的大。

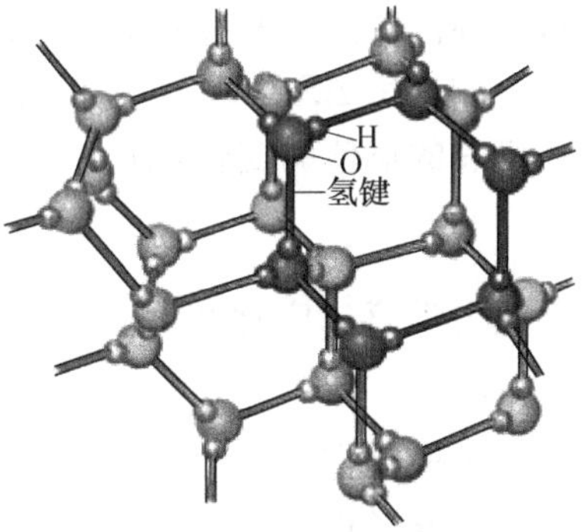

图 2.6　冰的晶体结构

KCl 在水中的溶解情况与冰的融化相似。在固态 KCl 中，K^+ 和 Cl^- 处在高度有序的结晶状态，当 KCl 溶解后，水合的 K^+ 和 Cl^- 可以自由地在水中移动，处于无序的状态，很明显它们较之晶体中的离子有更大的自由度。当然，离子水合后，部分水分子围绕在离子的周围，这些水分子较水合前处于更加有序的状态。因此，盐的溶解既包括有序化过程也包括无序化过程，但无序化过程通常是占优势的，因此最后的结果是盐通过在水中的溶解增加了其混乱程度。

自发性与系统的无序性或混乱程度的增加有密切的联系。热力学上引入**熵**(entropy)的概念作为系统混乱程度(简称混乱度)的量度，熵用 S 表示。系统的混乱度越大，熵值越大。**熵也是状态函数**。系统熵的改变仅依赖于系统的初始状态和最终状态，而与系统改变的路径无关。正的熵变表示系统混乱度的增加，负的熵变则表示系统混乱度的减小。

【例 2.15】　通过考虑反应物和产物的混乱度，预测下列过程的熵变是正还是负：

(a) $H_2O(l) \longrightarrow H_2O(g)$

(b) $Ag^+(aq) + Cl^-(aq) \longrightarrow AgCl(s)$

(c) $4Fe(s) + 3O_2(g) \longrightarrow 2Fe_2O_3(s)$

解　(a) 1 mol 的水(18 g)液态时大约占 18 mL 的体积，转变为气体在标准态下为 22.4 L。因为分子在气态比在液态时分散在更大的体积中，挥发的同时混乱度也在增加，因此熵变是正的。

(b) 溶液中自由移动的离子形成固体时，固体晶态中的离子被限制在高度规则的状态下，因此混乱程度降低，熵变是负的。

(c) 固体中的粒子被限制在特定的范围内，有更小的自由度，且排列也更为规则。因此气体转化为部分固体产品，混乱度减少，熵变是负的。

2. 热力学第二定律

有了熵的概念之后，就可以从过程混乱度的变化即熵增或者熵减讨论过程的自发性。阐述自发过程熵变的定律称为**热力学第二定律**，又称**熵增原理**。

如果用$\Delta S_{系统}$表示系统熵的变化，$\Delta S_{环境}$表示环境熵的变化，$\Delta S_{总}$表示系统与环境总的熵值的变化，即

$$\Delta S_{总} = \Delta S_{系统} + \Delta S_{环境} \tag{2.25}$$

则热力学第二定律可以描述如下（任何可逆过程的$\Delta S_{总}=0$，任何自发过程的$\Delta S_{总}>0$）：

$$\begin{aligned} &\text{可逆过程} \quad \Delta S_{总} = \Delta S_{系统} + \Delta S_{环境} = 0 \\ &\text{自发过程} \quad \Delta S_{总} = \Delta S_{系统} + \Delta S_{环境} > 0 \end{aligned} \tag{2.26}$$

式(2.26)表明，**任何自发过程总是向着系统和环境总熵值增加的方向变化**。

为了理解热力学第二定律，需进一步考虑铁自发氧化为氧化铁$Fe_2O_3(s)$的反应：

$$4Fe(s) + 3O_2(g) \longrightarrow 2Fe_2O_3(s) \tag{2.27}$$

这个自发过程系统的熵是减少的。但由于反应放热，导致环境分子的热运动加剧，所以环境分子的混乱度增加，也就是环境的熵值增加。由于该过程是一个自发过程，热力学第二定律说明：

$$\Delta S_{系统} + \Delta S_{环境} > 0$$

自然界不存在系统的熵减少而环境的熵不增加的过程。

3. 标准熵及过程熵变的计算

1）标准熵

热力学中规定，温度为绝对零度时，纯物质的完整晶体的熵值为零[①]，记作$S_0=0$。以此为基准，可以确定其他温度下系统的熵值。如果将某纯净的晶态物质从绝对零度升至T，该过程的熵变ΔS为

$$\Delta S = S_T = S_T - S_0$$

S_T称为该物质的规定熵。1 mol 某纯物质在标准压力下的规定熵称为该物质的**标准熵**(standard entropy)，用符号$S^{\ominus}$表示，单位是$J \cdot mol^{-1} \cdot K^{-1}$。

通过对一些物质**标准熵**值的分析，可以得到如下一些规律：

---

① 这就是所谓的热力学第三定律。关于规定熵有的教材称其为绝对熵，因为绝对零度无法达到，这一定律实际上只是一个推论，目前还不能用实验方法加以证明。

一般来说，当反应中气体的分子数增加时，系统的熵值增大，有利于反应自发地向正向进行。但是，在常温下$CaCO_3$的分解并不能自发进行。因此，仅以熵变判断反应的方向条件是不充分的。系统的熵变是决定反应方向的重要因素之一，除此以外还与系统的热效应有关。

(1) 熵与物质的聚集状态有关。同一种物质的气态熵值最大，液态次之，固态的熵值最小。例如，$S^{\ominus}(H_2O,s,298\ K)=39.33\ J\cdot mol^{-1}\cdot K^{-1}$，$S^{\ominus}(H_2O,l,298\ K)=69.9\ J\cdot mol^{-1}\cdot K^{-1}$，$S^{\ominus}(H_2O,g,298\ K)=188.7\ J\cdot mol^{-1}\cdot K^{-1}$。

(2) 分子结构类似且相对分子质量相近的物质，$S^{\ominus}$相近。例如，在 298 K 时，$S^{\ominus}(CO,g)=197.9\ J\cdot mol^{-1}\cdot K^{-1}$，$S^{\ominus}(N_2,g)=191.5\ J\cdot mol^{-1}\cdot K^{-1}$；分子结构相似而相对分子质量不同的物质，$S^{\ominus}$随相对分子质量增大而增大。如在 298 K 时，卤素的氢化物的标准熵分别为 $S^{\ominus}(HF,g)=173.7\ J\cdot mol^{-1}\cdot K^{-1}$，$S^{\ominus}(HCl,g)=186.80\ J\cdot mol^{-1}\cdot K^{-1}$，$S^{\ominus}(HBr,g)=198.59\ J\cdot mol^{-1}\cdot K^{-1}$，$S^{\ominus}(HI,g)=206.48\ J\cdot mol^{-1}\cdot K^{-1}$。

(3) 物质的相对分子质量相近时，分子构型复杂、对称性低的物质标准熵值大。例如，气态乙醇的 $S^{\ominus}(C_2H_5OH,g)=282.6\ J\cdot mol^{-1}\cdot K^{-1}$；二甲醚的气态 $S^{\ominus}(CH_3—O—CH_3,g)=266.3\ J\cdot mol^{-1}\cdot K^{-1}$。二者的分子式相同，相对分子质量也相等，但二甲醚分子中各原子的排布是对称的，而乙醇分子中原子排布的对称性较差，因此气态乙醇的标准熵值比气态二甲醚的标准熵值大。上述规律表明物质的宏观性质与其微观结构是密切相关的。

由于熵是物质内部的分子或离子等运动的混乱度的量度，因此**物质的熵值随着温度的升高总是增加的**。温度升高，物质内部的分子运动加剧，系统的混乱度增大，从而熵值增加。但一般情况下，如果物质没有相态变化，其熵值随温度的变化不大。另外，**压力增大会使物质的熵值减少**。对于液体和固体，压力对熵值的影响较小，但对于气体，则影响较大。

2) 反应熵变的计算

熵是状态函数，某过程的熵变只与始态和终态有关，而与途径无关。在标准状态下化学反应的熵变等于产物的标准熵之和减去反应物的标准熵之和，即

$$\Delta_r S_m^{\ominus}=\sum nS_T^{\ominus}(\text{产物})-\sum mS_T^{\ominus}(\text{反应物}) \quad (2.28)$$

【例 2.16】 计算 1.0 mol $CaCO_3(s)$在 298 K、101.325 kPa 条件下分解成 $CaO(s)$和 $CO_2(g)$的标准熵变 $\Delta_r S_m^{\ominus}(T)$。

解　　$CaCO_3(s)\longrightarrow CaO(s)+CO_2(g)$

查附录 2 知

$$\begin{aligned}\Delta_r S_m^{\ominus}(298\ K)&=n(CaO)S_m^{\ominus}(CaO,s)+n(CO_2)S_m^{\ominus}(CO_2,g)-m(CaCO_3)S_m^{\ominus}(CaCO_3,s)\\&=1.0\times 38.2\ J\cdot mol^{-1}\cdot K^{-1}+1.0\\&\quad\times 213.6\ J\cdot mol^{-1}\cdot K^{-1}-1.0\times 92.9\ J\cdot mol^{-1}\cdot K^{-1}\\&=159\ J\cdot mol^{-1}\cdot K^{-1}\end{aligned}$$

计算结果表明，$CaCO_3$ 分解是熵增加的反应。这是由于反应生成了 CO_2 气体，使系统的混乱度增大。

2.3.2　吉布斯自由能

热力学第二定律给出判断化学反应自发性的判据，但使用该判据需要计算环境的熵变。因此，在等温等压条件下，一般采用过程吉布斯自由能的变化来判断化学反应的方向。

通过前面的知识已经了解到，系统熵值增加时对反应是有利的，另外化学反应放热使系统的能量降低对过程的发生也是有利的。因此，化学反应的自发性应同时受到系统的熵变和焓变两种因素的制约。为了综合考虑系统的熵变和焓变对过程自发性的影响，19 世纪 70 年代美国物理学家吉布斯(J. Willard Gibbs，1839—1903)提出了一个新的状态函数，这个函数称为吉布斯函数或吉布斯自由能(简称自由能)(Gibbs free energy)，用 G 表示

$$G = H - TS \tag{2.29}$$

式中，H 为系统的焓；S 为系统的熵；T 为热力学温度。

对于恒温反应过程，系统自由能的变化为

$$\Delta G = \Delta H - T\Delta S \tag{2.30}$$

式(2.30)表明，在等温条件下，已知系统的焓变和熵变，即可计算系统的吉布斯自由能变化。

1. 反应自发进行的判据

ΔG 给出了判断过程能否自发进行的重要信息。在恒温恒压条件下，当一个过程放热($\Delta H<0$)并熵值增加($\Delta S>0$)，则 $\Delta G<0$，两者对反应的自发进行都是有利的，反应可以自发进行；当一个过程且反应吸热($\Delta H>0$)并熵值减小($\Delta S<0$)则 $\Delta G>0$，两者对反应的自发进行都是不利的，反应不能自发进行；若过程吸热($\Delta H>0$)而熵值增加($\Delta S>0$)，或者过程放热($\Delta H<0$)而熵值减小($\Delta S<0$)，则 $\Delta G<0$ 反应是自发的，$\Delta G>0$ 反应则是非自发。

因此，在恒温、恒压、不做非体积功的条件下，ΔG 与反应的自发性的关系如下：

① ΔG　0，正反应是自发的；

② $\Delta G=0$，反应处于平衡状态；

③ ΔG　0，正反应是非自发的，其逆反应是自发的。

自发反应系统的自由能总是减少直至达到它的最小值。

吉布斯自由能是一个重要的热力学物理量，因为自然界绝大多数反应是在接近恒温和恒压的条件下进行的。在设计化学和生化反应时，化学家和生物化学家总是把过程 ΔG 的符号和大小作为反应能否发生的最主要的依据。

2. 标准生成自由能

自由能同焓、熵一样是一个状态函数，其绝对值是无法确定的。为了对化学反应的吉布斯自由能改变进行计算，如同标准生成焓一样，规定了物质的**标准生成吉布斯自由能**(standard Gibbs free energy of formation)，用符号 $\Delta_f G_m^\ominus$ 表示，单位为 $kJ \cdot mol^{-1}$。物质的标准生成自由能值包含一系列特定的条件或标准状态。气体物质的标准态是指气态物质处于标准压力 $p^\ominus$(100 kPa)；对于固体物质，标准态是纯固体；液态物质的标准态是指纯液体。对于溶液中的物质，标准态通常是指该物质的标准浓度($1\ mol \cdot L^{-1}$的浓度)。温度通常选择为 25 ℃(298 K)。

自由能是一个状态函数，**稳定单质在标准状态下的自由能被规定为零**。这部分物质标准生成自由能 $\Delta_f G_m^\ominus$ 的数值列在附录 2 中。

物质的标准生成自由能 $\Delta_f G_m^\ominus$ 在计算化学过程的**标准自由能变** $\Delta_r G_m^\ominus$ 时是非常有用的，与计算 $\Delta H^\ominus$ 和 $\Delta S^\ominus$ 类似

$$\Delta_r G_m^\ominus = \sum n\Delta_f G_m^\ominus(\text{产物}) - \sum m\Delta_f G_m^\ominus(\text{反应物}) \tag{2.31}$$

$\Delta_r G_m^\ominus$ 的数值表明，在标准状态下，$\Delta_r G_m^\ominus<0$，反应物和产物的混合物会自发地向正反应方向进行，生成更多的产物直到 $\Delta_r G_m^\ominus=0$，当 $\Delta_r G_m^\ominus>0$ 时，则体系向逆反应方向进行，生成更多的反应物直到 $\Delta_r G_m^\ominus=0$。

因为大多数的物质的 $\Delta_f G_m^\ominus$ 可以通过相关手册查到，因此许多反应自由能变化的值很容易计算。

【例 2.17】 计算在 298 K 时下列反应的标准摩尔自由能变

$$N_2(g)+3H_2(g)\rightleftharpoons 2NH_3(g)$$

解　从附录 2，查得下列三种物质的标准摩尔自由能 $N_2(g)$，$\Delta_f G_m^\ominus=0.0$；$H_2(g)$，$\Delta_f G_m^\ominus=0.0$；$NH_3(g)$，$\Delta_f G_m^\ominus=-16.66\ kJ \cdot mol^{-1}$。反应的标准摩尔自由能变化值为

$$\Delta_r G_m^\ominus=2\Delta_f G_m^\ominus[NH_3(g)]-(3\Delta_f G_m^\ominus[H_2(g)]+\Delta_f G_m^\ominus[N_2(g)])$$

代入数值，得

$$\begin{aligned}\Delta_r G_m^\ominus &=2\times(-16.66\ kJ \cdot mol^{-1})-(3\times 0.0\ kJ \cdot mol^{-1}+0.0\ kJ \cdot mol^{-1})\\ &=-33.32\ kJ \cdot mol^{-1}\end{aligned}$$

$\Delta_r G_m^\ominus$ 为负，表示在 25 ℃、标准状态下，H_2、N_2 和 NH_3 的混合物可能自发反应生成氨。(注意：反应能否发生还与反应速率有关)

2.3.3　自由能变化与温度的关系

除 25 ℃外，物质在其他温度下的反应方向也可以用相应温度下反应的标准摩

尔自由能变化来判断。根据式(2.29),有

$$\Delta_r G_m^\ominus(T) = \Delta_r H_m^\ominus(T) - T\Delta_r S_m^\ominus(T) \tag{2.32}$$

通常情况下,$\Delta_r H_m^\ominus$ 和 $\Delta_r S_m^\ominus$ 随温度改变很少。在没有相变发生的情况下,可以用25 ℃时过程的标准焓 $\Delta_r H_m^\ominus$(298 K)和标准熵变 $\Delta_r S_m^\ominus$(298 K)近似求算系统的 $\Delta_r G_m^\ominus$,即

$$\Delta_r G_m^\ominus(T) \approx \Delta_r H_m^\ominus(298\ \mathrm{K}) - T\Delta_r S_m^\ominus(298\ \mathrm{K}) \tag{2.33}$$

式(2.33)中随温度显著变化的项是 $-T\Delta_r S_m^\ominus$。当 $\Delta_r H_m^\ominus$(298 K)和 $-T\Delta_r S_m^\ominus$(298 K)符号相反时,两项的相对大小决定 $\Delta_r G_m^\ominus(T)$是正还是负。因此,在较高温度时,$-T\Delta_r S_m^\ominus$(298 K)对于 $\Delta_r G_m^\ominus$(298 K)的符号和大小可能起决定作用。

表 2.6 列出了 $\Delta_r H_m^\ominus$ 和 $\Delta_r S_m^\ominus$ 数值的正负对 $\Delta_r G_m^\ominus$ 的影响。根据表 2.6,可以预知 $\Delta_r G_m^\ominus$ 数值随温度的变化情况。

表 2.6　温度对反应自发性的影响

$\Delta_r H_m^\ominus$	$\Delta_r S_m^\ominus$	$\Delta_r G_m^\ominus(T)$	反应特征	实　例
－	＋	－	反应自发	$2O_3(g) \longrightarrow 3O_2(g)$
＋	－	＋	反应不能自发	$3O_2(g) \longrightarrow 2O_3(g)$
－	－	低温－,高温＋	低温时反应自发	$CaO(s)+CO_2(g) \longrightarrow CaCO_3(s)$
＋	＋	低温＋,高温－	高温时反应自发	$CaCO_3(s) \longrightarrow CaO(s)+CO_2(g)$

【例 2.18】 (a) 根据 $\Delta_r G_m^\ominus$ 随着温度的升高变化预测平衡移动的方向

$$N_2(g)+3H_2(g) \rightleftharpoons 2NH_3(g)$$

(b) 假定 $\Delta_r H_m^\ominus$ 和 $\Delta_r S_m^\ominus$ 不随温度而改变,计算 500 ℃(773 K)时上述反应的 $\Delta_r G_m^\ominus$ 并预测平衡移动的方向。

解 (a) 由于反应物 $N_2(g)$和 $H_2(g)$的分子数明显多于产物 $NH_3(g)$的分子数,因此 $\Delta_r S_m^\ominus$ 是负值,这意味着 $-T\Delta_r S_m^\ominus$ 是正值而且随着温度升高而变大;另外合成氨是一个放热反应,因此,随着温度的升高反应的 $\Delta_r G_m^\ominus(T)$会增大,即反应的推动力将变小。

(b) 该反应各物质的热力学数据可以从附录 2 中得到。前面已进行了焓和熵的计算,$\Delta_r H_m^\ominus(298\ \mathrm{K}) = -92.38\ \mathrm{kJ \cdot mol^{-1}}$和 $\Delta_r S_m^\ominus(298\ \mathrm{K}) = -198.3\ \mathrm{J \cdot mol^{-1} \cdot K^{-1}}$。由于 $\Delta_r H_m^\ominus$ 和 $\Delta_r S_m^\ominus$ 随温度变化很小,根据式(2.33),得

$$\begin{aligned}\Delta_r G_m^\ominus(773\ \mathrm{K}) &\approx (-92.38\ \mathrm{kJ \cdot mol^{-1}}) - (773\ \mathrm{K}) \times (-198.3\ \mathrm{J \cdot mol^{-1} \cdot K^{-1}}) \times (1\ \mathrm{kJ}/10^3\ \mathrm{J}) \\ &= (-92.38\ \mathrm{kJ \cdot mol^{-1}}) + 153\ \mathrm{kJ \cdot mol^{-1}} = 61\ \mathrm{kJ \cdot mol^{-1}}\end{aligned}$$

将上述结果与例 2.17 的计算结果进行比较,该反应在 298 K 时的 $\Delta G^\ominus$(298 K)＝$-33.32\ \mathrm{kJ \cdot mol^{-1}}$,温度从 298 K 增加到 773 K,$\Delta_r G_m^\ominus$ 从 $-33.32\ \mathrm{kJ \cdot mol^{-1}}$增加到 $61\ \mathrm{kJ \cdot mol^{-1}}$,说明在标准状态下 H_2、N_2 和 NH_3 的混合物在 298 K 下将自发生成更多的 NH_3,然而在 773 K 下却不能自发进行(实际上,在 773 K 该反应的逆反应是自发的,在此条件下 NH_3 将分解成更多的 H_2 和 N_2)。

2.3.4　非标准条件下反应自由能变化的计算

反应在标准状态下的 $\Delta_r G_m^\ominus$ 值对判断该反应自发进行的方向是非常有用的，但是通常需要知道反应在非标准状态下自发进行的方向。对于任何化学过程，标准状态下自由能的变化与非标准状态下自由能的变化有如下关系：

$$\Delta_r G_m(T) = \Delta_r G_m^\ominus(T) + RT\ln Q \tag{2.34}$$

式(2.34)称为化学反应**等温方程**。其中，R 为摩尔气体常量，数值为 8.314 J·mol^{-1}·K^{-1}；T 为热力学温度；Q 为化学反应混合物的反应商。

【例 2.19】 如果将 1.0 $p^\ominus$ 的 N_2、3.0 $p^\ominus$ 的 H_2 和 1.0 $p^\ominus$ 的 NH_3 进行混合，计算 298 K 时反应的 $\Delta_r G_m$。

$$N_2(g) + 3H_2(g) \longrightarrow 2NH_3(g)$$

解　由上述反应方程式和给定的分压值可以计算反应商 Q 为

$$Q = \frac{p_{NH_3}^2}{p_{N_2}\, p_{H_2}^3} = \frac{1.0^2}{(1.0)(3.0)^3} = 3.7\times10^{-2}$$

在例 2.17 中得到，298 K 时该反应的 $\Delta_r G_m^\ominus = -33.32$ kJ·mol^{-1}。因此，根据式(2.34)有

$$\begin{aligned}\Delta_r G_m(298\text{ K}) &= \Delta_r G_m^\ominus(298\text{ K}) + RT\ln Q\\ &= (-33.32\text{ kJ}\cdot\text{mol}^{-1}) + (8.314\text{ J}\cdot\text{mol}^{-1}\cdot\text{K}^{-1})\\ &\quad \times(298\text{ K})\times(1\text{kJ}/10^3\text{ J})\ln(3.7\times10^{-2})\\ &= (-33.32\text{ kJ}\cdot\text{mol}^{-1}) + (-8.17\text{ kJ}\cdot\text{mol}^{-1}) = -41.49\text{ kJ}\cdot\text{mol}^{-1}\end{aligned}$$

这个结果与勒夏特列原理预测的结果是一致的。氢气的相对分压 p_{H_2} 的增加将使反应向生成产物的方向移动，$\Delta_r G_m$(298 K)相对 $\Delta_r G_m^\ominus$(298 K)更负，反应平衡时系统将得到更多的 NH_3。

2.3.5　标准摩尔自由能变和标准平衡常数

从前面的等温方程(2.34)可以看到，当系统达到平衡时，$\Delta_r G_m = 0$，则 Q 等于平衡常数，因此

$$\Delta_r G_m(T) = \Delta_r G_m^\ominus(T) + RT\ln Q$$

$$0 = \Delta_r G_m^\ominus(T) + RT\ln K^\ominus$$

$$\Delta_r G_m^\ominus(T) = -RT\ln K^\ominus \tag{2.35}$$

$$\lg K^\ominus(T) = \frac{-\Delta_r G_m^\ominus(T)}{2.303RT} \quad 或 \quad \ln K^\ominus(T) = \frac{-\Delta_r G_m^\ominus(T)}{RT} \tag{2.36}$$

上述结果表明，**只要知道化学反应在某温度下的 $\Delta_r G_m^\ominus$，就可以计算该反应在这一温度下的平衡常数**。由于这一平衡常数值是通过系统在标准条件下的标准摩

尔自由能变化值 $\Delta_r G_m^{\ominus}$ 求得的，因此，称其为**标准平衡常数**（standard equilibrium constant），用 $K^{\ominus}$ 表示。$K^{\ominus}$ 从理论上解释了化学平衡的基本规律。

本书中规定常数没有量纲，因此对于溶液中的反应，$K^{\ominus}$ 在数值上应与 K_c 相等；对于气相反应，则 $K^{\ominus}$ 的数值应与 K_p 相等。

标准平衡常数 $K^{\ominus}$ 通过热力学计算很容易得到。为方便起见，在以后的各章节中，平衡常数统一用标准平衡常数 $K^{\ominus}$ 来表达。但应注意，对于气相反应，标准平衡常数表达式中只能使用各物质的相对分压，这与气相反应的实验平衡常数既可用 K_p 表达又可以用 K_c 表达有很大的差别。

【例 2.20】 用标准生成自由能数据计算 25 ℃(298 K)和 472 ℃(745 K)时下列反应的平衡常数

$$N_2(g)+3H_2(g) \longrightarrow 2NH_3(g)$$

解 (1) 这是一个气相反应，由例 2.17 可知，该反应的标准自由能变为 $-33.29\ kJ \cdot mol^{-1} = -33290\ J \cdot mol^{-1}$。因此

$$\lg K^{\ominus}(298\ K)=\frac{-\Delta G^{\ominus}}{2.303RT}=\frac{-(-33\,290\ J\cdot mol^{-1})}{2.303\times(8.314\ J\cdot mol^{-1}\cdot K^{-1})\times(298\ K)}=5.8$$

即

$$K^{\ominus}=10^{5.8}=6.3\times10^{5}$$

这是一个较大的平衡常数，说明如果有催化剂，H_2 与 N_2 在室温下反应合成 NH_3 进行得比较完全，即使不加高压，NH_3 也有很高的产率。这个反应的 $K^{\ominus}$ 值与该反应的实际平衡 K_p 值相等。

(2) $\Delta_r H_m^{\ominus}$ 和 $\Delta_r S_m^{\ominus}$ 随温度的变化很小，可以忽略不计，采用附录 2 中的数据计算此反应的 $\Delta_r H_m^{\ominus}(298\ K)$ 和 $\Delta_r S_m^{\ominus}(298\ K)$（该过程已在例 2.18 完成），可知：$\Delta_r H_m^{\ominus}(298\ K) = -92.38\ kJ \cdot mol^{-1}$，$\Delta_r S_m^{\ominus}(298\ K) = -198.3\ J \cdot mol^{-1} \cdot K^{-1}$。因此根据式(2.32)和式(2.33)得

$$\begin{aligned}\Delta_r G_m^{\ominus}(745\ K) &= \Delta_r H_m^{\ominus}(745\ K)-(745\ K)\Delta_r S_m^{\ominus}(745\ K)\\ &\approx \Delta_r H_m^{\ominus}(298\ K)-T\Delta_r S_m^{\ominus}(298\ K)\\ &=(-92.38\ kJ\cdot mol^{-1})-(745\ K)\times(-198.3\ J\cdot mol^{-1}\cdot K^{-1})\times(1kJ/10^3 J)\\ &=55.35\ kJ\cdot mol^{-1}=55\,350\ J\cdot mol^{-1}\end{aligned}$$

$$\lg K^{\ominus}(745\ K)=\frac{-\Delta G^{\ominus}}{2.303RT}=\frac{-55\,350\ J\cdot mol^{-1}}{2.303\times(8.314\ J\cdot mol^{-1}\cdot K^{-1})\times(745\ K)}=-3.88$$

$$K^{\ominus}=10^{-3.88}=1.32\times10^{-4}$$

【例 2.21】 用标准生成自由能计算 25 ℃(298 K)时下列反应的平衡常数：

$$H_2PO_4^-(aq) \rightleftharpoons H^+(aq)+HPO_4^{2-}(aq)$$

这是一个液相反应。由附录 2 中的数据可得反应的标准自由能变为

$$\Delta_r G_m^\ominus = \Delta_f G_m^\ominus[HPO_4^{2-}(aq)] + \Delta_f G_m^\ominus[H^+(aq)] - \Delta_f G_m^\ominus[H_2PO_4^-(aq)]$$
$$= -1089.15\ kJ \cdot mol^{-1} + 0 - (-1130.28\ kJ \cdot mol^{-1})$$
$$= 41.13\ kJ \cdot mol^{-1}$$

因此

$$\lg K^\ominus(298\ K) = \frac{-\Delta_r G_m^\ominus}{2.303RT} = \frac{-(41\ 130\ J \cdot mol^{-1})}{2.303 \times (8.314\ J \cdot mol^{-1} \cdot K^{-1}) \times (298\ K)} = -7.2$$
$$K^\ominus = 10^{-7.2} = 6.3 \times 10^{-8}$$

计算出的标准平衡常数 $K^\ominus$ 的结果与该反应的压力平衡常数 K_p 的数值相等。

2.3.6　如何推动非自发反应

许多化学反应，包括大量生命系统中的反应，都是非自发的。举例来说，辉铜矿中的 Cu_2S 分解为单质的反应是非自发的：

$$Cu_2S(s) \longrightarrow 2Cu(s) + S(s) \quad \Delta_r G_m^\ominus(298\ K) = 86.2\ kJ \cdot mol^{-1}$$

因为上述反应的 $\Delta_r G_m^\ominus$ 是正值，所以必须找到一种对反应“做功”或者提供“推动力”的方法才能使反应发生。例如，通过在上述反应中**耦合** $\Delta_f G_m^\ominus$ 很负的 S(s)与 $O_2(g)$燃烧的反应可以使总反应自发进行：

$$S(s) + O_2(g) \longrightarrow SO_2(g) \qquad \Delta_r G_m^\ominus(298\ K) = -300.4\ kJ \cdot mol^{-1}$$
$$Cu_2S(s) + O_2(g) \longrightarrow 2Cu(s) + SO_2(g)$$
$$\Delta_r G_m^\ominus(298\ K) = (-300.4\ kJ \cdot mol^{-1}) + 86.2\ kJ \cdot mol^{-1} = -214.2\ kJ \cdot mol^{-1}$$

从而实现由辉铜矿(Cu_2S)自发反应提炼铜。上述反应通过 S(s)与 $O_2(g)$的自发反应提供从辉铜矿中提炼铜所需的自由能。

阅读材料　　食品及其营养

人体所需要的能量大多数来自于碳水化合物和脂肪，少数来自蛋白质。碳水化合物在肠内分解成葡萄糖($C_6H_6O_6$)，葡萄糖溶于血，在人体中称做血糖，由血液传递给细胞，并在细胞中与 O_2 反应生成 $CO_2(g)$和 $H_2O(l)$，同时产生人体所需的能量：

$$C_6H_6O_6(s) + 6O_2(g) \longrightarrow 6CO_2(g) + 6H_2O(l) \qquad \Delta_r H_m^\ominus = -2816\ kJ \cdot mol^{-1}$$

碳水化合物的分解反应很快，所以它们产生的能量能迅速供给全身。碳水化合物的平均燃烧值是 17 $kJ \cdot g^{-1}$(4 $kcal \cdot g^{-1}$)。

脂肪在人体新陈代谢过程中生成的最终产物也是 $CO_2(g)$和 $H_2O(l)$。典型的脂肪如 $C_{57}H_{110}O_6$ 的燃烧反应如下：

$$2C_{57}H_{110}O_6(s) + 163O_2(g) \longrightarrow 114CO_2(g) + 110H_2O(l) \qquad \Delta_r H_m^\ominus = -75\ 520\ kJ \cdot mol^{-1}$$

人体将这些从食物中得到的化学能用于保持体温，补充体力消耗以及构成和修补组织结构等，过量的能量作为脂肪储存起来。人体用脂肪储存身体中多余的能量至少有两大优点：①脂肪不溶于水，这使它能在身体内存积；②单位质量的脂肪比单位质量的蛋白质和碳水化合物产生的能量都多，这使它在热效应方面占有很大的优势。脂肪的平均燃烧值是 38 kJ·g^{-1}(9 kcal·g^{-1})。

由于产物不同，蛋白质在身体内新陈代谢过程中产生的能量比在量热器中燃烧产生的少。蛋白质含氮，在弹式量热计中以 N_2 的形式放出，在人体中最终主要以尿素 $(NH_2)_2CO$ 的形式排出。蛋白质在身体中作为器官壁以及皮肤、头发、肌肉等的主要构成物质。一般而言，单位质量的蛋白质新陈代谢产生的热量与单位质量的碳水化合物新陈代谢产生的热量相当(4 kcal·g^{-1})。

各种常见食品的燃烧热如表 2.7 所示。有些包装好的食品标签上标明了一般碳水化合物、脂肪和蛋白质的含量及该食品的能量值。人体所需的能量因体重、年龄和肌肉活性的不同而变化。每千克体重每天至少约需 100 kJ 的能量来维持身体的机能。一般 70 kg 的人做轻度工作(如慢跑或轻微园艺等)，大约消耗 800 kJ·h^{-1}；剧烈运动(如跑步等)常需 2000 kJ·h^{-1} 或更多。当摄入的食物的能量超过每天消耗的能量时，身体就会将多余的能量以脂肪的形式储存起来。

除碳水化合物、脂肪、蛋白质外，人体还需要维生素、矿物质和一些微量元素等其他营养物质。维生素一共有二十几种，它们的功能是增强人的免疫能力，尤其是与酶的活性有密切的关系。摄入缺乏维生素会引起人体新陈代谢的紊乱。对人体最重要的维生素主要有甲种维生素(维生素 A)、乙种维生素(维生素 B_1、维生素 B_2、维生素 B_{12})、丙种维生素(维生素 C，即抗坏血酸)、丁种维生素(维生素 D)等。

表 2.7　一些常见食品的化学组成和燃烧热

食　品	化学组成(质量分数/%)			燃烧热	
	碳水化合物	脂肪	蛋白质	/(kJ·g^{-1})	/(kcal·g^{-1})
碳水化合物	100	—	—	17	4
脂肪	—	100	—	38	9
蛋白质	—	—	100	17	4
苹果	13	0.5	0.4	2.5	0.59
梨	1.2	—	0.3	1.8	0.42
面包	52	3	9	12	2.8
奶酪	4	37	28	20	4.7
鸡蛋	0.7	10	13	6.0	1.4
软糖	81	11	2	18	4.4
绿豆	7.0	—	1.9	15	3.6
牛奶(全脂)	5.0	4.0	3.3	3.0	0.74
花生米	22	39	26	23	5.5

矿物质是构成人体组织的重要元素。骨骼是人体的主要支柱，而骨骼的主要成分是磷酸钙与碳酸钙的复盐($[Ca_3(PO_4)_2]\cdot CaCO_3$)，另外还含有少量氟和镁。矿物质也是构成牙齿的成分，主要是磷酸钙$[Ca_3(PO_4)_2]$、碳酸钙($CaCO_3$)和磷酸镁$[Mg_3(PO_4)_2]$等。牙釉质的

主要成分是羟基磷灰石和少量氟磷灰石。钠、钾、钙、镁、氯、硫、磷等多种元素是细胞内液体和细胞间液体的重要成分。

微量元素在人体中发挥着特定的生理功能和作用。目前已确定的人体必需的微量元素有铁、锌、铜、铬、硒、碘、钴、锰、镍、钼、氟、锡、硅、矾及砷等，除铁外(4.5 g)，其他微量元素在人体中的含量甚微。这些微量元素进入人体后，分布在人体的各个器官以及血液中。如果缺少这些微量元素，人就会得病，甚至死亡。

思　考　题

1. 试区别下列各组中的基本概念：

(1) 化学反应的平均速率和瞬时速率；

(2) 反应级数和化学计量数；

(3) 反应速率方程式和反应速率常数；

(4) 反应商与平衡常数；

(5) 反应的摩尔吉布斯自由能变与反应的标准吉布斯自由能变；

(6) 焓、熵和吉布斯自由能变。

2. 说明反应进度的定义及引入反应进度的意义。

3. $Ni(CO)_4$ 是一种沸点很低的剧毒液体，由金属镍和 CO 在高于 $Ni(CO)_4$ 的沸点(42.2 ℃)时制得，反应式为 $Ni(s)+4CO(g)\longrightarrow Ni(CO)_4(g)$。加热 $Ni(CO)_4$ 在 200 ℃下分解，利用这种性质，将不纯的镍在 50 ℃下与 CO 反应生成 $Ni(CO)_4(g)$，分离后再加热分解重新生成 Ni(s)和 CO(g)。通过羰基化过程，可以把镍的纯度提高到 99.9%以上。

(1) 写出以上反应的平衡常数表达式；

(2) 在羰基化过程中给出了两个反应的温度，正反应和逆反应哪一个是吸热反应？哪一个是放热反应？

(3) 早期的汽车使用镍金属板排气管。在汽车尾气的温度下，尽管上述反应的平衡常数非常小，尾气管仍会很快被磨蚀。试解释原因。

4. 根据勒夏特列原理，讨论下列反应

$$2Cl_2(g)+2H_2O(g)\longrightarrow 4HCl(g)+O_2(g)\qquad \Delta_r H_m^\ominus>0$$

将 $Cl_2(g)$、$H_2O(g)$、$HCl(g)$、$O_2(g)$ 四种气体混合后，反应达到平衡时，下列左面的操作对右面各物理量的平衡数值有何影响？(操作条件中没有注明的，指温度不变和体积不变)

(1) 增大容器体积	$n(H_2O,g)$	(2) 加 O_2	$n(H_2O,g)$
(3) 加 O_2	$n(O_2,g)$	(4) 加 O_2	$n(HCl,g)$
(5) 减小容器体积	$n(Cl_2,g)$	(6) 减小容器体积	$p(Cl_2,g)$
(7) 减小容器体积	$K^\ominus$	(8) 升高温度	$K^\ominus$
(9) 升高温度	$p(HCl,g)$	(10) 加氮气	$n(HCl,g)$
(11) 加催化剂	$n(HCl,g)$		

5. 下列叙述是否正确？并说明原因。

(1) 在平衡状态，反应物不能转化为产物；

(2) 在平衡状态，正向反应的速率常数等于逆向反应的速率常数；

(3) 在平衡状态，反应物和产物的量相等；

(4) 标准平衡常数大，反应速率系数一定也大；

(5) 在定温条件下，某反应系统中反应物起始浓度不同，则平衡时组成不同，因此标准平衡常数也不同；

(6) 在一定温度下，若反应 $A(aq)+2B(s) \rightleftharpoons C(aq)$ 达到平衡，必须有 B(s)存在，同时平衡状态又与 B(s)的量无关；

(7) 对于合成氨反应来说，当温度一定，尽管反应开始时 $n(H_2):n(N_2):n(NH_3)$ 不同，但是只要系统中 $n(N_2)$、$n(H_2)$ 保持不变，则平衡组成相同，标准平衡常数不变；

(8) 在一定条件下，某气相反应达到了平衡，在温度不变的条件下，压缩反应系统的体积，系统的总压增大，各物种的分压也增大相同倍数，平衡必定移动；

(9) ΔS 为正值的反应均是自发反应；

(10) 反应的级数取决于反应方程式中反应物的化学计量数。

6. 判断反应自发进行的标准是什么？怎样认识判断化学反应的反应商判据、熵判据和吉布斯自由能变判据？

7. 解释 $\Delta G^{\ominus}$ 与 ΔG 相比有什么不同。

8. 假设有一个反应在恒温和恒压下进行，那么 $\Delta G=0$ 有什么意义？

9. 假设有一个反应的 ΔG 的值很大而且是负值，这个反应的速率快吗？

10. 试总结有关化学平衡计算的一般解题步骤。

习　题

1. 在反应 $CH_3OH(aq)+HCl(aq) \longrightarrow CH_3Cl(aq)+H_2O(l)$ 中，HCl 的浓度变化如下表所示：

时间/min	[HCl]/(mol · L^{-1})
0.0	1.85
54.0	1.58
107.0	1.36
215.0	1.02
430.0	0.580

(1) 计算表中任一时间间隔内的平均反应速率，以 mol · L^{-1} · s^{-1} 为单位。

(2) 计算 t=75 min 和 t=250 min 时的瞬时速率，分别以 mol · L^{-1} · min^{-1} 和 mol · L^{-1} · s^{-1} 为单位表示。

2. 一个反应的速率方程为 $v=k[A][B]^2$。

(1) 如果[A]改变，速率会怎样变化？速率常数是否会变？解释原因。

(2) A 和 B 的反应级数分别是多少？总反应级数是多少？

(3) 速率常数的单位是什么？

3. 已知反应 $CH_3COOC_2H_5(aq)+OH^-(aq) \longrightarrow CH_3COO^-(aq)+C_7H_5OH(aq)$在不同温度下的反应速率常数如下所示：

温度/℃	$k/(mol \cdot L^{-1} \cdot s^{-1})$
15	0.0521
25	0.101
35	0.184
45	0.332

运用以上数据绘出 $\ln k$ 与 $1/T$ 的关系图。

4. 在 NO_2 的催化作用下把 SO_2 氧化成 SO_3，反应过程如下：

$$NO_2(g)+SO_2(g) \longrightarrow NO(g)+SO_3(g)$$
$$2NO(g)+O_2(g) \longrightarrow 2NO_2(g)$$

(1) 把这两个反应合成一个总反应式。

(2) 为什么 NO_2 是催化剂而不是中间产物？

(3) 这是一个多相催化还是均相催化的例子？

5. H_2S 是工业废水中一种常见的污染物，消除 H_2S 的一种方法是用 Cl_2 处理污水。有关反应如下：$H_2S(aq)+Cl_2(aq) \longrightarrow 2H^+(aq)+2Cl^-(aq)+S(s)$。这一反应对每一反应物都是一级的，实验表明在 28 ℃时，消耗 H_2S 的速率常数为 3.5×10^{-2} $mol \cdot s^{-1}$，若 H_2S 浓度为 1.6×10^{-4} $mol \cdot L^{-1}$，Cl_2 为 0.07 $mol \cdot L^{-1}$，形成 Cl^- 的反应速率是多少？

6. 氯化汞与草酸根在室温下发生如下反应：

$$2HgCl_2(aq)+C_2O_4^{2-}(aq) \longrightarrow 2Cl^-(aq)+2CO_2(g)+Hg_2Cl_2(s)$$

初始反应速率取决于 $HgCl_2$ 和 $C_2O_4^{2-}$ 的初始浓度。下面的速率数据是根据 $C_2O_4^{2-}$ 在各组实验中的初始浓度的消耗速率得到的。

实验次数	$HgCl_2$ 初始浓度/$(mol \cdot L^{-1})$	$C_2O_4^{2-}$ 初始浓度/$(mol \cdot L^{-1})$	初始速率/$(mol \cdot L^{-1} \cdot s^{-1})$
1	0.164	0.15	3.2×10^{-5}
2	0.164	0.45	2.9×10^{-4}
3	0.082	0.45	1.4×10^{-4}
4	0.246	0.15	4.8×10^{-5}

(1) 写出反应的速率方程式。

(2) 计算反应的速率常数。

(3) 当 $HgCl_2$ 是 0.12 $mol \cdot L^{-1}$，$C_2O_4^{2-}$ 是 0.10 $mol \cdot L^{-1}$时，反应的反应速率是多少？

7. 500 K 时，反应 $2NO(g)+Cl_2(g) \rightleftharpoons 2NOCl(g)$的平衡常数 $K_p=52.0$。在三种气体的平衡混合物中，NO 和 Cl_2 的分压分别为 0.095 $p^{\ominus}$ 和 0.171 $p^{\ominus}$。NOCl 的分压为多少？

8. 在一个 1.0 L 的容器中加入 0.10 mol NO，0.050 mol H_2，0.10 mol H_2O 的混合物，达到

以下平衡 $2NO(g)+2H_2(g) \rightleftharpoons N_2(g)+2H_2O(g)$时，$[NO]=0.062\ mol \cdot L^{-1}$。

(1) 计算 H_2、N_2 和 H_2O 的平衡浓度。

(2) 计算 K_c 和 K_p 的值。

9. 将 1.374 g H_2 和 70.31 g Br_2 的混合物装入一个 2.00 L 的容器中，700 K 下加热，发生下列反应 $H_2(g)+Br_2(g) \rightleftharpoons 2HBr(g)$。平衡时发现容器中含有 0.566 g H_2。

(1) 计算 H_2、Br_2、H_2 的平衡浓度。

(2) 计算 K_c。

10. 化学平衡 $2Cl_2(g)+2H_2O(g) \rightleftharpoons 4HCl(g)+O_2(g)$在 480 ℃时的 $K_p=0.0752$，试计算：

(1) 反应 $4HCl(g)+O_2(g) \rightleftharpoons 2Cl_2(g)+2H_2O(g)$的 K_p。

(2) 反应 $Cl_2(g)+H_2O(g) \rightleftharpoons 2HCl(g)+\frac{1}{2}O_2(g)$的 K_p。

(3) 反应 $2Cl_2(g)+2H_2O(g) \rightleftharpoons 4HCl(g)+O_2(g)$的 K_c。

11. 在一个 1.00 L 的容器中，装入 0.1000 mol CO_2，0.050 mol H_2，0.100 mol H_2O 的混合物，发生如下反应：

$$CO_2(g)+H_2(g) \rightleftharpoons CO(g)+H_2O(g)$$

达到平衡时$[CO_2]=0.0954\ mol \cdot L^{-1}$。

(1) 计算 H_2、CO 和 H_2O 的平衡浓度。

(2) 计算该反应的 K_c。

(3) 计算该反应的 K_p。

12. 22 ℃时以下反应的平衡常数 $K_p=0.070$。

$$NH_4HS(s) \rightleftharpoons NH_3(g)+H_2S(g)$$

(1) 若将 $NH_4HS(s)$置于一个容器中，22 ℃时分解，NH_3 和 H_2S 的平衡分压为多少？

(2) 若容器的体积为 15 L，为达到平衡需加入 $NH_4HS(s)$的最小质量为多少？

13. 将 1.5 mol 的 NO、1.0 mol 的 Cl_2 和 2.5 mol 的 NOCl 在容积为 15.0 L 的容器中混合，在 230 ℃反应有

$$2NO(g)+Cl_2(g) \longrightarrow 2NOCl(g)$$

达到平衡时测得有 3.060 mol NOCl 存在。计算平衡时 NO 的物质的量和该反应的标准平衡常数 $K^{\ominus}$。

14. 光气(又称碳酰氯)的合成反应为 $CO(g)+Cl_2(g) \longrightarrow COCl_2(g)$，100 ℃下该反应的 $K^{\ominus}=1.50\times10^8$。若反应开始时，在 1.00 L 容器中 $n_0(CO)=0.0350\ mol$，$n_0(Cl_2)=0.0270\ mol$，$n_0(COCl_2)=0.0100\ mol$。通过计算反应商判断反应的方向，并计算平衡时各物种的分压。

15. 下列反应 $6CO_2(g)+6H_2O(l) \rightleftharpoons C_6H_{12}O_6(s)+6O_2(g)$，$\Delta_r H_m^{\ominus}=2816\ kJ \cdot mol^{-1}$。达到平衡后下列措施平衡有何影响？

(1) 增加 p_{CO_2}；　(2) 升高温度；　(3) 除去 CO_2；

(4) 增加总压；　(5) 部分除去 $C_6H_{12}O_6$；　(6) 加入催化剂。

16. 下列哪些过程是自发的？哪些过程是非自发的？

(1) 香味在房间中扩散；　(2) N_2 和 O_2 在空气中分开；

(3) 修一个坏钟；　(4) 金属钠与氯气合成氯化钠；

(5) HCl(g)溶解在水中形成盐酸。

17. 利用附录 2 的数据，比较下列每对物质在 25 ℃时的标准熵值，并解释它们熵值的不同。

(1) 碘固体与碘气体；　(2) NaBr(s)和 NaBr(aq)；

(3) 石墨与金刚石；　(4) 1 mol H_2(g)与 2 mol 的 H(g)。

18. 在下列每对物质中哪一个标准熵值比较大？

(1) 273 K、1 mol 的 Cl_2(g)与 1 $p^{\ominus}$、373 K、1 mol 的 Cl_2(g)；

(2) 100 ℃、1 mol 的 H_2O(g)与 1 $p^{\ominus}$、100 ℃、1 mol 的 H_2O(l)；

(3) 30.0 L、300 K 的 O_2(g)与 2 mol、300 K、60.0 L 的 O_2(g)；

(4) 40 ℃的 KNO_3(s)与 40 ℃的 KNO_3(aq)。

19. 预测下列反应中的 $\Delta S_{系统}$ 是正值还是负值，并利用附录 2 中的 $S^{\ominus}$ 进行计算。

(1) $NH_3(g)+HCl(g) \longrightarrow NH_4Cl(s)$；

(2) $4Al(s)+3O_2(g) \longrightarrow 2Al_2O_3(s)$；

(3) $Mg(OH)_2(s)+2HCl(g) \longrightarrow MgCl_2(s)+2H_2O(l)$；

(4) $2CH_4(g) \longrightarrow C_2H_6(g)+H_2(g)$。

20. 判断下列说法的正误并加以说明，如果是错误的予以纠正。

(1) 用 N_2 和 H_2 合成 NH_3 的可行性完全取决于这个反应的 ΔH；

(2) 氢气和氯气合成氯化氢是一个典型的自发反应；

(3) 自发反应可以迅速进行；

(4) 一个非自发反应的逆反应是自发反应；

(5) 自发是一个放热并且使系统向更有序转化的过程。

21. (1) 判断下列反应 $\Delta H^{\ominus}$ 和 $\Delta S^{\ominus}$ 的符号，并简要讨论它们如何影响平衡常数 $K^{\ominus}$ 的大小；(2) 根据所掌握的化学知识，判断哪些反应的 $K>1$；(3) 判断当温度增大时，K 增大还是减少。

① $2Mg(s)+O_2(g) \rightleftharpoons 2MgO(s)$；

② $2KI(l) \rightleftharpoons 2K(g)+I_2(g)$；

③ $Na_2(g) \rightleftharpoons 2Na(g)$；

④ $V_2O_5(s) \rightleftharpoons 2V(s)+5/2O_2(g)$。

22. 利用附录 2 的数据，计算下列反应在 25 ℃时的 $\Delta G^{\ominus}$、$\Delta H^{\ominus}$、$\Delta S^{\ominus}$，并说明反应在标态时是否自发。

(1) $BaO(s)+CO_2(g) \longrightarrow BaCO_3(s)$；

(2) $2KClO_3(s) \longrightarrow 2KCl(s)+3O_2(g)$；

(3) $2CH_3OH(l)+3O_2(g) \longrightarrow 2CO_2(g)+4H_2O(g)$；

(4) $NOCl(g)+Cl(g) \longrightarrow NO(g)+Cl_2(g)$。

23. 计算下列反应在 298 K 时的 $\Delta G^{\ominus}$。如果反应在 298 K 标准条件下非自发，那么它能在什么温度下自发？

(1) $2PbS(s)+3O_2(g) \longrightarrow 2PbO(s)+2SO_2(g)$　$\Delta H^{\ominus}(298\ K)=-844$ kJ，$\Delta S^{\ominus}(298\ K)=-0.165\ J \cdot K^{-1}$；

(2) $2POCl_3(g) \longrightarrow 2PbCl_3(g) + O_2(g)$　　$\Delta H^\ominus = 572\ kJ, \Delta S^\ominus = 179\ J \cdot K^{-1}$。

24. 用锡石(SnO_2)制取金属锡，可能有下列几种方法：

(1) 单独加热矿石，使其分解；

(2) 用碳(以石墨计)还原矿石(加热产生 CO_2)；

(3) 用 $H_2(g)$还原矿石(加热产生水蒸气)。

试写出有关的反应方程式，并计算25 ℃时过程的标准吉布斯自由能变。

25. 甲醇可以由 CO 与 H_2 合成 $CO(g) + 2H_2(g) \longrightarrow CH_3OH(g)$。

(1) 利用附录 2 的数据计算上述反应的 $\Delta H^\ominus$ 和 $\Delta S^\ominus$；

(2) 说明反应的 $\Delta H^\ominus$ 随温度的变化趋势；

(3) 计算 298 K 时反应的 $\Delta G^\ominus$，并回答在标准状态时反应是否自发；

(4) 计算反应在 500 K 时的 $\Delta G^\ominus$(假设 $\Delta H^\ominus$ 与 $\Delta S^\ominus$ 不随温度改变)，并回答在标准状态下这个反应是否自发。

26. 下列反应中，当氮气的压力增加时，$\Delta H^\ominus$ 是增加、减少还是不变？

(1) $N_2(g) + 3H_2(g) \longrightarrow 2NH_3(g)$；

(2) $2HBr(g) \longrightarrow H_2(g) + Br_2(g)$；

(3) $2H_2(g) + C_2H_2(g) \longrightarrow C_2H_6(g)$。

27. 利用附录 2 的数据计算反应：$CaCO_3(s) \rightleftharpoons CaO(s) + CO_2(g)$分别在 298 K 和 800 K 时平衡体系中 CO_2 的压强。

28. 已知氨水在 298 K 时：

$$NH_3(aq) + H_2O(l) \longrightarrow NH_4^+(aq) + OH^-(aq) \qquad K_b^\ominus = 1.8 \times 10^{-5}$$

(1) 计算反应的 $\Delta G^\ominus$ 值；

(2) 当$[NH_3] = 0.1\ mol \cdot L^{-1}$，$[NH_4^+] = 0.1\ mol \cdot L^{-1}$，$[OH^-] = 0.05\ mol \cdot L^{-1}$时，求 ΔG 的值。

29. 利用热力学函数估算反应：

$$CO_2(g) + H_2(g) \longrightarrow CO(g) + H_2O(g)$$

在 873 K 时的标准摩尔吉布斯自由能变和标准平衡常数。若此温度下系统中各组分气体的分压分别为 $p(CO_2) = p(H_2) = 127\ kPa$，$p(CO) = p(H_2O) = 76\ kPa$，计算此条件下反应的摩尔吉布斯自由能变，并判断反应进行的方向。

30. 某反应的反应平衡常数温度和焓变之间的关系可以用下式表示：

$$\ln K^\ominus = -\Delta H^\ominus / RT + \text{常数}$$

(1) 为什么这个等式可以由不同温度下的平衡常数得出 $\Delta H^\ominus$？

(2) 这个等式中的常数项等于什么？

31. 在一定的温度下 $Ag_2O(s)$和 $AgNO_3(s)$受热均能分解，反应为

(1) $Ag_2O(s) \longrightarrow 2Ag(s) + \frac{1}{2}O_2(g)$；

(2) $2AgNO_3(s) \longrightarrow Ag_2O(s) + 2NO_2(g) + \frac{1}{2}O_2(g)$。

假定反应的 $\Delta_r H_m^\ominus$、$\Delta_r S_m^\ominus$ 随温度的变化很小，估算上述反应分解时的最低温度，并确定 $AgNO_3$

实际分解的最终产物。

32. 碘在水中的溶解度很小，但在含有 I^- 的溶液中的溶解度增大，这是因为发生了如下反应：

$$I_2(aq)+I^-(aq)\longrightarrow I_3^-(aq)$$

已经测得不同温度下该反应的标准平衡常数如下：

t/℃	3.8	15.3	25.0	35.0	50.2
$K^\ominus$	1160	841	689	533	409

(1) 画出 $\ln K^\ominus$-$1/T$ 图；

(2) 估算该反应的 $\Delta_r H_m^\ominus$；

(3) 计算 298 K 下该反应的 $\Delta_r G_m^\ominus$。

第 3 章　水溶液化学

水是地球上最常见、最重要的溶剂，没有水就没有生命。水作为生命的溶剂，不仅因为它在地球上含量丰富，而且因为它具有溶解大量物质的特殊功能。生物如果不是以水作溶剂而是以其他液体作溶剂，其复杂性将是难以想像的。

自然界中存在的一些水溶液（如生物体液、海水、矿泉水等）都包含着许多溶质，在这些溶液中同时存在多个平衡。

3.1　溶液的依数性

溶液的物理性质在许多方面和纯溶剂不同，例如，自然界中的水在 0 ℃结冰而盐水溶液则在更低的温度下才能结冰。将乙二醇加入到汽车的水箱中可以降低冷却水的凝固点，同时还可以升高冷却水的沸点，这样不仅汽车的水箱在低温下可以防冻，而且引擎还可以在较高的温度下运行以节省能量。

凝固点降低和沸点升高是溶液的物理性质，对于难挥发、非电解质的稀溶液，它与溶质的量（浓度）有关而与溶质的本性无关，这种性质称为“**依数性**”。依数性还包括溶液的蒸气压下降和渗透压。

依数性定律指出，**难挥发的非电解质的稀溶液，其蒸气压下降、沸点上升、凝固点下降以及渗透压与溶液中溶质的微粒数目（浓度）成正比**。

3.1.1　蒸气压降低

把两个烧杯并排放在一个密封的容器中，一个烧杯中装有纯水，另一个装有相同体积的糖水，则糖水的体积会逐渐增加而纯水的体积则逐渐减少。如果时间足够长，最后所有的纯水都将转移到糖水溶液中去。

上述现象可以用分子运动论的观点进行解释。在密封体系中，纯溶剂上方的饱和蒸气压其实处于一种动态平衡状态，此时分子离开液体表面进入蒸气的速率与蒸气分子进入液体表面的速率相等。不挥发溶质加入到溶剂中减少了溶剂分子从液相进入气相的能力，而气相中的溶剂分子进入液相中的速率却没有改变，从而使平衡向着降低系统饱和蒸气压的方向移动。由于溶质降低了溶液的饱和蒸气压，因此纯溶剂的蒸气压比溶液的蒸气压高。

难挥发、非电解质的稀溶液的蒸气压可以定量地由式（3.1）的拉乌尔（Francois Marie Raoult，1830—1901）定律给出。

$$p_A = x_A p_A^\circ \quad (3.1)$$

式中，p_A 为溶液的蒸气压；x_A 为溶剂的物质的量分数；p_A° 为同一温度下纯溶剂的饱和蒸气压。

例如，20 ℃时水的饱和蒸气压为 2333.135 Pa。假定温度不变，向水中加葡萄糖 $C_6H_{12}O_6$，使溶液中 $x_{C_6H_{12}O_6}=0.20$，$x_{H_2O}=0.80$。根据式(3.1)，水溶液的蒸气压将是纯水的 80%。

$$p_{H_2O} = (0.80)\times(2333.135\ \text{Pa}) = 1866.508\ \text{Pa}$$

遵循拉乌尔定律的溶液为**理想溶液**(ideal solution)。当溶质的浓度很低、溶质和溶剂分子相似且分子间作用力相近时，这种溶液的性质即符合理想溶液。

不严格地遵从拉乌尔定律的溶液，不是理想溶液。如果溶质分子与溶剂之间的作用力比溶剂分子之间的作用力弱，则溶液中溶剂的蒸气压就会比用拉乌尔定律得出的偏高；相反地，当溶质分子与溶剂分子的相互作用异常强时(如氢键存在的情况下)，则溶剂的蒸气压就会比由拉乌尔定律得出的偏低。但一般的计算将忽略非理想溶液的这种影响。

3.1.2　沸点升高

根据拉乌尔定律，在任何给定的温度下，溶液的蒸气压将比纯溶剂的低(图 3.1)。液体的正常沸点是其蒸气压为 100 kPa 下的温度。由于溶液的蒸气压下降，在溶剂正常沸点时，溶液的蒸气压将低于 100 kPa(图 3.1)。因此，获得 100 kPa的蒸气压将需要较高的温度。这样，溶液的沸点就比相应的纯溶剂高。

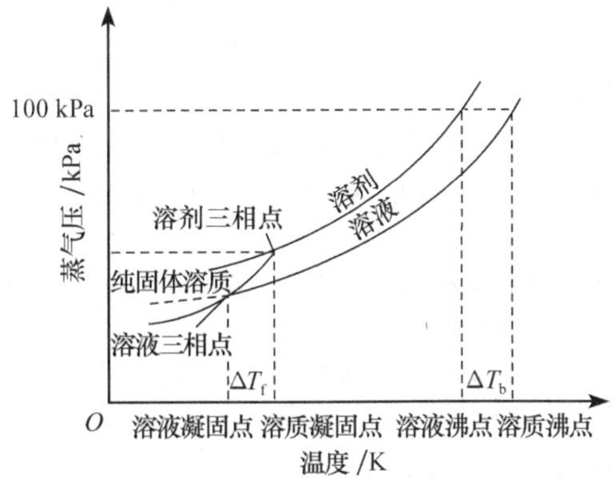

图 3.1　溶液的蒸气压下降、沸点上升、凝固点降低的依数性图解

溶液沸点比相应纯溶剂沸点的升高值(ΔT_b)与每摩尔溶剂分子中溶质微粒的数目成正比。**质量摩尔浓度表示每 1000 g 溶剂中含有溶质的物质的量**。在质量摩尔浓度单位中溶剂的量不会受体积变化的影响，因此 ΔT_b 与溶液的质量摩尔浓

度成正比。

$$\Delta T_b = k_b m \tag{3.2}$$

式中，k_b 为沸点升高常数，其值仅取决于溶剂。表 3.1 中给出了几种常见溶剂的 k_b 值。

表 3.1　几种常见溶剂的沸点升高常数和凝固点降低常数

溶　剂	正常沸点/℃	k_b/(℃·kg·mol^{-1})	正常凝固点/℃	k_f/(℃·kg·mol^{-1})
水	100.0	0.52	0.0	1.86
苯	80.1	2.53	5.5	5.12
乙醇	78.4	1.22	−114.6	1.99
四氯化碳	76.8	5.02	−22.3	29.8
氯仿	61.2	3.63	−63.5	4.68

3.1.3　凝固点降低

溶液的蒸气压降低也影响到溶液的凝固点。当溶液凝固时，纯溶剂的晶体首先从溶液中结晶出来。例如，当海水结冰时，得到的冰几乎是纯水。纯溶剂的蒸气压随着温度的降低是降低的，其蒸气压曲线和固态纯溶剂的蒸气压曲线在三相点①相交。在三相点，液态纯溶剂的蒸气压与固态溶剂的蒸气压相等，系统处于平衡状态。由图 3.1 可以看出，由于溶液的蒸气压下降，溶液的蒸气压只能在更低的温度下才能与固态纯溶剂的蒸气压相交，即它们相等，因此溶液的三相点一定比纯溶剂的低，也就是说溶液的凝固点比纯溶剂的低。

同沸点上升一样，凝固点的降低 ΔT_f 与溶质的质量摩尔浓度成正比

$$\Delta T_f = k_f m \tag{3.3}$$

式中，k_f 为凝固点降低常数。

表 3.1 给出了几种常见溶剂的 k_f 值。溶质引起的凝固点降低解释了汽车中使用防冻剂（例 3.1）和我国北方地区冬天用 $CaCl_2$ 融化路面冰雪的原因。

【例 3.1】　自动防冻剂由不挥发非电解质乙二醇（$C_2H_6O_2$）和水组成，计算质量分数为 25%的乙二醇水溶液的沸点和凝固点。

解　为了运用沸点升高系数和凝固点降低系数，必须将溶液的浓度换算成质量摩尔浓度。为了方便，假定有 1000 g 溶液，因为乙二醇的质量分数为 25%，则乙二醇的质量为 250 g，水的质量为 750 g。溶液的质量摩尔浓度可以如下获得

$$\text{质量摩尔浓度} = \frac{\text{乙二醇的物质的量}}{\text{水的质量}} = \frac{250\ \text{g}/62.1\ \text{g}\cdot\text{mol}^{-1}}{750\ \text{g}/1000} = 5.38\ \text{mol}\cdot\text{kg}^{-1}$$

---

① 三相点是各种化学性质稳定的纯物质在固、液、气三个相（态）平衡共存时的三条平衡线的交点。物质在三相共存时具有固定的温度和蒸气压。

溶液沸点的上升和凝固点的下降分别为

$$\Delta T_b = k_b m = (0.52\ ℃ \cdot kg \cdot mol^{-1}) \times (5.38\ mol \cdot kg^{-1}) = 2.8\ ℃$$

$$\Delta T_f = k_f m = (1.86\ ℃ \cdot kg \cdot mol^{-1}) \times (5.38\ mol \cdot kg^{-1}) = 10.0\ ℃$$

因此，溶液的沸点和凝固点分别为

$$沸点 = (水的正常沸点) + \Delta T_b = 100\ ℃ + 2.8\ ℃ = 102.8\ ℃$$

$$凝固点 = (水的正常凝固点) - \Delta T_f = 0.0\ ℃ - 10.0\ ℃ = -10.0\ ℃$$

3.1.4　渗透压

某些物质如玻璃纸[1]是半渗透的。当和溶液接触时，通常它们只允许水之类的溶剂分子通过而不允许较大的溶质分子或水合离子通过。这种半渗透性是由膜上网状的微孔引起的。

如果将半透膜放在两种不同浓度的溶液之间，那么溶剂从低浓度溶液向高浓度溶液迁移的速率比高浓度溶液向低浓度溶液迁移的速率快。这样，溶剂存在一个从低浓度溶液向高浓度溶液的净迁移，这个过程称做**渗透作用**(osmosis action)。溶剂通过半透膜的渗透方向总是从稀溶液向浓溶液渗透。

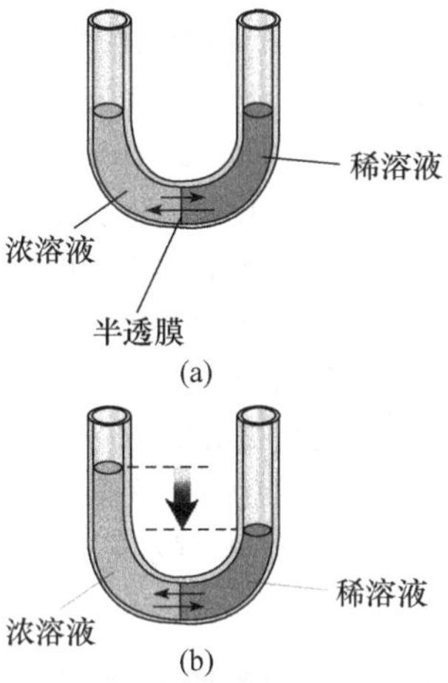

图 3.2　渗透压示意图
(a) 溶剂从纯溶剂或低浓度溶液向高浓度溶液中渗透；(b) 当浓溶液产生足够的压力抵抗稀溶液中溶剂的渗透时系统处于平衡状态

图 3.2(a)的装置显示了溶液被半透膜分开的情形，溶剂迁移的结果总是趋向于使 U 形管左右两边的溶液浓度相同，从而导致 U 形管两边的液体高度不同，并产生压力差。随着稀溶液中的溶剂不断向浓溶液中渗透，这种压力差会不断增加，直到可以抑制溶剂的渗透为止[图 3.2(b)]。这种阻止渗透所需要的压力叫做溶液的渗透压，用符号 Π 表示。渗透压遵循一个类似于理想气体状态方程形式的定律

$$\Pi V = nRT$$

式中，V 为溶液的体积；n 为溶质的物质的量；R 为摩尔气体常量，为 8.314 $J \cdot mol^{-1} \cdot K^{-1}$；$T$ 为热力学温度。由这个方程可以得到

$$\Pi = (n/V)RT = cRT \tag{3.4}$$

式中，c 为溶液的体积摩尔浓度。

---

① 玻璃纸是一种以棉浆、木浆等天然纤维素为原料制成的薄膜。它透明、无毒无味。其分子链间存在着一定的微透气性，可以让商品像鸡蛋透过蛋皮上的微孔一样进行呼吸，这对商品的保鲜和保存活性十分有利。玻璃纸废弃后能吸水而自然分解，是一种绿色的复合包装装潢材料。

渗透压在生物系统中起着非常重要的作用，如血液中红细胞的膜是半渗透的。血红细胞放置在较浓的溶液中，细胞水分会向外渗透，并导致细胞萎缩；血红细胞放置在比细胞内溶液稀的溶液中，溶液水分会进入细胞并引起细胞破裂。人们在将不能口服的药液通过静脉注入体内时，为了防止红血球的萎缩或胀裂，注射液与细胞内的液体必须等渗透压。

【例 3.2】 25 ℃(298 K)时血液的平均渗透压为 7.7×10^5 Pa，与血液等渗透压的葡萄糖($C_6H_{12}O_6$)溶液的浓度是多少？

解

$$\Pi = cRT$$

$$c=\frac{\Pi}{RT}=\frac{7.7\times10^5\ \text{Pa}}{(8.314\ \text{J}\cdot\text{mol}^{-1}\cdot\text{K}^{-1})\times(298\ \text{K})}=0.31\ \text{mol}\cdot\text{L}^{-1}$$

在临床上，溶液的浓度通常用质量分数表示。$0.31\ \text{mol}\cdot\text{L}^{-1}$的葡萄糖溶液的质量分数是 5.3%。与血液等渗透压的 NaCl 溶液的浓度是 $0.16\ \text{mol}\cdot\text{L}^{-1}$，这是因为 NaCl 电离形成 Na^+ 和 Cl^-($0.155\ \text{mol}\cdot\text{L}^{-1}$的 NaCl 溶液中 Na^+ 与 Cl^- 的总和为 $0.310\ \text{mol}\cdot\text{L}^{-1}$的粒子)。$0.16\ \text{mol}\cdot\text{L}^{-1}$的 NaCl 溶液的质量分数是 0.9%，这样的溶液就是生理盐水。

生活中有许多有趣的与渗透相关的例子，例如，黄瓜在盐水中和泡菜水中会失水萎缩；如果将一个在空气中因失水而变得蔫软的胡萝卜放在水中，水就会渗透进入胡萝卜而使其重新变得鲜活而饱满；吃了很多咸食物的人由于渗透作用使细胞组织和细胞间隙保留较多的水分，从而引起水肿；水分在土壤中由植物的根部吸收，并被携带到植物的顶部，这个过程渗透起了重要的作用。另外，人们通常用食盐保存肉，用糖保存水果以避免细菌活动。通过渗透作用，咸肉和蜜饯水果上的细菌就会失水、萎缩直至死亡。

3.1.5 摩尔质量的测定

溶液的依数性为实验测定物质的摩尔质量提供了一种有用的方法。四个依数性都可以用来测定摩尔质量。

【例 3.3】 通过测定蛋白质溶液的渗透压可以测定该蛋白质的摩尔质量。将 3.5 mg 某蛋白质溶于水中形成 5.00 mL 的溶液，25 ℃时该溶液的渗透压为 205.316 Pa。计算蛋白质的摩尔质量。

解 由式(3.4)可以计算溶液的体积摩尔浓度

$$c=\frac{\Pi}{RT}=\frac{205.316\ \text{Pa}}{8314\ \text{L}\cdot\text{Pa}\cdot\text{mol}^{-1}\cdot\text{K}^{-1}\times298\ \text{K}}=8.28\times10^{-5}\ \text{mol}\cdot\text{L}^{-1}$$

因为溶液的体积为 $5.00\ \text{mL}=5.00\times10^{-3}$ L，则蛋白质的物质的量为

$$(8.28\times10^{-5}\ \text{mol}\cdot\text{L}^{-1})(5.00\times10^{-3}\ \text{L})=4.14\times10^{-7}\ \text{mol}$$

摩尔质量是每摩尔物质的质量。本例中有蛋白质 $3.50\ \text{mg}=3.50\times10^{-3}$ g，摩尔质量为

$$\frac{质量}{物质的量}=\frac{3.50\times10^{-3}\ g}{4.14\times10^{-7}\ mol}=8.45\times10^{3}\ g\cdot mol^{-1}$$

因为系统压力的变化可以较容易而且准确地进行测定，故常用渗透压来测定一些大分子的摩尔质量。

3.2 酸碱平衡

3.2.1 酸碱质子理论

酸碱的定义最早由阿仑尼乌斯(S. A. Arrhenius，1859—1927)于1884年提出：**酸是溶于水中能增加 H^+ 浓度的物质，碱是溶于水中能增加 OH^- 浓度的物质。**增加 H^+ 或 OH^- 任何一种的浓度，另一种的浓度将减少，**这个理论称为酸碱电离理论**(acid-base concept)。

1923年，丹麦化学家布朗斯台德(Bronsted，1879—1947)和英国化学家劳莱(Lowry，1874—1936)分别提出了**酸碱质子理论**(acid-base proton theory)，酸碱质子理论认为：**能够提供质子的物质(分子或离子)是酸，而能够接受质子的物质是碱**。

1. 质子转移反应

当HCl溶解在水中时，可以看成是HCl分子和 H_2O 分子反应形成水合 $H^+(aq)$ 和水合 $Cl^-(aq)$ 的过程：

$$HCl(g)+H_2O(l)\longrightarrow H_3O^+(aq)+Cl^-(aq) \tag{3.5}$$

根据酸碱质子理论定义，式(3.5)中HCl是酸(提供质子给 H_2O)，而 H_2O 是碱(接受来自HCl的质子)。由于这种反应是 H^+ 从酸转移到碱，所以该反应被称为**质子转移反应**(proton transfer reaction)。

因为酸碱质子理论强调质子转移，所以该理论也适用于非水溶液中的反应。举例来说，HCl和 NH_3 的反应就可以看成是质子从酸HCl转移到碱 NH_3，如

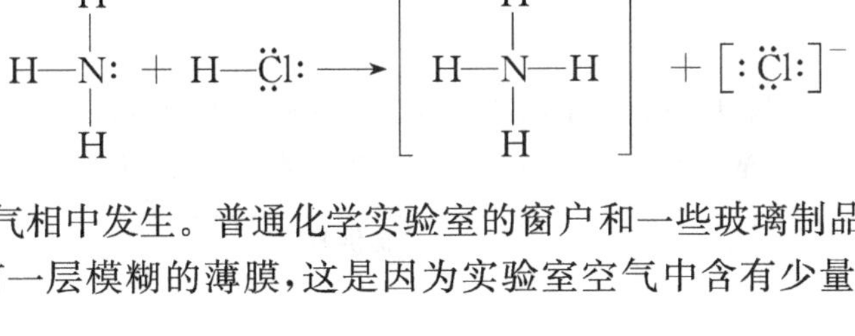

这个反应能在气相中发生。普通化学实验室的窗户和一些玻璃制品(特别是试剂瓶)表面往往有一层模糊的薄膜，这是因为实验室空气中含有少量的HCl(g)和

$NH_3(g)$气体，它们在空气中反应并沉积在玻璃表面，从而在玻璃表面形成一层NH_4Cl的晶膜或溶液。

质子转移反应总是发生在酸碱之间，即在质子转移反应中，一种物质是酸，则另一种物质必然是碱。酸碱质子理论中的酸，无论是分子或是离子，都必须有可供反应的H^+。同样，酸碱质子理论中的碱，无论是分子或是离子，都必须有能接受H^+并与之成键的孤对电子。

一些物质在一个反应中是酸，而在另一个反应中是碱。例如，H_2O在与HCl反应中是碱，而在与NH_3反应中却是酸。这种既能表现为酸性又能表现为碱性的物质称为**两性物质**(amphoteric material)。

2. 共轭酸碱对

在酸碱质子理论中，任何酸碱反应的正向和逆向都有质子的转移。假设某一酸HA与水反应：

$$HA(aq) + H_2O(l) \rightleftharpoons A^-(aq) + H_3O^+(aq) \tag{3.6}$$

在正向反应中，HA提供一个质子给H_2O，因而HA是酸，而H_2O是碱；而在逆向反应中，H_3O^+提供一个质子给A^-，因此H_3O^+是酸，而A^-是碱。酸HA给出质子后生成相应的碱A^-，而碱H_2O得到质子后生成相应的酸H_3O^+。

HA和A^-的差别仅是有无质子，这样的一对酸碱称为**共轭酸碱对**(conjugate acid-base pair)。每种酸通过给出一个质子形成其对应的共轭碱。例如，OH^-是H_2O的共轭碱，而A^-是HA的共轭碱。相似的，每种碱接收一个质子形成其对应的共轭酸。例如，H_3O^+是H_2O的共轭酸，而HA是A^-的共轭酸。

任何酸碱(质子转移)反应都能与共轭酸碱对联系起来。例如，亚硝酸和水反应：

提供H^+

$$\underset{酸_1}{HNO_2(aq)} + \underset{酸_2}{H_2O(l)} \rightleftharpoons \underset{共轭碱_1}{NO_2^-(aq)} + \underset{共轭碱_2}{H_3O^+(aq)}$$

接受H^+

再以NH_3和H_2O反应为例：

接受H^+

$$\underset{酸_1}{NH_3(aq)} + \underset{酸_2}{H_2O(l)} \rightleftharpoons \underset{共轭碱_1}{NH_4^+(aq)} + \underset{共轭碱_2}{OH^-(aq)}$$

提供H^+

【例 3.4】 (a) 写出下面酸的共轭碱：$HClO_4$，H_2S，PH_4^+，HCO_3^-。

(b) 写出下面碱的共轭酸：CN^-，SO_4^{2-}，H_2O，HCO_3^-。

解 (a) 可以在每种物质的分子式中去掉一个质子(H^+)得到它们的共轭碱，所以 $HClO_4$ 的共轭碱是 ClO_4^-，其他的共轭碱分别是 HS^-，PH_3，CO_3^{2-}。

(b) 可以在每种物质的分子式中增加一个质子(H^+)得到 HCN，HSO_4^-，H_3O^+，H_2CO_3。

注意：碳酸氢根离子(HCO_3^-)是两性的，既能表现为酸又能表现为碱。

【例 3.5】 亚硫酸根离子(HSO_3^-)是两性的。写出 HSO_3^- 和水反应的方程式，并指出其共轭酸碱对：(a) HSO_3^- 表现为酸；(b) HSO_3^- 表现为碱。

解 (a) 根据酸碱质子理论，HSO_3^- 表现为酸，必须提供给碱(H_2O)一个质子：

$$HSO_3^-(aq) + H_2O(l) \rightleftharpoons SO_3^{2-}(aq) + H_3O^+(aq)$$

这里 SO_3^{2-} 是 HSO_3^- 的共轭碱，H_3O^+ 是 H_2O 的共轭酸。

(b) HSO_3^- 表现为碱，必须接受酸(H_2O)的一个质子：

$$HSO_3^-(aq) + H_2O(l) \rightleftharpoons H_2SO_3(aq) + OH^-(aq)$$

H_2SO_3 是 HSO_3^- 的共轭酸，OH^- 是 H_2O 的共轭碱。

3. 酸和碱的相对强弱

一些酸相对于另一些酸是更强的质子给予体(供体)。同样的，一些碱相对于另一些碱是更强的质子接受体(受体)。如果研究一些酸提供质子的能力，可以发现一个重要的现象：某一物质给出质子的能力越强，它的共轭碱接受质子的能力就越弱；相似地，某一物质接受质子的能力越强，它的共轭酸给出质子的能力就越弱。换句话说，一种酸的酸性越强，其共轭碱的碱性就越弱；一种碱的碱性越强，其共轭酸的酸性就越弱。因此，如果知道某一酸的强弱(给出质子的能力)，就能知道其共轭碱的强弱(接受质子的能力)。

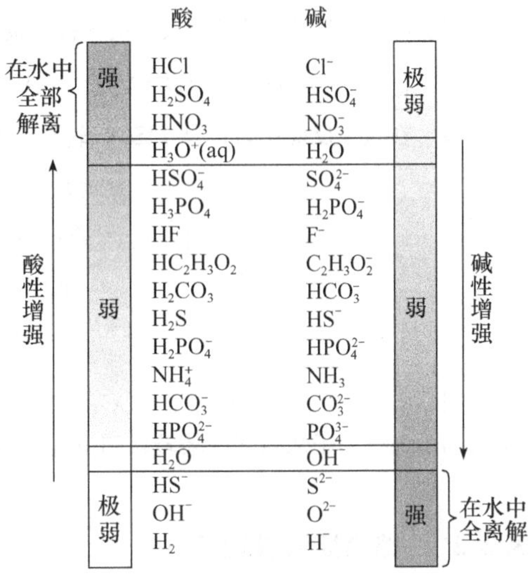

图 3.3　一些共轭酸碱对之间的相对强弱图解

图 3.3 描述了一些酸和其共轭碱之间的这种相对强弱关系。根据这些酸碱在水中的行为可将它们分为三种类型：① 在水中能完全离解，溶液中几乎不存在未离解的分子，这样的酸是强酸，而它们的共轭碱在水溶液中接

受质子的能力就非常微弱；② 在水中只能部分离解的酸，它们的共轭碱是弱碱，其夺取水分子中的质子的能力不强；③ 只有微弱酸性的物质（如 CH_4）有氢原子但在水中不显示出任何酸性，而它们的共轭碱是强碱，能与水反应夺取质子，产生 OH^-。

质子转移反应的方向取决于两种酸给出质子能力的相对强弱。假设某一酸 HA 溶解于水发生下列反应：

$$HA(aq)+H_2O(l)\rightleftharpoons H_3O^+(aq)+A^-(aq) \quad (3.7)$$

提供 H^+

$$HA(aq)+H_2O(l)\rightleftharpoons A^-(aq)+H_3O^+(aq)$$

酸$_1$　　酸$_2$　　共轭碱$_1$　　共轭碱$_2$

接受 H^+

如果 HA 的酸性比 H_3O^+ 的酸性强，那么 HA 将其质子供给 H_2O 的效率就比 H_3O^+ 将其质子供给 A^- 的效率更高，结果平衡向右移动。这种情况正是强酸离解的情况。举例来说，HCl 溶于水后，溶液中几乎完全是 H_3O^+ 和 Cl^-，只有极微量的 HCl 分子存在。

当 H_3O^+ 的酸性强于 HA 时，平衡将向左移动。HA 是弱酸的情况正是如此。举例来说，在乙酸（CH_3COOH）的水溶液中，大量存在的是 CH_3COOH 分子，只有很少 H_3O^+ 和 CH_3COO^- 存在。

从以上这些例子可以得到这样的结论，在各种不同的酸碱反应中，平衡移动的方向趋向于质子从更强的酸转移到更强的碱的方向。下面将通过定量的方法来研究酸碱的强弱问题。

【例 3.6】 下列质子转移反应的平衡方向是趋向于左还是右？

$$HSO_4^-(aq)+CO_3^{2-}(aq)\rightleftharpoons SO_4^{2-}(aq)+HCO_3^-(aq)$$

解 在这个反应中，H^+ 从 HSO_4^- 转移到 CO_3^{2-}，所以得

提供 H^+

$$HSO_4^-(aq)+CO_3^{2-}(aq)\rightleftharpoons SO_4^{2-}(aq)+HCO_3^-(aq)$$

酸$_1$　　酸$_2$　　共轭碱$_1$　　共轭酸$_2$

接受 H^+

根据图 3.3 可知，HSO_4^- 比 HCO_3^- 酸性更强（相对的 SO_4^{2-} 比 CO_3^{2-} 碱性更弱），平衡移动的方向趋向于质子从更强的酸转移到更强的碱，因此，平衡移动的方向是向右的。

3.2.2* 路易斯酸碱理论

在酸碱质子理论提出的同一年（1923 年），美国化学家路易斯（G. N. Lewis）提出了酸碱电子

理论。路易斯定义：**酸是任何可以接受电子对的分子或离子，碱则是可以给出电子对的分子或离子。酸是电子对的接受体，必须具有可以接受电子对的空轨道；碱是电子对的给予体，必须具有未共享的孤对电子**①。酸碱之间以共价配位键相结合，并不发生电子转移。

路易斯酸碱电子理论适用范围更广。例如，碱性氧化物 Na_2O 与酸性氧化物 SO_3 反应生成 Na_2SO_4，该反应用酸碱质子理论不能解释。但根据酸碱电子理论，Na_2O 中的 O^{2-} 具有孤对电子(是碱)，SO_3 中的 S 能提供空轨道(是酸)，它们之间发生的是酸碱反应。路易斯酸碱理论还能很好地解释硼酸 HBO_3 的弱酸性。硼酸不是质子酸，在水中 $B(OH)_3$ 与水反应并不是给出它自身的质子，而是 B(有空轨道)接受 H_2O 中 O 提供的孤对电子形成 $B(OH)_4^-$。

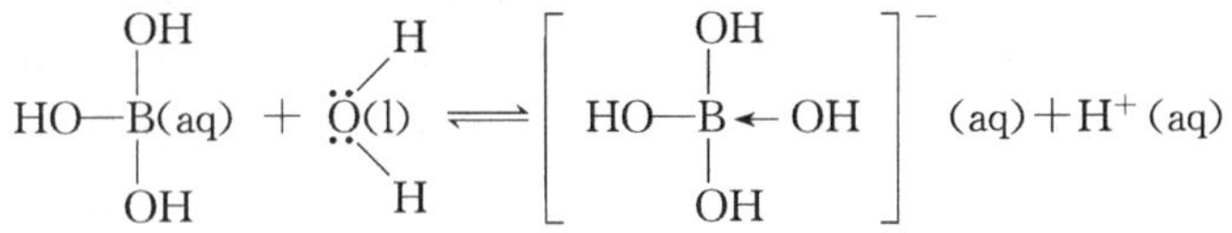

另外，许多配合物和有机化合物可以用路易斯酸碱理论来解释。但是酸碱电子理论也不是完美无瑕的，至少它还不能用来比较酸碱的相对强弱。目前，还没有一种在所有场合下都完全适用的酸碱理论。

金属离子与路易斯碱通过配位键形成的集合体{如$[Ag(NH_3)_2]^+$}叫做配位化合物(带电离子叫做配位离子)。水溶液中配位离子的稳定性可根据由水合离子形成配位离子的平衡常数的大小来判断。例如，形成$[Ag(NH_3)_2]^+$的平衡常数 $K_f^\ominus$ 为 1.7×10^7。

$$Ag^+(aq) + 2NH_3(aq) \rightleftharpoons [Ag(NH_3)_2]^+(aq)$$

$$K_f^\ominus = \frac{[Ag(NH_3)_2^+]}{[Ag^+][NH_3]^2} = 1.7\times10^7 \qquad (3.8)$$

该平衡常数叫做配位化合物的标准形成常数 $K_f^\ominus$，也有教材称为配合物的稳定常数或累积稳定常数，用 β 表示。$K_f^\ominus$ 可以用配位反应的标准自由能变 $\Delta_r G_m^\ominus$ 来计算。

一些金属配位离子的标准形成常数如表 3.2 所示。

表 3.2　25 ℃时一些金属配位离子在水中的标准形成常数

配位离子	$K_f^\ominus$	平衡方程式
$[Ag(NH_3)_2]^+$	1.7×10^7	$Ag^+(aq)+2NH_3(aq) \rightleftharpoons [Ag(NH_3)_2]^+(aq)$
$[Ag(CN)_2]^-$	1×10^{21}	$Ag^+(aq)+2CN^-(aq) \rightleftharpoons [Ag(CN)_2]^-(aq)$
$[Ag(S_2O_3)_2]^{3-}$	2.9×10^{13}	$Ag^+(aq)+2S_2O_3^{2-}(aq) \rightleftharpoons [Ag(S_2O_3)_2]^{3-}(aq)$
$[CdBr_4]^{2-}$	5×10^3	$Cd^{2+}(aq)+4Br^-(aq) \rightleftharpoons [CdBr_4]^{2-}(aq)$
$[Cr(OH)_4]^-$	8×10^{29}	$Cr^{3+}(aq)+4OH^-(aq) \rightleftharpoons [Cr(OH)_4]^-(aq)$
$[Co(SCN)_4]^{2-}$	1×10^3	$Co^{2+}(aq)+4SCN^-(aq) \rightleftharpoons [Co(SCN)_4]^{2-}(aq)$
$[Cu(NH_3)_4]^{2+}$	5×10^{12}	$Cu^{2+}(aq)+4NH_3(aq) \rightleftharpoons [Cu(NH_3)_4]^{2+}(aq)$
$[Co(CN)_4]^{2-}$	1×10^{25}	$Co^{2+}(aq)+4CN^-(aq) \rightleftharpoons [Co(CN)_4]^{2-}(aq)$
$[Ni(NH_3)_6]^{2+}$	5.5×10^8	$Ni^{2+}(aq)+6NH_3(aq) \rightleftharpoons [Ni(NH_3)_6]^{2+}(aq)$

① 见第 5 章第 5.6 节。

续表

配位离子	$K_f^\ominus$	平衡方程式
$[Fe(CN)_6]^{4-}$	1×10^{35}	$Fe^{2+}(aq)+6CN^-(aq) \rightleftharpoons [Fe(CN)_6]^{4-}(aq)$
$[Fe(CN)_6]^{3-}$	1×10^{42}	$Fe^{3+}(aq)+6CN^-(aq) \rightleftharpoons [Fe(CN)_6]^{3-}(aq)$

【例 3.7】 一定浓度的氨加入到 0.010 mol·L^{-1} $AgNO_3$ 溶液中,平衡时 NH_3 的浓度为 0.20 mol·L^{-1},计算溶液中 Ag^+ 的浓度。忽略由于 NH_3 的加入引起的体积变化。

解 因为 $K_f^\ominus$ 非常大,所以平衡时 Ag^+ 浓度应非常小。为了方便计算,假设 Ag^+ 全部转化为$[Ag(NH_3)_2]^+$。如果 Ag^+ 的初始浓度为 0.010 mol·L^{-1},那么加入 NH_3 后,Ag^+ 全部转化为$[Ag(NH_3)_2]^+$的浓度应为 0.010 mol·L^{-1}。设平衡时 Ag^+ 的浓度为 x,那么

	$Ag^+(aq)$	+ $2NH_3(aq)$	$\rightleftharpoons$ $[Ag(NH_3)_2]^+(aq)$
平衡浓度/mol·L^{-1}	x	0.20	$0.010-x$

因为 Ag^+ 平衡浓度相对于 0.010 非常小,近似计算时,$0.010-x\approx0.010$。代入形成常数表达式(3.8)中,得

$$K_f^\ominus=\frac{[Ag(NH_3)_2^+]}{[Ag^+][NH_3]^2}=\frac{0.010}{x\times0.20^2}=1.7\times10^7$$

解得 $$x=[Ag^+]=1.5\times10^{-8}\ \text{mol}\cdot\text{L}^{-1}$$

计算结果表明$[Ag(NH_3)_2]^+$的生成极大地减小了溶液中的 Ag^+ 浓度。

3.2.3 强酸和强碱

通常情况下,水溶液的化学性质在很大程度上依赖于溶液的 pH。因此,研究溶液的 pH 与酸碱浓度之间的关系就显得非常重要。

强酸强碱是强电解质,在水溶液中完全以离子形式存在。

1. 强酸

在七种最常见的强酸中包括六种一元酸(HCl、HBr、HI、HNO_3、$HClO_3$ 和 $HClO_4$)和一种二元酸(H_2SO_4)。下面以盐酸(HCl)为例介绍一元强酸。

HCl 在水中完全电离并水合以 $H_3O^+(aq)$和 $Cl^-(aq)$的形式存在:

$$HCl(aq)+H_2O(l) \longrightarrow H_3O^+(aq)+Cl^-(aq) \tag{3.9}$$

应注意的是方程式(3.9)中没有可逆号,因为该反应是完全向右的。为简单起见,可用 $H^+(aq)$代表水合质子,并把酸的电离反应方程式表示为

$$HCl(aq) \longrightarrow H^+(aq)+Cl^-(aq)$$

由于强酸在水溶液中是完全电离的,因此强酸溶液 pH 的计算较为简单。

【例 3.8】 计算 0.10 mol·L^{-1} HNO_3 溶液的$[H^+]$和 pH。

解　因为强酸在水溶液中是完全电离的，所以

$$[H^+]=0.10\ mol\cdot L^{-1}$$

$$pH=-lg[H^+]=-lg0.10=1.0$$

2. 强碱

较常见的可溶性强碱是碱金属（ⅠA 族）和碱土金属（ⅡA 族）的氢氧化物。例如，常见的强碱是 NaOH、KOH 以及 $Ca(OH)_2$。这些化合物在水溶液中能完全离解。

虽然所有碱金属（ⅠA）的氢氧化物都是强电解质，但 LiOH、RbOH 和 CsOH 在实验中并不常见。碱土金属（ⅡA 族）中除了 Be 以外的氢氧化物也都是强电解质，但是它们溶解度不大，只有对溶解度要求不高时它们才被用到，其中$Mg(OH)_2$在水中的溶解度很低（25℃，在水中溶解度为 9×10^{-3} g·L^{-1}）。碱土金属氢氧化物中既便宜又常见的是 $Ca(OH)_2$，25℃时它的溶解度为 0.97 g·L^{-1}。

某些离子型金属氧化物与水反应形成 $OH^-(aq)$，也可得到强碱溶液。特别是 Na_2O 和 CaO，在工业上常用于制备强碱。1 mol O^{2-} 与水反应生成 2 mol 的 OH^-，而形成的溶液中实际上没有 O^{2-}。

$$CaO(s)+H_2O(l)\longrightarrow 2OH^-(aq)+Ca^{2+}(aq) \tag{3.10}$$

离子氢化物和氮化物也能和 H_2O 反应形成 OH^-：

$$NaH(aq)+H_2O(l)\longrightarrow H_2(g)+NaOH(aq) \tag{3.11}$$

$$Na_3N(aq)+3H_2O(l)\longrightarrow NH_3(aq)+3NaOH(aq) \tag{3.12}$$

因为阴离子 O^{2-}、H^- 以及 N^{3-} 是比 OH^-（H_2O 的共轭碱）更强的碱，所以它们能夺取 H_2O 分子的质子，从而产生 $OH^-(aq)$。

【例 3.9】 计算 0.10 mol·L^{-1} NaOH 溶液的$[OH^-]$和 pH。

解　因为强碱在水溶液中是完全电离的，所以

$$[OH^-]=0.10\ mol\cdot L^{-1}$$

$$pH=-lg[H^+]=14+lg[OH^-]=14+lg0.10=13.0$$

3.2.4　弱酸和弱碱

1. 弱酸

弱酸是指在水溶液中只有少量分子发生电离，而大量分子以水合分子形式存

在的酸性物质。弱酸在水溶液中存在电离平衡。弱酸的强弱可以用离解反应的酸常数来表示。如果用 HA 表示某一弱酸，用 H^+(aq)表示水合质子，则离解反应方程式可表示为

$$HA(aq) \rightleftharpoons H^+(aq) + A^-(aq) \tag{3.13}$$

平衡常数表达式可写为

$$K_a^\ominus = \frac{[H^+][A^-]}{[HA]}$$

式中，$K_a^\ominus$ 为酸的标准离解平衡常数，简称酸离解常数或酸常数。

$K_a^\ominus$ 的数值反映弱酸离子的离解趋势。$K_a^\ominus$ 越大，弱酸离解平衡向右进行得越多，酸性越强。例如，表 3.3 中氢氟酸(HF)是最强的酸，苯酚(C_6H_5OH)是最弱的酸。

表 3.3　一些一元弱酸及其共轭碱在水溶液中的离解常数(25 ℃)

酸	分子式	$K_a^\ominus$	共轭碱	$K_b^\ominus(K_w/K_a^\ominus)$
氢氟酸	HF	6.8×10^{-4}	F^-	1.5×10^{-11}
亚硝酸	HNO_2	4.5×10^{-4}	NO_2^-	2.2×10^{-11}
苯甲酸	C_6H_5COOH	6.5×10^{-5}	$C_6H_5COO^-$	1.5×10^{-10}
乙酸	CH_3COOH	1.8×10^{-5}	CH_3COO^-	5.6×10^{-10}
次氯酸	HClO	3.0×10^{-8}	ClO^-	3.3×10^{-7}
氢氰酸	HCN	4.9×10^{-10}	CN^-	2.0×10^{-5}
苯酚	C_6H_5OH	1.3×10^{-10}	$C_6H_5O^-$	7.7×10^{-5}

为解决平衡计算问题。在许多情况下，允许对 $K_a^\ominus$ 值较小的系统采用近似处理方法。

【例 3.10】 25 ℃时，用 pH 计测量浓度为 0.10 $mol\cdot L^{-1}$ 的甲酸(HCOOH)溶液的 pH 为 2.38。(a) 计算该温度下甲酸的 $K_a^\ominus$；(b) 该 0.10 $mol\cdot L^{-1}$ 溶液中酸的解离度为多少？

解　(a) 根据已测得的 pH 计算$[H^+]$。

$$pH = -\lg[H^+] = 2.38$$

$$[H^+] = 4.2\times10^{-3}\ mol\cdot L^{-1}$$

写出甲酸的离解平衡方程，并表示出平衡时各物质的浓度关系。

	HCOOH(aq)	⇌	H^+(aq)	+	$HCOO^-$(aq)
初始浓度/($mol\cdot L^{-1}$)	0.10		0		0
变化浓度/($mol\cdot L^{-1}$)	-4.2×10^{-3}		4.2×10^{-3}		4.2×10^{-3}
平衡浓度/($mol\cdot L^{-1}$)	$0.10-4.2\times10^{-3}$		4.2×10^{-3}		4.2×10^{-3}

注意：上述平衡忽略了 H_2O 的离解对 H^+ 浓度的贡献，因为这个影响非常小。另外，酸的离解浓度相对于酸的初始浓度是很小的，取有效数字后，酸的初始浓度近似不变。

$$(0.10-4.2\times10^{-3})\text{mol}\cdot\text{L}^{-1}\approx0.10\ \text{mol}\cdot\text{L}^{-1}$$

把各平衡浓度代入平衡常数表达式：

$$K_a^\ominus=\frac{[H^+][HCOO^-]}{[HCOOH]}=\frac{(4.2\times10^{-3})\times(4.2\times10^{-3})}{0.10}=1.8\times10^{-4}$$

答案是合理的，因为 $K_a^\ominus$ 一般为 $10^{-3}\sim10^{-10}$。(计算结果的正确性可通过 $K_a^\ominus$ 的计算值反算系统离解出的 $[H^+]$ 加以验证)

(b) 酸离解的百分数可通过平衡时 $[H^+]$ 或 $[HCOO^-]$ 的浓度计算得到：

$$\text{离解度}=\frac{[H^+]}{[HCOOH]_{初}}\times100\%=\frac{4.2\times10^{-3}}{0.10}\times100\%=4.2\%$$

2. 弱酸溶液 pH 的计算

利用 $K_a^\ominus$ 可计算弱酸溶液的 $H^+(aq)$ 浓度。

【例 3.11】 $0.30\ \text{mol}\cdot\text{L}^{-1}$ 的乙酸(CH_3COOH)溶液的 pH 为多少？

首先写出乙酸离解平衡方程式，并表示出平衡时各物质的浓度关系。设 $[H^+]=x$，有

	$CH_3COOH(aq)$ ⇌	$H^+(aq)$ +	$CH_3COO^-(aq)$
初始浓度/$(\text{mol}\cdot\text{L}^{-1})$	0.30	0	0
变化浓度/$(\text{mol}\cdot\text{L}^{-1})$	$-x$	x	x
平衡浓度/$(\text{mol}\cdot\text{L}^{-1})$	$0.30-x$	x	x

(3.14)

将各平衡浓度代入平衡常数表达式，得

$$K_a^\ominus=\frac{[H^+][CH_3COO^-]}{[CH_3COOH]}=\frac{x\cdot x}{0.30-x}=1.8\times10^{-5} \tag{3.15}$$

该式是 x 的一元二次方程，能用公式求解。但因为 $K_a^\ominus$ 很小，x 相对乙酸的初始浓度也很小，因此可以假设 x 相对于 0.30 可忽略：

$$0.30-x\approx0.30$$

利用该假设，等式(3.15)变为

$$K_a^\ominus=\frac{x^2}{0.30}=1.8\times10^{-5}$$

解得

$$[H^+]=x\approx2.3\times10^{-3}$$

$$\text{pH}\approx-\lg(2.3\times10^{-3})=2.64$$

现在返回检查假设($0.30-x\approx0.30$)的正确性。因为 x 的有效值约为 2.3×10^{-3}，取有效数字后对 CH_3COOH 的浓度没有影响，因此该假设的合理性是令人满意的。在例 3.11 中，离解的乙酸分子不到 1%。

$$\text{乙酸的离解度}=\frac{0.0023\ \text{mol}\cdot\text{L}^{-1}}{0.30\ \text{mol}\cdot\text{L}^{-1}}\times100\%=0.77\%$$

作为一般规律，如果 x 的值大于初始值的 5%，最好还是用一元二次方程的求解公式进行求解。(若进行近似计算，则在解答完某一问题后，一般应该检查一下简化假设的正确性)

【例 3.12】 计算 0.20 $mol \cdot L^{-1}$氢氰酸溶液的 pH。

解 写出离解反应的方程式和平衡时各物质的浓度。设$[H^+]=x$，平衡反应和相关浓度关系如下所示：

	$HCN(aq)$	$\rightleftharpoons$	$H^+(aq)$	+	$CN^-(aq)$
初始浓度/$(mol \cdot L^{-1})$	0.20		0		0
变化浓度/$(mol \cdot L^{-1})$	$-x$		x		x
平衡浓度/$(mol \cdot L^{-1})$	$0.20-x$		x		x

把各平衡浓度代入平衡常数表达式：

$$K_a^\ominus=\frac{x \cdot x}{0.20-x}=4.9\times10^{-10}$$ （$K_a^\ominus$ 的值可参考表 3.3 或附录 3）

因为 $K_a^\ominus=4.9\times10^{-10}$，已离解的酸的浓度相对于初始浓度是很小的，所以 $0.20-x\approx0.20$，则

$$\frac{x^2}{0.20}=4.9\times10^{-10}$$

解 x，得

$$x=\sqrt{0.98\times10^{-10}}=9.9\times10^{-6}(mol \cdot L^{-1})$$

注意 9.9×10^{-6} 比氢氰酸的初始浓度 0.20 的 5%小得多，所以简化处理是正确的。计算溶液的 pH 得

$$pH=-\lg[H^+]_{平}=-\lg(9.9\times10^{-6})=5.00$$

一定温度下，弱酸的离解度不仅与弱酸的种类有关而且与它的浓度有关。一般情况下，弱酸的离解度随浓度的增大而减小，如图 3.4 所示。

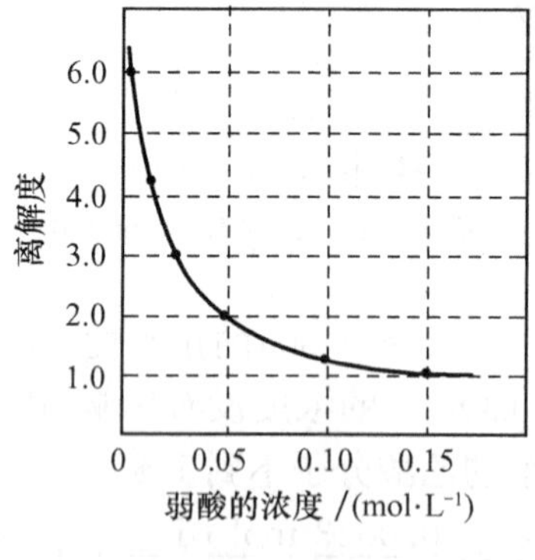

图 3.4　弱酸的离解度随浓度的增大而减小

【例 3.13】 计算下列浓度的 HF 酸的离解度：(a) 0.10 $mol \cdot L^{-1}$ HF 溶液；(b) 0.010 $mol \cdot L^{-1}$ HF 溶液。

解　(a) HF 酸的平衡反应式和平衡浓度如下所示：

	HF(aq) ⇌	H^+(aq) +	F^-(aq)
初始/($mol \cdot L^{-1}$)	0.10	0	0
变化/($mol \cdot L^{-1}$)	$-x$	x	x
平衡/($mol \cdot L^{-1}$)	$0.10-x$	x	x

将平衡浓度代入平衡常数表达式：

$$K_a^{\ominus}=\frac{[H^+][F^-]}{[HF]}=\frac{x \cdot x}{0.10-x}=6.8\times10^{-4}$$

用近似值解该方程时 $0.10-x\approx0.10$，得到 $x=8.2\times10^{-3}$。因为该值大于初始浓度 0.10 $mol \cdot L^{-1}$ 的 5%，所以计算误差较大。改用二次方程求解：

$$x^2=(0.10-x)\times(6.8\times10^{-4})$$
$$=6.8\times10^{-5}-(6.8\times10^{-4})x$$
$$x^2+(6.8\times10^{-4})x-6.8\times10^{-5}=0$$

$$x=\frac{-6.8\times10^{-4}\pm\sqrt{(6.8\times10^{-4})^2+4\times(6.8\times10^{-5})}}{2}$$
$$=\frac{6.8\times10^{-4}\pm1.6\times10^{-2}}{2}(mol \cdot L^{-1})$$

两值中，只有 x 取正值才是正确的，所以

$$x=[H^+]_{平}=[F^-]_{平}=7.9\times10^{-3}(mol \cdot L^{-1})$$

从上述结果可以计算系统的离解度：

$$HF酸的离解度=\frac{[F^-]}{[HF]_{初}}\times100\%=\frac{7.9\times10^{-3}}{0.10}\times100\%=7.9\%$$

(b) 相似地，由

$$\frac{x^2}{0.010-x}=6.8\times10^{-4}$$

解二次方程，得

$$x=[H^+]_{平}=[F^-]_{平}=2.3\times10^{-3}(mol \cdot L^{-1})$$

$$HF的离解度=\frac{0.0023}{0.010}\times100\%=23\%$$

注意：上述溶液稀释 10 倍，而离解度增加了 3 倍。这个结果符合图 3.4，也符合勒夏特列原理。稀释导致反应向离子数目更大(离解度更大)的方向移动。

3. 多元酸

许多酸有多个 H^+ 可以电离，这些酸叫做多元酸。例如，亚硫酸有两个 H^+ 可

以逐级电离：

$$H_2SO_3(aq) \rightleftharpoons H^+(aq) + HSO_3^-(aq) \qquad K_{a_1}^{\ominus} = 1.7 \times 10^{-2} \qquad (3.16)$$

$$HSO_3^-(aq) \rightleftharpoons H^+(aq) + SO_3^{2-}(aq) \qquad K_{a_2}^{\ominus} = 6.4 \times 10^{-8} \qquad (3.17)$$

两步平衡的离解常数分别用 $K_{a_1}^{\ominus}$ 和 $K_{a_2}^{\ominus}$ 表示，下标中的数字指明是酸的哪一级离解。

在上面的例子中 $K_{a_2}^{\ominus}$ 要比 $K_{a_1}^{\ominus}$ 小得多，这可以用静电力进行解释，因为带正电的质子从中性的 H_2SO_3 分子中离解比从带负电的 HSO_3^- 中离解更容易。这个结论具有一般性：所有二元酸的第一个质子总是比第二个质子容易离解。相似地，三元酸的第二个质子比第三个质子容易离解。因此，多元酸的离解常数随分子中 H^+ 的依次离解而逐级减小。

表 3.4 中列出了几种常见多元酸的离解常数。更完整的列表见附录 3。注意：通常这些酸的相邻各级离解常数值至少相差 10^3 倍。另一点需要注意的是硫酸的第一个质子离解显强酸性，其 $K_{a_1}^{\ominus}$ 的值仅用“大”表示。而 HSO_4^- 是一种中强酸，其 $K_{a_2}^{\ominus} = 1.2 \times 10^{-2}$。

表 3.4　几种常见多元酸的离解常数

名　称	分子式	$K_{a_1}^{\ominus}$	$K_{a_2}^{\ominus}$	$K_{a_3}^{\ominus}$
维生素(抗坏血酸)	$HC_6H_6O_6$	8.0×10^{-5}	1.6×10^{-12}	
碳酸	H_2CO_3	4.3×10^{-7}	5.6×10^{-11}	
柠檬酸	$H_3C_6H_5O_7$	7.4×10^{-4}	1.7×10^{-5}	4.0×10^{-7}
乙二酸	$H_2C_2O_4$	5.9×10^{-2}	6.4×10^{-5}	
磷酸	H_3PO_4	7.5×10^{-3}	6.2×10^{-8}	4.2×10^{-13}
亚硫酸	H_2SO_3	1.7×10^{-2}	6.4×10^{-8}	
硫酸	H_2SO_4	大	1.2×10^{-2}	
酒石酸	$H_2C_4H_4O_6$	1.0×10^{-3}	4.6×10^{-5}	

表 3.4 表明，弱酸的 $K_{a_1}^{\ominus}$ 要比次级离解常数大得多，所以在其溶液中几乎所有 H^+ 都来自于一级离解反应。只要次级离解常数 $K_{a_2}^{\ominus}$ 的值与一级离解常数 $K_{a_1}^{\ominus}$ 有 10^3 的差距，则计算多元酸的 pH 只要考虑酸的一级离解就可以得到较为满意的结果。

【例 3.14】 25 ℃，1.0×10^4 Pa 压力下，CO_2 在纯水中的溶解度为 0.0037 mol·L^{-1}。假设溶解的 CO_2 完全以 H_2CO_3 的形式存在，该溶液的 pH 是多少？

解　H_2CO_3 是一种二元酸，其酸离解常数 $K_{a_1}^{\ominus}$ 和 $K_{a_2}^{\ominus}$ 见表 3.4。两者相差大于 10^3 倍。因此，仅考虑 $K_{a_1}^{\ominus}$ 就能确定 pH，故可把它近似看成一元酸。同例 3.9 和例 3.10 的解题步骤，其平衡反应和相关平衡浓度关系如下：

	$H_2CO_3(aq)$ $\rightleftharpoons$	$H^+(aq)$ +	$HCO_3^-(aq)$
初始浓度/($mol\cdot L^{-1}$)	0.0037	0	0
变化浓度/($mol\cdot L^{-1}$)	$-x$	x	x
平衡浓度/($mol\cdot L^{-1}$)	$0.0037-x$	x	x

代入平衡常数表达式：

$$K_{a_1}^{\ominus}=\frac{[H^+][HCO_3^-]}{[H_2CO_3]}=\frac{x\cdot x}{0.0037-x}=4.3\times10^{-7}$$

因为 $K_{a_1}^{\ominus}$ 很小，可作近似处理，$0.0037-x\approx0.0037$，故

$$\frac{x\cdot x}{0.0037}=4.3\times10^{-7}$$

解 x，得

$$x^2=(0.0037)\times(4.3\times10^{-7})=1.6\times10^{-9}$$

$$x=[H^+]_1=[HCO_3^-]_1=\sqrt{1.6\times10^{-9}}=4.0\times10^{-5}(mol\cdot L^{-1})$$

得到的 x 很小，所以近似简化处理是合理的。因而

$$pH=-\lg[H^+]_1=-\lg(4.0\times10^{-5})=4.40$$

如果要求计算$[CO_3^{2-}]$，将需要用到 $K_{a_2}^{\ominus}$。利用上面得到的$[HCO_3^-]_1$ 和$[H^+]_1$，设$[CO_3^{2-}]=y$，得到下面的初始和平衡浓度值：

	$HCO_3^-(aq)$ $\rightleftharpoons$	$H^+(aq)$ +	$CO_3^{2-}(aq)$
初始浓度/($mol\cdot L^{-1}$)	4.0×10^{-5}	4.0×10^{-5}	0
变化浓度/($mol\cdot L^{-1}$)	$-y$	y	y
平衡浓度/($mol\cdot L^{-1}$)	$4.0\times10^{-5}-y$	$4.0\times10^{-5}+y$	y

假设 y 相对于 4.0×10^{-5} 是很小的，所以有

$$K_{a_2}^{\ominus}=\frac{[H^+][CO_3^{2-}]}{[HCO_3^-]}=\frac{4.0\times10^{-5}\times y}{4.0\times10^{-5}}=5.6\times10^{-11}$$

$$y=[CO_3^{2-}]\approx5.6\times10^{-11}(mol\cdot L^{-1})$$

计算得到的 y 值相对于 4.0×10^{-5} 确实相当小，表明假设是合理的。这也表明 HCO_3^- 的离解相对于 H_2CO_3 离解产生的 H^+ 是可忽略不计的。

以上的计算表明，上述 CO_2 水溶液中的 CO_2 绝大多数以 H_2CO_3 形式存在，仅有一小部分离解形成 H^+ 和 HCO_3^-，而离解能形成 CO_3^{2-} 的就更少。

4. 弱碱

在水中许多物质表现为弱碱。这些物质能与 H_2O 反应，夺取 H_2O 中的质子形成共轭酸和 OH^-。最常见的弱碱是氨水，它的离解反应如下：

$$NH_3 \cdot H_2O(aq) \rightleftharpoons NH_4^+(aq) + OH^-(aq)$$

该反应的平衡常数表达式可写为

$$K_b^\ominus = \frac{[NH_4^+][OH^-]}{[NH_3 \cdot H_2O]}$$

常数 $K_b^\ominus$ 称为碱离解常数，与弱酸的 $K_a^\ominus$ 相对应。

【例 3.15】 计算 0.15 $mol \cdot L^{-1}$ $NH_3 \cdot H_2O$ 溶液中 OH^- 的浓度。

解 与计算酸的离解问题的步骤相同，第一步写出离解平衡方程式并写出相应的平衡浓度关系：

	$NH_3 \cdot H_2O(aq)$	$\rightleftharpoons$	$NH_4^+(aq)$	+	$OH^-(aq)$
初始浓度/($mol \cdot L^{-1}$)	0.15		0		x
变化浓度/($mol \cdot L^{-1}$)	$-x$		x		x
平衡浓度/($mol \cdot L^{-1}$)	$0.15-x$		x		x

第二步写出平衡常数表达式：

$$K_b^\ominus = \frac{[NH_4^+][OH^-]}{[NH_3]} = \frac{x \cdot x}{0.15-x} = 1.8\times10^{-5}$$

因为 $K_b^\ominus$ 很小，$NH_3 \cdot H_2O$ 离解的量相对于 NH_3 的初始浓度也很小，所以 $0.15-x\approx 0.15$，则

$$\frac{x^2}{0.15} \approx 1.8\times10^{-5}$$

$$x = [NH_4^+] = [OH^-] \approx \sqrt{2.7\times10^{-6}} = 1.6\times10^{-3}(mol \cdot L^{-1})$$

注意：得到的 x 的值仅是 NH_3 浓度（0.15 $mol \cdot L^{-1}$）的百分之一，因而进行近似计算是合理的。

5. 共轭酸碱 $K_a^\ominus$ 与 $K_b^\ominus$ 的关系

弱碱可分为两种类型，第一类弱碱是电中性分子，如 NH_3 及其衍生物胺等。和 NH_3 一样，胺也会夺取水分子中的质子形成一个附加的 N—H 键，如甲胺的离解反应可以写为

$$NH_2CH_3(aq) + H_2O(l) \rightleftharpoons NH_3CH_3^+(aq) + OH^-(aq)$$

第二类弱碱是强酸的共轭碱即强酸根阴离子。以次氯酸钠（NaClO）为例，该盐溶于水后形成 Na^+ 和 ClO^-。ClO^- 发生水解：

$$ClO^-(aq) + H_2O(aq) \rightleftharpoons HClO(aq) + OH^-(aq) \quad K_b^\ominus = 3.3\times10^{-7} \tag{3.18}$$

【例 3.16】 向水中加入一定量的固体次氯酸钠(NaClO)制备 2.00 L pH=10.50 的溶液。需要加多少摩尔 NaClO?

解　NaClO 是强电解质,在水中首先完全离解得到 Na^+ 和 ClO^- ($K_b^\ominus=3.3\times10^{-7}$)。

首先计算平衡时 OH^-(aq)的浓度:

$$pOH=14.00-pH=14.00-10.50=3.50$$
$$[OH^-]=3.2\times10^{-4}(mol\cdot L^{-1})$$

因为 OH^- 的浓度足够大,因此可忽略水离解产生的 OH^-。设 x 为 ClO^- 的初始浓度:

	$ClO^-(aq)$	+ $H_2O(l)$ ⇌	$HClO(aq)$	+ $OH^-(aq)$
初始浓度/$(mol\cdot L^{-1})$	x	—	0	0
变化浓度/$(mol\cdot L^{-1})$	-3.2×10^{-4}	—	3.2×10^{-4}	3.2×10^{-4}
平衡浓度/$(mol\cdot L^{-1})$	$x-3.2\times10^{-4}$	—	3.2×10^{-4}	3.2×10^{-4}

$$K_b^\ominus=\frac{[HClO][OH^-]}{[ClO^-]}=\frac{(3.2\times10^{-4})^2}{x-3.2\times10^{-4}}=3.3\times10^{-7}$$

故

$$x=\frac{(3.2\times10^{-4})^2}{3.3\times10^{-7}}+(3.2\times10^{-4})=0.31(mol\cdot L^{-1})$$

即使有一部分 ClO^- 已与 H_2O 反应,但还是 0.31 $mol\cdot L^{-1}$ NaClO 溶液,这里 0.31 $mol\cdot L^{-1}$ 指的是 NaClO 的总浓度。因为溶液为 2.00 L,所以要有 0.62 mol NaClO 加入到水中。

共轭酸碱的离解常数 $K_a^\ominus$ 和 $K_b^\ominus$ 有一定的关系。现以 HAc、Ac^- 在水溶液中的 $K_a^\ominus$、$K_b^\ominus$ 为例来说明。在某一含有 HAc-Ac^- 的体系中,若以 HAc 的离解为主,则有

$$HAc(aq)\rightleftharpoons H^+(aq)+Ac^-(aq)$$
$$K_a^\ominus=\frac{[H^+][Ac^-]}{[HAc]}\tag{3.19}$$

若以 Ac^- 的离解(即水解)为主来写平衡表达式,则有

$$Ac^-(aq)+H_2O(l)\rightleftharpoons HAc(aq)+OH^-(aq)$$
$$K_b^\ominus=\frac{[HAc][OH^-]}{[Ac^-]}\tag{3.20}$$

由于上述两个平衡表达式描述的是同一个平衡体系,所以这两个平衡表达式中相同分子和离子的平衡浓度是相同的。将式(3.19)与式(3.20)相乘可得

$$K_a^\ominus\cdot K_b^\ominus=\frac{[H^+][Ac^-]}{[HAc]}\cdot\frac{[HAc][OH^-]}{[Ac^-]}$$

即共轭酸碱的离解常数。

$$K_a^\ominus\cdot K_b^\ominus=[H^+][OH^-]=K_w^\ominus$$

事实上，任何共轭酸碱的离解常数之间都有同样的关系：

$$K_a^{\ominus} \cdot K_b^{\ominus} = K_w^{\ominus}$$

或

$$K_a^{\ominus} = \frac{K_w^{\ominus}}{K_b^{\ominus}} \qquad K_b^{\ominus} = \frac{K_w^{\ominus}}{K_a^{\ominus}} \tag{3.21}$$

$K_a^{\ominus}$、$K_b^{\ominus}$ 互成反比，体现了共轭酸碱之间的相对强弱关系。酸越强，对应的共轭碱越弱；反之，碱越强，共轭酸越弱。 强酸(如 HCl)的共轭碱(如 Cl^-)碱性极弱，可认为是中性的。

为了便于比较共轭酸碱相对强弱的关系，表 3.5 列出了一些共轭酸碱的离解常数。

表 3.5　一些共轭酸碱的离解常数

酸	$K_a^{\ominus}$	碱	$K_b^{\ominus}$
HNO_2	4.6×10^{-4}	NO_2^-	2.2×10^{-11}
HF	3.53×10^{-4}	F^-	2.83×10^{-11}
HAc	1.76×10^{-5}	Ac^-	5.68×10^{-10}
HCN	4.93×10^{-10}	CN^-	2.03×10^{-5}
HClO	3.03×10^{-8}	ClO^-	3.3×10^{-7}
H_2S	9.1×10^{-8}	HS^-	1.1×10^{-7}
HS^-	1.1×10^{-12}	S^{2-}	9.1×10^{-3}
NH_4^+	5.65×10^{-10}	NH_3	1.77×10^{-5}
H_2CO_3	4.3×10^{-7}	HCO_3^-	2.33×10^{-8}
HCO_3^-	5.61×10^{-11}	CO_3^{2-}	1.78×10^{-4}
$H_2PO_4^-$	6.23×10^{-8}	HPO_4^{2-}	1.61×10^{-7}
HPO_4^{2-}	2.1×10^{-13}	PO_4^{3-}	4.5×10^{-2}

另外，根据式(3.21)，只要知道共轭酸碱中酸的离解常数 $K_a^{\ominus}$，便可计算共轭碱的离解常数 $K_b^{\ominus}$，或已知碱的离解常数 $K_b^{\ominus}$，便可算得共轭酸的离解常数 $K_a^{\ominus}$。例如，已知 HAc 的 $K_a^{\ominus}=1.76\times10^{-5}$，则其共轭碱 Ac^- 的 $K_b^{\ominus}=\dfrac{K_w^{\ominus}}{K_a^{\ominus}}=\dfrac{1.0\times10^{-14}}{1.76\times10^{-5}}=5.68\times10^{-10}$。

3.3　缓 冲 溶 液

3.3.1　同离子效应

前面已经分别讨论了弱酸、弱碱溶液的平衡问题。现在假设溶液中不仅含有弱酸，而且有该酸的可溶性盐存在，那么将出现什么现象呢？以 HAc 为例，HAc 的水溶液存在如下平衡：

$$HAc(aq) \rightleftharpoons H^+(aq) + Ac^-(aq) \tag{3.22}$$

当向该溶液中加入 NaAc 时，由于 NaAc 是强电解质，在水溶液中完全离解，形成 Na^+ 和 Ac^-。由于溶液中 Ac^- 浓度的增加，根据勒夏特列原理，HAc 的离解会向左移动，从而导致 H^+ 平衡浓度减小，直到建立新的平衡。也就是说，NaAc 中的 Ac^- 会对 HAc 的离解起抑制作用。这种现象叫做**同离子效应**(common ion effect)。

事实上，同离子效应发生在诸多平衡系统中。它对理解本节缓冲溶液的缓冲作用以及控制难溶弱电解质的溶解平衡方面具有重要作用。

3.3.2 缓冲溶液的组成和作用

上述 HAc-NaAc 溶液由于系统中存在大量的 HAc 和 Ac^-，并建立平衡，因此当向系统中加入少量酸时，为了维持平衡的存在，系统中的 Ac^- 将与加入的 H^+ 结合生成 HAc，从而使系统的 pH 变化不大；如果向上述系统中加入的不是少量酸而是少量碱，则系统中的 HAc 将与加入的 OH^- 反应生成 Ac^- 和水。

在加入少量酸碱后，系统的 pH 改变很小的溶液称为**缓冲溶液**(buffer solution)。人类血液就是一种能在 pH 7.4 左右缓冲的重要的复杂系统。海水的许多化学行为是由它的 pH 所决定的。海水表面的 pH 一般在 8.1～8.3 缓冲。在化学实验室和医药方面，缓冲溶液都有重要的应用。

缓冲溶液能抑制 pH 的改变是因为它们既包含能中和 OH^- 的酸性物质又包含能中和 H^+ 的碱性物质。它们一般可通过弱的共轭酸碱对来得到。如上述 HAc-Ac^- 或 NH_3-NH_4^+，它们分别叫做**共轭酸碱对**。例如，在 HAc 溶液中加入 NaAc 能制备 HAc-Ac^- 缓冲溶液；在 NH_3 溶液中加 NH_4Cl 能制备 NH_4^+-NH_3 缓冲溶液。通过选择适当的化合物并调整它们的相对浓度，实际上能制备各种 pH 不同的缓冲溶液。

为了更好地理解缓冲溶液是如何起作用的，假设由弱酸 HX 和它的盐 MX (M^+ 可能是 Na^+、K^+ 等阳离子)组成缓冲溶液。在该缓冲溶液中，酸离解平衡包含酸和其共轭碱：

$$HX(aq) \rightleftharpoons H^+(aq) + X^-(aq) \tag{3.23}$$

对应的酸离解常数表达式为

$$K_a^\ominus = \frac{[H^+][X^-]}{[HX]}$$

以[H^+]为未知数解上式，有

$$[H^+] = K_a^{\ominus} \frac{[HX]}{[X^-]} \tag{3.24}$$

即系统的[H^+]或者 pH 由缓冲溶液中弱酸的 $K_a^{\ominus}$ 和共轭酸碱对的浓度比[HX]/[X^-]所决定。如果将少量 OH^- 加入到该缓冲溶液中，它们就会与缓冲溶液中的酸性物质反应：

$$OH^-(aq) + HX(aq) \rightleftharpoons H_2O(l) + X^-(aq)$$

从而引起[HX]减少而[X^-]增加。然而，只要缓冲溶液中 HX 和 X^- 的数量与加入的 OH^- 数量相对较大，[HX]/[X^-]比值就不会改变许多，因此 pH 的变化是较小的(图 3.5)。缓冲溶液对少量 H^+ 的加入也有同样的抑制作用。

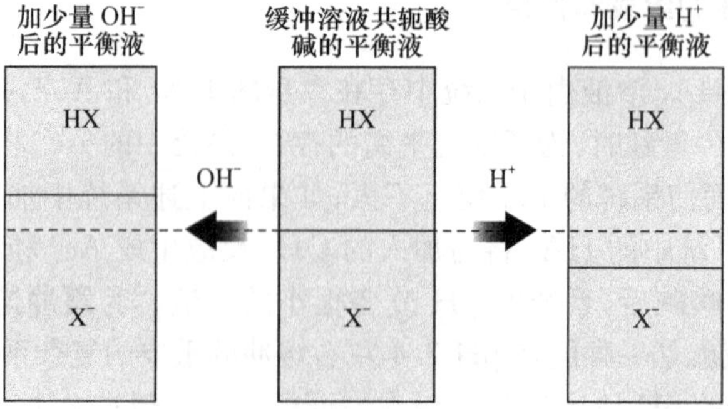

图 3.5　缓冲溶液中共轭酸碱的平衡及其对少量 H^+ 和 OH^- 的缓冲作用示意图

在缓冲溶液中，当 HX 的浓度与 X^- 的浓度相等时，缓冲溶液对 OH^- 和 H^+ 的缓冲作用是最大的。注意：在这种条件下，[H^+]在数值上与 $K_a^{\ominus}$ 相等。因此，通常选择 $pK_a^{\ominus}$ 近似等于目标 pH 的共轭酸碱对来配制所需要的缓冲溶液。

3.3.3 缓冲溶液 pH 的计算

缓冲溶液的两个重要特性是缓冲能力和 pH。缓冲能力是指 pH 在改变到一个可觉察的程度之前，缓冲溶液能中和的酸和碱的量。缓冲能力依赖于缓冲溶液形成的酸和碱的量。缓冲溶液的 pH 依赖于酸的 $K_a^{\ominus}$ 以及组成缓冲溶液的酸和碱的相对浓度。例如，1 L 含 1.0 $mol \cdot L^{-1}$ HAc 和 1.0 $mol \cdot L^{-1}$ NaAc 的溶液与 1 L含 0.10 $mol \cdot L^{-1}$ HAc 和 0.10 $mol \cdot L^{-1}$ NaAc 的缓冲溶液，它们的 pH 是相同的，然而第一种溶液有更大的缓冲能力，因为它包含更多的 HAc 和 Ac^-。**缓冲溶液共轭酸碱对的量越大，其浓度的比值越接近于 1，缓冲溶液对酸和碱越具有抵抗力，因此，其 pH 将改变越小。**

缓冲溶液的 pH 的计算类似于酸碱平衡的同离子效应的计算问题。但是，有时也可以采用一个变通的方法来计算，在式(3.24)的两边取负对数，得

$$-\lg[H^+]=-\lg\left(K_a^\ominus\frac{[HX]}{[X^-]}\right)=-\lg K_a^\ominus-\lg\frac{[HX]}{[X^-]}$$

因为 $-\lg[H^+]=pH$，并且 $-\lg K_a^\ominus=pK_a^\ominus$，有

$$pH=pK_a^\ominus-\lg\frac{[HX]}{[X^-]}=pK_a^\ominus+\lg\frac{[X^-]}{[HX]} \tag{3.25}$$

即

$$pH=pK_a^\ominus+\lg\frac{[共轭碱]}{[共轭酸]} \tag{3.26}$$

在这里，[共轭酸]和[共轭碱]指的是共轭酸碱对中的酸和碱的浓度，注意当[共轭碱]=[共轭酸]时，$pH=pK_a^\ominus$。

上述计算式的方便之处是可以直接用缓冲溶液中共轭酸碱的初始浓度近似计算系统的 pH。

【例 3.17】 一缓冲溶液中有 $0.12\ mol\cdot L^{-1}$ 乳酸($HC_3H_5O_3$)和 $0.10\ mol\cdot L^{-1}$ 乳酸钠，计算其 pH。乳酸的 $K_a^\ominus=1.4\times10^{-4}$。

解　溶液达到平衡后，系统中涉及的各种物质的初始浓度和平衡浓度如下：

	$HC_3H_5O_3(aq)$	$\rightleftharpoons$	$H^+(aq)$	+	$C_3H_5O_3^-(aq)$
初始浓度/($mol\cdot L^{-1}$)	0.12		0		0.10
变化浓度/($mol\cdot L^{-1}$)	$-x$		x		x
平衡浓度/($mol\cdot L^{-1}$)	$0.12-x$		x		$0.10+x$

$$K_a^\ominus=1.4\times10^{-4}=\frac{[H^+][C_3H_5O_3^-]}{[HC_3H_5O_3]}=\frac{(0.10+x)x}{0.12-x}$$

因为 $K_a^\ominus$ 值很小，x 相对于 $0.12\ mol\cdot L^{-1}$ 或 $0.10\ mol\cdot L^{-1}$ 也应该是很小的，因此

$$K_a^\ominus=1.4\times10^{-4}\approx\frac{(0.10)x}{0.12}$$

通过验算可知近似处理是合理的：$[H^+]=x=\frac{0.12}{0.10}\times1.4\times10^{-4}=1.7\times10^{-4}\ mol\cdot L^{-1}$，则

$$pH=-\lg(1.7\times10^{-4})=3.77$$

也可以将上述缓冲溶液的初始浓度直接代入式(3.26)计算系统的 pH：

$$pH=pK_a^\ominus-\lg\left(\frac{[共轭酸]}{[共轭碱]}\right)=3.85-\lg\frac{0.10}{0.12}=3.85+(-0.08)=3.77$$

【例 3.18】 向 2.0 L 0.10 mol · L^{-1} NH_3 溶液中加入 1.0 mol 的 NH_4Cl，能形成 pH 为 9.00 的缓冲溶液吗？（假设 NH_4Cl 的加入不改变溶液的体积）

解 溶液中主要的物质有 NH_4^+、Cl^-、$NH_3 \cdot H_2O$ 以及 H_2O。Cl^- 是强酸的共轭碱，H_2O 是非常弱的酸或碱。因此，NH_4^+-NH_3 共轭酸碱对决定了缓冲溶液的 pH：

$$NH_3 \cdot H_2O(aq) \rightleftharpoons NH_4^+(aq) + OH^-(aq) \qquad K_b^\ominus = \frac{[NH_4^+][OH^-]}{[NH_3]} = 1.8\times10^{-5}$$

因为 $K_b^\ominus$ 很小，大量 NH_4^+ 的存在又抑制了 $NH_3 \cdot H_2O$ 的分解，因此 $NH_3 \cdot H_2O$ 的平衡浓度实际上近似等于它的初始浓度：

$$[NH_3 \cdot H_2O] \approx 0.10(\text{mol} \cdot \text{L}^{-1})$$

从 pH 可以计算得到系统$[OH^-]$。

$$pOH = 14.00 - pH = 14.00 - 9.00 = 5.00$$

因此

$$[OH^-] = 1.00\times10^{-5}(\text{mol} \cdot \text{L}^{-1})$$

根据 $K_b^\ominus$ 表达式得到

$$[NH_4^+] = K_b^\ominus \frac{[NH_3 \cdot H_2O]}{[OH^-]} = 1.8\times10^{-5}\times\frac{0.10}{1.00\times10^{-5}} = 0.18(\text{mol} \cdot \text{L}^{-1})$$

因此，为了使溶液的 pH=9.00，$[NH_4^+]$必须等于 0.18 mol · L^{-1}。NH_4Cl 的物质的量等于溶液的体积与它的物质的量浓度的乘积，则

$$2.0\times0.18\ \text{mol} \cdot \text{L}^{-1} = 0.36\ \text{mol} \cdot \text{L}^{-1}$$

上述计算表明，对于已知 $K_b^\ominus$ 的共轭酸碱对，其缓冲溶液的计算可以先计算 pOH，然后再根据 pOH 计算 pH。pOH 的计算可用公式：

$$pOH = 14 - pK_a^\ominus + \lg\frac{[\text{共轭酸}]}{[\text{共轭碱}]} \qquad (3.27)$$

这一公式可根据式(3.25)的方法自行推导。

NH_4^+ 和 $NH_3 \cdot H_2O$ 构成的共轭酸碱对，也能用式(3.26)计算体系的 pH。首先用 $NH_3 \cdot H_2O$的 $pK_b^\ominus$ 值计算 NH_4^+ 的 $pK_a^\ominus$，然后带平衡浓度进行计算，两者的计算结果是一样的。

为方便起见，以后对于直接给出共轭碱 $K_b^\ominus$ 的缓冲溶液，先采用式(3.27)计算系统的 pOH，然后再转化成系统的 pH。

下面进一步讨论缓冲溶液加入强酸强碱后的计算问题。

缓冲溶液包含弱酸 HX 和它的共轭碱 X^-。将少量强酸加入缓冲溶液时，H^+ 与 X^- 反应产生 HX，因此[HX]增大而$[H^+]$减小（图 3.5）；当少量强碱加入到缓冲溶液中，OH^- 被 HX 消耗产生 X^-，因而[HX]减小而$[X^-]$增大。如果假设这种

反应是变色的，则缓冲溶液 pH 的计算见例 3.16。

【例 3.19】 向水中加入 0.300 mol HAc 和 0.300 mol NaAc 制得 1.00 L 缓冲溶液。该溶液的 pH 为 4.74。计算下列变化后该溶液的 pH。(a) 加入 0.020 mol NaOH(忽略体积的变化)；(b) 加入 0.020 mol HCl(也忽略体积的变化)。

解　(a) 先考虑 NaOH 与缓冲溶液中的弱酸反应，再考虑平衡计算。假设系统先发生酸碱反应，再达到离解平衡：

	$HAc(aq)$	+ $OH^-(aq)$	$\longrightarrow$ $H_2O(l)$	+ $Ac^-(aq)$
初始浓度/$(mol\cdot L^{-1})$	0.300	0.020	—	0.300
变化浓度/$(mol\cdot L^{-1})$	−0.020	−0.020	—	0.020
平衡浓度/$(mol\cdot L^{-1})$	$0.280-x$	0	—	$0.320+x$

所以

$$K_a^\ominus=\frac{[H^+][Ac^-]}{[HAc]}=\frac{x(0.320+x)}{0.280-x}\approx\frac{x\times 0.320}{0.280}=1.8\times10^{-5}$$

$$x=[H^+]=\frac{0.280\times1.8\times10^{-5}}{0.320}=1.6\times10^{-5}(mol\cdot L^{-1})$$

$$pH=-\lg(1.6\times10^{-5})=4.80$$

运用式(3.26)可直接获得该答案。但是在没有完全理解问题中有关的重要平衡关系之前，最好还是完整地解答该问题。

(b) 也可以按照下列方式进行计算。先考虑来自于 HCl 的 H^+ 与缓冲溶液中的弱碱发生反应：

$$[Ac^-]=0.300-0.020=0.280(mol\cdot L^{-1})$$

$$[HAc]=0.300+0.020=0.320(mol\cdot L^{-1})$$

再考虑平衡计算：

	$HAc(aq)$	$\rightleftharpoons$ $H^+(aq)$	+ $Ac^-(aq)$
初始浓度/$(mol\cdot L^{-1})$	0.320	0	0.280
变化浓度/$(mol\cdot L^{-1})$	$-x$	x	x
平衡浓度/$(mol\cdot L^{-1})$	$0.320-x$	x	$0.280+x$

所以

$$x=[H^+]=\frac{0.320K_a^\ominus}{0.280}=2.1\times10^{-5}(mol\cdot L^{-1})$$

$$pH=-\lg(2.1\times10^{-5})=4.70$$

上述计算说明，因为系统的缓冲能力足够大，能吸收(缓冲)加入的少量碱和酸，因此 pH 变化很小。

对比缓冲溶液与普通不具备缓冲能力的溶液的缓冲行为。在例 3.16中看到，0.300 mol·L^{-1}乙酸和 0.300 mol·L^{-1}乙酸钠构成的缓冲溶液，当加入 0.020 mol HCl或 NaOH 时体系的 pH 仅改变 0.06 pH 单位。相对的，在 1.00 L 纯水中加入 0.020 mol HCl，其 pH 从 7.00 变到 1.70，而加入 0.020 mol NaOH 其 pH 从 7.00 变到 12.30。因此，缓冲溶液比非缓冲溶液的 pH 改变要小得多。

血液的缓冲作用

生命系统中发生的许多反应对 pH 极其敏感。许多酶催化的重要生化反应只能在一个狭窄的 pH 范围内才能正常进行。人体是一个复杂的缓冲系统，缓冲作用不仅发生在组织细胞中也存在于运送细胞的流体中。血液运送氧气到身体各部位，是生命系统中最重要的缓冲溶液。

人体血液呈弱碱性，pH 一般为 7.35～7.45，任何的偏离对细胞膜、蛋白质结构以及酶的活性都极具破坏性。当人体血液的 pH 降到 7.35 之下，叫做酸中毒；而当 pH 升到 7.45 以上，则叫做碱中毒。因为体内一般的代谢作用产生酸，所以酸中毒更常见。如果人的血液 pH 降到 6.8 之下或升到 7.8 之上，则可能导致死亡。

对人体血液 pH 起主要作用的缓冲系统是 H_2CO_3-HCO_3^- 系统。H_2CO_3 分解生成 CO_2 和 H_2O，从而使这个平衡能长期稳定地存在：

$$H^+(aq) + HCO_3^-(aq) \rightleftharpoons H_2CO_3(aq) \rightleftharpoons H_2O(l) + CO_2(g) \qquad (3.28)$$

这个系统有几个方面值得注意：第一，虽然碳酸是一种二元酸，但在该系统中碳酸根离子(CO_3^{2-})并不重要。第二，该平衡中化合物 CO_2 是一种气体，为身体调节平衡提供一种途径。CO_2 通过蒸发而使平衡向右移动，消耗了 H^+。第三，血液的 pH 在 7.4 左右，与 H_2CO_3 的 $pK_{a_1}^{\ominus}$(在生理温度下为 6.1)相差很远。要使缓冲溶液的 pH 为 7.4。[碱]/[酸]必须约为 20。在一般的血浆中，HCO_3^- 和 H_2CO_3 的浓度分别为 0.024 mol·L^{-1}和 0.0012 mol·L^{-1}。所以，该缓冲溶液对外来酸有很强的中和能力，但对外加碱的中和能力却不强。

控制 H_2CO_3-HCO_3^- 缓冲系统最重要的器官是肺和肾。大脑中的一些感受体对身体内体液的 H^+ 和 CO_2 的浓度是敏感的。当 CO_2 的浓度上升，式(3.28)所示的平衡向左移动，将导致更多的 H^+ 产生。感受体将发出呼吸更快更深的反射，增加 CO_2 从肺中的排出量，使平衡返回右边。肾吸收或释放 H^+ 和 HCO_3^-，过多的酸以尿的形式排出体外，尿的 pH 一般为 5.0～7.0。

3.4　难溶强电解质的溶解平衡

前面讨论的酸碱平衡都是均相系统，所有物质都在溶液中。本节将研究难溶强电解质的溶解-沉淀平衡，这种平衡是多相的。

化合物的溶解和沉淀既发生在身体内部也发生在我们的周围。例如，牙釉质在酸性溶液中的溶解导致牙齿腐蚀，某些盐在人体肾脏中沉积产生肾结石，水流过地面时溶解土壤中的盐。但石灰石洞穴中的钟乳石和石笋的形成却是由于地下水中 $CaCO_3$ 的沉积。研究难溶强电解质的溶解平衡，将对这些化合物的溶解规律及其溶解度计算方法有一个比较全面的认识。

3.4.1　溶度积常数

$BaSO_4$ 是一种难溶的强电解质。在 $BaSO_4$ 的饱和溶液中，水合离子与未溶解的固体 $BaSO_4$ 之间存在下列平衡：

$$BaSO_4(s) \rightleftharpoons Ba^{2+}(aq) + SO_4^{2-}(aq) \tag{3.29}$$

式(3.29)左边的 $BaSO_4(s)$ 是纯固体，右边是其水合离子。由于这个系统中包含有固液两相，把上述平衡称做多相平衡。其平衡常数表达式可写为

$$K_{sp}^{\ominus} = [Ba^{2+}][SO_4^{2-}] \tag{3.30}$$

式中，$K_{sp}^{\ominus}$ 叫做**溶度积常数**①(solubility product constant)，简称**溶度积**。$K_{sp}^{\ominus}$ 的大小反映难溶强电解质在水中的溶解性能。应该强调的是，虽然式(3.30)中没有出现 $BaSO_4$ 固体(固体的活度为 1)，但系统中未溶解的 $BaSO_4(s)$ 必须存在才能维持系统平衡。

溶度积常数是反映难溶离子化合物在水中溶解特性的常数。附录 3 列出了 25 ℃时一些难溶电解质的 $K_{sp}^{\ominus}$ 值。其中 $BaSO_4$ 的 $K_{sp}^{\ominus}$ 值为 1.1×10^{-10}，是一个非常小的数，表明该物质在水中的溶解度非常小。

溶度积常数表达式的书写方法与前面讨论的化学平衡常数表达式的书写方法相同。**难溶电解质的溶度积等于其饱和溶液中相应离子的平衡浓度以其反应方程式中的系数为幂指数的乘积**，即对于下列难溶电解质 A_mB_n 的溶解平衡体系，有

$$A_mB_n \longrightarrow mA^{n+}(aq) + nB^{m-}(aq)$$

$$K_{sp}^{\ominus} = [A^{n+}]^m \cdot [B^{m-}]^n$$

【例 3.20】 写出 $Ca_3(PO_4)_2$ 的溶度积常数表达式。

解　写出溶解平衡方程式：

$$Ca_3(PO_4)_2(s) \rightleftharpoons 3Ca^{2+}(aq) + 2PO_4^{3-}(aq)$$

根据溶解平衡方程式写出离子积常数表达式：

$$K_{sp}^{\ominus} = [Ca^{2+}]^3[PO_4^{3-}]^2$$

查附录 3 可知 $K_{sp}^{\ominus}$ 的值为 2.0×10^{-29}。

① 与前面的离解平衡常数一样，溶度积常数也是一个无量纲的量。

3.4.2 溶解度

难溶强电解质的**溶解度**(solubility)是其形成饱和溶液时每升溶液中所能溶解的难溶电解质的质量。难溶强电解质的溶解度有时也用体积摩尔浓度来表示,这样很容易与难溶强电解质的溶度积常数 $K_{sp}^{\ominus}$进行相互换算。

【例 3.21】 25 ℃(298 K)时,固体 Ag_2CrO_4 加入到纯水中,搅拌几天以保证未溶固体与溶液达到平衡①。平衡溶液的分析结果表明,Ag^+ 的浓度为 1.3×10^{-4} mol · L^{-1}。试计算 Ag_2CrO_4 的 $K_{sp}^{\ominus}$。

解 根据溶解平衡方程式可写出 $K_{sp}^{\ominus}$的表达式:

$$Ag_2CrO_4(s) \rightleftharpoons 2Ag^+(aq) + CrO_4^{2-}(aq) \qquad K_{sp}^{\ominus} = [Ag^+]^2[CrO_4^{2-}]$$

已知平衡时$[Ag^+]=1.3\times10^{-4}$ mol · L^{-1},则$[CrO_4^{2-}]=\frac{1}{2}[Ag^+]=0.65\times10^{-4}$ mol · L^{-1},所以

$$K_{sp}^{\ominus}=[Ag^+]^2[CrO_4^{2-}]=(1.3\times10^{-4})^2(6.5\times10^{-5})=1.1\times10^{-12}$$

【例 3.22】 25 ℃时,CaF_2 的 $K_{sp}^{\ominus}$为 3.9×10^{-11}。每升水能溶解多少克 CaF_2?

解 设系统达到溶解平衡时 CaF_2 的溶解度为 x mol · L^{-1},根据溶解平衡方程式:

	$CaF_2(s)$	$\rightleftharpoons$	$Ca^{2+}(aq)$	+	$2F^-(aq)$
初始/(mol · L^{-1})	—		0		0
平衡/(mol · L^{-1})	—		x		$2x$

所以

$$K_{sp}^{\ominus}=[Ca^{2+}][F^-]^2=(x)(2x)^2=4x^3=3.9\times10^{-11}$$

$$x=\sqrt[3]{\frac{3.9\times10^{-11}}{4}}=2.1\times10^{-4}(\text{mol}\cdot\text{L}^{-1})$$

因此,CaF_2 的溶解度为 2.1×10^{-4} mol · L^{-1}。溶于水中形成 1 L 溶液的 CaF_2 的质量为

$$m=2.1\times10^{-4}\ \text{mol}\cdot\text{L}^{1}\cdot\frac{78.1\ \text{g}}{1\ \text{mol}}=1.6\times10^{-2}\ \text{g}\cdot\text{L}^{-1}$$

3.5 影响难溶强电解质溶解度的主要因素

众所周知,物质的溶解度是温度的函数,同时也受溶液中其他一些物质的影响。根据勒夏特列原理,**任何改变难溶强电解质离子平衡浓度及其形态的变化都可以影响其溶解度**。

① 为了加速溶解,难溶强电解质饱和溶液的配制可采用加热溶解形成饱和溶液后再冷却结晶的方法。

3.5.1 同离子效应

在难溶电解质的饱和溶液中，加入含有共同离子的强电解质，也会产生**同离子效应**。

【例 3.23】 计算 25 ℃时，CaF_2 分别在下列溶液中的溶解度：

(a) 纯水；(b) 0.010 mol·L^{-1} $Ca(NO_3)_2$；(c) 0.010 mol·L^{-1} NaF。

解 (a) 设 CaF_2 的溶解度为 x mol·L^{-1}，根据溶解平衡方程式：

	$CaF_2(s)$ ⇌	$Ca^{2+}(aq)$	+ $2F^-(aq)$
初始/(mol·L^{-1})	—	0	0
平衡/(mol·L^{-1})	—	x	$2x$

$$K_{sp}^{\ominus}=[Ca^{2+}][F^-]^2=3.9\times10^{-11}$$

有

$$K_{sp}^{\ominus}=x(2x)^2=3.9\times10^{-11}$$

解得

$$x=2.1\times10^{-4}(\text{mol}\cdot\text{L}^{-1})$$

即 25 ℃时，CaF_2 的溶解度为 2.1×10^{-4} mol·L^{-1}。

(b) 其他溶质的存在不改变 $K_{sp}^{\ominus}$ 的值。但由于系统中存在 Ca^{2+}，因此存在同离子效应，在同离子存在时盐的溶解度将减小。本题中 Ca^{2+} 的初始浓度为 0.010 mol·L^{-1}，因此

	$CaF_2(s)$ ⇌	$Ca^{2+}(aq)$	+ $2F^-(aq)$
初始/(mol·L^{-1})	—	0.010	0
变化/(mol·L^{-1})	—	x	$2x$
平衡/(mol·L^{-1})	—	$(0.010+x)$	$2x$

所以

$$K_{sp}^{\ominus}=3.9\times10^{-11}=[Ca^{2+}][F^-]^2=(0.010+x)(2x)^2$$

简化计算，由于 CaF_2 的 $K_{sp}^{\ominus}$ 很少，x 相对于 0.010 mol·L^{-1} 很小，因此 $0.010+x\approx0.010$，故

$$3.9\times10^{-11}\approx(0.010)(2x)^2$$

$$x=\sqrt{9.8\times10^{-10}}=3.1\times10^{-5}(\text{mol}\cdot\text{L}^{-1})$$

x 值很小，表明简化计算是合理的。CaF_2 在 0.010 mol·L^{-1} $Ca(NO_3)_2$ 溶液中的溶解度为 3.1×10^{-5} mol·L^{-1}。

(c) 在本题中，同离子是 F^-，根据平衡关系：

	$CaF_2(s)$ ⇌	$Ca^{2+}(aq)$	+ $2F^-(aq)$
初始浓度/(mol·L^{-1})	—	0	0.010
变化浓度/(mol·L^{-1})	—	x	$2x$
平衡浓度/(mol·L^{-1})	—	x	$(0.010+2x)$

$$K_{sp}^{\ominus}=3.9\times10^{-11}=[Ca^{2+}][F^-]^2=x(0.010+2x)^2$$

由于 $2x$ 相对于 0.010 mol·L^{-1}是很小的，也就是说，$0.010+2x\approx0.010$。故

$$3.9\times10^{-11}=x(0.010)^2$$

$$x=\frac{3.9\times10^{-11}}{(0.010)^2}=3.9\times10^{-7}(\text{mol}\cdot\text{L}^{-1})$$

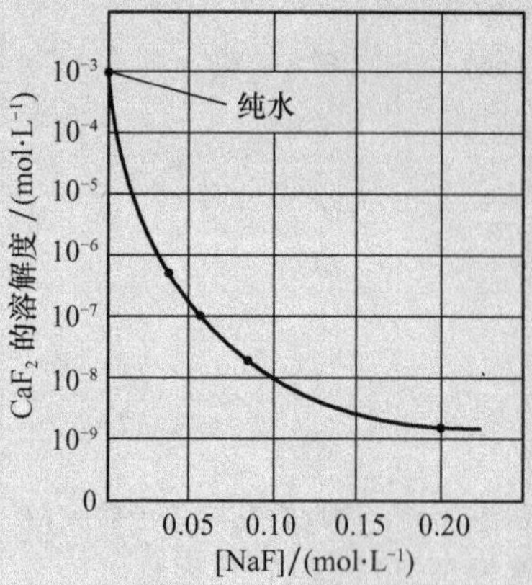

图 3.6 NaF 浓度对 CaF_2 溶解度的影响

因此，每升 0.010 mol·L^{-1} NaF 溶液能溶解 3.9×10^{-7} mol CaF_2 固体。

如果对比(a)、(b)和(c)，会发现虽然 Ca^{2+} 和 F^- 都降低了 CaF_2 的溶解度，但它们的影响并不相同。F^- 的影响比 Ca^{2+} 更显著。因为 $K_{sp}^{\ominus}$ 表达式中$[F^-]$是二次幂，而$[Ca^{2+}]$是一次幂。

图 3.6 显示了 NaF 的加入量对 CaF_2 溶解度的影响。

需要指出的是，通过 $K_{sp}^{\ominus}$ 计算得到的离子浓度有时明显偏离实验值，原因是这些离子在溶液中有较强的静电作用，可能生成离子对，从而导致实际溶解度比计算值要高。

例如，当 MgF_2 溶解时，它不仅以 Mg^{2+}、F^- 存在，而且有少量的 MgF^+ 存在。

3.5.2 盐效应

实验证明，一般情况下将易溶强电解质加入难溶电解质的溶液中，难溶电解质的溶解度将增大。例如，AgCl 在 KNO_3 溶液中的溶解度比在纯水中的溶解度大(表 3.6)。这种因加入易溶强电解质而使难溶电解质溶解度增大的效应叫做**盐效应**(salt effect)。

表 3.6 AgCl 在 KNO_3 溶液中的溶解度(25℃)

$c(KNO_3)/(\text{mol}\cdot\text{L}^{-1})$	0.00	0.001 00	0.005 00	0.0100
AgCl 溶解度/(10^{-5}mol·L^{-1})	1.278	1.325	1.385	1.427

盐效应的产生一方面是由于加入易溶强电解质后，增强了溶液中离子间的静电作用，使离子活度有所下降，因而在单位时间内离子与沉淀表面碰撞次数减少，沉淀过程变慢；另一方面，易溶强电解质离子对难溶强电解质的固体表面可能还存在一定的吸引作用，从而促使固体的溶解变得较为容易。因此，最终的结果是平衡

向溶解的方向移动。

这一现象也可以从溶度积常数得到解释。严格地说，在一定温度下，难溶电解质的溶度积是离子活度①的乘积。对某一难溶电解质的多相离子平衡：

$$AB(s) \rightleftharpoons A^{+}(aq) + B^{-}(aq)$$

$$K_{sp}^{\ominus} = a(A^{+})a(B^{-}) = \gamma_{+}[A^{+}]\gamma_{-}[B^{-}]$$

当加入强电解质时，溶液中的离子强度增大，因此活度系数减少（一般小于1）。而一定温度下，$K_{sp}^{\ominus}$是不变的。为了使上式右边各项之积等于$K_{sp}^{\ominus}$，离子浓度就必须增大，即难溶电解质的溶解度增大。

盐效应与同离子效应有时同时发生，所以在利用同离子效应降低沉淀溶解度时，沉淀试剂不能过量太多。

一般来说，在难溶电解质的溶度积很小时，盐效应的影响很小。若难溶电解质的溶度积较大，溶液的离子强度较大时，就应该考虑盐效应的影响。

3.5.3 pH对溶解度的影响

$Mg(OH)_2$在酸性溶液中的溶解度比在纯水中的大；CaF_2中的F^-是一种弱碱，在酸性介质中F^-易与H^+生成HF分子，因此CaF_2的溶解度在酸性条件下也是增大的。一般情况下，包含碱性阴离子（如CO_3^{2-}、PO_4^{3-}、CN^-或S^{2-}等）的难溶强电解质在酸性条件下的溶解度都是增大的，这一现象称为**沉淀的酸溶解**（acid dissolution of precipitation）。

图3.7是CaF_2的溶解度随pH的变化曲线。

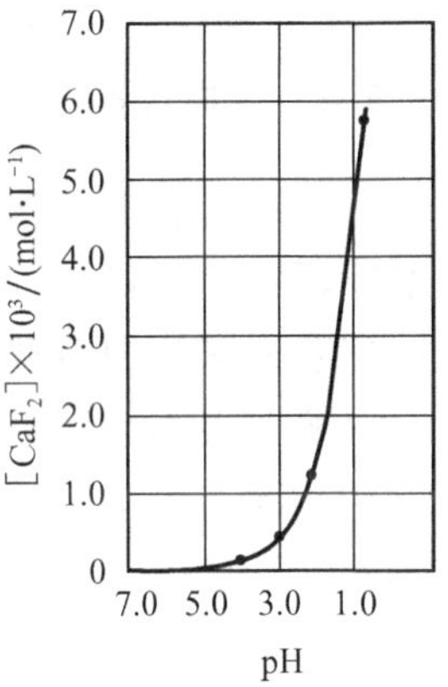

图3.7 pH对CaF_2的溶解度的影响

【例3.24】 下列哪种物质在酸性溶液中的溶解性比在碱性溶液的溶解性中更好？

(a) $Ni(OH)_2$； (b) $CaCO_3$； (c) $BaSO_4(s)$； (d) AgCl(s)

解 (a) 因OH^-具有强碱性，所以可以推断其在酸性溶液中的溶解度更大。

$$Ni(OH)_2(s) \rightleftharpoons Ni^{2+}(aq) + 2OH^{-}(aq)$$

$$OH^{-}(aq) + H^{+}(aq) \rightleftharpoons H_2O(l)$$

---

① 强电解质溶液中离子间的静电引力导致离子的活动受到限制，从而造成离子的**有效浓度**小于其**真实浓度**。离子的有效浓度称为**活度**，用a表示（一般活度小于离子的真实浓度），离子的浓度与真实浓度两者之间存在如下关系：$a=\gamma c$，γ为**活度系数**，其数值与溶液中的离子强度有关。在溶液浓度不大时，有效浓度与真实浓度近似相等，因此一般情况下可直接用真实浓度进行计算。

总反应式为

$$Ni(OH)_2(s)+2H^+(aq) \rightleftharpoons Ni^{2+}(aq)+2H_2O(l)$$

(b) 相似的，因为 CO_3^{2-} 呈碱性，$CaCO_3(s)$可溶解于酸性溶液中：

$$CaCO_3(s) \rightleftharpoons Ca^{2+}(aq)+CO_3^{2-}(aq)$$

$$CO_3^{2-}(aq)+2H^+(aq) \rightleftharpoons H_2CO_3(aq)$$

$$H_2CO_3(aq) \longrightarrow CO_2(g)+H_2O(l)$$

总反应式

$$CaCO_3(s)+2H^+(aq) \longrightarrow Ca^{2+}(aq)+CO_2(g)+H_2O(l)$$

(c) 因为 SO_4^{2-} 是较弱的碱，故与质子结合的倾向小，所以 $BaSO_4$ 的溶解度不受 pH 改变的影响。但是在强酸溶液中，$BaSO_4$ 的溶解度还是有微小的增大。

(d) 因为 Cl^- 是强酸阴离子，碱性可忽略，所以 pH 的改变对 AgCl 的溶解度没有影响。

3.5.4 生成配离子的影响

金属离子的一个重要特性是大多能作为路易斯酸接受水的孤对电子。除水以外，另一些路易斯碱也能与金属离子，特别是过渡金属离子相互作用，该作用对难溶金属盐的溶解度有很大的影响。例如，AgCl 的 $K_{sp}^{\ominus}$为 1.8×10^{-10}，在水中的溶解度很小。当水溶液中有 NH_3 存在时，因为 Ag^+ 和路易斯碱 NH_3 易生成$[Ag(NH_3)_2]^+$，AgCl 的溶解度将增大，系统中将发生 AgCl 的溶解和 Ag^+ 与 NH_3 生成$[Ag(NH_3)_2]^+$的两个反应：

$$AgCl(s) \rightleftharpoons Ag^+(aq)+Cl^-(aq) \tag{3.31}$$

$$Ag^+(aq)+2NH_3(aq) \rightleftharpoons [Ag(NH_3)_2]^+(aq) \tag{3.32}$$

总反应式为

$$AgCl(s)+2NH_3(aq) \rightleftharpoons [Ag(NH_3)_2]^+(aq)+Cl^-(aq) \tag{3.33}$$

能增加金属难溶盐溶解度的路易斯碱必须与金属离子有很强的反应性，而且这种反应性足以取代水与金属离子的配位作用。

一般情况下，如果难溶金属盐中金属离子能与适当的路易斯碱（如 NH_3、CN^-、OH^-）形成络合物，金属盐的溶解度将增大，称为**沉淀的配位溶解**。

化学与生活——牙齿腐烂与氟化

牙齿是人体中最坚硬的部分。牙齿的蛀洞是由于牙齿表面的牙釉质羟基磷灰石$[Ca_{10}(PO_4)_6(OH)_2]$被酸溶解所引起的：

$$Ca_{10}(PO_4)_6(OH)_2(s)+8H^+(aq)\longrightarrow 10Ca^{2+}(aq)+6HPO_4^{2-}(aq)+2H_2O(l)$$

酸的产生与牙齿表面的清洁程度有关，粘在牙上的糖或其他碳水化合物在口腔细菌的作用下易产生与羟基磷灰石作用的有机酸。

F^-存在于饮用水、含氟牙膏或者其他物质中，能与羟基磷灰石反应形成氟磷灰石[$Ca_{10}(PO_4)_6F_2$]，而氟磷灰石又特别耐酸，这是因为 F^- 是一种比 OH^- 弱得多的路易斯碱。

因为 F^- 对防蛀很有效，所以在美国常被加入到饮用水中，其浓度约为 1 mg · L^{-1}。加入物为 NaF 或 Na_2SiF_6，后者与水反应释放出 F^-：

$$SiF_6^{2-}(aq)+2H_2O(l)\longrightarrow 6F^-(aq)+4H^+(aq)+SiO_2(s)$$

含氟牙膏中氟化物含量约为 0.1%。在牙膏中常见的氟化物有氟化锡（SnF_2）和氟化钠（NaF）。

3.5.5* 氧化还原的影响

某些难溶强电解质的溶解性可以通过氧化还原反应来改变。例如，CuS 在水中的溶解度很小（$K_{sp}^{\ominus}=6.3\times10^{-36}$），且不溶于浓盐酸（可通过计算证明），但可以溶于硝酸中。其主要原因是 CuS 与硝酸发生了如下的氧化还原反应：

$$3CuS(s)+2NO_3^-(aq)+8H^+(aq)\longrightarrow 3Cu^{2+}(aq)+2NO(g)+3S(s)+4H_2O(l)$$

这一反应可以理解为 CuS 离解出来的 S^{2-} 被硝酸氧化为单质硫，从而降低了溶液中 S^{2-} 的浓度，导致系统的 $Q<K_{sp}^{\ominus}$，所以 CuS 沉淀被溶解。

对于溶度积很小的难溶强电解质，有时需要采用多种方法才能使其溶解。例如，HgS 的 $K_{sp}^{\ominus}$仅为 2×10^{-53}，比 CuS 更难溶，因此不溶于硝酸，但可以溶于王水①中，溶解反应为

$$3HgS(s)+2NO_3^-(aq)+12Cl^-(aq)+8H^+(aq)\longrightarrow 3[HgCl_4]^{2-}(aq)+3S(s)+2NO(g)+4H_2O(l)$$

王水的氧化作用使 S^{2-} 转化为单质硫，王水中大量存在的 Cl^- 与 Hg^{2+} 生成$[HgCl_4]^{2-}$，于是 S^{2-} 浓度和 Hg^{2+} 浓度同时降低，它们的乘积小于 HgS 的溶度积。HgS 溶于王水中是氧化还原溶解、配位溶解共同作用的结果。

3.6 离子的沉淀和分离

3.6.1 溶度积规则

在科学研究和化工生产中，经常会遇到难溶强电解质的溶解或生成问题。为了方便判断引入离子积 Q（类似于反应商的概念），根据平衡移动原理，通过 Q 与 $K_{sp}^{\ominus}$之间的关系判断沉淀的溶解与生成，这一规则一般称为**溶度积规则**（solubility product rule）

① 又称“王酸”，是由浓硝酸（HNO_3）和浓盐酸（HCl）按体积比为 1∶3 的比例配制的混合物。

$Q>K_{sp}^{\ominus}$，溶液处于过饱和状态，沉淀从溶液中析出；

$Q=K_{sp}^{\ominus}$，溶液处于饱和状态，系统达到平衡；

$Q<K_{sp}^{\ominus}$，溶液处于不饱和状态，沉淀继续溶解。

【例 3.25】 向 0.10 L 3.0×10^{-3} $mol\cdot L^{-1}$的 $Pb(NO_3)_2$ 溶液中加入 0.40 L 5.0×10^{-3} $mol\cdot L^{-1}$的 Na_2SO_4 溶液，是否会生成沉淀？

解 $PbSO_4(s)\rightleftharpoons Pb^{2+}(aq)+SO_4^{2-}(aq)$　　$K_{sp}^{\ominus}=[Pb^{2+}][SO_4^{2-}]=1.6\times10^{-8}$

两溶液混合后的总体积为

$$0.10\ L+0.40\ L=0.50\ L$$

$$[Pb^{2+}]_{初}=(0.10\ L)(3.0\times10^{-3}\ mol\cdot L^{-1})/0.50\ L=6.0\times10^{-4}\ mol\cdot L^{-1}$$

$$[SO_4^{2-}]_{初}=(0.40\ L)(5.0\times10^{-3}\ mol\cdot L^{-1})/0.50\ L=4.0\times10^{-3}\ mol\cdot L^{-1}$$

有

$$Q=[Pb^{2+}]_{初}[SO_4^{2-}]_{初}=(6.0\times10^{-4})(4.0\times10^{-3})=2.4\times10^{-6}$$

因为 $Q>K_{sp}^{\ominus}$，所以有 $PbSO_4$ 沉淀产生。

【例 3.26】 为了得到 $Ni(OH)_2$ 沉淀，向 0.010 $mol\cdot L^{-1}$ $Ni(NO_3)_2$ 溶液中加入的 OH^- 的浓度至少为多少？（假设加入 OH^- 不改变 Ni^{2+} 的浓度）

解 根据附录 3，相关的沉淀溶解平衡关系式为

$$Ni(OH)_2(s)\rightleftharpoons Ni^{2+}(aq)+2OH^-(aq)\qquad K_{sp}^{\ominus}=[Ni^{2+}][OH^-]^2=1.6\times10^{-14}$$

因 $Q=[Ni^{2+}]_{初}[OH^-]^2_{初}>1.6\times10^{-14}$ 时，系统将产生沉淀。设系统形成饱和溶液时 $[OH^-]=x\ mol\cdot L^{-1}$，则

$$0.010x^2=1.6\times10^{-14}$$

$$x=\sqrt{1.6\times10^{-12}}=1.3\times10^{-6}(mol\cdot L^{-1})$$

因此，系统中 OH^- 浓度超过 1.3×10^{-6} $mol\cdot L^{-1}$时，$Ni(OH)_2$ 沉淀产生。

上述 OH^- 的浓度对应的 pH 为 8.11（pH=14.00－pOH=14.00－5.89=8.11）。因此，当溶液 pH 为 8.11 或高于 8.11 时，$Ni(OH)_2$ 将沉淀出来。

3.6.2　选择性沉淀、分步沉淀和沉淀的转化

1. 选择性沉淀

一些混合阳离子的溶液，可以根据它们难溶强电解质溶解度的不同，将其彼此分离。例如，某溶液含有 Ag^+ 和 Cu^{2+}，如果加入 HCl，AgCl（$K_{sp}^{\ominus}=1.8\times10^{-10}$）将沉淀出来，而 Cu^{2+} 仍保留在溶液中，因为 $CuCl_2$ 是可溶的。这种通过某种试剂与一种或者几种离子形成沉淀以实现水溶液中离子分离的方法叫做**选择性沉淀**（selective precipitation），选择的试剂称为沉淀剂。

【例 3.27】 一溶液中含有 1.0×10^{-2} mol·L^{-1} Ag^+ 和 2.0×10^{-2} mol·L^{-1} Pb^{2+}。当把 Cl^- 加入该溶液时，AgCl 和 $PbCl_2$ 都有可能从溶液中沉淀出来。试计算两种盐开始沉淀时所需 Cl^- 的浓度。并判断哪种金属先沉淀，沉淀后其残余的金属离子浓度为多少？（不考虑体积变化）

解　先讨论 AgCl 的沉淀-溶解平衡：

$$AgCl(s) \rightleftharpoons Ag^+(aq) + Cl^-(aq) \qquad K_{sp}^{\ominus} = [Ag^+][Cl^-] = 1.8\times10^{-10}$$

因为$[Ag^+]=1.0\times10^{-2}$ mol·L^{-1}，AgCl 沉淀的最低 Cl^- 浓度可通过 $K_{sp}^{\ominus}$ 进行计算。

$$K_{sp}^{\ominus} = [1.0\times10^{-2}][Cl^-] = 1.8\times10^{-10}$$

$$[Cl^-] = \frac{1.8\times10^{-10}}{1.0\times10^{-2}} = 1.8\times10^{-8}(\text{mol}\cdot\text{L}^{-1})$$

只要 Cl^- 浓度超过 1.8×10^{-8}mol·L^{-1}，AgCl 便会从溶液中沉淀出来。

再考虑 $PbCl_2$ 的沉淀-溶解平衡：

$$PbCl_2(s) \rightleftharpoons Pb^{2+}(aq) + 2Cl^-(aq) \qquad K_{sp}^{\ominus} = [Pb^{2+}][Cl^-]^2 = 1.6\times10^{-5}$$

$$[2.0\times10^{-2}][Cl^-]^2 = 1.6\times10^{-5}$$

$$[Cl^-] = \sqrt{8.0\times10^{-4}} = 2.8\times10^{-2}(\text{mol}\cdot\text{L}^{-1})$$

因此，Cl^- 的浓度超过 2.8×10^{-2} mol·L^{-1}将导致 $PbCl_2$ 沉淀。

从上面的计算可知，因为 AgCl 沉淀所需要的 Cl^- 浓度较小，当 Cl^- 被加入到该溶液中，AgCl 首先沉淀出来。故在上述系统中缓慢加入 Cl^-，使$[Cl^-]$从 1.8×10^{-8} mol·L^{-1}逐渐接近 2.8×10^{-2} mol·L^{-1}，则 Ag^+ 能从 Pb^{2+} 中分离出来。

$$Ag^+\text{分离后残余的}[Ag^+] = \frac{K_{sp}^{\ominus}}{[Cl^-]} = \frac{1.8\times10^{-10}}{2.8\times10^{-2}} = 6.4\times10^{-9}$$

即残留的$[Ag^+]=6.4\times10^{-9}$ mol·L^{-1}。此时 $PbCl_2$ 刚达到饱和，Pb^{2+} 仍保留在溶液中。

2. 分步沉淀

不同金属的难溶硫化物溶解性差别很大，而且对 pH 非常敏感，所以硫离子常用于分离金属离子。例如，某一既含有 0.10 mol·L^{-1} Cu^{2+}，又含 0.10 mol·L^{-1} Zn^{2+} 的混合离子溶液，可通过加入 H_2S 气体并酸化溶液（pH＝1）来进行分离。

$$Cu^{2+}(aq) + H_2S(g) \rightleftharpoons CuS(s) + 2H^+(aq) \tag{3.34}$$

通过过滤能使 CuS 从 Zn^{2+} 溶液中分离出来。这种通过调节溶液 pH 使不同离子分别沉淀出来的过程称为**分步沉淀**。

【例 3.28】 某溶液中含有 Cu^{2+} 和 Zn^{2+}，两者的浓度均为 0.10 mol · L^{-1}，在室温下用 HCl 调节 pH 为 1，然后逐渐通入 $H_2S(g)$，此溶液中哪种离子先沉淀出来？

解 根据附录 3 得 $K_{sp}^{\ominus}(CuS)=6.3\times10^{-36}$，$K_{sp}^{\ominus}(ZnS)=2.5\times10^{-22}$，则

Cu^{2+} 沉淀时所需 $$[S^{2-}]=\frac{K_{sp}^{\ominus}(CuS)}{[Cu^{2+}]}=\frac{6.3\times10^{-36}}{0.10}=6.3\times10^{-35}(mol\cdot L^{-1})$$

Zn^{2+} 沉淀时所需 $$[S^{2-}]=\frac{K_{sp}^{\ominus}(ZnS)}{[Zn^{2+}]}=\frac{2.5\times10^{-22}}{0.10}=2.5\times10^{-21}(mol\cdot L^{-1})$$

由上可知，CuS 沉淀时所需的$[S^{2-}]$较小，因而先沉淀出来。

【例 3.29】 某溶液中含有 Pb^{2+} 和 Zn^{2+}，两者的浓度均为 0.10 mol · L^{-1}，在室温下通入 $H_2S(g)$ 使其成为 H_2S 饱和溶液（$[H_2S]=0.10$ mol · L^{-1}），并加 HCl 控制 S^{2-} 浓度。为了使 PbS 沉淀出来，溶液中的 H^+ 浓度最低应为多少？此时溶液中的 Zn^{2+} 是否能析出？

解 根据附录 3 得

$$K_{sp}^{\ominus}(PbS)=8.0\times10^{-28} \qquad K_{sp}^{\ominus}(ZnS)=2.5\times10^{-22}$$

两者属同类型的硫化物，且 Pb^{2+} 与 Zn^{2+} 浓度相同，而 $K_{sp}^{\ominus}(PbS)<K_{sp}^{\ominus}(ZnS)$，因此可知 PbS 会首先沉淀。当 Pb^{2+} 被沉淀完全时，$[Pb^{2+}]<1.0\times10^{-5}$ mol · L^{-1}①。

	$Pb^{2+}(aq)$	+	$H_2S(aq)$	$\rightleftharpoons$	$PbS(s)+2H^+(aq)$
平衡浓度/(mol · L^{-1})	1.0×10^{-5}		0.10		x

$$K^{\ominus}=\frac{[H^+]^2}{[Pb^{2+}][H_2S]}=\frac{K_1^{\ominus}(H_2S)K_2^{\ominus}(H_2S)}{K_{sp}^{\ominus}(PbS)}=\frac{1.32\times10^{-7}\times7.10\times10^{-15}}{8.0\times10^{-28}}=1.17\times10^{6}$$

$$x=\sqrt{1.17\times10^{6}\times1.0\times10^{-5}\times0.10}=1.08(mol\cdot L^{-1})$$

$$[H^+]=1.08\ mol\cdot L^{-1}$$

此时

$$[S^{2-}]=\frac{K_1^{\ominus}(H_2S)K_2^{\ominus}(H_2S)[H_2S]}{[H^+]^2}=8.0\times10^{-23}(mol\cdot L^{-1})$$

$$Q=[Zn^{2+}][S^{2-}]=0.10\times8.0\times10^{-23}=8.0\times10^{-24}$$

$Q<K_{sp}^{\ominus}(ZnS)$，无 ZnS 析出。

3. 沉淀的转化

有些沉淀既不溶于水也不溶于酸，也不能用配位溶解和氧化还原溶解法直接溶解。这时，可以把一种难溶电解质转化成另一种难溶电解质，然后再使其溶解。把一种沉淀转化为另一种沉淀的过程叫做**沉淀的转化**。

---

① 一般情况下，只要溶液中被沉淀的离子浓度不超过某一限度，如 10^{-5} mol · L^{-1}，即认为这种离子沉淀完全。

【例 3.30】 如果在 1.0 L Na_2CO_3 溶液中溶解 0.010 mol 的 $CaSO_4$，Na_2CO_3 的最初浓度应为多少？

解　$CaSO_4$ 与 Na_2CO_3 之间发生的离子反应为

$$CaSO_4(s)+CO_3^{2-}(aq) \rightleftharpoons CaCO_3(s)+SO_4^{2-}(aq)$$

$$K^{\ominus}=\frac{[SO_4^{2-}]}{[CO_3^{2-}]}=\frac{K_{sp}^{\ominus}(CaSO_4)}{K_{sp}^{\ominus}(CaCO_3)}=\frac{9.1\times10^{-6}}{2.8\times10^{-9}}=3.3\times10^{3}$$

平衡时

$$[SO_4^{2-}]=0.010(mol\cdot L^{-1}) \qquad [CO_3^{2-}]=\frac{0.010}{3.3\times10^{3}}=3.0\times10^{-6}(mol\cdot L^{-1})$$

因此

$$[Na_2CO_3]_{初}=0.010+3.0\times10^{-6}=0.010(mol\cdot L^{-1})$$

3.7* 胶　　体

胶体(colloid)是一种介于溶液和多相混合物之间的分散系统。胶体粒子可以由原子、离子或分子簇，有时甚至是单个的大分子组成，其直径范围为 1～100 nm。例如，携带氧气的血红蛋白分子尺寸为 6.5 nm×5.5 nm×5 nm，分子质量为 64 500 Da(原子质量单位)。胶体可以是气体(气溶胶)、液体(液溶胶)或固体(固溶胶)。表 3.7 列出了不同胶体的类型。

表 3.7　胶体的组成类型

胶体状态	分散剂(溶剂)	分散质(溶质)	胶体类型	例子
气体	气体	气体	—	—
气体	气体	液体	气溶胶	雾
气体	气体	固体	气溶胶	烟
液体	液体	气体	液溶胶	奶油
液体	液体	液体	液溶胶	牛奶
液体	液体	固体	液溶胶	油漆
固体	固体	气体	固溶胶	膨化洗衣粉
固体	固体	液体	固溶胶	黄油

胶体在光的照射下是不均匀的。大多数胶体会出现浑浊或不透明现象(如牛奶和豆浆)，而且，由于胶体粒子对光有散射作用，光束通过胶体时会产生**丁铎尔现象**。夜晚行驶的汽车照明灯发射的光束和市区照明灯光的扇形光环都是典型的丁铎尔现象。

3.7.1　亲水溶胶和憎水溶胶

很多重要的胶体都是以水为分散介质的，根据胶体粒子与水亲和性不同，水溶胶又被分为亲水溶胶和憎水溶胶。亲水溶胶很像前面讨论的溶液,胶体粒子在水中的分散是均匀和稳定的。在人体内,有一些由大分子组成的重要物质如酶和抗体悬浮在水中,大分子的憎水基远离水分子被包围在大分子的内部,而亲水基或极性基团在大分子表面与水分子作用,这些亲水基通常含有氧和氮。

憎水溶胶缺少对水的亲和力,易从水中分离开来。当憎水溶胶吸附离子后才能在水中稳定,被吸附的离子彼此之间的斥力作用使得胶粒相互排斥而不发生凝聚。

憎水溶胶表面存在其他亲水基也可以使其稳定。例如,小油珠是憎水的,不能在水中保持悬浮,而是在水面上分散开并形成油膜。硬脂酸钠或其他相似结构的物质有一个亲水端(含有极性基因,或带有电荷)和一个憎水端(含有非极性基因),憎水端与油滴相互作用,而亲水端与水分子相互作用,从而形成稳定的油的乳液。

人体的消化系统对油脂的吸收就是用到了上述原理。吃进的食物进入小肠时,胆囊会分泌出胆汁帮助油脂进行消化,胆汁中含有结构类似于硬脂酸钠的化合物,即既有亲水基(极性)又有憎水端(非极性),这些化合物在小肠内使油脂乳化并被维生素通过肠壁吸收。

3.7.2 胶体的运动

胶粒在分散介质中运动。由于胶体微粒很小,不能用简单的过滤方法提取,因此分离胶体必须先使胶粒聚沉,聚沉后得到的较大粒子可以用过滤或沉降的方法进行分离。

加热或在胶体中加入电解质可以使胶体聚沉。加热可加剧胶粒的运动和碰撞频率,胶粒碰撞后粘在一起可增大其尺寸;过量电解质的加入可使胶粒表面的电荷中和,从而减少胶粒之间的排斥力。

某些半透膜可以用来分离胶粒中的离子,因为离子可以通过这些半透膜而胶粒不能。这种分离方法叫做**渗析**。这个过程在人造肾器官中被用来净化血液。

阅读材料　　环境化学

一、大气

大气决定了人类的生存环境。

大气的温度以高度为函数,但其变化却十分复杂。图 3.7(a)展示了大气温度随高度的变化。大气被分为四个部分:**对流层**(troposphere)、**平流层**(stratosphere)、**热层**(thermosphere)和**散逸层**(mesosphere)。地球表面对流层的温度随高度的变化而减小,在大约 12 km 处达到最低温度,约为 215 K。人类生活在对流层,天气的变化也都发生在该区域。商用喷气飞机一般飞行高度为 9 km,达到对流层的顶部,该区域叫**对流层顶**。

在对流层以上,温度随高度增加而增加,在大约 50 km 处达到最高温度,约为 275 K。该区域叫做平流层顶。在平流层之上是热层和散逸层。每个区域的边界都是很重要的,因为气体穿过这些区域进行对抗相对较慢。例如,在对流层中产生的受污染的气体进入平流层非常慢。

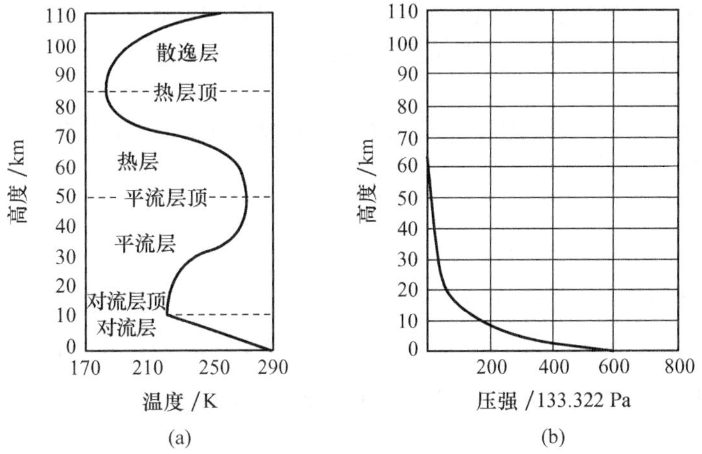

图 3.7　大气温度随高度的变化(a)和大气压力随高度的变化(b)

相对于温度的改变而言,大气压则随高度的增加有规律地减小[图 3.7(b)]。从图中可以看到,大气压在低处要比高处下降得快得多。大气的这种特性要用大气的可压缩性来解释。海平面的平均压强为 1.01×10^5 Pa,而高空 80 km 处的平均压强约为 13.33 Pa,100 km 处的平均压强降为 3.07 Pa,而到达 200 km 高度处的压强仅为 1.33×10^{-3} Pa。对流层和平流层的质量占到了大气总质量的 99.9%,而对流层却占到了总质量的 75%。

大气的组成是不均匀的。表 3.8 中列出了海平面附近干空气中各组分的摩尔分数。其中 N_2 和 O_2 占了整个大气的 99%。惰性气体和 CO_2 占到剩下部分中的绝大部分。

表 3.8　海平面干空气的组成

成　分	摩尔分数	相对分子质量
氮	0.780 84	28.013
氧	0.209 48	31.998
氩	0.009 34	39.948
二氧化碳	0.000 355	44.0099
氖	0.000 018 18	20.183
氦	0.000 005 24	4.003
甲烷	0.000 002	16.043
氪	0.000 001 14	83.80
氢	0.000 000 5	2.0159
氧化氮	0.000 000 5	44.0128
氙	0.000 000 087	131.30

二、散逸层化学

虽然平流层以外的大气只占大气总质量非常小的部分,但却对保护地球表面的生命起到了重要作用，它们形成能阻止辐射并阻止高能粒子持续轰击地球的外部屏障。在这一过程中，上层大气的分子和原子也发生了重要的化学变化。

1. 光分解

太阳发出具有连续波长的辐射能。在紫外波段，能量较高的辐射具有引起化学变化的充足能量。当地球大气遭到辐射，分子会吸收光子引发化学键的断裂，这个过程叫做光分解，例如

$$O_2(g)+h\nu \longrightarrow 2O(g)$$

O_2 的键离解能为 495 $kJ \cdot mol^{-1}$。因此断裂 1 分子 O_2 化学键所需的能量为

$$(495\times10^3\ J\cdot mol^{-1})(1\ mol/6.022\times10^{23}\text{分子})=8.22\times10^{-19}\ J/\text{分子}$$

根据普朗克公式 $E=h\nu$，可以计算断裂 O_2 化学键的光的频率 ν 为

$$\nu=\frac{E}{h}=\frac{8.22\times10^{-19}\ J}{6.626\times10^{-34}\ J\cdot s}=1.24\times10^{15}\ s^{-1}$$

最后，利用频率和波长的关系计算光的波长：

$$\lambda=\frac{c}{\nu}=\left(\frac{3.00\times10^8\ m\cdot s^{-1}}{1.24\times10^{15}\ s^{-1}}\right)\left(\frac{10^9\ nm}{1\ m}\right)=242\ nm$$

上述计算表明，波长小于 242 nm 的紫外光有足够的能量离解 O_2，且每个光子离解一个氧分子。

同样的，N_2 的键能是 941 $kJ \cdot mol^{-1}$，计算表明 N_2 裂解需要的光的能量为 127 nm。

这对地球生物来说是幸运的，因为来自太阳的高能量紫外辐射到达低层大气之前，O_2 的离解就吸收了它们中的绝大多数光子。在散逸层，O_2 的离解非常普遍。在 400 km 处，仅仅 1%的氧以 O_2 分子存在，另外的 99%以氧原子的形式存在。在 130 km 处，O_2 分子和 O 原子的浓度几乎相等。低于这个高度，O_2 分子的浓度高于 O 原子。

N_2 的离解能非常高。只有波长非常短的光子才有足够的能量引起 N_2 的分解，而且 N_2 不易吸收光子，因此在外层大气中有极少量氮原子形成。

2. 光离解

1901 年，古格利尔莫·马可尼做了一个引起轰动的试验。他在纽芬兰的圣约翰斯收到了来自 2900 km 外英格兰的康瓦尔发出的无线电信号。无线电波过去被认为是直线传播的，所以无线电波在地球上传播那么长的距离被认为是不可能的。马可尼的实验引起了科学家对大气上层的集中研究。1924 年前后，实验研究证实上层大气中有电子的存在。

上层大气中存在的每个电子，必须对应有一个正电离子的存在。上层大气中的电子主要来自于太阳辐射引起的分子电离。在这一过程中，一个分子吸收一个光子，并激发出一个自由电子。在约 90 km 的高度，大气中发生的较重要的一些离解过程如表 2 所示。λ_{max} 表示能引起分子电离的光子的最大波长。表 3.9 显示，能够引起分子电离的光子的波长处在紫外光的高能区，因为它们能被外层大气吸收，所以这些辐射在到达地球之前已经被完全过滤掉。

表 3.9　离解过程、离解能量、引起离解的最大波长

离解过程	离解能量/($kJ \cdot mol^{-1}$)	λ_{max}/nm
$N_2 + h\nu \longrightarrow N_2^+ + e^-$	1495	80.1
$O_2 + h\nu \longrightarrow O_2^+ + e^-$	1205	99.3
$O + h\nu \longrightarrow O^+ + e^-$	1313	91.2
$NO + h\nu \longrightarrow NO^+ + e^-$	890	134.5

三、大气中的臭氧层

除 N_2、O_2 能吸收波长小于 240 nm 的光子外，臭氧对吸收波长在 240～310 nm 的光子起到了关键作用。

在低于 90 km 的高度，能引起光分解的绝大多数短波辐射都已被吸收。在 30～190 km，O_2 的平均浓度比 O 原子的平均浓度大得多。因此，在该区域形成的 O 原子与 O_2 分子频繁碰撞，首先形成 O_3^* 分子：

$$O(g) + O_2(g) \longrightarrow O_3^*(g) \tag{1}$$

高能 O_3^* 分子能通过其他的原子或分子的撞击来释放能量，从而得到较稳定的 O_3 分子：

$$O_3^*(g) + M(g) \longrightarrow O_3(g) + M^*(g) \tag{2}$$

O_3 形成的最高速率在约 50 km 高度，也就是在平流层顶附近[图 3.7(a)]。

臭氧分子也是不稳定的。它能吸收太阳辐射，并分解为 O_2 和 O：

$$O_3(g) + h\nu \longrightarrow O_2(g) + O(g) \tag{3}$$

$$O(g) + O(g) + M(g) \longrightarrow O_2(g) + M^*(g)\text{(热释放)} \tag{4}$$

因为该过程仅需 105 $kJ \cdot mol^{-1}$ 的能量，波长小于 1140 nm 的光子有足够的能量分解 O_3，其中波长 200～1100 nm 的吸收是最重要的。如果在平流层顶没有臭氧层，这些高能光子将辐射到地球表面。植物和动物在这种高能辐射下是不能存活的。因此，臭氧对保护地球生物是必不可少的。

1995 年，诺贝尔化学奖授予了保罗·克拉兹、马里奥·莫林和舍伍德·罗兰，以表彰他们对平流层中臭氧破坏的研究。1970 年，克拉兹发现 N_2O 能自催化破坏臭氧。1974 年，罗兰和莫林发现来自于氟氯烃的氯可能破坏臭氧，这些物质中最重要的是氟氯烃如 $CFCl_3$(氟利昂-11)和 CF_2Cl_2(氟利昂-12)，它们被广泛地应用于罐装喷雾剂、电冰箱和空调中，另外也用作塑料的发泡剂。氟氯烃在水中是不溶的，因此雨水不能把它们从大气中除去。据估计，有几百万吨的氟氯代甲烷存在于大气中。

氟氯代甲烷在高能辐射中可以发生光分解。C—Cl 键比 C—F 键相对较弱，在波长 190～225 nm 的光照下，形成游离的氯原子。例如，氟利昂-12 的光分解反应：

$$CF_2Cl_2(g) + h\nu \longrightarrow CF_2Cl(g) + Cl(g) \tag{5}$$

氯原子产生后会与臭氧快速反应生成氧化氯(ClO)和氧分子(O_2)：

$$Cl(g)+O_3(g) \longrightarrow ClO(g)+O_2(g) \tag{6}$$

式(6)生成的 ClO 可以分解重新生成游离的 Cl 原子，从而形成 Cl 原子催化分解 O_3 的循环：

$$2ClO(g) \longrightarrow O_2(g)+2Cl(g) \tag{7}$$

因为环境问题与氟氯烃的关联，人类已采取了限制措施，目前主要的代替物是含氢碳氟的化合物。在这些化合物中，C—H 键代替了氟氯化碳的 C—Cl 键，但代价是昂贵的。因为改用氢碳氟需要对老空调翻新改装或买新空调，而且替代品在空调中的工作效率不如氟氯烃高。但是这种代价对保护环境是必要的。

四、对流层化学

对流层主要由 N_2 和 O_2 构成，在海平面的地球大气中它们占到 99%。另一些气体，其存在浓度虽然低，但对地球环境都有很重要的影响。

1. 硫化物和酸雨

大气中 SO_2 和硫酸的存在导致了酸雨的产生。NO_2(来自于硝酸)也是酸雨的主要成分。自然的雨水显酸性，一般其 pH 约为 5，主要源于空气中的 CO_2。酸雨比普通雨水的酸性更强，典型的 pH 约为 4。大多数自然水的 pH 在 6.5～8.5。在 pH<4.0 时，所有的脊椎动物、绝大多数无脊椎动物以及许多微生物是不能存活的。

另外酸雨对金属和建筑材料有严重的腐蚀作用。SO_2 污染导致的腐蚀每年造成几十亿美元的损失。大气中的 SO_2 主要来自于煤和石油的燃烧。目前已找到几种除去煤和石油燃烧尾气中 SO_2 的方法。例如，将石灰石($CaCO_3$)粉末掺入火力发电厂的燃烧炉子内，分解出的生石灰(CaO)能与 SO_2 反应生成 $CaSO_3$：

$$CaO(s)+SO_2(g) \longrightarrow CaSO_3(s) \tag{8}$$

未与 CaO 反应的 SO_2 可通过把炉气通入石灰的悬浮液中进一步除去。但是，由于全世界大量的煤和石油的燃烧，不是所有的 SO_2 都能可控制地进行治理，因此 SO_2 的污染可能在一段时间内仍是一个严重的环境问题。

2. 一氧化碳

一氧化碳对植物和材料没有直接的威胁，但是，它与人体中的血红素(用 H_b 表示)有很强的成键能力。血红素是一种在血液中运送氧的含铁蛋白。在肺中，一个血红素分子结合一个 O_2 分子，在该反应中铁离子与 O_2 反应形成含氧血红蛋白，随着血液循环，氧分子被释放到人体各部位组织中。CO 与人类血红蛋白的亲和性是氧的 210 倍。因此，少量 CO 就能使血液中运送氧的血红蛋白失活。例如，一个人在呼吸了仅含 0.1%的 CO 的空气几小时后，60%的血红蛋白与 CO 结合，因此血液的运氧能力也减小了 60%。

在一般条件下，不吸烟者呼吸未污染的空气后在血液中有 0.3%～0.5%的血红蛋白与 CO 结合(记为 COHb)。CO 浓度过高导致 COHb 增加，如果 COHb 含量太高，可能导致死亡。因为 CO 无色无味，CO 中毒很少有预兆。通风不好的燃烧装置，如煤炉、煤气炉或酒精炉等都会对健康造成潜在的威胁。

3. 氧化氮、汽车尾气和光化学烟雾

光化学烟雾是某些城市的一种特别的污染现象。现在许多城市和地区出现的雾都已被确认为光化学烟雾，因为在它的形成过程中光化学反应扮演了重要的角色。

在内燃机气缸中氮气和氧气可直接燃烧生成少量的一氧化氮：

$$N_2(g)+O_2(g)\rightleftharpoons 2NO(g)\qquad \Delta_r H_m^{\ominus}=180.8\ kJ\cdot mol^{-1} \tag{9}$$

该反应的平衡常数在 2400 K 为 0.05(接近内燃机气缸燃烧时的温度)。

NO 在空气中快速地被氧化为二氧化氮 NO_2：

$$2NO(g)+O_2(g)\rightleftharpoons 2NO_2(g)\qquad \Delta_r H_m^{\ominus}=-113.1\ kJ\cdot mol^{-1} \tag{10}$$

该反应的平衡常数在 300 K(接近室温)时为 10^{12}，但在 2400 K 时却为 10^{-5}。

NO_2 光分解所需要的能量为 304 kJ · mol^{-1}，对应光的波长为 393 nm。因此，在日照下 NO_2 可分解为 NO 和 O：

$$NO_2(g)+h\nu \longrightarrow NO(g)+O(g) \tag{11}$$

生成的 O 原子可能有几种反应，其中之一是形成臭氧。

臭氧是光化学烟雾中的一个关键成分，虽然在上层大气中它是必不可少的屏障，但在平流层中却是一种不希望存在的污染物。它反应活性高，毒性极强，不仅对人体深呼吸道黏膜和组织有强刺激和破坏作用，而且会加速人体衰老，诱发多种疾病，特别是对哮喘病患者的健康十分不利。因此，在平流层中臭氧的损耗是要保护的，但在城市环境中过量的臭氧是十分有害的。

除了氮氧化物和一氧化碳外，汽车发动机还排放未燃烧的碳氢化合物，它们也是光化学烟雾中的污染物。

减少或消除光化学烟雾需要除去汽车尾气排放物。已设计出的催化转化器能极大地减少两种主要的烟雾组分：NO_x 和碳氢化合物。但是排放系统缺乏维护的汽车很难做到这一点。

4. 水蒸气、二氧化碳和温室效应

地球大气不仅可屏蔽短波辐射以保护生命的存在，而且对保持地球表面适宜的温度也是必要的。保持地球表面温度的重要成分是大气中的 CO_2 和 H_2O。

地球与其周围的环境在一个综合的热平衡体系中。这意味着地球向宇宙中辐射能量的速率等于它吸收来自太阳能量的速率。太阳温度约为 6000 K。从外部空间看，地球是相对较冷的，通过地球发出的热辐射波长预测的温度仅为 254 K，比在地球表面测得的温度要低得多。因为对流层对可见光是透过的，但对红外线是不透过的。图 3.8 显示出了地球表面辐射的分布以及被大气水蒸气(H_2O)和二氧化碳(CO_2)吸收的波长。很明显，H_2O 和 CO_2 吸收了大部分从地球表面向外辐射的能量，从而保持了地球生物生存所必需的温度条件。H_2O、CO_2 和另一些气体对地球温度的影响叫做**温室效应**(greenhouse effect)。

大气中的水蒸气吸收红外辐射的能力很强。夜晚地球表面没有太阳照射时，水蒸气对保持大气温度起了重要作用。在沙漠和非常干燥的地区，因为水蒸气浓度低，从而导致白天很热而晚间很冷。

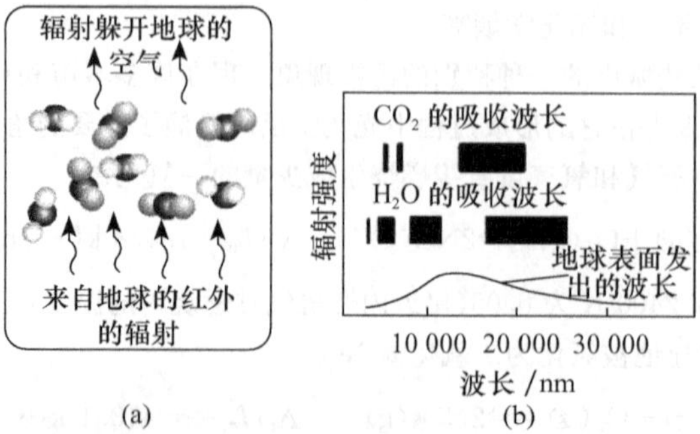

图 3.8 地球表面辐射的分布及被大气水蒸气和 CO_2 吸收的波长

(a) CO_2 和 H_2O 吸收一定波长的红外光，阻止地球表面的能量散发；

(b) 被 CO_2 和 H_2O 吸收的波长分布与地球表面散发的波长的比较

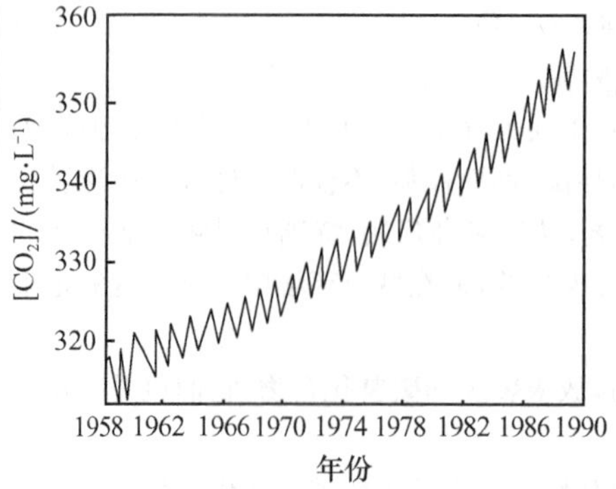

图 3.9 空气中 CO_2 浓度逐年增加示意图

CO_2 对保持地球表面温度的作用仅次于水蒸气。半个世纪以来，由于人口的增加和人类生活水平的提高，世界范围的大量化石燃料的燃烧，使大气中 CO_2 的含量以一个惊人的速度增加。据测算，过去的几十年中，大气中 CO_2 浓度稳步增长(图 3.9)。实际上，自工业时代开始，CO_2 已经增加了 10%以上，接近 360 $mg \cdot L^{-1}$。科学家们认为这种增加干扰了地球的气候，可能导致在 20 世纪地球平均温度上升了 0.3～0.6℃。

根据目前和未来化石燃料的利用速度，计算机模型预测由于大气中 CO_2 增加所引起的全球性气候变暖将使全球平均温度上升 1～3 ℃。这种温度改变将导致全球气候的显著变化。

五、淡水

淡水是人类最珍贵的资源之一，成人一天要喝大约 2 L 的水。海洋和陆地表面水的蒸发形成水蒸气并被全球大气循环运送，最终以雨、雪或者雾的形式回到地球，从而形成淡水。

水在流向海洋的过程中，溶解了大量的矿物质。淡水中含有各种阳离子(主要是 Na^+、K^+、Mg^{2+}、Ca^{2+} 和 Fe^{2+} 等)、阴离子(主要是 Cl^-、SO_4^{2-} 和 HCO_3^-)和少量的气体(主要是 O_2、N_2 和 CO_2)，另外包括人类的排泄和使用后的废物。随着人口的增长和环境污染的加剧，必须花大量的钱用于饮用水的处理和资源保护淡水。

硬水包含有大量的 Ca^{2+}、Mg^{2+} 和其他一些二价阳离子。虽然这些离子一般不会对健康构成威胁，但它们却不适宜家庭和工业的使用。例如，这些离子在工业管道和锅炉中易形成水垢，在生活中易与肥皂形成不溶的肥皂垢。水垢的主要成分就是 $CaCO_3(s)$，当加热硬水时，水中的二氧化碳将逸出，溶液酸性减弱，从而生成碳酸钙沉淀：

$$Ca^{2+}(aq)+2HCO_3^-(aq) \longrightarrow CaCO_3(s)+CO_2(g)+H_2O(l)$$

除去硬水中过量的二价离子叫做水的软化。取自地下的水一般含有较多的 Ca^{2+}、Mg^{2+} 和 Fe^{2+}，这样的水在使用前必须进行软化。水的软化可用 CaO[或 $Ca(OH)_2$]和 Na_2CO_3 进行处理，Ca^{2+} 以 $CaCO_3$ 的形式沉淀出来，Mg^{2+} 以 $Mg(OH)_2$（$K_{sp}^{\ominus}=1.8\times10^{-11}$）的形式沉淀出来：

$$Ca^{2+}(aq)+CO_3^{2-}(aq) \longrightarrow CaCO_3(s)$$
$$Mg^{2+}(aq)+2OH^-(aq) \longrightarrow Mg(OH)_2(s)$$

离子交换是一种常用的水的软化方法。在该过程中，水通过离子交换树脂床从而达到软化的效果：

$$2NaR—SO_3(s)+Ca^{2+}(aq) \rightleftharpoons Ca(R—SO_3)_2(s)+2Na^+(aq)$$

式中，$Na(R—SO_3)$ 是一种高分子物质，交联聚苯乙烯磺酸钠就是一种典型的阳离子交换树脂(简写为 $R—SO_3Na$)。在离子交换过程中，硬水中的 Ca^{2+}、Mg^{2+} 被 $R—SO_3Na$ 中的 Na^+ 所取代。

用这种方法软化的水的 Na^+ 浓度较高，一些高血压患者和另一些健康有问题的人，应该避免饮用这种水。

当离子交换树脂中所有的 Na^+ 被取代后，树脂需浸泡在一定浓度的 NaCl(aq) 中以便再生。

用于家庭、农业、工业的水一般取自湖泊、江河和地下水等。这种水在供给城市使用之前需要处理。常用的饮用水处理方法包括：粗过滤、沉淀、沙过滤、消毒等，其中消毒一般采用氯气或臭氧等。

六、海水脱盐

世界上的淡水资源是贫乏的，在一些特殊的地区需要对海水进行淡化加以利用。世界各国城市饮用水中盐的含量被严格限制，为 500 mg · L^{-1} 左右。该量比海水中存在的溶解盐含量(3.5%)低得多，而且也比一些地区地下咸水的盐含量(0.5%)低得多。除去海水或咸水中的盐，使水达到饮用水要求的方法叫做脱盐。

海水脱盐可以采用反渗透技术。在现代反渗透装置中，微细中空纤维被用作半透膜。在压力作用下，盐水中的水分子从纤维的一端进入，从纤维的另一端流出，从而获得脱盐的效果(图 3.10)。

世界上最大的脱盐工厂位于沙特阿拉伯的迪拜。该厂利用反渗透对来自波斯湾的海水做脱盐处理，为该国提供了 50% 的饮用水。这种工厂在美国也很常见。例如，1992 年加利福尼亚的 Santa Barbara 城建了一个反渗透工厂，每天能生产 3000 万吨的饮用水。小型人工操作的反渗透脱盐器在宿营、旅行和大海中也被利用。

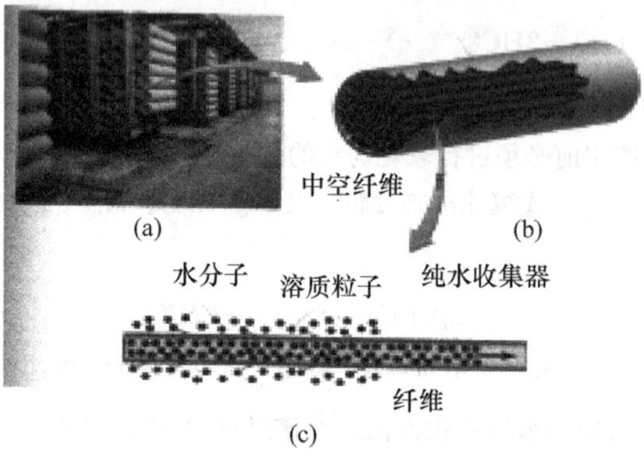

图 3.10　反渗透脱盐工厂微细中空纤维作为半透膜

思　考　题

1. 稀溶液其依数性定律的内容是什么？

2. 什么是溶液的蒸气压？溶液蒸气压下降的原因是什么？

3. 为什么在工业上常用 $CaCl_2$ 水溶液作为冷冻工序所用的冷冻介质？无水 $CaCl_2$ 作为干燥剂的使用原理是什么？

4. 按递减顺序列出下列物质的凝固点。

0.075 $mol \cdot L^{-1}$ 葡萄糖；0.075 $mol \cdot L^{-1}$ LiBr；0.030 $mol \cdot L^{-1}$ $Zn(NO_3)_2$

5. 酸碱电离理论与酸碱质子理论对酸的定义有什么不同？

6. $NH_3(g)$ 和 $HCl(g)$ 反应生成 $NH_4Cl(s)$，反应中哪个是质子酸？哪一个是质子碱？

7. 酸碱电离理论与酸碱质子理论对碱的定义有什么不同？

8. $NH_3(g)$ 溶于水，电离理论中的碱也是质子碱，为什么？

9. 说明下列概念：

(1) 离解常数、离解度和稀释定律；

(2) 同离子效应、盐效应；

(3) 沉淀反应中的同离子效应和盐效应；

(4) 缓冲溶液和缓冲能力；

(5) 溶度积和溶度积规则。

10. 为什么在计算多元弱酸溶液的氢离子浓度时，可近似地用一级离解平衡进行计算？

11. 解释下列现象：

(1) 盐酸酸性比 H_2S 强；　(2) H_3PO_4 酸性比 H_3AsO_4 强；

(3) $HBrO_3$ 酸性比 $HBrO_2$ 强；　(4) $H_2C_2O_4$ 酸性比 $HC_2O_4^-$ 强；

(5) 苯甲酸(C_6H_5COOH)酸性比苯酚(C_6H_5OH)强。

12. 根据下列每对化合物的组成和结构以及与酸碱共轭的关系，判断哪个碱性更强。

(1) NO_3^- 和 NO_2^-；　(2) PO_4^{3-} 和 AsO_4^{3-}；　(3) HCO_3^- 和 CO_3^{2-}。

13. 下列溶液是酸性、碱性还是中性？

(1) NH_4Br；　(2) $FeCl_3$；　(3) Na_2CO_3；　(4) $KClO_4$；　(5) $NaHC_2H_4$。

14. 磷酸三钠(Na_3PO_4)是一种清洁剂(TSP)，标签上标示它是一种强碱(腐蚀性)。1 L 含有 50.0 g 磷酸三钠的溶液其 pH 是多少？

15. 血红蛋白在人体一系列平衡中扮演了重要的角色，如质子化-去质子化、氧化-还原等。其总反应如下：

$$HbH^+(aq) + O_2(aq) \rightleftharpoons Hb\,O_2(aq) + H^+(aq)$$

Hb 代表血红蛋白，HbO_2 代表含氧血红蛋白。

(1) 氧浓度在肺里比较高，而在其他组织里比较低。高的$[O_2]$在这个平衡反应中有什么影响？

(2) 血液的 pH 通常是 7.4，那么血液中的$[H^+]$是多少？血是酸性、中性还是碱性？

(3) 如果大量酸性代谢物的存在导致血的 pH 降低(称为酸中毒)，那么血中 pH 的降低对血红蛋白的运送氧的能力有什么影响？

16. 下列叙述是否正确？并说明原因。

(1) 溶液的依数性与溶液的浓度和溶剂的性质有关；

(2) 弱电解质的浓度越大，其离解度也会越大；

(3) 缓冲溶液 pH 仅与缓冲对的浓度比值有关；

(4) 难溶强电解质的溶解度越大，其溶度积一定大；

(5) 为了使某种离子沉淀，所加沉淀剂越多，则沉淀得越完全；

(6) 所谓沉淀完全，就是指溶液中这种离子的浓度为零；

(7) 一种溶液若含有多种可被沉淀的离子，当逐滴缓慢地加入沉淀剂时，浓度大的离子一定首先被沉淀出来。

17. 要使沉淀溶解，可采取哪些措施？举例说明。

18. 胶体有哪些主要特性？溶胶具有一定稳定性的原因何在？有哪些方法可使溶胶聚沉？为什么在江河入海处，流水所携带的大量泥沙会形成三角洲？

习　题

1. 计算加入下列溶质后水的蒸气压：

(1) 338 K 下，16.2 g 乳糖($C_{12}H_{22}O_{11}$)加入 105.7 g 水中；

(2) 338 K 下，5 g Na_2SO_4 加入 92.0 g 水中；

(3) 343 K 时，32.5 g 甘油($C_3H_8O_3$)加入 140 g 水中。

2. 根据表 3.1 给出的物质的凝固点下降和沸点升高常数，计算下列溶液的沸点和凝固点：

(1) 含有 0.17 $mol \cdot L^{-1}$ 甘油的乙醇溶液($\rho_{乙醇} = 0.8\ g \cdot cm^{-3}$)；

(2) 1.92 mol 萘溶于 16.8 mol 氯仿中；

(3) 5.44 g KBr 和 6.35 g 葡萄糖($C_6H_{12}O_6$)溶于 200 g 水中。

3. 尿素$[(NH_2)_2CO]$是哺乳动物蛋白质代谢的产物。在 20 ℃时，含有 2.02 g 尿素的 145 mL 水溶液的渗透压是多少？

4. 每升海水中含有 3.4 g 盐，假定这些溶质都是 NaCl，计算在 20 ℃时海水的渗透压。

5. 肾上腺素是一种激素，人在受惊吓或紧张时它能促使额外的葡萄糖分子成倍地释放。一个含有 0.64 g 肾上腺素的 36.0 g 的 CCl_4 溶液沸点会上升 0.49 ℃，肾上腺素的摩尔质量是多少？

6. 溶菌酶是一种可以打开细胞壁的酶。25 ℃时含有 0.150 g 溶菌酶的 210 mL 溶液的渗透压是 127 Pa，溶菌酶的摩尔质量是多少？

7. 写出下列酸的共轭碱：

(1) $HClO_2$；　(2) H_2S；　(3) HSO_4^-；　(4) NH_4^+。

8. 写出下列碱的共轭酸：

(1) NH_3；(2) IO^-；(3) $C_2H_3O_2^-$；(4) $HAsO_4^{2-}$。

9. 写出下列酸碱反应的方程式：

(1) $H_2PO_4^-$(aq)作为碱在水中的反应；

(2) $H_2PO_4^-$(aq)作为酸在水中的反应；

(3) $H_2PO_4^-$(aq)转化为其共轭酸、共轭碱的反应。

10. 苯乙酸($HC_8H_7O_2$)是由一种在人体血液中聚集的物质苯丙酮酸尿衍生而来，是一种能导致精神障碍甚至死亡的物质。已知 0.085 mol·L^{-1} 苯乙酸的溶液的 pH＝2.68，计算它的 K_a。

11. 苯甲酸($HC_7H_5O_2$)的离解常数为 6.5×10^{-5}。计算当酸的初始浓度为 0.050 mol·L^{-1} 时 H_3O^+、$C_7H_5O_2^-$ 和 $HC_7H_5O_2$ 的平衡浓度。

12. 某 0.200 mol·L^{-1} 的弱酸 HX 有 9.4%离解。计算 HX 溶液中的[H^+]、[X^-]、[HX]和 K_a。

13. 计算下列溶液的[OH^-]和 pH：

(1) 0.10 mol·L^{-1} NaCN；　(2) 0.080 mol·L^{-1} Na_2CO_3；

(3) 0.10 mol·L^{-1} $NaNO_2$ 和 0.20 mol·L^{-1} $Ca(NO_2)_2$ 混合物。

14. 山梨酸($HC_6H_7O_2$)是一个弱的一元酸，$K_a^\ominus=1.7\times10^{-5}$。它的盐(钾盐)加入奶酪可以阻止霉变。含有 4.93 g 山梨酸钾的 0.5 L 溶液的 pH 是多少？

15. 阿司匹林的活性成分是乙酰水杨酸($HC_9H_7SO_4$)，是一种一元酸，在 25 ℃(298 K)时，$K_a^\ominus=3.3\times10^{-4}$。将两片含有 325 mg 乙酰水杨酸的阿司匹林药片溶解在 250 mL 水中，溶液的 pH 是多少？

16. 在 0.100 mol·L^{-1} H_3PO_4 溶液中，H^+、$H_2PO_4^-$、HPO_4^{2-} 和 PO_4^{3-} 的浓度各是多少？

17. 可卡因($C_{18}H_{21}NO_3$)是一个弱的有机碱。某 5.0×10^{-3} mol·L^{-1} 可卡因溶液的 pH＝9.95，计算可卡因的 K_b。

18. 下列过程 pH 的变化是增加、减少还是不变？

(1) $NaNO_2$ 加入 HNO_2 溶液中；

(2) $(CH_3NH_3)Cl$ 加入 CH_3NH_2 溶液中；

(3) 甲酸钠加入甲酸溶液中；

(4) KBr 加入氢溴酸溶液中；

(5) $CaC_7H_5O_2$ 加入 $HC_7H_5O_2$ 溶液中；

(6) 吡啶硝酸盐($C_5H_5NHNO_3$)加入吡啶溶液中;

(7) 氨水加入盐酸溶液中;

(8) $NaHCO_3$ 加入碳酸溶液中;

(9) $NaClO_4$ 加入 NaOH 溶液中。

19. 多少(物质的量)次溴酸钠(NaBrO)与 1.00 L 的 0.2 mol·L^{-1}次溴酸形成 pH 为 8.80 的缓冲溶液?假定次溴酸钠加入前后溶液的体积没有变化。

20. 1.0 L 缓冲溶液中含有 0.11 mol 乙酸和 0.15 mol 乙酸钠。

(1) 系统的 pH 是多少?

(2) 加入 0.020 mol KOH 后系统的 pH 是多少?

(3) 加入 0.020 mol HCl 后系统的 pH 是多少?

21. 含有 $H_2PO_4^-$ 和 HPO_4^{2-} 的缓冲溶液可以调节生理液体的 pH,许多碳酸软饮料中都含有这种缓冲系统。已知在某软饮料中,每 355 mL 饮料中含有 6.5 g NaH_2PO_4 和 8.0 g Na_2HPO_4,试计算体系的 pH。

22. 两个 1.00 L 的缓冲系统分别由等物质的量的甲酸(HCOOH)和甲酸钠(NaCOOH)溶于足量的水配制而成。缓冲溶液 A 由 1.00 mol 甲酸(HCOOH)和 1.00 mol 甲酸钠构成,缓冲溶液 B 由 0.010 mol 甲酸和 0.010 mol 甲酸钠构成。请计算并回答下列问题:

(1) 计算各缓冲体系的 pH,解释为什么它们是相同的;

(2) 哪一种缓冲溶液的缓冲容量更大?为什么?

(3) 计算加入 1.0 mL HCl 后上述各缓冲体系 pH 的变化;

(4) 计算加入 10.0 mL HCl 后上述各缓冲体系 pH 的变化;

(5) 根据(3)和(4)的结果,讨论你对(2)结论的看法。

23. 现有 1.0 mol·L^{-1}的 H_3PO_4 和 NaOH 溶液,如何用它们配制具有最高缓冲容量的 pH 为 7.20 的缓冲溶液?

24. 假如要配制 pH=6.5 的缓冲溶液,指定选用一种二元弱酸(H_2X:$K_{a_1}=2.0\times10^{-2}$,$K_{a_2}=5.0\times10^{-7}$),可使用的试剂有 1.0 mol·L^{-1}的该弱酸以及 1.0 mol·L^{-1}NaOH。在 1.0 L 的此酸溶液中加入多少 NaOH 溶液才能得到 pH=6.50 的缓冲溶液?(忽略体积变化)

25. 今有 2.00 L 0.500 mol·L^{-1} NH_3(aq)和 2.00 L 0.500 mol·L^{-1} HCl 溶液,若配制 pH=9.00 的缓冲溶液,不允许再加水,最多能配制多少升缓冲溶液?其中 NH_3、NH_4^+ 的浓度各为多少?

26. 计算下列各题:

(1) 如果 CaF_2 在 35 ℃时摩尔溶解度是 1.24×10^{-3} mol·L^{-1},CaF_2 在此温度下的 $K_{sp}^{\ominus}$是多少?

(2) 25 ℃每 100 mL 水溶液中可以溶解 SrF_2 1.1×10^{-2}g,试计算 SrF_2 的摩尔溶解度。

(3) $Ba(IO_3)_2$ 的 $K_{sp}^{\ominus}$为 6.0×10^{-10},$Ba(IO_3)_2$ 的溶解度是多少?

27. 计算 CaF_2 在下列体系中的溶解度:

(1) 纯水; (2) 0.15 mol·L^{-1} KF 溶液; (3) 0.080 mol·L^{-1} $Ca(NO_3)_2$ 溶液。

28. 计算 $Mn(OH)_2$ 在下列体系中的溶解度:

(1) pH=7.0 的纯水; (2) pH=9.5 的溶液; (3) pH=11.8 的溶液。

29. 在 1.0 L 氨水溶液中，如果需要溶解 0.020 mol 的 NiC_2O_4，NH_3 的浓度至少达到多少？（提示：由于溶液是强碱性，可以忽略 $C_2O_4^{2-}$ 的水解）

30. $[AgCl_2]^-$ 的 $K_f^\ominus$ 为 1.1×10^5，计算下列反应的平衡常数。

$$Ag_2S(s)+4Cl^-(aq)+2H^+(aq)\rightleftharpoons 2[AgCl_2]^-(aq)+H_2S(aq)$$

31. 一溶液中含有 2.0×10^{-4} mol · L^{-1} Ag^+ 和 1.5×10^{-3} mol · L^{-1} Pb^{2+}。如果加入固体 NaI、AgI($K_{sp}^\ominus=8.3\times10^{-17}$)和 PbI_2($K_{sp}^\ominus=1.4\times10^{-8}$)，谁先沉淀出来？指出 PbI_2 开始沉淀时系统中 Ag^+、I^- 的浓度。

32. 将 Na_2SO_4 滴加到含有 0.010 mol · L^{-1} Ba^{2+} 和 0.010 mol · L^{-1} Sr^{2+} 的溶液中：

(1) 产生沉淀时所需 ${SO_4}^{2-}$ 的最低浓度是多少(忽略溶液体积的变化)？

(2) 哪种离子先沉淀？

(3) 当第二种沉淀开始析出时所需 ${SO_4}^{2-}$ 的浓度是多少？

33. 对下列每一对化合物，用 $K_{sp}^\ominus$ 值判断其摩尔溶解度的大小，并通过计算进行验证：

(1) CdS 和 CuS；　　(2) $PbCO_3$ 和 $BaCrO_4$；

(3) $Hg(OH)_2$ 和 $Fe(OH)_3$；　　(4) $Ba_3(PO_4)_2$ 和 $Ni_2C_2O_4$。

34. $PbSO_4$ 和 Sr SO_4 的 $K_{sp}^\ominus$ 分别为 1.6×10^{-8} 和 2.8×10^{-7}。两者在混合溶液中达到平衡时，$[{SO_4}^{2-}]$、$[Pb^{2+}]$、$[Sr^{2+}]$ 的值分别是多少？

35. 浓度为 1×10^{-5} mg · L^{-1}（十亿分之一质量浓度）的 Ag^+ 在游泳池中是一种有效的抗菌剂。但 Ag^+ 浓度超过 1×10^{-5} mg · L^{-1} 就会对健康产生副作用。一种保持 Ag^+ 浓度的方式就是在游泳池中加入少量难溶性的盐。根据附录 3 的 $K_{sp}^\ominus$ 数据，计算下列 Ag^+ 盐溶解达到平衡时的平衡浓度。

(1) AgCl；　　(2) AgBr；　　(3) AgI。

36. 在某混合溶液中 Fe^{3+} 和 Zn^{2+} 浓度均为 0.010 mol · L^{-1}。加碱调节其 pH，使 $Fe(OH)_3$ 沉淀出来而 Zn^{2+} 仍保留在溶液中。通过计算确定分离 Fe^{3+} 和 Zn^{2+} 的 pH 范围。

37. 已知反应：

$$Cu(OH)_2(s)+4NH_3(aq)\rightleftharpoons [Cu(NH_3)_4]^{2+}(aq)+2OH^-(aq)$$

(1) 计算该反应在 298 K 下的标准平衡常数；

(2) 估算 $Cu(OH)_2$ 在 6.0 mol · L^{-1} 氨水中的溶解度(mol · L^{-1})(忽略氨水浓度的变化)。

38. 麦克尔 · 法拉第从水中制备出了能够稳定存在的宝石红的金胶体。这种明亮的彩色胶体与溶液的差别用肉眼是无法区分的。采用什么方法区分这种液体是胶体还是溶液？

39. 解释下列因素是如何影响胶体分散的稳定性的。

(1) 颗粒大小；　(2) 颗粒质量；　(3) 疏水性；　(4) 胶体颗粒所带电荷。

40. 通常什么因素阻止胶体聚集形成大的聚集体？如何使胶体凝聚？

第4章 电 化 学

氧化还原反应是指反应中物质的氧化数发生变化的反应。氧化表示物质失去电子或氧化数升高,还原则表示得到电子或氧化数降低。在氧化还原反应中,失去电子或氧化数升高的物质称做**还原剂**,得到电子或者化合价降低的物质称做**氧化剂**。从本质上讲,氧化还原反应发生的过程就是电子从还原剂中被氧化的原子转移到氧化剂中被还原的原子的过程。

一个自发进行的氧化还原反应不仅能对外提供热能,而且对反应中的电子转移加以利用也可以对外提供电能。另外,对于非自发氧化还原反应,若对系统做电功,反应也能发生。**电化学**(electrochemistry)主要研究氧化还原反应的基本原理及其应用问题。本章涉及氧化还原反应的自发性、电池结构、电镀和金属的腐蚀与防护等有关理论和应用方面的知识。

【例 4.1】 镍-镉(Ni-Cd)电池,采用下列氧化还原反应产生电能:

$$Cd(s)+NiO_2(s)+2H_2O(l) \longrightarrow Cd(OH)_2(s)+Ni(OH)_2(s)$$

识别被氧化和被还原的物质,并指出氧化剂和还原剂。

解 第一,在化学式上方标出反应物和产物中各原子的氧化数:

$$\overset{0}{Cd}(s)+\overset{+4-2}{NiO_2}(s)+2\overset{+1\ -2}{H_2\ O}(l) \longrightarrow \overset{+2}{Cd}(\overset{-2+1}{OH})_2(s)+\overset{+2}{Ni}(\overset{-2+1}{OH})_2(s)$$

第二,氧化数发生变化的元素,Cd 的氧化数从 0 变为+2,Ni 的氧化数从+4 变为+2。

第三,根据氧化和还原的概念,失去电子的物质是还原剂,得到电子的物质是氧化剂。Cd 原子在反应中氧化数从 0 变为+2,因此 Cd 被氧化,Cd(s)是还原剂。Ni 原子在反应中氧化数从+4 变为+2,因此 Ni 被还原,NiO_2 是氧化剂。

4.1 氧化还原反应方程式的配平及原电池

氧化还原反应方程式的配平不仅要考虑质量守恒问题,还需要考虑反应过程中电子的得失平衡问题。如果一种物质(还原剂)在氧化还原反应中失去一定数目的电子,则另一种物质(氧化剂)在反应中必须得到相同数目的电子。下面介绍氧化还原反应方程式的配平方法。

4.1.1 半反应方程式

氧化还原反应方程式的配平方法一般有两种：一种是**氧化数法**(method of oxidization number)，一种是**半反应方程法**(method of half-reaction)(也有的称为离子电子法)。下面介绍的是半反应方程式配平法。

氧化还原反应中的氧化过程和还原过程是同时发生的，但是如果把这两个过程分开对配平会提供很大的方便。例如，Sn^{2+} 被 Fe^{3+} 氧化可看作是由 Sn^{2+} 的氧化和 Fe^{3+} 的还原这两个**半反应**组成。

$$Sn^{2+}(aq) + 2Fe^{3+}(aq) \rightleftharpoons Sn^{4+}(aq) + 2Fe^{2+}(aq)$$

Sn^{2+} 的氧化 $\qquad Sn^{2+}(aq) \longrightarrow Sn^{4+}(aq) + 2e^-$

Fe^{3+} 的还原 $\qquad 2Fe^{3+}(aq) + 2e^- \longrightarrow 2Fe^{2+}(aq)$

注意：在氧化半反应中电子写在方程产物的一边，在还原半反应中电子写在方程反应物的一边。这种只表示氧化半反应或还原半反应的方程式，称为**半反应方程式**(half reaction equation)。当两个半反应都平衡时，两式相加消去反应式两边的电子即可得到完整的**氧化还原方程式。**

4.1.2 用半反应法配平氧化还原反应方程

半反应方程式为配平氧化还原反应方程式提供了很大的方便。下面通过发生在酸性溶液中的 MnO_4^- 和 $C_2O_4^{2-}$ 的反应加以说明。

当 MnO_4^- 被滴加到 $C_2O_4^{2-}$ 的酸性溶液中时，深紫色的 MnO_4^- 变为无色的 Mn^{2+}，同时产生 CO_2 气体，因此可以写出未配平的离子反应式：

$$MnO_4^-(aq) + C_2O_4^{2-}(aq) \longrightarrow Mn^{2+}(aq) + CO_2(g)$$

遵循以下步骤对上述反应式进行配平：

(1) 将离子反应式写成氧化和还原两个半反应，一个包含氧化剂，另一个包含还原剂：

$$MnO_4^-(aq) + e^- \longrightarrow Mn^{2+}(aq)$$

$$C_2O_4^{2-}(aq) \longrightarrow CO_2(g) + e^-$$

(2) 完成并配平两个半反应。如果反应在酸性环境中发生，反应介质中的 H^+ 和 H_2O 可以加入反应物或产物中来平衡氢和氧。同样地，在碱性溶液中可以通过 OH^- 和 H_2O 来配平氢和氧。

在配平 MnO_4^- 还原的半反应中，一个 MnO_4^- 需要 8 个 H^+ 和 4 个 H_2O 分子来配平反应物和产物，另外为了保持电荷平衡，反应物一边要增加 4 个电子。

$$MnO_4^-(aq) + 5e^- + 8H^+(aq) \rightleftharpoons Mn^{2+}(aq) + 4H_2O(l) \quad (酸性条件) \quad (a)$$

在配平 $C_2O_4^{2-}$ 氧化的半反应中，一个 $C_2O_4^{2-}$ 产生两个 CO_2 分子，同时释放出两个 e^-：

$$C_2O_4^{2-}(aq) \rightleftharpoons 2CO_2(g) + 2e^- \quad \text{(b)}$$

(3) 两个半反应方程式乘以适当的倍数，使两个半反应的得失电子数相等。然后将两个半反应方程式相加得到总反应方程式。在这个例子中 MnO_4^- 的半反应方程式必须乘以 2，$C_2O_4^{2-}$ 的半反应方程式必须乘以 5，以便使两个半反应方程式的电子数目都为 10(最小公倍数)。于是(a)×2+(b)×5，得

$$2MnO_4^-(aq) + 5C_2O_4^{2-}(aq) + 16H^+(aq) = 2Mn^{2+}(aq) + 8H_2O(l) + 10CO_2(g) \quad \text{(c)}$$

配平的氧化还原反应方程式是两个半反应方程式的总和。应注意方程中得失电子必须互相抵消，并且各物质的配平系数满足最小整数比的原则。

(4) 通过检查总反应方程式两边的原子和电子的数目是否分别相等以确定配平是否正确。

【例 4.2】 通过半反应式配平下列氧化还原反应式：

$$Cr_2O_7^{2-}(aq) + Cl^-(aq) \longrightarrow Cr^{3+}(aq) + Cl_2(g) \quad \text{(酸溶液)}$$

解 (1) 把总反应分为氧化和还原两个半反应：

$$Cr_2O_7^{2-}(aq) + e^- \longrightarrow Cr^{3+}(aq)$$

$$Cl^-(aq) \longrightarrow Cl_2(g) + e^-$$

(2) 配平两个半反应式。因为是酸性溶液，一定数量的 H^+ 会与 $Cr_2O_7^{2-}$ 解离出来的 O^{2-} 结合生成 H_2O：

$$Cr_2O_7^{2-}(aq) + 14H^+(aq) + 6e^- = 2Cr^{3+}(aq) + 7H_2O(l) \quad \text{(酸性条件)} \quad (a')$$

$$2Cl^-(aq) = Cl_2(g) + 2e^- \quad (b')$$

(3) 使两个配平的半反应式中的电子数目相等，(a′)+(b′)×3 得到配平的总反应方程式：

$$14H^+(aq) + Cr_2O_7^{2-}(aq) + 6Cl^-(aq) = 2Cr^{3+}(aq) + 7H_2O(l) + 3Cl_2(g)$$

(4) 检查总反应方程式，方程两边各种原子的数目相等，电荷数也相等，因此方程式是正确的。

【例 4.3】 配平下列反应：

$$CN^-(aq) + MnO_4^-(aq) \longrightarrow CNO^-(aq) + MnO_2(s) \quad \text{(碱溶液)}$$

解 (1) 写出氧化和还原两个半反应式：

$$CN^-(aq) \longrightarrow CNO^-(aq) + 2e^-$$

$$MnO_4^-(aq) + 3e^- \longrightarrow MnO_2(s)$$

(2) 配平两个半反应式。因为是碱性溶液，对于 CN^- 氧化的半反应，需要在反应式左边加入两个 OH^-，右边加入一个 H_2O 来进行配平：

$$CN^-(aq)+2OH^-(aq) \rightleftharpoons CNO^-(aq)+H_2O(l)+2e^- \qquad (a'')$$

对于 MnO_4^- 的半反应，需要在反应式左边加入两个 H_2O，右边得到四个 OH^-：

$$MnO_4^-(aq)+2H_2O(l)+3e^- \rightleftharpoons MnO_2(s)+4OH^-(aq) \qquad (b'')$$

(3) $(a'')\times3+(b'')\times2$ 得到配平的总反应方程式：

$$6OH^-(aq)+3CN^-(aq)+4H_2O(l)+2MnO_4^-(aq) \rightleftharpoons$$
$$3CNO^-(aq)+3H_2O(l)+2MnO_2(s)+8OH^-(aq)$$

化简得

$$3CN^-(aq)+H_2O(l)+2MnO_4^-(aq) \rightleftharpoons 3CNO^-(aq)+2MnO_2(s)+2OH^-(aq)$$

或

$$3CN^-(aq)+H_2O(l)+2MnO_4^-(aq) \rightleftharpoons 3CNO^-(aq)+2MnO_2(s)+2OH^-(aq)$$

(4) 检查总反应方程式两边，各种原子数目相等，电荷数也相等，因此方程式是正确的。

如果待配平的反应式为分子反应式，则配平时应先将其转化为离子反应式再进行配平。最后将配平的离子反应方程式还原为分子反应方程式。

4.1.3 原电池

自发的氧化还原反应释放的能量可用来产生电功，这项工作是通过原电池来完成的。**原电池**(galvanic battery)是通过外部线路而不是反应物之间直接接触来实现电子转移的一种装置。通过这种装置可以使化学能转变为电能。

高中时已知，当锌片与 Cu^{2+} 的溶液接触时，蓝色的 Cu^{2+} 溶液会被 Zn 单质还原，Cu 单质会覆盖在锌片上。其氧化还原反应方程式如下：

$$Zn(s)+Cu^{2+}(aq) \longrightarrow Zn^{2+}(aq)+Cu(s)$$

图 4.1 是一个利用 Zn 和 Cu^{2+} 之间的氧化还原反应组成的原电池。其中锌片与 $Cu^{2+}(aq)$ 不直接接触，Zn 的氧化和 Cu^{2+} 的还原只能借助流经外电路的电子流

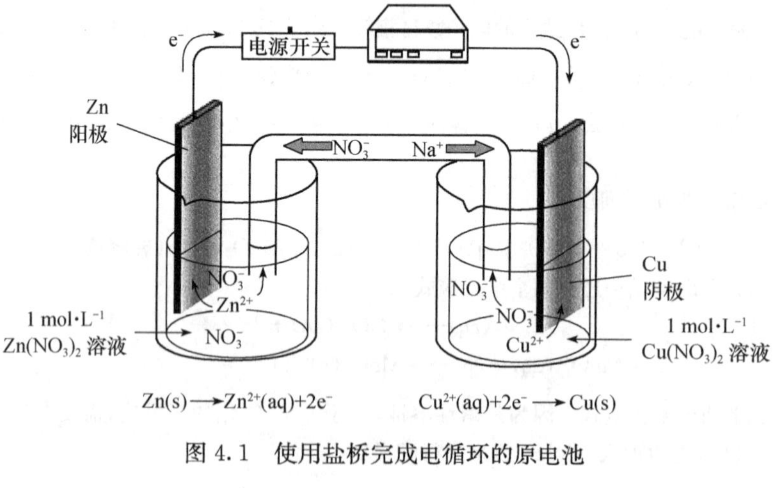

图 4.1　使用盐桥完成电循环的原电池

来实现。与外部线路连接的两块金属称为**电极**(electrode)。事实上,电极在电化学中的真实含义还应包括两块金属附近的部分溶液。发生氧化反应的电极称为**负极**(又称**阳极**),发生还原反应的电极称为**正极**(又称**阴极**)。阳极和阴极的两溶液由盐桥连接,盐桥是由一个含有电解质溶液[如 KCl(aq)、$NaNO_3$(aq)等]的 U 形管构成,电解质溶液通常用凝胶固定在 U 形管中。盐桥在原电池中的作用是构成电池的内电路。

原电池可分为两个**"半电池"**,一个对应**负极反应**(氧化半反应),另一个则对应**正极反应**(还原半反应)。两个半电池发生的电极反应分别为

负极反应 $Zn(s) \longrightarrow Zn^{2+}(aq) + 2e^-$

正极反应 $Cu^{2+}(aq) + 2e^- \longrightarrow Cu(s)$

原电池放电的总反应称为**电池反应**(cell reaction),其反应式可表示为

电池反应 $Cu^{2+}(aq) + Zn(s) \rightleftharpoons Cu(s) + Zn^{2+}(aq)$

当一个金属锌原子在负极锌片上被氧化时,电子流经外部电路到达正极,同时正极铜片上有一个 Cu^{2+} 被还原,电子被消耗。因为 Zn(s)在电池中被氧化,锌片质量减少,溶液中 Zn^{2+} 的浓度增加。同时,当 Cu^{2+} 还原成 Cu(s)时铜片质量增加,溶液中 Cu^{2+} 浓度减少。

上述过程导致负极区溶液中的正电荷增多和正极区溶液中的负电荷相对增多。盐桥的作用就是中和电池负极区溶液中多余的正电荷和正极区溶液中多余的负电荷。当氧化和还原过程在电极上发生时,离子经过盐桥分别中和两个半反应的电荷,阴离子通过盐桥向负极移动,而阳离子通过盐桥向正极移动。事实上,如果没有一种方法能使离子通过溶液从一极移动到另一极,电子将不能通过外部电路完成循环。

上述原电池的组成及其所发生的反应可用**电池符号**来表达:

$$(-)Zn(s) \mid Zn^{2+}(1mol \cdot L^{-1}) \parallel Cu^{2+}(1mol \cdot L^{-1}) \mid Cu(s)(+)$$

为了规范起见,电池符号一般左边写负极,右边写正极。符号"‖"表示盐桥,"|"表示相界面。

在一个氧化还原反应中,氧化剂和它的还原产物、还原剂和它的氧化产物组成**电对**,称为**氧化还原电对**(简称电对)。氧化还原电对一般将氧化态物质写在左边,还原态物质写在右边,如在上述原电池中分别用 Zn^{2+}/Zn 和 Cu^{2+}/Cu 分别表示该原电池的两个氧化还原电对。

应该注意的是,氧化还原电对的概念与电池符号中半电池的概念是不同的。电池的符号不仅要表示参加电池反应的各物质的形态,同时还反映出原电池的组成结构和相互关系。因此,盐桥符号的两边应该写与盐桥相关的离子的溶液,同时还应标出物质的状态和浓度。

【例 4.4】 下列氧化还原反应是自发的：

$$Cr_2O_7^{2-}(aq)+14H^+(aq)+6I^-(aq)\longrightarrow 2Cr^{3+}(aq)+3I_2(s)+7H_2O(l)$$

将含有 $K_2Cr_2O_7$ 和 H_2SO_4 的溶液倒入一个烧杯中，KI 溶液倒入另一个烧杯中，用盐桥连接两个烧杯。将不与溶液反应的惰性电极(如金属铂片或石墨棒)分别放在溶液中，将两电极用导线连接并用电压表或电流表进行检测，结果发现原电池两极间有电流产生。指出发生在原电池正极和负极的反应以及电子和离子的移动方向，并写出电池符号。

解 首先把电池反应分为两个半反应：

$$Cr_2O_7^{2-}(aq)+14H^+(aq)+6e^-\longrightarrow 2Cr^{3+}(aq)+7H_2O(l)$$

$$6I^-(aq)\longrightarrow 3I_2(s)+6e^-$$

第一个半反应是还原过程，发生在正极。第二个半反应是氧化反应，发生在负极。I^- 给出电子，而 $Cr_2O_7^{2-}$ 接受电子，因此，电子从浸入 KI 溶液的电极(负极)经过外部电路流向浸入 $K_2Cr_2O_7$-H_2SO_4 溶液的电极(正极)。电池采用的惰性电极自身不参与反应，只是作为导体起到从溶液转移电子或将电子转移到溶液中的作用。阳离子经过盐桥流向负极，而阴离子经过盐桥流向正极。其电池符号可以表示为

$$(-)Pt \mid I_2(s) \mid I^-(aq) \parallel Cr_2O_7^{2-}(aq), Cr^{3+}(aq), H^+(aq) \mid Pt(+)$$

上述电池符号中 Pt 表示不参加反应的惰性电极，也可以用(Pt)来表示；$I_2(s) \mid I^-(aq)$ 表示 $I_2(s)$ 与 $I^-(aq)$ 是两个相。

电路中电子流从负极流向正极是因为存在电势差。负极的电势低于正极的电势。

4.2 电池电动势

原电池中两电极之间的电势差为电子在外电路中的流动提供了推动力。因此，这种电势差称为**电动势**(electromotive force)，用 E 表示。对于任何自发的电池反应，电动势总是正的。

理论上讲，原电池的电动势依赖于发生在正极和负极的特定反应以及反应物和产物的浓度和温度。鉴于此，首先给出**标准电动势**(standard electromotive force)的概念。所谓标准电动势是指系统在标准状态下的电动势，用符号 $E^\ominus$ 表示。例如，图 4.1 中的铜锌原电池，其标准电动势在 25 ℃下是 1.10 V。$E^\ominus$ 的上标“⊖”表示标准状态。

$$Zn(s)+Cu^{2+}(aq, 1\ mol\cdot L^{-1})\longrightarrow Zn^{2+}(aq, 1\ mol\cdot L^{-1})+Cu(s)\quad E^\ominus=1.10\ V$$

4.2.1 标准还原电极电势

如前所述，原电池的电动势依赖于组成半电池的特定的正极和负极。原则上，可以计算所有可能的正极-负极组成的原电池的电动势。但为了简便起见，先给每

个半电池一个标准电极电势的值，称为**标准电极电势**(standard electrode potential)，用 $\varphi^{\ominus}$ 表示，利用这些标准电极电势就可以确定不同原电池的标准电动势 $E^{\ominus}$。

物质半反应电极电势的绝对值是无法测量的，其标准电极电势 $\varphi^{\ominus}$ 的确定可用标准氢电极为参比来进行测定。物质的标准电极与标准氢电极组成电池，其标准电动势 $E^{\ominus}$ 是由正极反应的标准电极电势 $\varphi_{+}^{\ominus}$ 减去负极反应的标准电极电势 $\varphi_{-}^{\ominus}$ 而得到。电化学规定标准氢电极的标准电极电势为 0 V(记为 $\varphi_{H^+/H_2}^{\ominus}=0$)，则物质的标准电极电势可通过式(4.1)得到：

$$E^{\ominus}=\varphi_{+}^{\ominus}-\varphi_{-}^{\ominus} \tag{4.1}$$

标准氢电极指的是在标准状态下 $H^+(aq)$ 被还原为 $H_2(g)$ 的半反应组成的电极①：

$$2H^+(aq,1\ mol\cdot L^{-1})+2e^-\longrightarrow H_2(g,1p^{\ominus})$$

下面举例说明标准电极电势 $\varphi^{\ominus}$ 的确定方法，图 4.2 所示为使用标准氢电极和标准 Zn^{2+}/Zn 电极[Zn^{2+}]=1.0 mol · L^{-1}组成的原电池。其 Zn 的氧化和 H^+ 的还原反应如下：

$$Zn(s)+2H^+(aq)\rightleftharpoons Zn^{2+}(aq)+H_2(g)$$

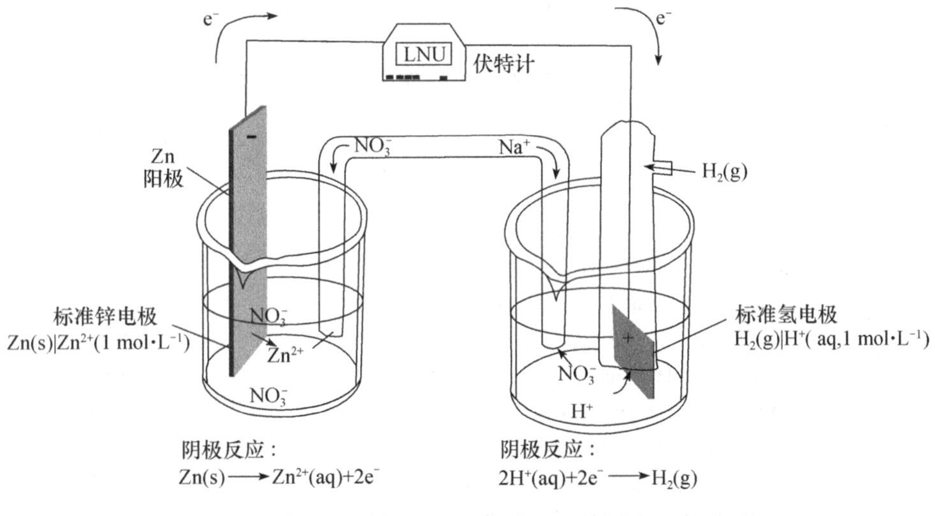

图 4.2 使用标准氢电极测量 $\varphi_{Zn^{2+}/Zn}^{\ominus}$ 的原电池示意图

通过测量发现，①Zn^{2+}/Zn 标准电极为负极，标准氢电极为正极；②电池的标准电动势 $E^{\ominus}$ 是 0.76 V。通过使用定义的 $\varphi_{H^+/H_2}^{\ominus}=0$，可以确定 Zn^{2+}/Zn 半反应的标准电极电势：

$$E^{\ominus}=\varphi_{+}^{\ominus}-\varphi_{-}^{\ominus}$$

① 标准氢电极的制备是在铂片表面镀上一层多孔的铂黑，放入 H^+ 浓度为 1 mol · L^{-1}的硫酸溶液中，不断地通入标准压力的纯氢气流，使铂黑上吸附的氢气达到饱和。

$$0.76\ V = 0 - \varphi_+^\ominus$$
$$\varphi_+^\ominus = -0.76\ V$$

因此，Zn^{2+}/Zn 的标准电极电势为 -0.76 V，一般记为

$$Zn^{2+}(aq, 1\ mol \cdot L^{-1}) + 2e^- \rightleftharpoons Zn(s) \quad \varphi^\ominus = -0.76\ V$$

也可以简写为

$$Zn^{2+}(aq) + 2e^- \longrightarrow Zn(s) \quad \varphi^\ominus = -0.76\ V$$

应该特别强调的是，电极电势的大小虽然与半反应式的写法(如方向和配平系数)没有关系，但却与电池总反应的方向也即氧化还原反应的方向有直接关系。因此，为了统一和方便起见规定，**只要给出半反应的电极电势，相应半反应方程式就以还原的形式书写**。即氧化态物质写在半反应方程式的左边，还原态物质写在半反应方程式的右边。这种规定的标准电极电势称为**标准还原电极电势**(standard reductive electrode potential)，但一般仍称其为标准电极电势。

其他半反应的标准电极电势可以用与上述标准 Zn^{2+}/Zn 电极相似的方式求得。表 4.1 列出了一些物质的标准电极电势，更多物质的标准电极电势见附录 4。这些标准电极电势 $\varphi^\ominus$ 可用来计算有关原电池的电动势 $E^\ominus$。

表 4.1 25 ℃ (298 K)时一些电对的标准还原电极电势

序 号	还原半反应	标准电极电势 $\varphi^\ominus$/V
1	$F_2(g) + 2e^- \longrightarrow 2F^-(aq)$	+2.87
2	$MnO_4^-(aq) + 8H^+(aq) + 5e^- \longrightarrow Mn^{2+}(aq) + 4H_2O(l)$	+1.51
3	$Cl_2(g) + 2e^- \longrightarrow 2Cl^-(aq)$	+1.36
4	$Cr_2O_7^{2-}(aq) + 14H^+(aq) + 6e^- \longrightarrow 2Cr^{3+}(aq) + 7H_2O(l)$	+1.33
5	$O_2(g) + 4H^+(aq) + 4e^- \longrightarrow 2H_2O(l)$	+1.23
6	$Br_2(l) + 2e^- \longrightarrow 2Br^-(aq)$	+1.06
7	$NO_3^-(aq) + 4H^+(aq) + 3e^- \longrightarrow NO(g) + 2H_2O(l)$	+0.96
8	$Ag^+(aq) + e^- \longrightarrow Ag(s)$	+0.80
9	$Fe^{3+}(aq) + e^- \longrightarrow Fe^{2+}(aq)$	+0.77
10	$O_2(g) + 2H^+(aq) + 2e^- \longrightarrow H_2O_2(aq)$	+0.68
11	$MnO_4^-(aq) + 2H_2O(l) + 3e^- \longrightarrow MnO_2(s) + 4OH^-(aq)$	+0.59
12	$I_2(s) + 2e^- \longrightarrow 2I^-(aq)$	+0.54
13	$O_2(g) + 2H_2O(l) + 4e^- \longrightarrow 4OH^-(aq)$	+0.40
14	$Cu^{2+}(aq) + 2e^- \longrightarrow Cu(s)$	+0.34
15	$2H^+(aq) + 2e^- \longrightarrow H_2(g)$	0
16	$Ni^{2+}(aq) + 2e^- \longrightarrow Ni(s)$	−0.28
17	$Fe^{2+}(aq) + 2e^- \longrightarrow Fe(s)$	−0.44
18	$Zn^{2+}(aq) + 2e^- \longrightarrow Zn(s)$	−0.76
19	$2H_2O(l) + 2e^- \longrightarrow H_2(g) + 2OH^-(aq)$	−0.83
20	$Al^{3+}(aq) + 3e^- \longrightarrow Al(s)$	−1.66

续表

序　号	还原半反应	标准电极电势 $\varphi^{\ominus}$/V
21	$Na^+(aq)+e^- \longrightarrow Na(s)$	−2.71
22	$Li^+(aq)+e^- \longrightarrow Li(s)$	−3.05

标准电极电势 $\varphi^{\ominus}$ 是强度性质，因此，改变半反应的化学计量系数不影响标准电极电势的值。例如，将上述还原半反应方程式配平系数乘以 2，其标准还原电极电势不变。

【例 4.5】 对于图 4.1 中的铜锌原电池，标准条件下 $E^{\ominus}=1.10$ V。计算 Cu^{2+} 还原为 Cu 的标准电极电势。(已知 $\varphi^{\ominus}_{Zn^{2+}/Zn}=-0.76$ V)

解　根据式(4.1)和题目所给的数据，有

$$Cu^{2+}(aq, 1\ mol \cdot L^{-1}) + 2e^- \longrightarrow Cu(s)$$

$$E^{\ominus} = \varphi^{\ominus}_{+} - \varphi^{\ominus}_{-}$$

$$1.10\ V = \varphi^{\ominus}_{+} - (-0.76\ V)$$

$$\varphi^{\ominus}_{+} = 1.10\ V - 0.76\ V = 0.34\ V$$

该数据已列在表 4.1 中，可以用于计算结果的核对。

【例 4.6】 使用表 4.1 中的数据，计算例题 4.4 中电池的标准电动势。

$$Cr_2O_7^{2-}(aq)+14H^+(aq)+6I^-(aq) \longrightarrow 2Cr^{3+}(aq)+3I_2(s)+7H_2O(l)$$

解　正极反应：　$Cr_2O_7^{2-}(aq)+14H^+(aq)+6e^- \longrightarrow 2Cr^{3+}(aq)+7H_2O(l)$

$$\varphi^{\ominus}_{Cr_2O_7^{2-}/Cr^{3+}}=1.33\ V$$

负极反应：　$3I_2(s)+6e^- \longrightarrow 6I^-(aq)$　　$\varphi^{\ominus}_{I_2/I^-}=0.54$ V

$$E^{\ominus}=\varphi^{\ominus}_{+}-\varphi^{\ominus}_{-}=1.33\ V-0.54\ V=0.79\ V$$

尽管获得总反应方程式必须使负极的 I^- 半反应方程式乘以 3，但因为标准电极电势是强度性质，它不依赖于特定的化学计量系数，所以 $\varphi^{\ominus}_{-}$ 的值不乘以 3。

$E^{\ominus}$ 为标准条件下氧化还原反应的推动力。在标准条件下，为了使氧化还原反应自发进行，正极反应的 $\varphi^{\ominus}$ 值必须比负极反应的 $\varphi^{\ominus}$ 值大，且 $E^{\ominus}$ 的值越正，标准条件下反应正向进行的推动力越大。

【例 4.7】 下列两个半反应组成原电池，通过附录 4 的数据，(1)确定氧化还原反应的方向；(2)计算电池的标准电动势 $E^{\ominus}$。

$$Cd^{2+}(aq)+2e^- \longrightarrow Cd(s)$$

$$Sn^{2+}(aq)+2e^- \longrightarrow Sn(s)$$

解　(1) 查表可知：

$$Cd^{2+}(aq)+2e^- \longrightarrow Cd(s)\qquad \varphi^{\ominus}_{Cd^{2+}/Cd}=-0.403\ V\qquad (a)$$

$$Sn^{2+}(aq)+2e^- \longrightarrow Sn(s)\qquad \varphi^{\ominus}_{Sn^{2+}/Sn}=-0.136\ V\qquad (b)$$

$$\varphi^{\ominus}_{Sn^{2+}/Sn} - \varphi^{\ominus}_{Cd^{2+}/Cd} > 0$$

所以，氧化还原反应的方向为 Sn^{2+} 把单质 Cd(s) 氧化为 Cd^{2+}，自己还原为 Sn(s)。其反应式为

$$Sn^{2+}(aq) + Cd(s) \longrightarrow Sn(s) + Cd^{2+}(aq)$$

(2)电池的电动势也由反应式(b)－(a)对应的标准电极电势相减或由式(4.1)给出。

$$E^{\ominus} = \varphi^{\ominus}_{Sn^{2+}/Sn} - \varphi^{\ominus}_{Cd^{2+}/Cd} = (-0.136\ V) - (-0.403\ V) = 0.267\ V$$

4.2.2　氧化剂和还原剂的相对强弱

对于溶液中的反应，标准电极电势是判断物质氧化还原性质的主要依据。一个半反应的 $\varphi^{\ominus}$ 值越正，其氧化态物质的氧化能力越强，还原态物质的还原能力越弱。相反地，一个半反应的 $\varphi^{\ominus}$ 越负，其还原态物质的还原能力越强，其氧化态物质的氧化能力越弱。众所周知，F_2 是最强的氧化剂，$\varphi^{\ominus}_{F_2/F^-} = 2.87\ V$，是所有已知标准电极电势中最大的，因此 F^- 是最弱的还原剂。相反地，$\varphi^{\ominus}_{Li^+/Li} = -3.05\ V$，是已知标准电极电势中最小的，因此金属锂是表 4.1 中最强的还原剂；而水合锂离子 $Li^+(aq)$ 是最难被还原的，也就是说是最弱的氧化剂。

根据这一规律可以列出一些常用的氧化剂，如卤素、O_2、MnO_4^-、$Cr_2O_7^{2-}$ 和 NO_3^- 等，它们发生还原反应的标准电极电位 $\varphi^{\ominus}$ 一般较正。最常用的还原剂包括 H_2、Fe、Zn、碱金属、碱土金属以及 $SnCl_2$、KI 等，它们发生氧化反应的标准电极电势 $\varphi^{\ominus}$ 一般较负。

氧化剂和还原剂的使用较为普遍，日常生活中用于摄影方面的显影剂(如硫酸对甲氨基苯酚、对苯二酚等)就是一种温和的还原剂，因为它们很容易被空气中的 O_2 氧化，所以只有有限的使用期限；实验室中的还原剂溶液如 $SnCl_2$ 因为易被空气中的 O_2 氧化而很难长时间储存；一些强氧化剂的溶液也容易被空气中一些还原性较强的有机物还原，因此储存时间不能太长。

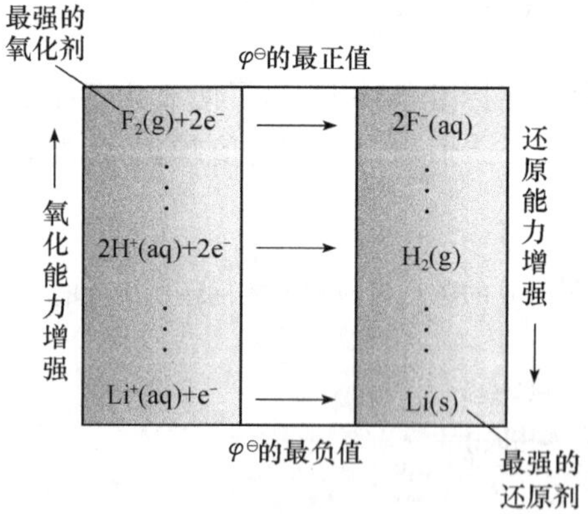

图 4.3　$\varphi^{\ominus}$ 值的大小与氧化还原能力关系示意图

$\varphi^{\ominus}$ 值的大小提供了物质作为氧化剂或还原剂的能力的顺序。它们的关系概述在图 4.3 中。强的氧化剂易被还原成弱的还原剂，而强的还原剂易被氧化成弱的氧化剂。氧化和还原能力之间的转换关系类似于共轭酸碱之间的转换关

系。因此借助物质的标准电极电势数值(附录 4),可以选择到所需要的较为理想的氧化剂和还原剂。

【例 4.8】 根据附录 4 的数据,(1)确定下列哪些物质是最强的氧化剂:$NO_3^-(aq)$,$Ag^+(aq)$,$Cr_2O_7^{2-}(aq)$;(2)下列哪些物质是最强的还原剂:$I^-(aq)$,$Fe(s)$,$Mn^{2+}(aq)$。

解 (1)最强的氧化剂是标准电极电势最正的半反应中的氧化态物质。从附录 4 查表可得

$$NO_3^-(aq)+4H^+(aq)+3e^- \longrightarrow NO(g)+2H_2O(l) \qquad \varphi^{\ominus}=0.96\ V$$

$$Ag^+(aq)+e^- \longrightarrow Ag(s) \qquad \varphi^{\ominus}=0.80\ V$$

$$Cr_2O_7^{2-}(aq)+14H^+(aq)+6e^- \longrightarrow 2Cr^{3+}(aq)+7H_2O(l) \qquad \varphi^{\ominus}=1.33\ V$$

因为 $Cr_2O_7^{2-}$ 对应的半反应的标准电极电势是最大的,所以 $Cr_2O_7^{2-}$ 是最强的氧化剂。

(2)最强的还原剂是最易被氧化的物质,即标准电极电势最负的半反应的还原态物质。根据表 4.1 中的 $\varphi^{\ominus}$ 值比较得

$$I_2(s)+2e^- \longrightarrow 2I^-(aq) \qquad \varphi^{\ominus}=0.54\ V$$

$$Fe^{2+}(aq)+2e^- \longrightarrow Fe(s) \qquad \varphi^{\ominus}=-0.44\ V$$

$$MnO_4^-(aq)+8H^+(aq)+5e^- \longrightarrow Mn^{2+}(aq)+4H_2O(l) \qquad \varphi^{\ominus}=1.51\ V$$

因为 Fe(s)对应的半反应的标准电极电势最负,所以 Fe(s)是它们中最强的还原剂。

4.3　氧化还原反应的自发性

4.3.1　氧化还原反应方向的判断

上面已经讨论了通过原电池将化学能转化为电能的过程。通过分析了解到,任何一个氧化还原反应,如果其原电池的电动势大于 0($E>0$),反应一定是自发的。另外,原电池的电动势可以很方便地通过使用半电池的电极电势来进行计算。

上述讨论不仅适合原电池中发生的氧化还原反应,而且适合一般的氧化还原反应。因此,式(4.1)具有普遍性的意义。另外,计算电动势不一定涉及原电池,只要能写出氧化还原反应,并确定出氧化剂及其还原态物质、还原剂及其氧化态物质即可进行计算。

根据电动势 $E^{\ominus}$ 与进行的氧化还原自发反应的关系,可以得出标准状态下氧化还原反应进行方向的判据:

$E^{\ominus}$　0,在标准状况下反应自发向右进行;

$E^{\ominus}=0$,在标准状况下反应处于平衡状态;

$E^{\ominus}$　0,在标准状况下反应自发逆向进行。

【例 4.9】 利用附录 4 中给出的标准电极电势数据，判断下列各反应在标准状态下是否能自发进行。

(1) $Cu(s)+2H^+(aq) \longrightarrow Cu^{2+}(aq)+H_2(g)$

(2) $Cl_2(g)+2I^-(aq) \longrightarrow 2Cl^-(aq)+I_2(s)$

解 首先将上述反应分解为两个半反应。然后用标准电极电势和式(4.1)计算反应的标准电动势。最后，根据 $E^\ominus$ 的符号决定反应是否自发。

(1) 在这个反应中，Cu 被氧化成 Cu^{2+}，H^+ 被还原成 H_2。对应的半反应以还原半反应式的相关形式写出，并查出相关的标准还原电极电势：

$$\text{还原反应} \quad 2H^+(aq)+2e^- \longrightarrow H_2(g) \qquad \varphi^\ominus=0\ V$$
$$\text{氧化反应} \quad Cu^{2+}(aq)+2e^- \longrightarrow Cu(s) \qquad \varphi^\ominus=0.34\ V$$

根据式(4.1)有

$$E^\ominus=\varphi_+^\ominus-\varphi_-^\ominus=0\ V-0.34\ V=-0.34\ V$$

因为 $E^\ominus$ 的值是负值，所以反应是非自发的。即铜金属不与一般非氧化性的酸反应。然而，其逆反应是自发的，Cu^{2+} 能被 H_2 还原。

(2) 以还原的形式写出有关的半反应式，查出相关标准还原电极电势：

$$\text{还原反应} \quad Cl_2(g)+2e^- \longrightarrow 2Cl^-(aq) \qquad \varphi^\ominus=1.36\ V$$
$$\text{氧化反应} \quad I_2(s)+2e^- \longrightarrow 2I^-(aq) \qquad \varphi^\ominus=0.54\ V$$

根据式(4.1)有

$$E^\ominus=1.36\ V-0.54\ V=0.82\ V$$

所以上述反应是自发的，而且可以构建一个原电池。此反应通常用于水溶液中是否存在 I^- 的定性检测。

回顾中学化学的金属活泼性顺序表，可以用标准还原电势来解释金属的活泼性顺序。**金属活泼顺序**(又叫**金属电动序**)中任何金属都能够把排在它后面的元素从其化合物中置换成单质。现在能认识到这项规则是可以用标准电极电势来进行解释。例如，镍在金属活泼性顺序表中位于银的前面，因此可以预测镍可以置换银，其离子反应为

$$Ni(s)+2Ag^+(aq) \longrightarrow Ni^{2+}(aq)+2Ag(s)$$

在此反应中 Ni 被氧化而 Ag^+ 被还原。使用从附录 4 中的数据，可以得到相同的结果：

$$E^\ominus=\varphi^\ominus_{Ag^+/Ag}-\varphi^\ominus_{Ni^{2+}/Ni}=0.80\ V-(-0.28\ V)=1.08\ V$$

$E^\ominus>0$ 表示镍置换银是一个自发过程。

4.3.2 电动势与自由能变化的关系

化学反应吉布斯自由能的变化 ΔG 是恒温恒压条件下自发过程推动力的量度。因为氧化还原反应的电动势 E 也是反应是否能自发进行的判据，因此电动势 E 和自由能变化 ΔG 之间必然存在一定关系。下面做一个简单推导。在恒温恒压下，原电池所做的最大电功①为

$$W_U = -\Delta G$$

而

$$W_U = nFE$$

式中，n 为反应中被转移的电荷数；F 为法拉第常量，其数值是 1 mol 电子的电量。

$$F = 96\ 500\ \mathrm{C \cdot mol^{-1}} = 96\ 500\ \mathrm{J \cdot V^{-1} \cdot mol^{-1}}$$

n 和 F 的值都是正值。因此，由以上推导可得

$$\Delta G = -nFE \tag{4.2}$$

式(4.2)即为电动势 E 和自由能变化 ΔG 之间关系的一个重要方程式。正的 E 和负的 ΔG 两者都表示反应是自发的。

当反应物和产物都处于它们的标准态时，式(4.2)变为 $\Delta G^{\ominus}$ 和 $E^{\ominus}$ 之间的关系：

$$\Delta G^{\ominus} = -nFE^{\ominus} \tag{4.3}$$

【例 4.10】 使用表 4.1 中列出的标准还原电势计算下列各反应的标准自由能变化 $\Delta G^{\ominus}$：

$$2Br^-(aq) + F_2(g) \longrightarrow Br_2(l) + 2F^-(aq)$$

解 首先计算 $E^{\ominus}$。

还原反应 $F_2(g) + 2e^- \longrightarrow 2F^-(aq)$ $\varphi^{\ominus} = 2.87\ \mathrm{V}$

氧化反应 $Br_2(l) + 2e^- \longrightarrow 2Br^-(aq)$ $\varphi^{\ominus} = 1.06\ \mathrm{V}$

$$E^{\ominus} = 2.87\ \mathrm{V} - (1.06\ \mathrm{V}) = 1.81\ \mathrm{V}$$

因为 $n=2$，应用式(4.2)可以得到

$$\Delta G^{\ominus} = -nFE^{\ominus} = -2 \times (96\ 500\ \mathrm{J \cdot V^{-1} \cdot mol^{-1}}) \times 1.81\ \mathrm{V} = -349\ \mathrm{kJ \cdot mol^{-1}}$$

注意 $E^{\ominus}$ 值越正，则 $\Delta G^{\ominus}$ 越负。

---

① 如果化学反应在恒温恒压条件下，除做非体积功 W_U 外还做体积功，即 $W = -p\Delta V + W_U$，则自发过程的条件就变为 $\Delta U + p\Delta V + W_U - T\Delta S \leqslant 0$，即 $\Delta H - T\Delta S + W_U \leqslant 0$，$\Delta G + W_U \leqslant 0$。当反应达到平衡时，$W_U \leqslant -\Delta G$。只有在可逆条件下，$W_U = -\Delta G$。

4.4 浓度对电动势的影响

研究表明，电动势依赖于电池反应中反应物和产物的浓度。当反应物浓度增大时，电动势增大。当产物浓度增大时，电动势减小。因此，随着原电池不断地放电，它的电动势会逐渐降低，直到零为止。原电池在非标准条件下产生的电动势可以用德国化学家能斯特(Walther Hermann Nernst，1864—1941)推导出的方程来进行计算。

4.4.1 能斯特方程

电池电动势与浓度的关系可以从自由能变化与浓度的关系得出。在第 2 章已经知道，在恒温恒压条件下，对于任何化学过程，标准状态下自由能的变化与非标准状态下自由能的变化有如下关系：

$$\Delta G = \Delta G^{\ominus} + RT\ln Q$$

Q 是反应商，前面已经介绍过它的表达形式与平衡常数表达式相一致。将式(4.2)和式(4.3)代入上式，得

$$-nFE = -nFE^{\ominus} + RT\ln Q$$

解这个方程，得到能斯特方程：

$$E = E^{\ominus} - \frac{RT}{nF}\ln Q$$

方程通常以常用对数的形式表达：

$$E = E^{\ominus} - \frac{2.303RT}{nF}\lg Q \qquad (4.4)$$

在 298 K 时，$2.303RT/F$ 等于 0.0592 V，因此式(4.4)可以用一种简单的形式表达：

$$E = E^{\ominus} - \frac{0.0592}{n}\lg Q \qquad (4.5)$$

通过式(4.5)，可以计算在非标准状态下氧化还原反应的电动势，或通过测量电池的电动势来计算反应物或产物的浓度。例如，下面的反应：

$$Zn(s) + Cu^{2+}(aq) \longrightarrow Zn^{2+}(aq) + Cu(s)$$

式中，$n=2$(两个电子从 Zn 转移到 Cu^{2+})，标准电动势是 1.10 V。因此，在 298 K 时，能斯特方程为

$$E = 1.10\ \text{V} - \frac{0.0592\ \text{V}}{2}\lg\frac{[Zn^{2+}]}{[Cu^{2+}]}$$

注意，纯固体的浓度在 Q 的表达式中不考虑。从式(4.5)看出，当$[Zn^{2+}]$减少，$[Cu^{2+}]$增加时，电池的电动势增加。例如，当$[Cu^{2+}]=5.0\ \text{mol}\cdot\text{L}^{-1}$，$[Zn^{2+}]=0.050\ \text{mol}\cdot\text{L}^{-1}$时，有

$$E = 1.10\ \text{V} - \frac{0.0592\ \text{V}}{2}\lg\left(\frac{0.050}{5.0}\right) = 1.10\ \text{V} - \frac{0.059\ \text{V}}{2}\times(-2.00) = 1.16\ \text{V}$$

E(1.16 V)比$E^{\ominus}$(1.10 V)大，表明在该浓度下，反应的推动力比标准状态时大。这与勒夏特列原则推测到的结果是一致的。如果反应物的浓度相对于产物的浓度增加，电池反应的电动势增大，反应的推动力也增大。相反地，如果产物的浓度相对于反应物的浓度增大，电池反应的电动势会减小，推动力也减小。

【例4.11】 计算当$[Cr_2O_7^{2-}]=2.0\ mol\cdot L^{-1}$，$[H^+]=1.0\ mol\cdot L^{-1}$，$[I^-]=1.0\ mol\cdot L^{-1}$和$[Cr^{3+}]=1.0\times10^{-5}\ mol\cdot L^{-1}$时，例4.4中电池的电动势。

解 $Cr_2O_7^{2-}(aq)+14H^+(aq)+6I^-(aq)\longrightarrow 2Cr^{3+}(aq)+3I_2(s)+7H_2O(l)$

这个反应的标准电动势例4.6已计算出：$E^{\ominus}=0.79$ V。本例中$n=6$，反应商为

$$Q=\frac{[Cr^{3+}]^2}{[Cr_2O_7^{2-}][H^+]^{14}[I^-]^6}=\frac{(1.0\times10^{-5})^2}{2.0\times1.0^{14}\times1.0^6}=5.0\times10^{-11}$$

代入式(4.5)，得

$$E=0.79\ V-\frac{0.0592\ V}{6}\lg(5.0\times10^{-11})=0.79\ V+0.10\ V=0.89\ V$$

因为$Cr_2O_7^{2-}$的浓度(反应物的浓度)大于$1\ mol\cdot L^{-1}$，Cr^{3+}的浓度小于$1\ mol\cdot L^{-1}$，所以E比$E^{\ominus}$更大。

【例4.12】 298 K时，当$[Zn^{2+}]=1.0\ mol\cdot L^{-1}$，$p_{H_2}=1.0\times10^5$ Pa(为标准压力)，测得Zn-H$^+$电池的电压为0.45 V，H^+的浓度是多少？

解 写出电池反应：

$$Zn(s)+2H^+(aq)\longrightarrow Zn^{2+}(aq)+H_2(g)$$

标准电动势$E^{\ominus}=\varphi_+^{\ominus}-\varphi_-^{\ominus}=0.76$ V。当$n=2$时，应用式(4.5)得

$$0.45\ V=0.76\ V-\frac{0.0592\ V}{2}\lg\frac{[Zn^{2+}]p_{H_2}}{[H^+]^2}=0.76\ V-\frac{0.0592\ V}{2}\lg\frac{1.0\times1.0}{[H^+]^2}$$

解得

$$\lg[H^+]=\frac{0.45-0.76}{0.0592}=-5.24$$

$$[H^+]=10^{-5.24}=5.8\times10^{-6}(mol\cdot L^{-1})$$

这个例子显示出一个涉及H^+参与的电池反应，可以用上述方法测定$[H^+]$或pH。pH计就是一个典型的例子。

4.4.2 氧化还原反应的平衡常数

氧化还原反应达到平衡时，$\Delta G=0$，$E=0$，$Q=K^{\ominus}$，因此能斯特方程变为

$$0=E^{\ominus}-\frac{0.0592}{n}\lg K^{\ominus}$$

整理得

$$\lg K^{\ominus}=\frac{nE^{\ominus}}{0.0592} \tag{4.6}$$

式(4.6)表明，**氧化还原反应的平衡常数可以从反应的标准电动势值得到。**

【例 4.13】 计算下列反应在 298 K 时的平衡常数。

$$Cu(s)+2Ag^+(aq)\longrightarrow Cu^{2+}(aq)+2Ag(s)$$

解 由题可知：

还原反应　$2Ag^+(aq)+2e^- \longrightarrow 2Ag(g)$　　$\varphi^\ominus=0.80\ V$

氧化反应　$Cu(s)\longrightarrow Cu^{2+}(aq)+2e^-$　　$\varphi^\ominus=0.34\ V$

原电池的标准电动势为

$$E^\ominus=\varphi_+^\ominus-\varphi_-^\ominus=0.80\ V-0.34\ V=0.46\ V$$

$$\lg K^\ominus=\frac{nE^\ominus}{0.0592}=\frac{2\times 0.46\ V}{0.0592\ V}=15.53$$

$$K^\ominus=3.4\times 10^{15}$$

阅读材料　　金属的腐蚀与防护　商业电池

一、金属的腐蚀及其防护

从热力学观点看，除少数金属(如 Au、Pt)以外，各种金属都有转变成离子的趋势，也就是说金属腐蚀是自发的、普遍存在的现象。金属被腐蚀后，在外形、色泽以及机械性能方面都将发生变化，造成设备破坏、管道泄漏、产品污染、酿成燃烧或爆炸等恶性事故以及资源和能源的严重浪费，使国民经济受到巨大的损失。据估计，世界各发达国家每年因金属腐蚀而造成的经济损失约占其国民生产总值的 3.5%～4.2%，超过每年各项大灾(火灾、风灾及地震等)损失的总和。因此，研究腐蚀机理，采取防护措施，对经济建设有着十分重大的意义。

金属的腐蚀是一个氧化还原反应的过程。金属与环境中的一些物质发生化学反应，从而使金属材料受到破坏，并生成一些不希望得到的复杂混合物。一些金属在室温与空气中的 O_2 作用会生成一些具有破坏性的氧化物。但是，有些金属的氧化也能生成致密的氧化层，从而对金属起到保护作用。例如，铝的标准电极电势为－1.66 V，所以金属铝是很容易被氧化的。但由于铝的表面有一层很薄的致密的氧化层，这个氧化层使 O_2 和 H_2 不能进入，因此可以保护铝不被腐蚀。利用这一性质，铝被大量用于工业、建材、炊具以及软饮料和罐头等的包装。类似的金属还有 Mg、Zn、Sn、Pb、Cr、Ni 等。许多合金，例如，不锈钢也可以形成有保护作用的氧化膜。

1. 铁的腐蚀

铁的腐蚀最为常见，据估计每年大约有 20%以上的钢产品是用来替换由于腐蚀所废弃的旧的设备。

铁的腐蚀需要 O_2，同时也需要水，如果没有水，即使有 O_2 存在铁也很难被腐蚀。其他因素，如溶液的酸度、盐的存在、接触到比其更难氧化的金属、受到比较大的机械压力等都能加速铁的腐蚀。

铁的氧化在本质上可以看做是电化学反应。Fe^{2+} 在标准状态下的还原电势比 O_2 的还原电势要负得多。因此，Fe(s)能被 O_2 氧化。

阴极：$O_2(g)+4H^+(aq)+4e^- \longrightarrow 2H_2O(l)$　　$\varphi^\ominus=1.23\ V$

阳极：　　$Fe^{2+}(aq)+2e^- \longrightarrow Fe(s)$　　$\varphi^\ominus=-0.44\ V$

铁的表面区域一部分可作为阳极，在这一区域 Fe 被氧化成 Fe^{2+}。电子通过金属转移到阴极区域的表面，在其上 O_2 被还原。注意：O_2 的还原需要 H^+，当 H^+ 的浓度降低(pH 增加)，O_2 的还原就难以进行。实验发现与 pH 大于 9 的溶液接触的铁不发生腐蚀现象。前面讲到酸雨对金属具有腐蚀作用就是这个道理。

阳极形成的 Fe^{2+} 被完全氧化为 Fe^{3+}，它形成人们所熟知的铁锈即含水的三价铁的氧化物。

$$4Fe^{2+}(aq)+O_2(g)+4H_2O(l)+2xH_2O(l) \longrightarrow 2Fe_2O_3 \cdot xH_2O(s)+8H^+(aq)$$

因为阴极一般是最大的 O_2 的供给区，所以铁锈一般沉积在阴极。当一把铁锹放在室外且锹刃上粘有湿泥时，仔细观察会发现，在湿泥覆盖的金属表面形成金属蚀斑，这是因为水的存在使其腐蚀比其他部位严重。钢铁电化学腐蚀的过程如图 4.4 所示。

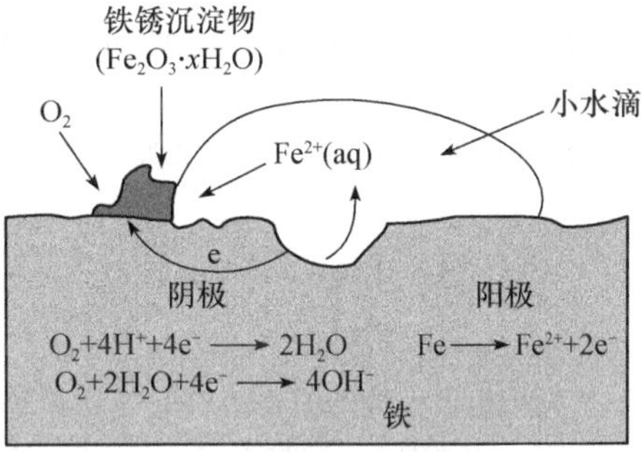

图 4.4　与水接触后铁的腐蚀

盐能够加速金属的腐蚀，海水中的船舶比内陆江河中的船舶更易生锈就是一个典型的例子。这种盐效应可以用电池原理来解释，因为电解质溶液有利于氧化还原反应进行的电路循环。

2. 腐蚀防护

铁的表面通常被镀上一层其他金属用来保护其表面不被腐蚀，如锡、锌或铬等。用于饮料或食物罐头的容器表面一般镀上一层锡或浸上一层熔融的片状锡。锡保护层必须保持完整才能对铁起保护作用，一旦保护层被破坏，铁就暴露在空气和水中，在此情况下，锡即可加剧铁的腐蚀。根据标准电极电势可以知道铁比锡更易氧化，因此，即使饮料或食物罐头的表面受到损坏，也不至于因金属腐蚀产生的离子污染食品。电化学腐蚀中铁是作为阳极而锡是作为阴极的(图 4.5)。

镀锌铁是在铁的表面镀上一层锌，即使表面镀层被破坏锌也能保护铁。铁和锌的标准电极电势如下：

$Fe^{2+}(aq)+2e^- \longrightarrow Fe(s)$　　$\varphi^\ominus=-0.44\ V$

$Zn^{2+}(aq)+2e^- \longrightarrow Zn(s)$　　$\varphi^\ominus=-0.76\ V$

由上可知锌比铁更易氧化，所以锌是作为阳极代替铁被腐蚀(图 4.6)。

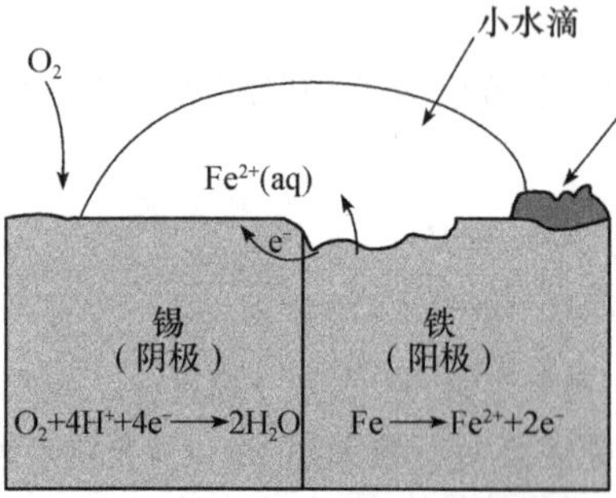

图 4.5　铁与锡接触的腐蚀

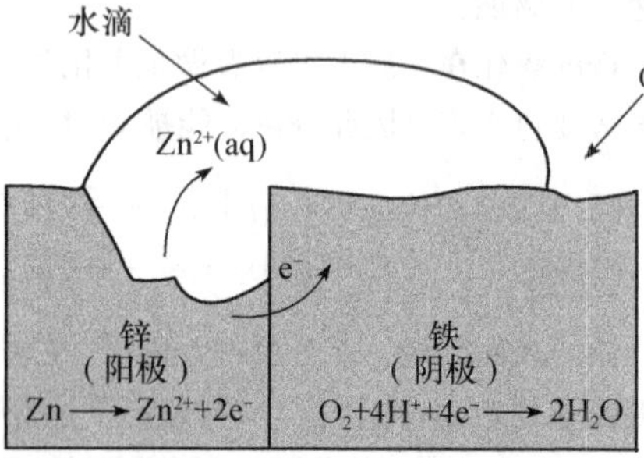

图 4.6　铁与锌接触产生阴极保护

电化学中，金属作为阴极来进行保护的方法称为**阴极保护**，保护阴极而被氧化的金属称为**牺牲阳极**。地下管道的阴极保护一般是利用活泼金属（如镁）沿着管道进行铺埋并用电线与管道连接，在湿的土壤中腐蚀发生时，活泼金属充当阳极被氧化，而管道则作为阴极被牺牲的阳极保护起来。

【例 4.14】 房顶上用铁板做的排水沟如果用铝钉进行固定，是否有会自然腐蚀现象发生？

解 两种金属通过接触形成原电池，还原性强的金属作为阳极，还原性弱的金属作为阴极。

阳极　$Fe^{2+}(aq)+2e^- \longrightarrow Fe(s)$　　$\varphi^\ominus=-0.44\ V$

阴极　$Al(s) \longrightarrow Al^{3+}(aq)+3e^-$　　$\varphi^\ominus=-1.66\ V$

Fe 的标准电极电势的值比 Al 的大，所以铁沟作为阴极不会被腐蚀。只有当钉子被腐蚀完后，铁沟才开始腐蚀，这时铁沟没有固定可能会从房顶上掉下来。

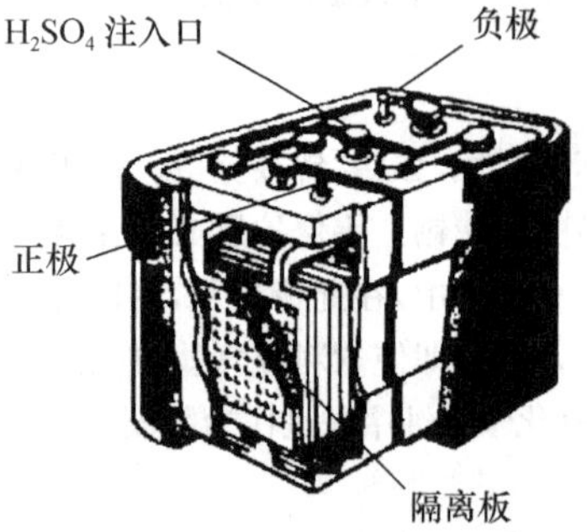

图 4.7　铅蓄电池结构示意图

二、商业原电池

原电池最重要的优点是轻便。尽管自发的氧化还原反应被视为原电池的基础，但使用特定的氧化还原反应制作商用电池也需要相当的创造性。之前讨论过的盐桥电池给人们提供了进行商业原电池设计的途径。

1. 铅蓄电池

铅蓄电池是在汽车上常用的电池，一个 12 V 的铅蓄电池由六节电池串联组成，每个电池的正极由 PbO_2 组成，负极由 Pb 组成，两个电极都浸在硫酸中（图 4.7）。铅蓄电池放电过程中发生的电极反应如下：

阳极　$PbO_2(s)+SO_4^{2-}(aq)+4H^+(aq)+2e^- \longrightarrow PbSO_4(s)+2H_2O(l)$　　$\varphi^\ominus=1.685\ V$

阴极　$Pb(s)+SO_4^{2-}(aq) \longrightarrow PbSO_4(s)+2e^-$　　$\varphi^\ominus=-0.356\ V$

$$PbO_2(s)+2SO_4^{2-}(aq)+4H^+(aq)+Pb(s) \longrightarrow 2PbSO_4(s)+2H_2O(l)$$

电池的标准电动势可由标准还原电势得出

$$E^{\ominus}=\varphi_{+}^{\ominus}-\varphi_{-}^{\ominus}=+1.685\ \text{V}-(-0.356\ \text{V})=2.04\ \text{V}$$

因为反应物和产物都是固体，没有必要将电池分为阳极区和阴极区。但 Pb 和 PbO_2 不能直接接触，需要用玻璃纤维或塑料隔板将其分隔开。为了增加电池电流，每节电池由一定数量的阳极板和阴极板并联而成。

铅蓄电池另外一个优点就是放电过程中 Pb(s)、PbO_2(s)和 $PbSO_4$(s)的相对量的变化对蓄电池的电动势没有影响(因为它们都是固体)，这有助于电池在放电期间维持一个相对不变的电动势。但由于放电期间 H_2SO_4 被消耗，电池电动势会有轻微的变化。

铅蓄电池的第三个优点是它能再充电。在充电时，外加电源被用来改变自发氧化还原反应的方向。因此，充电过程反应是放电过程反应的逆反应，反应方程式如下：

$$2PbSO_4(s)+2H_2O(l)\longrightarrow Pb(s)+PbO_2(s)+4H^+(aq)+2SO_4^{2-}(aq)$$

汽车可充电电池所需的能量由发动机驱动的发电机来提供。因为在放电期间形成的 $PbSO_4$ 黏附在电极上，所以再充电是可行的。理论上讲，当外加电压大于铅蓄电池的电动势时，即可完成充电过程。

铅是重金属元素，毒性很大。废弃的铅蓄电池需要回收集中处理。

2. 干电池

一般的干电池广泛用于手电筒、便携电子音响以及收音机等。干电池负极由 MnO_2、NH_4Cl 和碳的混合物以及与其相连的锌壳组成。正极由一支惰性的石墨棒组成，并把石墨棒埋在混合物的中心(图 4.8)。电池外部用厚纸板或金属层封闭防止大气进入。电极反应通常如下所示：

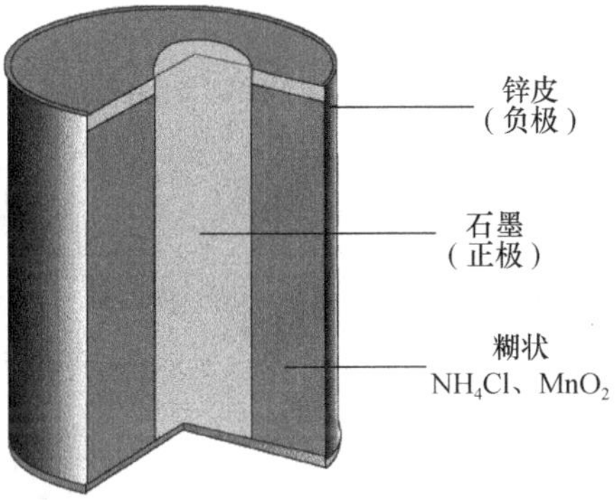

图 4.8　普通干电池结构示意图

阴极　$2NH_4^+(aq)+2MnO_2(s)+2e^-\longrightarrow Mn_2O_3(s)+2NH_3(aq)+H_2O(l)$　$\varphi^{\ominus}=0.73$ V

阳极　$Zn^{2+}(aq)+2e^-\longrightarrow Zn(s)$　$\varphi^{\ominus}=-0.76$ V

新购买的干电池其电池电动势为 1.5V。

3. 镍-镉电池

因为干电池不可充电，它们必须时常更换。镍-镉电池作为一种可充电电池，已经被广泛使用。它适用于需要电池的工具和便携式计算机等。在这种电池中，Cd 金属为负极，NiO_2(s)为正极。其放电时的电极反应如下：

阴极　$NiO_2(s)+2H_2O(l)+2e^-\longrightarrow Ni(OH)_2(s)+2OH^-(aq)$　$\varphi^{\ominus}=0.60$ V

阳极　$Cd(s)+2OH^-(aq)\longrightarrow Cd(OH)_2(s)+2e^-$　$\varphi^{\ominus}=-0.61$ V

新购买的镍-镉电池其电动势为 1.2 V。如同铅蓄电池中的情况，上述反应的产物黏附在电极上，可以充电使电池反应逆向进行。因为在充电和放电过程中没有气体产生，所以电池可以被密封。

镉也具有很强的毒性，这种电池失效后需要回收以免污染环境，特别是污染农田和水源。

4. 燃料电池

热将水转变成蒸汽可以推动涡轮机进行发电，但这种方式的转换效率最大只有40%，剩余的能量一般以余热的形式放出。原则上，通过原电池可使燃烧反应的化学能以98%转化率转化为电能，这种使用传统燃料（如 H_2 和 CH_4）将化学能转变为电能的装置称为燃料电池。

科学家在燃料电池方面已开展了大量的研究，其中遇到的问题之一是大部分电池需要较高的操作温度，这不仅消耗能量也加速了电池的腐蚀。利用 H_2 的低温电池已经发展起来，目前主要用在宇宙飞船等特殊环境中。在美国阿波罗航天飞机中，H_2-O_2 燃料电池是其电能的主要来源。阿波罗航天飞机在太空工作11天，使用的燃料电池的质量大约是225 kg。

H_2-O_2 燃料电池中的电池反应为

$$2H_2(g)+O_2(g)\longrightarrow 2H_2O(l)$$

此电池的结构和工作原理如图4.9所示。

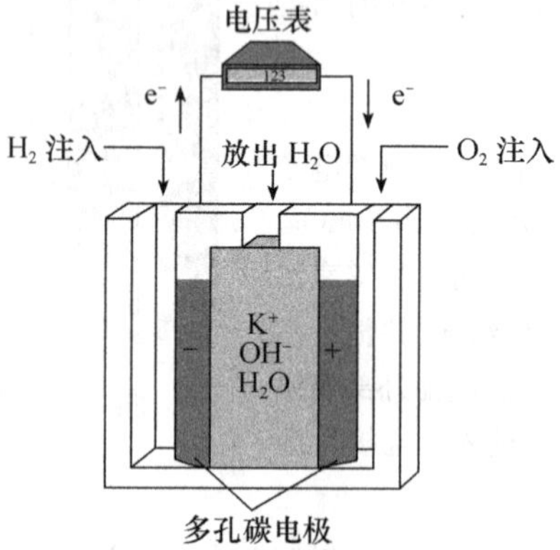

图4.9　H_2-O_2 燃料电池的结构示意图

思　考　题

1. 说明下列基本概念和述语。

(1) 氧化、还原，氧化剂、还原剂；

(2) 正极和负极，阴极和阳极；

(3) 标准电动势和标准电极电势；

(4) 半电池反应，电池反应。

2. 如何用电池结构示意图和电池符号分别表示原电池？

3. 原电池中盐桥的作用是什么？

4. 原电池的电动势与离子浓度的关系如何？电极电势与离子浓度的关系如何？

5. 怎样理解介质的酸性增强，$KMnO_4$ 的电极电势代数值增大，氧化性增强？

6. 下列叙述是否正确？并进行说明。

(1) 在氧化还原反应中，氧化数升高的物种是氧化剂，氧化数降低的物种是还原剂；

(2) 某物种得到电子，其相关元素的氧化数降低；

(3) 氧化剂一定是电极电势大的电对的氧化型，还原剂一定是电极电势小的电对的还原型；

(4) 在原电池中，负极发生还原反应，正极发生氧化反应；

(5) ClO_3^- 在碱性溶液中的氧化性强于在酸性溶液中的氧化性；

(6) 在 $Fe^{3+}(aq)+e^- \rightleftharpoons Fe^{2+}(aq)$ 这一电极反应中，没有 H^+ 或 OH^- 参与反应，因此当 pH 增加时，Fe(Ⅲ)的氧化性并不改变；

(7) 原电池反应，一定是氧化还原反应；

(8) 原电池中正极电对的氧化型物种浓度或分压增大，电池电动势增大；同样，其负极电对的氧化型物种浓度或分压增大，电池电动势也增大。

7. 思考并回答下列问题。

(1) 为什么用一个半电池无法测出标准还原电势？

(2) 如何才能确定一个半电池的标准还原电势？

(3) 根据附录 3 中的标准还原电势，说明哪一个反应更难进行：$Na^+(aq)$还原为 Na(s)或者 $Ca^{2+}(aq)$还原为 Ca(s)？

8. 锌-银氧化物电池常用作助听器和电子表电源。其半反应如下：

$$Zn^{2+}(aq)+2e^- \longrightarrow Zn(s) \qquad \varphi^{\ominus}_{Zn^{2+}/Zn}=-0.763\ V$$

$$Ag_2O(s)+H_2O(l)+2e^- \longrightarrow 2Ag(s)+2OH^-(aq) \qquad \varphi^{\ominus}_{Ag_2O/Ag}=0.3344\ V$$

(1) 在放电的时候，哪种物质被氧化，哪种物质被还原？

(2) 哪个半反应是正极反应，哪个半反应是负极反应？

(3) 这个电池在标准状况下能够产生多大的电动势？

9. 一原电池的反应式为：$Al(s)+3Ag^+(aq) \longrightarrow Al^{3+}(aq)+3Ag(s)$。在发生以下变化时，电池的电动势会怎样变化？

(1) 加入 $Al(NO_3)_3$ 固体使得 Al^{3+} 浓度增大；

(2) Al 电极的尺寸增大；

(3) 阴极中加入水；

(4) 将 $AgNO_3$ 溶液加入阴极。

10. 判断氧化还原反应进行方向的判据是什么？

11. 判断氧化还原反应进行程度的判据是什么？是与 E 有关，还是只与 $E^{\ominus}$ 有关？

12. 能斯特方程中的 0.0592 是如何得到的？使用中应注意什么？为什么在温度变化不大时采用 0.0592 不会造成很大的误差？

13. 利用原电池的有关原理可以得到哪些热力学数据？

习 题

1. 联胺(N_2H_4)和四氧化二氮(N_2O_4)可以形成一种能自燃的混合物,曾经被用作火箭助推剂。反应的产物是 N_2 和 H_2O。(1)写出反应方程式并配平;(2)指出哪种物质是氧化剂,哪种物质是还原剂。

2. 完成并配平下列半反应:

(1) $Co^{2+}(aq) \longrightarrow Co^{3+}(aq)$ (酸性条件);

(2) $Sn^{4+}(aq) \longrightarrow Sn^{2+}(aq)$ (酸性条件);

(3) $Mn^{2+}(aq) \longrightarrow MnO_2(s)$ (酸性条件);

(4) $NO_3^-(aq) \longrightarrow NO(g)$ (酸性条件);

(5) $H_2O_2(aq) \longrightarrow O_2(g)$ (碱性条件);

(6) $ClO_3^-(aq) \longrightarrow Cl^-(aq)$ (碱性条件);

(7) $OH^-(aq) \longrightarrow O_2(g)$ (碱性条件);

(8) $SO_3^{2-}(aq) \longrightarrow SO_4^{2-}(aq)$ (碱性条件);

(9) $ClO^-(aq) \longrightarrow Cl^-(aq)$ (碱性条件);

(10) $Cr(OH)_3(s) \longrightarrow CrO_4^{2-}(aq)$ (碱性条件)。

3. 在酸性环境中,完成并配平下列各反应。

(1) $Cr_2O_7^{2-}(aq) + I^-(aq) \longrightarrow Cr^{3+}(aq) + IO_3^-(aq)$;

(2) $MnO_4^-(aq) + CH_3OH(aq) \longrightarrow Mn^{2+}(aq) + HCO_2H(aq)$;

(3) $As(s) + ClO_3^-(aq) \longrightarrow H_3AsO_3(aq) + HClO(aq)$;

(4) $As_2O_3(s) + NO_3^-(aq) \longrightarrow H_3AsO_4(aq) + N_2O_3(aq)$;

(5) $Cr_2O_7^{2-}(aq) + CH_3OH(aq) \longrightarrow HCOOH(aq) + Cr^{3+}(aq)$;

(6) $MnO_4^-(aq) + Cl^-(aq) \longrightarrow Mn^{2+}(aq) + Cl_2(aq)$;

(7) $NO_2^-(aq) + Cr_2O_7^{2-}(aq) \longrightarrow Cr^{3+}(aq) + NO_3^-(aq)$。

4. 在碱性环境中,完成并配平下列各反应。

(1) $MnO_4^-(aq) + Br^-(aq) \longrightarrow MnO_2(s) + BrO_3^-(aq)$;

(2) $H_2O_2(aq) + Cl_2O_7(aq) \longrightarrow ClO_2^-(aq) + O_2(g)$;

(3) $Pb(OH)_4^{2-}(aq) + ClO^-(aq) \longrightarrow PbO_2(s) + Cl^-(aq)$;

(4) $Tl_2O_3(s) + NH_2OH(aq) \longrightarrow TlOH(s) + N_2(g)$;

(5) $H_2O_2(aq) + ClO_2(aq) \longrightarrow ClO_2^-(aq) + O_2(g)$。

5. 有一个原电池,一个电极由浸在 $AgNO_3$ 溶液中的 Ag 片组成,另一个电极由浸在 $NiCl_2$ 溶液中的 Ni 片组成。总的电池反应为 $2Ag^+(aq) + Ni(s) \longrightarrow 2Ag(s) + Ni^{2+}(aq)$。

(1) 写出两个电极的半反应方程式;

(2) 指出哪一个电极是阳极,哪一个电极是阴极;

(3) 画出该原电池的结构示意图,并写出电池符号;

(4) 电子是从 Ag 电极流向 Ni 电极还是从 Ni 电极流向 Ag 电极?

(5) 溶液中各离子的迁移方向是怎么样的?

6. 使用标准还原电势，计算下列反应的标准电动势：

(1) $Ca(s)+Mn^{2+}(aq) \longrightarrow Ca^{2+}(aq)+Mn(s)$；

(2) $2Al^{3+}(aq)+3Zn(s) \longrightarrow 3Zn^{2+}(aq)+2Al(s)$；

(3) $3Co^{2+}(aq) \longrightarrow 2Co^{3+}(aq)+Co(s)$。

7. 根据附录 4 的数据，判断下列每一组物质中哪一个还原性更强。

(1) $Al(s)$和 $Ni(s)$；　(2) $Mg(s)$和 $K(s)$；　(3) $Ag^{+}(aq)$和 $AgCl(s)$；

(4) $H_2O_2(aq)$和 $Fe(CN)_6^{4-}(aq)$；　(5) H_2(g,酸性)和 H_2(g,碱性)。

8. 根据附录 4 的数据，判断 Ce^{4+}、Br_2、H_2O_2 和 Zn 中哪一种物质在酸性环境中氧化性最强，哪一种物质的氧化性最弱。

9. 根据附录 4 数据，判断 F^-、Zn、$N_2H_5^+$、I_2 和 NO 中哪一个物质在酸性环境中还原性最强，哪一种物质的还原性最弱。

10. 在酸性环境中的下列物质处于标准状态：

(1) 请按照氧化性逐渐增强的顺序对它们进行排列。

$$Cr_2O_7^{2-}, H_2O_2, Cu^{2+}, Cl_2, O_2$$

(2) 请按照还原性逐渐增强的顺序对它们进行排列。

$$Zn, I^-, Sn^{2+}, H_2O_2, Al$$

11. 根据下列半反应以及相关的标准还原电势，写出 $Fe^{2+}(aq)$分别被 $S_2O_6^{2-}(aq)$、$N_2O(aq)$ 和 $VO^{2+}(aq)$氧化的化学反应方程。计算这些反应在 298 K 时的 $\Delta G^{\ominus}$。

$$Fe^{3+}(aq)+e^- \longrightarrow Fe^{2+}(aq) \qquad \varphi^{\ominus}_{Fe^{3+}/Fe^{2+}}=0.77\ V$$

$$S_2O_6^{2-}(aq)+4H^+(aq)+2e^- \longrightarrow 2H_2SO_3(aq) \qquad \varphi^{\ominus}_{S_2O_6^{2-}/H_2SO_3}=0.60\ V$$

$$N_2O(aq)+2H^+(aq)+2e^- \longrightarrow N_2(g)+H_2O(l) \qquad \varphi^{\ominus}_{N_2O/N_2}=-1.77\ V$$

$$VO_2^{+}(aq)+2H^+(aq)+e^- \longrightarrow VO^{2+}(aq)+H_2O(l) \qquad \varphi^{\ominus}_{VO_2^+/VO^{2+}}=1.00\ V$$

12. 计算下列原电池的电动势，写出相应的电池反应。

(1) $(-)Zn|Zn^{2+}(0.010\ mol \cdot L^{-1}) \| Fe^{2+}(0.0010\ mol \cdot L^{-1})|Fe(+)$；

(2) $(-)Pt|Fe^{2+}(0.010\ mol \cdot L^{-1}), Fe^{3+}(0.10\ mol \cdot L^{-1}) \| Cl^-(2.0\ mol \cdot L^{-1})|Cl_2(p^{\ominus})|Pt(+)$；

(3) $(-)Pt|Fe^{2+}(c^{\ominus}), Fe^{3+}(0.10\ mol \cdot L^{-1}) \| Co^{3+}(c^{\ominus}), Co^{2+}(0.10\ mol \cdot L^{-1})|Pt(+)$；

(4) $(-)Ag|Ag^+(0.010\ mol \cdot L^{-1}) \| Ag^+(0.10\ mol \cdot L^{-1})|Ag(+)$。

13. 将锡和铅的金属片分别插入含有该金属离子的溶液中并组成原电池，分别计算原电池的电动势，用图式表示原电池，写出原电池的两电极反应和电池总反应式。

(1) $[Sn^{2+}]=0.0100\ mol \cdot L^{-1}$，$[Pb^{2+}]=1.00\ mol \cdot L^{-1}$；

(2) $[Sn^{2+}]=1.00\ mol \cdot L^{-1}$，$[Pb^{2+}]=0.100\ mol \cdot L^{-1}$。

14. 在 pH=4.0 时，试通过计算说明下列反应能否自发进行。除 H^+ 及 OH^- 外，其他物质均处于标准状态下。

(1) $Cr_2O_7^{2-}(aq)+H^+(aq)+Br^-(aq) \longrightarrow Br_2(l)+Cr^{3+}(aq)+H_2O(l)$；

(2) $MnO_4^-(aq)+H^+(aq)+Cl^-(aq) \longrightarrow Cl_2(g)+Mn^{2+}(aq)+H_2O(l)$。

15. 一原电池在 298 K 下的反应式为

$$2Al(s)+3Mn^{2+}(aq)\longrightarrow 2Al^{3+}(aq)+3Mn(s)$$

(1) 在标准状况下电池的电动势是多少？

(2) 当$[Mn^{2+}]=0.10\ mol\cdot L^{-1}$，$[Al^{3+}]=1.5\ mol\cdot L^{-1}$时，电池的电动势是多少？

16. 一原电池在 298 K 下反应式为

$$4Fe^{2+}(aq)+O_2(g)+4H^+(aq)\longrightarrow 4\ Fe^{3+}(aq)+2H_2O(l)$$

(1) 标准状况下电池的电动势是多少？

(2) 当$[Fe^{2+}]=2.0\ mol\cdot L^{-1}$，$[Fe^{3+}]=0.0010\ mol\cdot L^{-1}$，$p_{O_2}=0.5\times10^5$ Pa，阴极溶液的 pH=3.0 时，电池的电动势是多少？

17. 一原电池在 298 K 下反应式为

$$2Fe^{3+}(aq)+H_2(g)\longrightarrow 2Fe^{2+}(aq)+2H^+(aq)$$

(1) 标准状况下电池的电动势是多少？

(2) 当$[Fe^{3+}]=0.50\ mol\cdot L^{-1}$，$[Fe^{2+}]=0.010\ mol\cdot L^{-1}$，$p_{H_2}=0.25\times10^5$，电池两边的溶液 pH=4.0 时，电池的电动势是多少？

18. 一原电池的电池反应如下 $Sn^{2+}(aq)+Pb(s)\longrightarrow Pb^{2+}(aq)+Sn(s)$。如果阴极 Sn^{2+} 的浓度为 $1.00\ mol\cdot L^{-1}$，电池电动势为 0.22 V，阳极 Pb^{2+} 的浓度是多少？如果阳极含有的$[SO_4^{2-}]=1.00\ mol\cdot L^{-1}$，并与 $PbSO_4$ 达到平衡，$PbSO_4$ 的 $K_{sp}^{\ominus}$是多少？

19. 浓差电池中原电池内部阴极和阳极含有相同的物质，但是它们的浓度不同。现采用 Cr 电极和 Cr^{3+} 的溶液组成浓差电池，两个半电池中的 $Cr^{3+}(aq)$浓度分别为 $0.040\ mol\cdot L^{-1}$ 和 $2.0\ mol\cdot L^{-1}$，

(1) 试用电池结构示意简图表示原电池；(2)求该浓差电池的电动势。

20. 一原电池采用以下两个半电池反应 $Cu^+(aq)+e^-\longrightarrow Cu(s)$，$I_2(s)+2e^-\longrightarrow 2I^-(aq)$，电池在 298 K 条件下运行，$[Cu^+]=2.1\ mol\cdot L^{-1}$，$[I^-]=3.2\ mol\cdot L^{-1}$。

(1) 就算此浓度下电池的 E 为多少？

(2) 判断哪个半电池是阳极。

(3) 如果电池在标准状况下工作，电池的阳极和阴极是否发生变化？

(4) 如果$[Cu^+]=1.4\ mol\cdot L^{-1}$，测得电池电势为 0，则 I^- 的浓度是多少？

21. 计算下列反应的 $E^{\ominus}$、$\Delta_rG_m^{\ominus}$、$K^{\ominus}$和 Δ_rG_m：

(1) $Sn^{2+}(0.10\ mol\cdot L^{-1})+Hg^{2+}(0.010\ mol\cdot L^{-1})\rightleftharpoons Sn^{4+}(0.020\ mol\cdot L^{-1})+Hg(l)$；

(2) $Cu+2Ag^+(0.010\ mol\cdot L^{-1})\rightleftharpoons 2Ag+Cu^{2+}(0.010mol\cdot L^{-1})$；

(3) $Cl_2(g,10.0\ kPa)+2Ag(s)\rightleftharpoons 2AgCl(s)$。

22. PbS(s)的 $K_{sp}^{\ominus}=8.0\times10^{-28}$，根据附录 4 的数据，求出下列反应的标准还原电势。

$$PbS(s)+2e^-\longrightarrow Pb(s)+S^{2-}(aq)$$

23. 根据附录 4 的标准还原电势，求反应 $2Cu^+(aq)\longrightarrow Cu(s)+Cu^{2+}(aq)$中 Cu^+ 歧化反应的平衡常数。

24. 金可溶于王水(浓硝酸和浓盐酸的混合物)。金元素的一些重要标准还原电势如下：

$$Au^{3+}(aq)+3e^-\longrightarrow Au(s)\qquad \varphi^{\ominus}_{Au^{3+}/Au}=1.498\ V$$

$$AuCl_4^-(aq)+3e^-\longrightarrow Au(s)+4Cl^-\qquad \varphi^{\ominus}_{AuCl_4^-/Au}=1.002\ V$$

(1) 写出 Au 与硝酸反应生成 Au^{3+} 和 NO(g)的反应方程式，计算此反应的标准电动势，并判断该反应是否自发。

(2) 写出 Au 与 HCl 反应生成 $AuCl_4^-$ 和 $H_2(g)$的反应方程式，计算此反应的标准电动势，并判断该反应是否自发。

(3) 写出 Au 与王水反应生成 $AuCl_4^-$ 和 NO(g)的反应方程式，计算此反应的标准电动势，并判断该反应在标准状况下是否自发。

(4) 根据能斯特方程，解释为什么由浓盐酸和浓硝酸组成的王水能够溶解金。

25. 血红细胞是一种复杂的分子(简写为 $CyFe^{2+}$)，它与我们呼吸的空气中的 O_2 反应以提供用于合成 ATP(三磷酸腺苷)所需的能量。人体再利用 ATP 存储的能量维持其他生理反应。下列方程是在 pH=7.0 条件下 $CyFe^{2+}$ 发生反应的相关标准还原电势

$$O_2(g)+4H^+(aq)+4e^- \longrightarrow 2H_2O(l) \qquad \varphi^\ominus_{O_2/H_2O}=+0.82\ V$$

$$CyFe^{3+}(aq)+e^- \longrightarrow CyFe^{2+}(aq) \qquad \varphi^\ominus_{CyFe^{3+}/CyFe^{2+}}=+0.22\ V$$

(1) 计算空气中 $CyFe^{2+}$ 氧化的 ΔG。

(2) 如果由二磷酸腺苷(ADP)合成 1 mol ATP 需要的 ΔG=37.7 kJ，那么每摩尔的氧气能够合成多少摩尔的 ATP?

26. 计算说明：

(1) 当用惰性电极分别电解熔融 $MgCl_2$ 与 $MgCl_2$ 水溶液的时候会产生不同的产物，为什么产物不同?

(2) 分别写出各自电解的产物。

27. 写出并配平金属 Fe 腐蚀生成水合 Fe(Ⅱ)的阴极、阳极反应以及电池总反应；写出并配平 Fe^{2+} 在空气中氧化生成 $Fe_2O_3 \cdot 3H_2O$ 涉及的半反应以及电池总反应。

28. 解释空气中的二氧化碳在铁的腐蚀中扮演什么角色。

29. 根据标准还原电势，判断金属银在空气中和酸性水溶液中是否能够被氧化为 Ag^+。

第 5 章　物质结构基础

公元前 400 年左右，古希腊哲学家德莫克利特(Demokritos，公元前 460—公元前 370)就提出了万物由原子组成的假想。直到 19 世纪初，英国中学教师道尔顿(J. Dolton，1766—1844)才对原子有一个明确的描述，其基本观点包括以下几点：①一切物质都是由不可见的、不可再分的原子组成，原子不能自生自灭；②同种类的原子具有相同的性质，不同种类的原子性质不同；③每一种物质都由特定的原子组成。道尔顿的原子学说成为 19 世纪初化学理论的基础，从而推动了 19 世纪化学的迅速发展。

现代原子结构理论的诞生起源于玻尔的量子理论及其行星式原子模型，但人们对原子结构本质的真正认识却是通过量子力学完成的。

量子力学的建立是物理学的重大成果，同时对化学的发展也起到了划时代的作用。在量子力学描述的原子结构的基础上，前期困扰化学的一切基础性的问题得到了较为完善的解决。

5.1　氢原子结构

微观粒子的运动具有波粒二相性。1926 年，奥地利物理学家薛定谔(Erwin Schrödinger，1887—1961)提出了著名的薛定谔方程。它融合了电子的波动性和粒子性，开创了处理量子力学问题的一种新方法。原子核外电子运动的薛定谔方程可表达为

$$\frac{\partial^2\psi}{\partial x^2}+\frac{\partial^2\psi}{\partial y^2}+\frac{\partial^2\psi}{\partial z^2}=-\frac{8\pi^2 m}{h^2}(E-V)\psi \tag{5.1}$$

该方程是一个二阶偏微分方程，其解需要专业的微积分学知识。这里不用关心它是怎样推导出来的，但可以定性地分析它所得到的结果，因为它们给出了一种观察原子核外电子运动的有用方法。下面从最简单的氢原子的电子结构开始。

解薛定谔方程可得到一系列叫做 ψ 的波函数。虽然波函数没有直接的物理意义，但波函数的平方 $\psi^2$① 表示了当一个电子在确定的能量状态下，它在核外空间

---

① ψ^2 实际上应该为 $|\psi|^2$。电子云是电子在原子核外空间某点$(x、y、z)$附近单位体积中电子运动出现的概率密度，其数值大于或等于零，小于或等于 1。因为概率密度是实函数，而不同亚层的波函数 ψ 可能为复函数，其 ψ^2 可能含有虚数部分，因此应该用 $|\psi|^2$ 表示电子云。

某点出现的**概率密度**(probability density)，即电子在核外空间某点出现的机会多少。由此可以得到电子位置的信息。对氢原子来说，其能量状态与玻尔(N. Bohr，1885—1962)模型所预测的是一样的。然而，玻尔模型假设电子在核周围某特定半径的圆形轨道上运动，量子力学模型中电子的位置不能简单地描述出来。量子力学理论的测不准原理指出，如果能很精确地知道电子的动量，对其位置的了解就是完全不确定的。ψ^2 借助统计的方法来描述电子在原子核外的运动情况。电子运动的概率密度在空间的分布可以形象地用**电子云**(electron cloud)的方法进行简单的描述。图 5.1 是基态氢原子 1s 电子云分布剖面图。其中，点的密度表示核外空间电子出现概率的大小，点的高密度区域对应着大的 ψ^2 值。电子云是描述电子在核外空间出现概率的一种直观而简单表述方法。

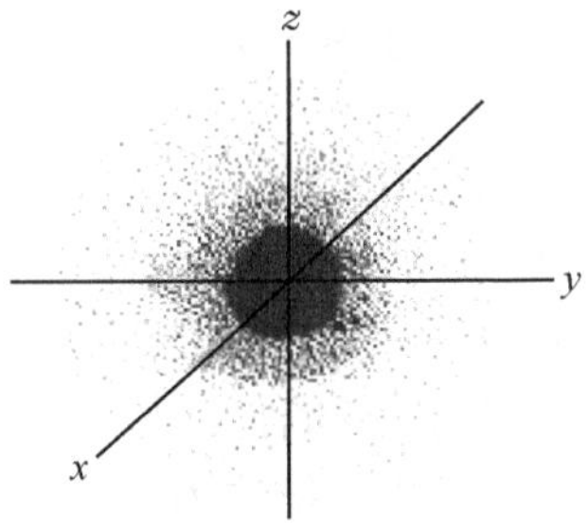

图 5.1　基态氢原子 1s 轨道电子云

5.1.1　原子轨道和四个量子数

氢原子薛定谔方程的解为一系列的波函数和相应的能量(表 5.1)。这些波函数可形象地称其为**原子轨道**(atomic orbital)，每个轨道都有一特征能量和形状，电子在原子轨道中的运动情况可以用电子云来表示。例如，氢原子中最低的能级轨道有 -2.18×10^{18} J 的能量，其电子云是圆球对称的，见图 5.1 中的形状。原子轨道的形状(或叫做波函数 ψ 的角度分布)与电子云是相似的。由于该问题讨论起来较复杂，本书中仅介绍电子云的形状。注意：量子力学的原子轨道是波函数的代名词，简称"轨道"，不同于玻尔的原子模型的行星式轨道概念。

表 5.1　n、l 和 m 值之间的关系以及各主能层可以容纳的电子数目

主量子数 n	角量子数 l	亚层名称	磁量子数 m	亚层轨道数	主能层的原子轨道总数	主能层可以容纳的电子总数
1	0	1s	0	1	1	2
2	0	2s	0	1	4	8
	1	2p	1,0,−1	3		
3	0	3s	0	1	9	18
	1	3p	1,0,−1	3		
	2	3d	2,1,0,−1,−2	5		
4	0	4s	0	1	16	32
	1	4p	1,0,−1	3		
	2	4d	2,1,0,−1,−2	5		
	3	4f	3,2,1,0,−1,−2,−3	7		

解薛定谔方程可得到三个量子数 n、l 和 m，它们可用来描述原子轨道及其所对应的能级。下面我们分别介绍这三个量子数。

1. 主量子数 n

主量子数(principal quantum number)n 代表原子中的电子出现概率最大的区域离核的远近，是决定电子能量高低的主要因素，因此又称为**主能级层**。对于氢原子，n 是决定电子能量的唯一因素。在氢原子中，凡是 n 值相同的原子轨道都具有相同的能量，称这种能量相同的轨道为**简并轨道**或**等价轨道**。氢原子核外电子能量的通式可描述为

$$E_n = -\frac{me^4 Z^2 N_A}{8\varepsilon_0^2 n^2 h^2} = -1312\ \text{kJ} \cdot \text{mol}^{-1}$$

n 的取值为自然数 1,2,3,4,…。通常把 n 相同的电子称为同层电子，习惯上用大写英文字母代表 n 的取值。

主量子数 n 的取值：1,2,3,4,5,…

对应的电子层数：K,L,M,N,O,…

2. 角量子数 l

每个主能级层 n 由 1～n 个亚层(分能级层)组成，每个亚层用**角量子数**(angle quantum number)l 来标识，代表电子运动的角动量，也代表该亚层中原子轨道或电子云的形状。**在多电子原子中，角量子数 l 与原子轨道能量有关。**

l 的取值为 0,1,2,3,…,$n-1$。在光谱学上，习惯把不同的 l 取值用相应的符号表示。

l 的取值：0,1,2,3,…,$(n-1)$

光谱符号：s,p,d,f,…

3. 磁量子数 m

每个分能层由 $2l+1$ 个原子轨道组成，每个原子轨道用一个**磁量子数**(magnetism quantum number)m 来标识(其本意为原子光谱某一条谱线在磁场中分裂出新谱线的条数)。它代表原子轨道或电子云在空间的伸展方向和轨道角动量。m 的取值受 l 的限制，l 值一定时：

磁量子数 m 的取值　0,±1,±2,…,±1

即 m 被限制在 $-l$ 和 l 之间，共 $2l+1$ 个值。

4. 自旋磁量子数 m_s

除了 n、l 和 m 三个量子数之外，量子力学还给出了一个描述电子自旋的量子数，称其为电子的**自旋磁量子数**（electron spin quantum number），用 m_s 标识。原子中电子除了以极高的速率在轨道中运动外，还有自旋运动。电子有两种不同方向的自旋，一种称为顺时针方向，另一种称为逆时针方向，其自旋量子数分别取 $+1/2$ 和 $-1/2$。通常用↑表示顺时针方向自旋的电子，↓代表逆时针方向自旋的电子。**每个原子轨道可容纳两个自旋方向相反的电子**。

原子中电子在核外绕核运动的波函数由量子数 n、l、m 确定。$\psi_{n,l,m}$ 是描述第 n 主能层、l 亚层、磁量子数为 m 的轨道中电子绕核运动的波函数。由于 l 的取值受到 n 的限制，而 m 的取值又受到 l 的限制，因此**量子数 n、l、m 只可能按一定的方式组合**。

表 5.1 概括了 $n=4$ 以内的能级中量子数 l 和 m 的值。根据该表可以总结以下几条关系：

(1) 主量子数为 n 的电子层由 n 个亚层组成。第一层（$n=1$）只含有一个亚层 1s（$l=0$）；第二层（$n=2$）含有两个亚层即 2s（$l=0$）和 2p（$l=1$）；第三层含有三个亚层 3s，3p 和 3d；依此类推。

(2) 每个亚层含有一定数目的原子轨道，每个轨道对应一个不同的 m。每个 s（$l=0$）亚层含有一个轨道；每个 p（$l=1$）亚层含有 3 个轨道；每个 d（$l=2$）亚层含 5 个轨道，依此类推。

(3) 每一主能层 n 中的轨道总数是 n^2，可容纳的最多电子数为 $2n^2$，这与周期表中每一周期元素的个数分别为 2，8，18，32，…相对应。

【例 5.1】 不参照表 5.1，指出在第四主能层即 $n=4$ 时的电子亚层数，列出这些亚层中的每一个亚层名称，每个电子亚层有多少原子轨道？

解　在第四主能层中有四个亚层，对应的 l 分别为 0、1、2、3。这些亚层用 4s、4p、4d 和 4f 表示。亚层的名称中给定的数字是主量子数 n；主量子数后面的字母表明了角量子数 l 的值；根据量子数的关系（表 5.1），在 4s 亚层中有 1 个 4s 轨道（当 $l=0$ 时，m 只能取 0）；在 4p 亚层中有 3 个 4p 轨道（当 $l=1$ 时，m 可取 $+1$、0、-1）；4d 亚层有 5 个 4d 轨道（当 $l=2$ 时，m 可取 $+2$、$+1$、0、-1、-2）；在 4f 亚层中有 7 个 4f 轨道（当 $l=3$ 时，m 可取 $+3$、$+2$、$+1$、0、-1、-2、-3 共 7 个数）。

5.1.2　氢原子的结构及其电子云分布

为了进一步认识原子和分子的结构以及形成化学键时原子中电子运动状态的变化和电子云的重新分布，有必要讨论原子轨道和电子云的图像。

1. s 轨道的电子云

前面已经提到，原子轨道形状（或叫波函数的角度分布）与电子云是相似的。为了讨论问题的方便，下面将重点讨论电子云及其 ψ^2 函数的性质。

1s 轨道中的电子在核外空间出现的概率密度（电子云）是球形对称的，如图 5.2(a)所示。此图表明，核外电子的概率密度随电子离核的距离远近而变化。当 1s 能级的概率密度函数 ψ^2 作为离核距离 r 的函数图解时，r 减小则 ψ^2 迅速增加到最大值，但当 r 减小为零时，ψ^2 也急剧减小为零；当超出 ψ^2 的有效范围（电子云有效范围以内），r 增大，ψ^2 也迅速接近零。这一效应表明 1s 轨道中的电子主要在离核较近的区域运动，且由于静电吸引而被拉向核，但电子不会“掉进”核内，同时也不可能在离核很远的地方被发现。

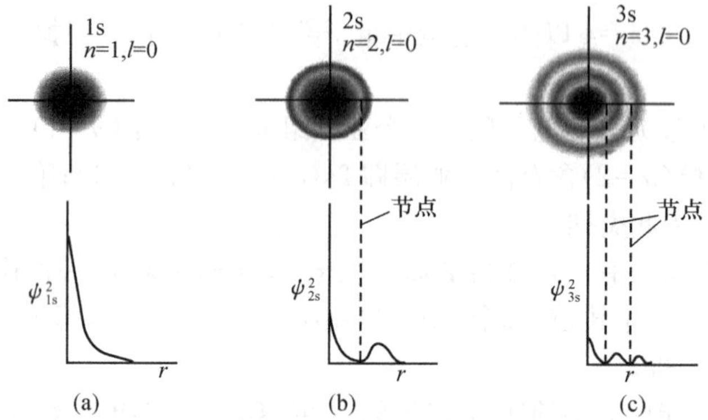

图 5.2 1s、2s 和 3s 能级的电子云或电子概率密度分布（剖面图）
（图表的高度表示当远离中心时电子云的密度变化）

如果进一步考虑氢原子的 2s 和 3s 轨道时发现，它们的电子云也是球形对称的。对于图 5.2(b)和 5.2(c)而言，其 ψ^2 的图像中间出现零值，这一范围称做波节。**波节数**随着主量子数 n 值的增加而增加。**轨道 2s 轨道有一个波节，3s 轨道有两个波节**。另外，当 n 增大时，电子离核越来越远。也就是说，轨道能量的大小随着 n 值的增大而增加。

表示电子云的最常用的方法是**界面图**，电子云界面图是一个等密度面。在界面图内部，一般包括了电子概率密度的 90%。对于 s 能级，这些界面所代表的仅仅是球。1s、2s 和 3s 轨道的电子云的界面图如图 5.3 所示。它们有同样的形状，但大小不同。原子轨道最重要的特征就是它们的形状、空间伸展方向和它们的相关尺寸。这些特征都可以通过电子云的界面来进行表达和描述。

2. p 轨道的电子云

2p 轨道的电子云分布示于图 5.4(a)。其电子概率密度较大的区域集中在核的两边，被核中的波节分开，通常说它有两个“锤”，像个“哑铃”。

从 $n=2$ 开始，每个电子层都有 **p 亚层**，每个 p 亚层又有三个 p 轨道，分别用 p_x、p_y、p_z 来表示。**这三个 p 轨道有相同的能量、相同的形状和大小**，但彼此在空间的伸展方向不同。通常绘制它们的电子云界面图来描述它们的形状和方向，如图 5.4(b)所示。像 s 轨道一样，p 轨道电子云界面的大小随着主量子数 n 的增加而增大。例如，3p 轨道的电子云界面图尺寸比 2p 大，因为 3p 轨道的能量比 2p 轨道更高，其电子运动离核更远。4p、5p、6p 等轨道的电子云以此类推。

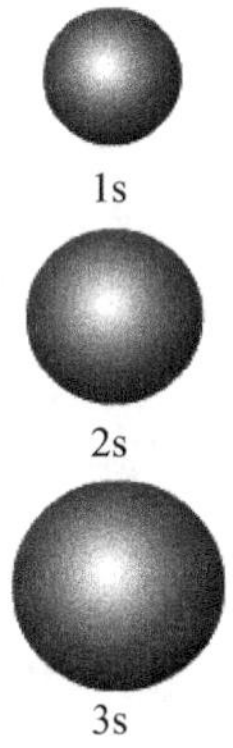

图 5.3　1s，2s 和 3s 轨道的电子云界面图

相关球体的半径与在每个球中发现电子的 90% 的概率相对应

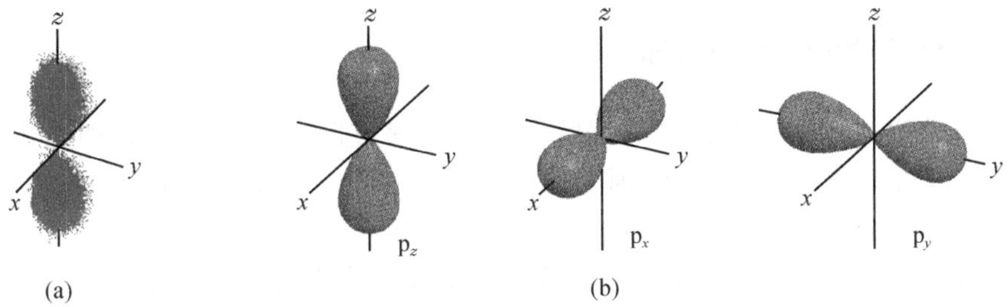

图 5.4　2p 轨道的电子云分布(a)与三个 p 轨道的电子云界面图的描述(b)

(注意原子轨道符号的下标表示沿着轨道所在的轴向)

3. d、f 轨道的电子云

当 $n=3$ 或更大时，就会出现 d 亚层($l=2$)。每个 **d 亚层**有五个 d 轨道，不同的 d 轨道的电子云在空间的伸展方向是不同的，如图 5.5 所示。注意：d 轨道其电子云除 d_{z^2} 外都有四个“锤”，类似于四叶“花瓣”的形状，而且分别处于不同的平面上。d_{xy}、d_{xz}、d_{yz} 的电子云分别处于 xy、xz 和 yz 平面，沿着轴线之间分布。$d_{x^2-y^2}$ 轨道的电子云也处于 xy 平面，但却沿着 x 轴、y 轴的轴线分布。d_{z^2} 的电子云的形状与其他 d 轨道的差别较大，它由一个类似于 p_z 轨道电子云的“哑铃”和围绕节点的同心环组成，同心环在 xy 平面上。**同一主能层的五个 d 轨道具有相同的能量，即能量是简并的**。不同主能层中的 d 轨道其能量不同，n 越大，d 轨道的能量越大，但其电子云的伸展方向都可以用图 5.5 表示。

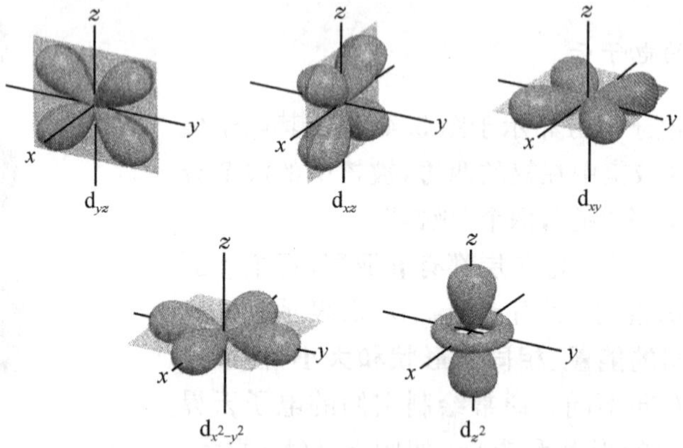

图 5.5　五个 d 轨道的电子云的形状及其空间伸展方向

当 $n=4$ 或更大时，有 7 个相等的 f 轨道($l=3$)。f 轨道电子云的形状比 d 轨道电子云的更复杂，在此不描述其形状。但当考虑周期表的副族原子的电子层结构时，必须有 f 轨道的意识。

5.1.3　氢原子的电子角度分布

原子轨道与电子云有相似的形状和空间伸展方向。原子轨道 ψ 和电子云 ψ^2 的重要区别是电子云要“瘦”些，因为 $|\psi|<1$，所以 $\psi^2<|\psi|$；另外原子轨道有“正”、“负”号。

ψ 的形状和数量对于讨论分子的成键情况和正确理解分子的结构是非常重要的。图 5.6 分别列出 s 轨道、p 轨道和 d 轨道的角度分布图。

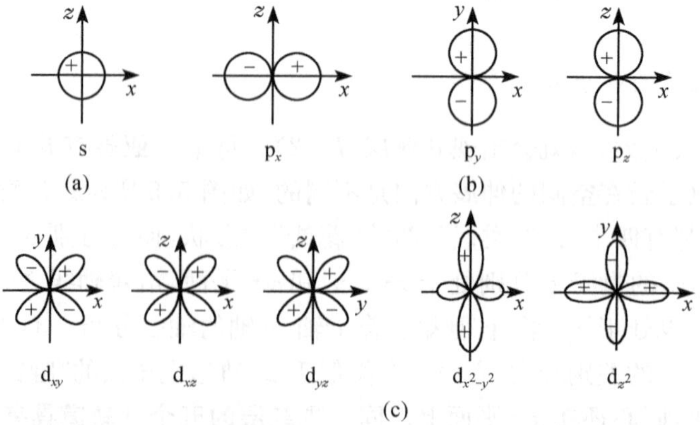

图 5.6　分别列出 s 轨道(a)、p 轨道(b)和 d 轨道(c)的角度分布图

5.2　多电子原子的结构

量子力学得出了氢原子结构的完美描述。多电子原子其核外原子轨道的数量、形状和方向与氢原子是相同的，只是由于电子之间存在相互作用，导致轨道的能量发生了明显的变化。

5.2.1　屏蔽效应和钻穿效应

在多电子原子中，由于电子间的排斥作用和内层电子对核电荷的抵消，减小了核对外层电子的吸引，从而引起有效核电荷降低，这种效应称为**屏蔽效应**。另外，外层电子也有可能穿透内层轨道到核的附近运动（图 5.2），从而减小内层电子的屏蔽，这种效应称为**钻穿效应**。

屏蔽效应可表示为 $Z^* = Z - \sigma$，Z 为原子的核电荷，Z^* 为作用于核外某电子的有效核电荷，σ 为屏蔽常数。

5.2.2　多电子原子的轨道能级交错

同层电子被其他电子屏蔽的程度还与亚层原子轨道的形状和电子的概率密度分布有关。对于一个给定的 n 值，不同亚层的电子其概率密度分布是不同的。例如，$n=3$ 的能级，3s 轨道中的电子比 3p 轨道中的电子更接近于核，而 3p 轨道中的电子比 3d 轨道中的电子更接近于核。结果，3s 电子受到最少的屏蔽，而 3d 电子受到最大的屏蔽。因此，3s 电子的 Z^* 比 3p 电子的大，3p 电子的 Z^* 比 3d 电子的大。将这个现象归纳为：**在多电子原子中，对于同一个主能层，有效核电荷 Z^* 值随着 l 值增大而减小**。因为 3s 电子的 Z^* 较大，它们有比 3p 更低的能量（更稳定），因此，3p 能量比 3d 低。由此得出，在多电子原子中，对于同一主能层 n，其原子轨道的能量随着 l 值增大而增加。这种核外电子之间的相互作用导致同一主能层的原子轨道从能量简并状态变为非简并状态的过程叫做**能级分裂**。图 5.7是一个定性指出多电子原子核外原子轨道的近似能级图。其中，多电子原子的各亚层原子轨道有互不相同的能量，但同一亚层的所有原子轨道（如 3d 轨道）的能量仍是相同的。

从 $n=3$ 开始，由于能级分裂，不同主能层的原子轨道发生能级交叉，如 $E_{4s} < E_{3d}$，$E_{5s} < E_{4d}$，$E_{6s} < E_{4f} < E_{5d}$等。多电子原子的这种能级交叉称为原子轨道的**能级交错**。

【例 5.2】　依据图 5.7 中的能级图，预计 3d 电子的核间平均距离比 2p 电子的核间平均距离大还是小？并解释原因。

解　2p轨道的能量比3d小得多。这表明作用在2p电子上的有效电荷 Z^* 比作用在3d

电子上的大得多。因此 2p 电子与原子核之间的平均距离比 3d 小得多。

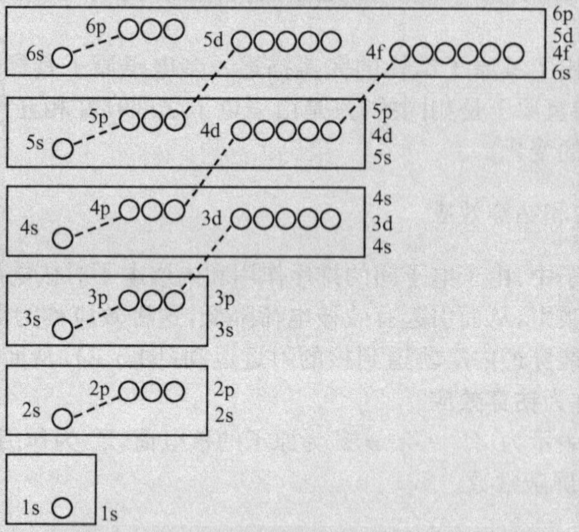

图 5.7　多电子原子的原子轨道近似能级图

5.2.3　多电子原子的核外电子排布

电子分布在原子各个轨道中的方式叫做原子的电子排布。一个原子最稳定的电子排布是电子处于尽可能低的能态,称为**能量最低原理**。另外,1925 年,奥地利的物理学家泡利(Wolfgang Pauli,1900—1958)发现在同一个原子中,由于电子的运动状态不同,描述其运动状态的四个量子数也不同。也就是说同一个原子中不可能存在四个量子数(n,l,m,m_s)完全相同的两个电子。这就是著名的**泡利不相容原理**(Pauli exclusion principle)。泡利不相容原理表示,同一个原子轨道最多能容纳两个自旋方向相反的电子。这个限定对理解原子结构和性质以及元素周期表具有重要的意义。所以电子在原子轨道中的填充顺序是以能量递增的顺序排列,每个轨道最多不多于两个电子。例如,锂原子有三个电子,1s 轨道的能量最低,应首先填充两个自旋相反的电子,而第三个电子则进入下一个最低能级的轨道 2s,一般记为 $1s^2 2s^1$,称之为**基态**(ground state)。锂原子的电子吸收能量由 1s、2s 的轨道跃迁到高能量的轨道,称之为锂原子的**激发态**(excited state)。也将 $1s^2 2s^1$ 的电子排列按下列方式表示:

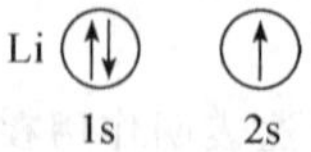

一般称其为轨道图。

两个自旋方向相反的电子占据同一个轨道时称其为**成对电子**(paired electron)。在锂原子中 1s 轨道中的两个电子是成对电子,而 2s 中的电子是**非成对电子**(unpaired electron)(有时也称其为**未成对电子或成单电子**)。

对于元素碳的电子排布,已知碳的原子序数是 6,核外有六个电子。当考虑基态碳原子的电子排布时,首先将四个电子分别填入 1s 和 2s 轨道,然后将第五个电子填入空的 2p 轨道,但是,第六个电子是进入已有一个电子的 2p 轨道还是进入其余的空的 2p 轨道却有多种选择。**洪德**(F. Hund, 1896—1997)**规则**指出,为了使体系的能量最低,电子会用平行自旋的方式尽可能分占能量相同的轨道。由于碳原子三个 2p 轨道的能量是等价的(简并的),要达到最低能量状态,这两个电子应分别以自旋相同的方向分别占据两个 2p 轨道:

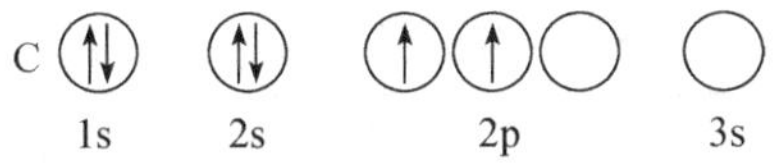

同样的,氮原子在基态时,三个电子分别以自旋平行的方向分占三个 2p 轨道:这三个 2p 轨道电子填充情况称为**半充满**。

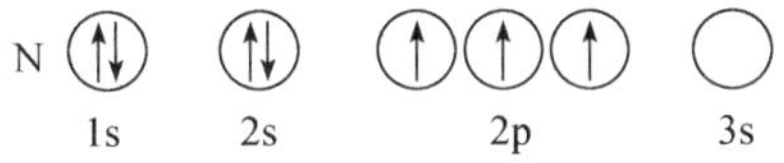

洪德规则是以电子间的相互排斥为基础的。为了保持尽可能远的距离,电子分别占据不同的轨道,从而使相互间的斥力最小。

根据上述规则和多电子原子的原子轨道近似能级图(图 5.7),可以列出基态原子核外电子的填充顺序1s、2s、2p、3s、3p、4s、3d、4p、5s、4d、5p、6s、4f、5d、6p、7s、5f、6d、7p、…为了便于记忆,这个顺序也可以写成图 5.8 的形式。

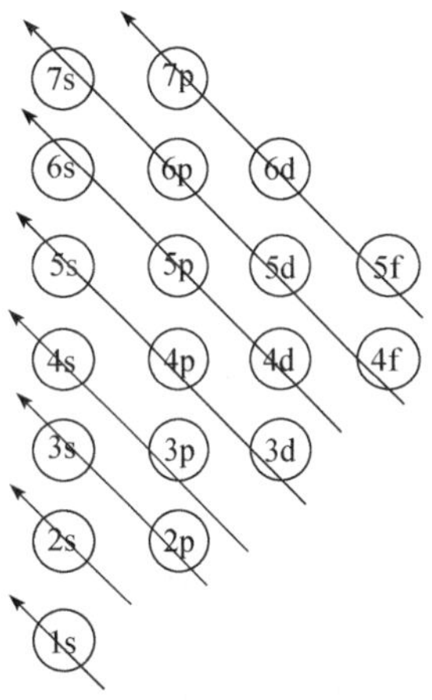

图 5.8　基态原子核外电子填充顺序表

【例 5.3】 写出原子序数为 8 的氧的电子排布及轨道图的表示法。

解 根据能量最低原理、泡利不相容原理和洪德规则,电子先填入到 1s 轨道,填满后另两个电子再填充 2s 轨道,剩下四个电子填入三个 2p 轨道。按照洪德规则,先在三个 2p 轨道中各填入一个电子且自旋方向相同,然后将第四个电子以自旋相反的方向填入 2p 轨道以便与其中的一个成对。所以正确的表示方法是

	1s	2s	2p	3s
O	(↑↓)	(↑↓)	(↑↓)(↑)(↑)	○

相应的电子排布可写为：$1s^2 2s^2 2p^4$ 或[He]$2s^2 2p^4$。$1s^2$ 或[He]电子是氧原子的内层电子，$2s^2 2p^4$ 电子是外层电子。

5.2.4 核外电子排布的周期性

根据能量最低原理、泡利不相容原理和洪德规则，可以写出元素周期表各个元素的核外电子排布。

表 5.2 列出了部分元素的电子排布情况。

表 5.2　部分元素的电子排布

原子序数	元素符号	总电子数	基态原子的电子填充情况 1s	2s	2p	3s	3p	电子排布
1	H	1	(↑)	○	○○○	○	○○○	$1s^1$
2	He	2	(↑↓)	○	○○○	○	○○○	$1s^2$
3	Li	2	(↑↓)	(↑)	○○○	○	○○○	[He]$2s^1$
4	Be	3	(↑↓)	(↑↓)	○○○	○	○○○	[He]$2s^2$
5	B	5	(↑↓)	(↑↓)	(↑)○○	○	○○○	[He]$2s^2 2p^1$
6	C	6	(↑↓)	(↑↓)	(↑)(↑)○	○	○○○	[He]$2s^2 2p^2$
7	N	7	(↑↓)	(↑↓)	(↑)(↑)(↑)	○	○○○	[He]$2s^2 2p^3$
8	O	8	(↑↓)	(↑↓)	(↑↓)(↑)(↑)	○	○○○	[He]$2s^2 2p^4$
9	F	9	(↑↓)	(↑↓)	(↑↓)(↑↓)(↑)	○	○○○	[He]$2s^2 2p^5$
10	Ne	10	(↑↓)	(↑↓)	(↑↓)(↑↓)(↑↓)	○	○○○	[He]$2s^2 2p^6$
11	Na	11	(↑↓)	(↑↓)	(↑↓)(↑↓)(↑↓)	(↑)	○○○	[Ne]$3s^1$
12	Mg	12	(↑↓)	(↑↓)	(↑↓)(↑↓)(↑↓)	(↑↓)	○○○	[Ne]$3s^2$

续表

原子序数	元素符号	总电子数	基态原子的电子填充情况 1s	2s	2p	3s	3p	电子排布
13	Al	13	↑↓	↑↓	↑↓ ↑↓ ↑↓	↑↓	↑ ○ ○	[Ne]$3s^3 3p^1$
14	Si	14	↑↓	↑↓	↑↓ ↑↓ ↑↓	↑↓	↑ ↑ ○	[Ne]$3s^2 3p^2$
15	P	15	↑↓	↑↓	↑↓ ↑↓ ↑↓	↑↓	↑ ↑ ↑	[Ne]$3s^2 3p^3$
16	S	16	↑↓	↑↓	↑↓ ↑↓ ↑↓	↑↓	↑↓ ↑ ↑	[Ne]$3s^2 3p^4$
17	Cl	17	↑↓	↑↓	↑↓ ↑↓ ↑↓	↑↓	↑↓ ↑↓ ↑	[Ne]$3s^2 3p^5$
18	Ar	18	↑↓	↑↓	↑↓ ↑↓ ↑↓	↑↓	↑↓ ↑↓ ↑↓	[Ne]$3s^2 3p^6$

在表 5.2 中，第一主能层可容纳两个电子，氢有一个电子。根据能量最低原理它占据 1s 轨道，电子自旋是任意的。氦原子有两个电子，以自旋相反的方向占据在一个 1s 轨道中，是一个非常稳定的结构，化学性质是惰性的。上述两个元素正好构成元素周期表的第一周期。

在元素周期表的第二周期，电子的填充从锂元素开始直到氖元素结束。锂的核外有三个电子，其中 1s 轨道有两个电子，2s 轨道有一个电子，是一个非常活泼的金属。氖的最外层及亚层都已填满，因此具有八个电子的稳定排布，其化学性质是惰性的。

第三周期中的电子填充首先从原子序数为 11 的钠开始，它标志着周期表的新一行的开始。钠的内层电子排布具有氖的结构，另外 3s 轨道还有一个单电子。为简单起见，可以将钠的电子排布记作

$$\text{Na：}\quad [\text{Ne}]3s^1$$

符号[Ne]代表氖稳定的 $1s^2 2s^2 2p^6$ 电子排布，在化学反应中是惰性的，称为**原子实**，而原子核外的 3s 轨道中的一个电子是非常活泼的，在化学反应中容易成键，称为**外围电子**或**价电子**(valence electron)。同时将化学反应中能够参加成键的轨道称为**价轨道**(valence orbit)。以这种方式写出的电子排布不仅有利于分析元素的性质，而且有利于分析和比较不同元素最外层电子或价电子的结构和性质。因为最外层电子对元素的化学性质的影响是最大的。碱金属族(ⅠA)所有元素的外层电子都具有 ns^1 的结构，它们与锂、钠的性质十分相近。

第四周期到第七周期各种元素的电子排布与上述情况类似(表 5.3)。在第四周期中，当 20 号元素钙的 4s 轨道完全充满后，根据能量最低原理，电子应填充 3d 轨道。从钪到锌，电子被分别填入到五个 3d 轨道，一直到它们完全充满。所以，周

期表的第四周期比前两个周期多了 10 个元素。这 10 个元素即过渡元素或过渡金属，分别在元素周期表的 d 区和 ds 区。电子的具体填充过程是，电子先单个地以自旋平行的方向分占五个 3d 轨道，直到五个轨道中都有一个电子(半充满)。随后电子再逐步与半充满的 3d 电子反向自旋成对直到该层完全被充满。这里应该特别指出的是 Cu 的基态电子排布不是[Ar] $4s^2 3d^9$，而是[Ar] $4s^1 3d^{10}$。因为根据洪德规则，后一种状态更稳定。3d 过渡序列填充完全后，4p 轨道开始被占据直到原子序数为 36 的氪([Ar] $4s^2 4p^6$)的八电子结构出现。

表 5.3　ⅡA 和ⅢA 族元素的电子排布

ⅡA 族	ⅢA 族
Be [He]$2s^2$	B [He]$2s^2 2p^1$
Mg [Ne]$3s^2$	Al [Ne]$3s^2 3p^1$
Ca [Ar]$4s^2$	Ga [Ar]$3d^{10} 4s^2 4p^1$
Sr [Kr]$5s^2$	In [Kr]$4d^{10} 5s^2 5p^1$
Ba [Xe]$6s^2$	Tl [Xe]$4f^{14} 5d^{10} 6s^2 6p^1$
Ra [Rn]$7s^2$	

第五周期元素的电子填充与第四周期元素的相似。

从第六周期元素开始，电子进入 f 轨道。第六周期的铯([Xe]$6s^1$ 和钡([Xe]$6s^2$)的电子填充完成后，接下来的 57 号元素镧([Xe]$5d^1 6s^2$)代表着第 5d 过渡元素的开始，但是由于能级交错，自 58 号元素铈([Xe] $4f^1 5d^1 6s^2$)到 71 号元素镥([Xe]$4f^{14} 5d^1 6s^2$)，电子开始进入 4f 轨道，并在周期表中构成镧系(或稀土)元素。5d 和 4f 轨道的能量非常接近，对于镧来说，5d 轨道的能量仅比 4f 略低，但是随着核电荷的增多，接下来的镧系元素的 4f 轨道的能量却又比 5d 轨道的能量稍微低一些，所以电子开始在 4f 轨道上填充。镧系元素中的电子都在 $n-2$ 的内层轨道中填充，所以性质都很相似。镧系元素之后，从 72 号～80 号元素，外层电子进入 5d 轨道填充，直到第三个过渡元素序列结束，随后是 81 号元素铊(Tl)在 6p 轨道的填充，直到最重的 86 号惰性气体元素氡(Rn)的出现。

第七周期元素都是天然放射性元素和人造放射性元素，它们的电子填充基本上与第六周期相同，但其核是不稳定的。第七周期包含 5f 过渡的锕系元素，其中最著名的是铀(U，92 号元素)和钚(Pu，94 号元素)，锕系元素的大多数在自然界里都还没有被发现。

5.3　元素周期律及元素某些性质的周期性

元素周期表按原子序数的顺序将元素排成横行，将外围电子具有相同电子结构的元素排成纵列。从而深刻地揭示出原子核外电子排布与元素性质之间的关系及其周期性变化的规律，这种规律称为**元素周期律**(periodic rules of the element)。根据元素周期表，不仅可以能很容易地写出元素的电子排布，而且能预测其化学性质。

为了更好地体现元素的电子排布在亚层的变化情况，对元素周期表进行了分区，如图 5.9 所示。元素周期表左边的两纵列元素称为 s 区元素，包含所谓的碱金属元素(ⅠA 族)和碱土金属元素(ⅡA 族)；右边的六个纵列(ⅢA 至 0 族)称为 p 区元素。周期表中间的十纵列是含有 d 过渡金属的一个区域，称为 d 区。周期表 f 区元素被放在最下面，它们属于电子在 f 轨道中填充的部分。

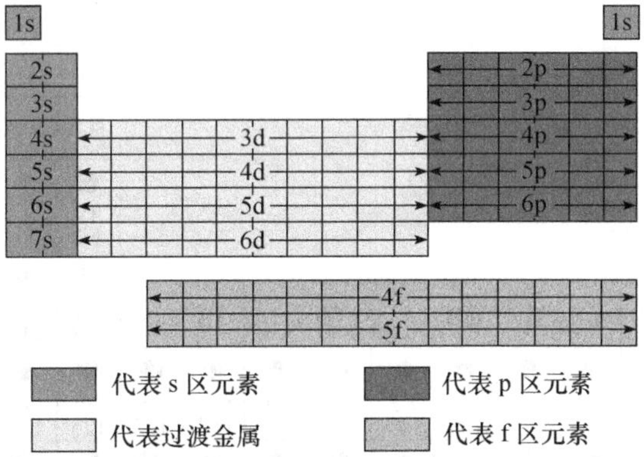

图 5.9　根据所填充电子的轨道类型表示元素的分族的周期表的块图

【例 5.4】　指出ⅦA 族元素即卤素的外层电子排布特征。

解　卤素的第一个元素是原子序数为 9 的氟，其电子的排布为

$$F:\quad 1s^2 2s^2 2p^5$$

同样，第二个卤素氯的电子排布为

$$Cl:\quad 1s^2 2s^2 2p^6 3s^2 3p^5$$

这两个例子说明，卤素的外层电子排布特征为 ns^2np^5，此处的 n 取值由氟中的 2 直到砹中的 7。

有些元素的电子排布看来是违反上述规则的。例如，前面讨论的铜 $[Ar]4s^1 3d^{10}$，另外还有铬 $[Ar]4s^1 3d^5$ 等。这个反常的行为很大程度上是由于 3d 和 4s 的轨道能量很相近的原因。它通常发生在当有足够的电子正好形成半充满状态(如铬)或形成一个全充满的 d 亚层和半充满的 s 亚层(如铜)。在 4d 和 5d 轨道以及 f 区元素中也有同样的例子。

5.3.1　原子半径

由于原子核外电子排布的周期性，与电子层结构有关系的一系列原子的性质

都发生周期性变化。下面介绍原子半径、电离能、电子亲和能、电负性的周期性。

对于任何元素来说，原子总是以单质或化合物的键合形式存在(稀有气体除外)，因此原子半径一般指的是共价半径或金属半径。

同种元素的两个原子以共价单键连接时，核间距离的一半叫做该原子的**共价半径**。

金属晶格中金属原子核间距离的一半叫做**金属半径**。原子的金属半径一般比它的单键共价半径大10%～15%。**本书以单键共价半径作为原子半径**。周期表中各元素的原子半径如图5.10所示。

	ⅠA	ⅡA	ⅢB	ⅣB	ⅤB	ⅥB	ⅦB	Ⅷ			ⅠB	ⅡB	ⅢA	ⅣA	ⅤA	ⅥA	ⅦA	0
1	H 32																	He 122
2	Li 123	Be 89											B 82	C 77	N 70	O 66	F 64	Ne 160
3	Na 154	Mg 136											Al 118	Si 117	P 110	S 104	Cl 99	Ar 191
4	K 203	Ca 174	Sc 144	Ti 132	V 122	Cr 118	Mn 117	Fe 117	Co 116	Ni 115	Cu 117	Zn 125	Ga 126	Ge 122	As 121	Se 117	Br 114	Kr 198
5	Rb 216	Sr 191	Y 162	Zr 145	Nb 134	Mo 130	Tc 127	Ru 125	Rh 125	Pd 128	Ag 134	Cd 148	In 144	Sn 140	Sb 141	Te 137	I 133	Xe 216
6	Cs 235	Ba 198	La 169	Hf 144	Ta 134	W 130	Re 128	Os 126	Ir 127	Pt 130	Au 134	Hg 144	Tl 148	Pb 147	Bi 146	Po 146		

图5.10　元素周期表中原子半径的周期性变化(单位:pm)

(1) 半径在族中的变化。周期表中，从上到下，随着原子序数的增大，电子层数增多，主量子数增大，内层电子对外层电子的屏蔽作用增大，因此每族元素的原子半径也随之增大。主族元素从上到下半径都是增大的，只是增大的幅度逐渐减小。副族元素中第五和第六周期的元素，原子半径相近，这主要是由于镧系收缩所造成的。

(2) 半径在周期中的变化。在短周期(第二、第三周期)中，从左到右，随着原子序数的增大，元素的核电荷对外层电子的吸引力增大，即有效核电荷数增大，因此原子半径逐渐减小，但最后稀有气体的原子半径突然变大。这是因为稀有气体原子半径不是共价半径，而是分子(原子)的接触半径，稀有气体原子仅以色散力互相接触，所以两个原子间的核间距较大。

长周期元素(第四、第五、第六周期)由于包含有过渡元素甚至内过渡元素(镧系、锕系)，其原子半径的变化分两种情况。对于过渡元素来说，随着核电荷的增加，电子都增排在次外层的$(n-1)$d 轨道上。d 轨道电子受到屏蔽作用较大，即受核的引力相对较小，因而在同一周期从左到右，每增加 1 个 d 电子，原子半径也是缩小的，但缩小的程度较为缓慢。但当 d 电子充满到形成 18 电子原子时，原子半径有一个突然增大。产生这一现象的原因是全充满的$(n-1)d^{10}ns^2$ 结构是一种相对稳定的结构，从而引起共价半径的变化。这种情况在第六、七周期中 f 电子取得 f^7 和 f^{14}的结构时，也同样存在。

长周期中排到 p 电子区时，由左向右仍然维持原子半径变小的趋势，到了惰性气体原子半径都明显变大。

5.3.2　电离能

一种原子失去电子的能力可以通过元素的发射光谱进行推算。使一个稳定能态的气态原子失去一个电子形成+1 价气态阳离子时所消耗的能量叫做该原子的**第一电离能**(first ionization energy，I)。电离能的能量单位常用电子伏特 eV 来表示。1 个电子伏特是 1 个电子通过电位差为 1V 的加速电场所获得的能量，可以转化为每摩尔原子电离所需要的能量，所以电离能也可用 $kJ \cdot mol^{-1}$来表示。表 5.4 列出了周期表中各元素的第一电离能数据。

表 5.4　元素的第一电离能(单位：$kJ \cdot mol^{-1}$)

ⅠA	ⅡA	ⅢB	ⅣB	ⅤB	ⅥB	ⅦB		Ⅷ		ⅠB	ⅡB	ⅢA	ⅣA	ⅤA	ⅥA	ⅦA	0
H																	He
1312																	2372
Li	Be											B	C	N	O	F	Ne
520	900											801	1086	1402	1314	1681	2081
Na	Mg											Al	Si	P	S	Cl	Ar
496	738											578	787	1012	1000	1251	1521
K	Ca	Sc	Ti	V	Cr	Mn	Fe	Co	Ni	Cu	Zn	Ga	Ge	As	Se	Br	Kr
419	590	631	658	650	653	717	759	758	737	746	906	579	762	944	941	1140	1351
Rb	Sr	Y	Zr	Nb	Mo	Tc	Ru	Rh	Pd	Ag	Cd	In	Sn	Sb	Te	I	Xe
403	550	616	660	664	685	702	711	720	805	731	868	558	709	832	869	1008	1170
Cs	Ba	La	Hf	Ta	W	Re	Os	Ir	Pt	Au	Hg	Tl	Pb	Bi	Po	At	Rn
376	503	538	654	761	770	760	840	880	870	890	1007	589	716	703	812	912	1037

由+1 价阳离子再失去一个电子形成+2 价阳离子时所需要的能量叫做原子的**第二电离能**。相应的，原子也可以依次地有**第三电离能**、**第四电离能**等。

原子的第一电离能是元素金属活泼性的一种衡量尺度。从表 5.4 可见，在同一个族中，从上到下，随着原子半径的增大，元素的外层电子离核更远，第一电离势逐次降低。由此可以判断，在周期表各族元素中从上到下，元素的金属性逐渐增强。第ⅠA族下方的铯(Cs)有最低的电离能,因此它是周期表中最活泼的金属。而惰性气体氦原子有最高的第一电离能。

在同一周期中,元素的第一电离能是曲折变化的(图 5.11)。因为根据洪德规则,亚层轨道全满(s^2、p^6、d^{10})、半满(s^1、p^3、d^5)和全空(s^0、p^0、d^0)是最稳定的。所以从第二周期元素来看,Li 有最低的第一电离能(失去 1 个电子得 $2s^0$ 结构离子);随着核电荷的升高,电离能升高,且 Be 有 $2s^2$ 的结构;但到 B,其第一电离能反而比 Be 的低,显然由于 B 失去一个电子后可得到 $2s^2$ 和 $2p^0$ 的结构;随着核电荷接着增加,元素的电离能再继续增大,N 原子又出现较大的电离能,因为它有 $2p^3$ 的亚层结构;而到 O 原子,其电离能又低于 N 原子,因为失去 1 个电子可得 $2p^3$ 结构的 O^+。本周期最后元素氖有最高电离能,因为它有 $2s^22p^6$ 的最稳定结构。

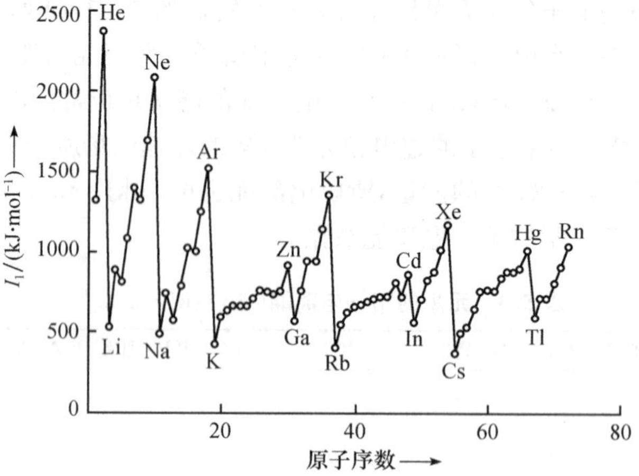

图 5.11　原子第一电离能 I_1 的变化规律

长周期中元素的第一电离能随原子序数的变迁,也可以用类似的结构理论加以解释。电离能除了可用来说明元素的金属活泼性之外,也可用于说明元素呈现的常见氧化态。

5.3.3　电子亲和能

与电离能相反,元素的**电子亲和能**(electron affinities,A)是指该元素一个气态原子得到一个电子形成气态阴离子所放出的能量。非金属元素的电离能一般较大,难于失去电子。但非金属元素的第一电子亲和能一般较小,表示原子转变成负离子的倾向较大。例如

$$F(g) + e^- \longrightarrow F^-(g) - 327.9\ kJ \cdot mol^{-1}$$

表示 1 mol F(g)得到 1 mol 电子转变为 1 mol F^-(g)会放出能量,其值为 327.9 kJ。

由表 5.5 可见,无论在周期或族中,元素的第一电子亲和能一般随原子半径的

减小而增大。

表 5.5　元素的第一电子亲和能(25℃)　　(单位:$kJ \cdot mol^{-1}$)

ⅢA		ⅣA		ⅤA		ⅥA		ⅦA	
B	−27	C	−122.3	N	+7,+800,+1290	O	−141,+780	F	−327.9
Al	−44	Si	−133.6	P	−71.7	S	−200.4,+590	Cl	−348.8
Ga	−29	Ge	−120	As	−77	Se	−194.9,+420	Br	−324.6
In	−29	Sn	−121	Pb	−110	Te	−190.14	I	−295.3
Tl	−30	Sb	−101	Bi	−110	Po	−180	At	−270

所有元素第二电子亲和能都是正值,即 X^- 变为 X^{2-} 的过程都需吸收能量。例如,氧原子的第一电子亲和能是 $-141\ kJ \cdot mol^{-1}$,第二电子亲和能是 $780\ kJ \cdot mol^{-1}$。

5.3.4　电负性

元素的原子在成键过程中拉电子的能力叫做**电负性**(electronegativity,χ)。元素的电负性同电离能和电子亲和能有一定的联系。1932 年美国化学家鲍林首先提出电负性的概念,并指定氟的电负性为 4.0,以此求出一套元素的电负性数据。后来又有人提出了各种不同的计算方法,但都与鲍林提出的电负性数据接近。

表 5.6 列出了鲍林的电负性数据。由表可见,元素的电负性也是呈现周期性变化的。一般来说,非金属元素的电负性大于金属元素。在非金属元素中电负性最大的是氟(4.0)。

表 5.6　元素的电负性

ⅠA	ⅡA	ⅢB	ⅣB	ⅤB	ⅥB	ⅦB	Ⅷ			ⅠB	ⅡB	ⅢA	ⅣA	ⅤA	ⅥA	0
H																
2.1																
Li	Be											B	C	N	O	F
1.0	1.5											2.0	2.5	3.0	3.5	4.0
Na	Mg											Al	Si	P	S	Cl
0.9	1.2											1.5	1.8	2.1	2.5	3.0
K	Ca	Sc	Ti	V	Cr	Mn	Fe	Co	Ni	Cu	Zn	Ga	Ge	As	Se	Br
0.8	1.0	1.3	1.5	1.6	1.6	1.5	1.8	1.9	1.9	1.9	1.6	1.6	1.8	2.0	2.4	2.8
Rb	Sr	Y	Zr	Nb	Mo	Tc	Ru	Rh	Pd	Ag	Cd	In	Sn	Sb	Te	I
0.8	1.0	1.2	1.4	1.6	1.8	1.9	2.2	2.2	2.2	1.9	1.7	1.7	1.8	1.9	2.1	2.5
Cs	Ba	镧系	Hf	Ta	W	Re	Os	Ir	Pt	Au	Hg	Tl	Pb	Bi	Po	At
0.7	0.9	1.0~1.2	1.3	1.5	1.7	1.9	2.2	2.2	2.2	2.4	1.9	1.8	1.9	1.9	2.0	2.2

电负性变化的规律一般是：在周期中由左向右电负性增大；在族中由上向下电负性减小，但副族中第三系列过渡元素却比第二系列过渡元素的电负性大。

5.4　金属键与金属晶体

金属键(metallic bond)没有方向性和饱和性。金属晶体中原子的堆积在低温时符合**最密堆积原理**。即每个原子与 12 个紧邻的原子相接触，**配位数**(coordination number)为 12，从而形成最小的体积和最大的密度(图 5.12 和图 5.13)。

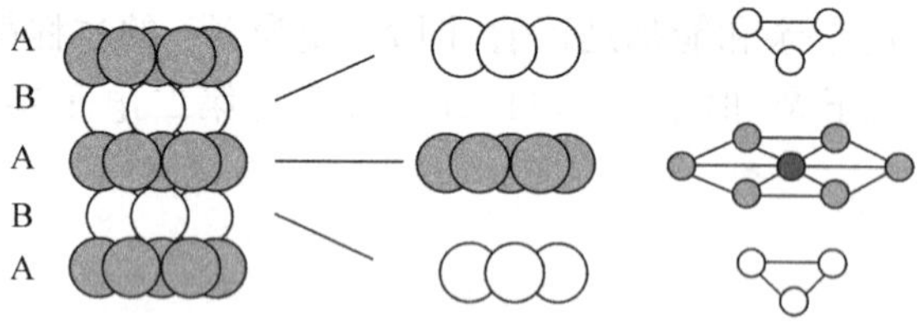

图 5.12　六方最密堆积中金属原子的配位数为 12

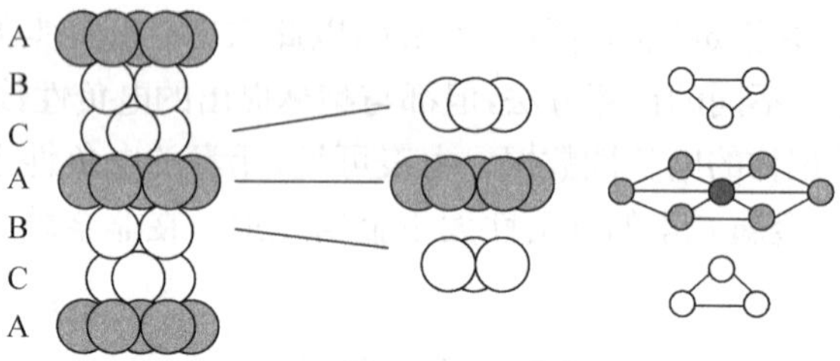

图 5.13　面心立方最密堆积中金属原子的配位数为 12

为了达到**最密堆积**的效果，低温时(如 0 K)，金属原子的堆积方式有两种，一种是**面心立方最密堆积**，一种是**六方最密堆积**。图 5.14 和图 5.15 分别给出了这两种堆积方式的重复单元，分别称为**面心立方晶胞**和**六方晶胞**。这两种堆积方式的原子占有体积都为 74.05%。由于温度升高，原子在晶格中的热振动加剧，部分金属的原子排列方式会发生变化，其变化趋向是原子间的距离变大，配位数降低，原子排列方式从最密堆积转化为**密堆**。因此，室温条件下部分金属物质的原子堆积方式会转变为**体心立方堆积**(图 5.16)，其配位数变为 8，堆积密度下降为 68.02%。

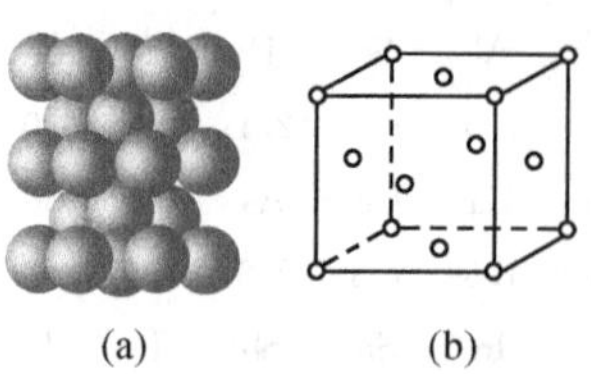

图 5.14　面心立方最密堆积和面心立方晶格

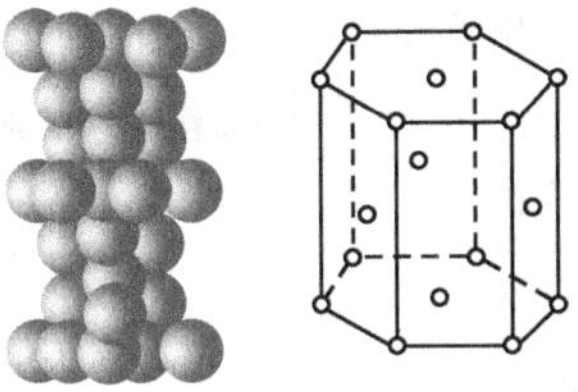
(a)　　(b)

图 5.15　六方最密堆积和六方晶格

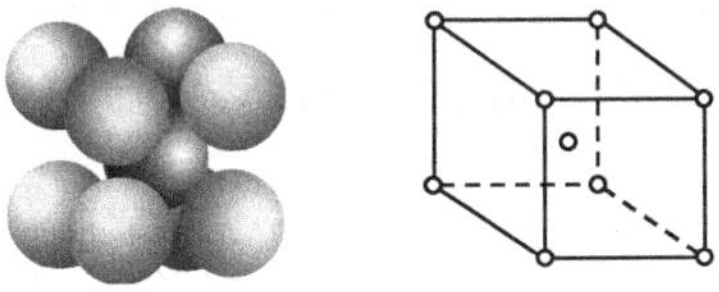
(a)　　(b)

图 5.16　体心立方堆积和体心立方晶格

大多数金属元素只有 1 或 2 个价电子，而在金属晶体中每个原子要被 8 或 12 个相邻的原子所包围。以金属钠单质为例，钠原子只有 1 个价电子，但在晶格中其配位数是 8(体心立方)，很难想像它怎样同相邻的 8 个原子结合起来。

1916 年，荷兰理论物理学家洛伦兹(H. A. Lorentz，1853—1928)提出了金属“自由电子”理论，该理论认为，在固态或液态金属中，价电子可以自由地从一个原子跑向另一个原子，就像是价电子为许多原子(或释放电子后的离子)所共有。这些共用电子起到把许多原子(或离子)“黏合”在一起的作用，形成所谓的**金属键**(图 5.17)。

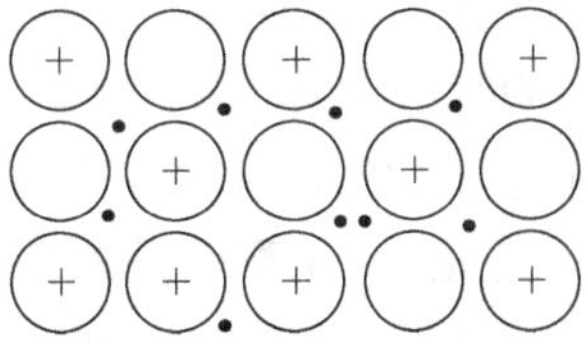

图 5.17　金属晶体中的自由电子示意图
(小黑点代表在晶格空隙中运动的电子)

金属键的主要特点是**没有方向性和没有饱和性**。它有一种形象化的说法，叫做“**自由电子**(free electron)”或“**电子气**”。金属原子的紧密堆积和“自由电子”的存在使金属具有共同的性质，相对密度较大，均有金属光泽、导电、导热、具有延展性等。

金属中的“自由电子”可以吸收可见光，然后又把各种波长的光大部分再发射出来，因此，金属一般显银白色光泽并对辐射能有良好的反射性能。金属的导电性也同“自由电子”有关。在外加电场作用下，“自由电子”沿着外加电场定向流动而形成电流。金属晶格的振动和阳离子对自由电子的吸引，构成了金属特有的电阻。加热时原子和离子的振动加强，电子运动受到的阻力增大，因而电阻增大。金属的导热性也主要是由“自由电子”的运动引起的。“自由电子”在金属中会不断地和原子或离子碰撞而交换能量。因此，当金属的某一部分受热而增强了原子或离子的振动时，就能通过“自由电子”的运动而把热能传递到邻近的原子和离子，很快使金属整体的温度均一化。另外金属的紧密堆积结构和化学键特性导致金属在外力的作用下可以发生相邻原子堆积层之间的滑移而不破坏金属键，这是金属具有良好机械加工性能的主要原因。

由于金属的“自由电子”模型过于简单化，不能很好地解释金属晶体为什么有结合力，也不能解释金属晶体为什么有导体、绝缘体和半导体之分。随着量子理论的发展，索末菲(Sommerfeld，1868—1951)于1928年提出了**金属能带理论**(band theory)。深入地学习可以参考金属能带理论相关书籍。

5.5 离子键与离子晶体

当金属钠和氯气接触时，会发生剧烈的放热反应，这个反应的产物是氯化钠固体。

$$Na(s) + 1/2Cl_2(g) \longrightarrow NaCl(s) \qquad \Delta_f H_m^\ominus = -410.9\ kJ \cdot mol^{-1}$$

1. 离子化合物的晶格能

离子化合物稳定的主要原因是正离子和负离子之间的吸引力，这种离子与离子之间的吸引力称为**离子键**(ionic bond)。**离子键没有方向性和没有饱和性**。在离子晶体中，离子间的静电作用强度可用**晶格能**的大小来衡量。**晶格能**(lattice energy)**是把1 mol离子晶体完全分解成相应的单个气态正、负离子所需要的能量。**以氯化钠为例，设想要分开图5.18所示的结构，使各离子之间的距离增大至完全分开，这个过程需要的能量为788 kJ·mol^{-1}，该值就是晶格能值：

$$NaCl(s) \longrightarrow Na^+(g) + Cl^-(g) \qquad \Delta H_m^\ominus = 788\ kJ \cdot mol^{-1}$$

表5.7列出了氯化钠和其他几种离子化合物的晶格能，它们都是正值，说明固体离子之间的相互吸引力很强。这种很强的相互作用使大多数离子化合物很坚硬，易碎且有很高的熔点(氯化钠的熔点为801 ℃)。

表5.7 一些离子化合物的晶格能和熔点

化合物	晶格能 /(kJ·mol^{-1})	熔点 /℃	化合物	晶格能 /(kJ·mol^{-1})	熔点 /℃
LiF	1030	1040	$MgCl_2$	2326	714
LiCl	834	613	MgO	3795	2800
LiI	730	1171	CaO	3414	2900
NaF	910	992	$CaCl_2$	2250	775
NaCl	788	801	SrO	3217	2430
NaI	682	662	$SrCl_2$	2127	874

2. 离子晶体的结构

氯化钠是一种典型的离子化合物。由于Cl^-的半径较大，晶体结构可以看作Cl^-做面心立方密堆积，而Na^+填充到Cl^-组成的八面体空隙中，如图5.18所示。

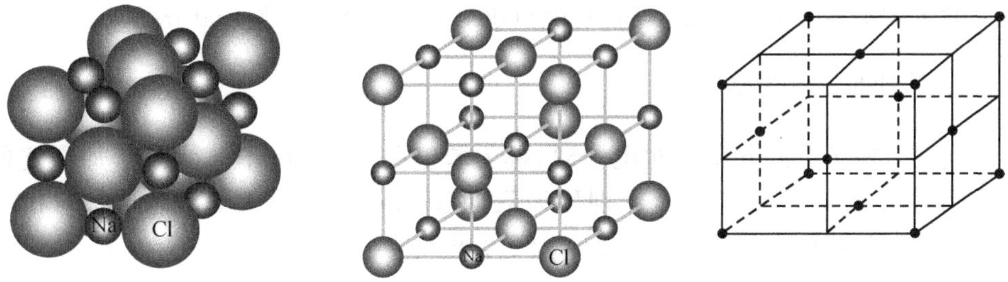

(a)　　　　(b)　　　　(c)

图 5.18　NaCl 的晶体结构

(a) 用球密堆积模型表示的 NaCl 晶胞；(b) 用球棍模型表示的 NaCl 晶胞；
(c) 用点阵格子形式表示的 NaCl 晶胞

与氯化钠晶体相似，离子晶体中的阴离子的半径一般比阳离子的半径大，在讨论其结构时，通常先考虑阴离子的堆积方式，再考虑阳离子的填隙。与金属晶体不同的是，离子晶体的结构不仅受离子键的影响，而且取决于阳离子与阴离子的半径比和电荷数之比。因此，离子晶体的结构远比金属晶体复杂。

5.6　共价键与分子的结构

5.6.1　共价键及其特性

非金属元素的化合物是靠非金属元素之间的共价键结合的。路易斯(G. N. Lewis，1875—1946)指出，一个原子尽可能和其他原子共用电子以达到一种惰性气体的电子构型。通过共用电子对形成的化学键称做**共价键**(covalent bond)。

氢分子和氯分子是含有一个共价键的简单分子。其 Lewis 结构式可写为

H—H　　　:C̈l—C̈l:

分子中两原子之间的“—”表示一对共用电子对，每个氯原子上的三对黑点表示三对**孤对电子**(lone pair electrons)。

非金属元素的价电子数与元素在周期表中所在的主族序数相等，因此可判断ⅦA 元素将形成一个共价键以达到**八电子构型**(electron octect)；ⅥA 元素(如 O)将形成两个共价键；ⅤA 元素(如 N)将形成三个共价键；ⅣA 元素(如 C)将形成四个共价键等。这些预测在许多化合物中被证实。例如，下面是周期表中第二周期非金属元素的简单氢化物。

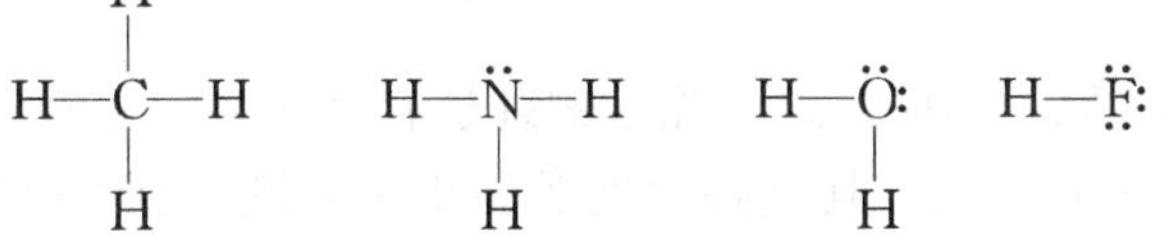

共价键最主要的特点是**具有方向性**(directivity)和**饱和性**(saturation)。

1. 单键和多重价键

当两个原子之间共用一对电子时,称为**单键**(single bond)。当两个原子之间共用两对电子或三对电子时,分别称为**双键**(double bond)或**叁键**(triple bond)。我们经常遇到这种多重价键。例如,氮气分子:

$$:\dot{\underset{\cdot}{N}}\cdot + \cdot\dot{\underset{\cdot}{N}}: \longrightarrow :N\vdots\vdots N: \quad (\text{或者} :N\equiv N:)$$

因为每个氮原子在它们的价轨道上都有五个电子,必须共用三对电子才能达到八电子构型。氮氮三键很稳定,所以氮气分子的活泼性较低。

氮原子之间的平均距离随着共用电子对数目的增加而减小:

N—N	N=N	N≡N
147 pm	124 pm	110 pm

2. 共价键的键型

共价键可分为 σ 键(σ bond)和 π 键(π bond),它们的原子轨道重叠程度和方式是不同的。

原子轨道沿核间连线方向(原子轨道轴线方向)进行重叠而形成的共价键称为 σ 键。因为原子轨道以轴线重合的方向成键可以达到最大重叠,此时原子间共用电子对的概率密度最大,系统的能量最低,因此原子间形成单键时都为 σ 键。例如,H_2 分子中 s-s 轨道重叠,HCl 分子中 s-p_x 轨道重叠,Cl_2 分子中 p_x-p_x 轨道重叠都是形成 σ 键[图 5.19(a)、(b)]。

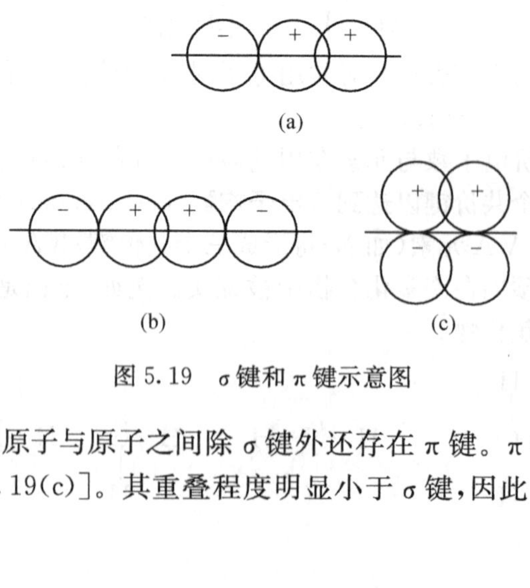

图 5.19　σ 键和 π 键示意图

在多重价键中,原子与原子之间除 σ 键外还存在 π 键。π 键在核间连线两侧发生轨道重叠[图 5.19(c)]。其重叠程度明显小于 σ 键,因此 π 键的强度也明显

小于 σ 键。在多重价键中，一般只能形成一个 σ 键，但允许形成多个 π 键。例如，N 原子的外层电子构型为 $2s^2 2p^3$，N_2 分子以三对共用电子把两个 N 原子结合在一起，成键时用的是 2p 轨道上的 3 个未成对电子，若两个 N 原子沿 x 轴方向接近时，p_x 与 p_x 轨道形成 σ 键，而两个 N 原子垂直于 p_x 轨道的 p_y-p_y，p_z-p_z 轨道，只能在核间连线两侧重叠形成两个互相垂直的 π 键(图 5.20)。

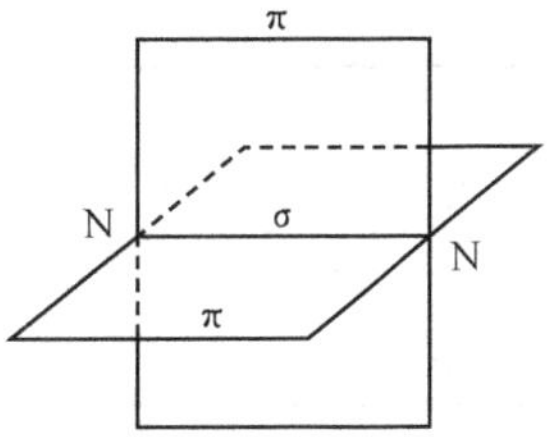

图 5.20　N_2 分子中叁键示意图

3. 共价键的极性

共价键的极性通常用来描述原子之间共用电子对的偏离情况。非极性共价键又称**非极性键**(non-polar bond)，表示两个原子之间的共用电子对平等共用。极性共价键又称**极性键**(polar bond)，表示形成共价键的两个原子其中一个对共用电子对的吸引强于另外一个原子。如果吸引电子的能力相差足够大，就可形成离子键。

4. 共价键的键能和键长

1) 键能

一个分子的稳定性与它所包含的共价键的强度有关。两个原子之间的共价键的强度由破坏这个化学键所需要的能量决定，通常用**键能**(bond energy)来表示，符号为 E，单位为 $kJ \cdot mol^{-1}$。一般将 25 ℃(298 K)时，破坏 1 mol 气体物质的某一特定化学键所需要的能量叫做**键离解能**(bond dissociation energy)，用 D 表示。

键离解能与分子的结构有关，但不同分子某一特定化学键其键离解能一般变化不大。例如，不同化合物中 C—H 键的键离解能平均值为413 $kJ \cdot mol^{-1}$，与通过甲烷计算得出的值 415 $kJ \cdot mol^{-1}$很接近。考虑到上述原因，将**键离解能的平均值称为键能**。

表 5.8 列出了一些常见共价键的键能。可以看出，键能都是正值，且键能越大，表明化学键越强，因此化学键也就越稳定。

表 5.8　一些常见化学键的键能数据　(单位：$kJ \cdot mol^{-1}$)

单键							
H—H	436	C—H	413	C—C	348	C—N	293
C—O	358	C—F	485	C—Cl	328	C—Br	276
C—I	240	N—H	391	N—N	163	O—H	463
O—O	146	Si—O	368				

续表

多重键							
C═C	614	C≡C	839	C═N	615	C≡N	891
C═O	799	C≡O	1072	N═O	607		
N═N	418	N≡N	941				

化学键的键强与化学稳定性的关系可以解释自然界里许多元素的化学形态。例如，Si—O 键是硅的化合物中最强的一种化学键，因此二氧化硅和其他含有 Si—O 键的物质在自然界中普遍存在。

2) 键长

成键原子之间的平均距离(核间距)为键长。表 5.9 列出了一些共价键的键长数据。特别应该注意的是键能、键长以及原子间键数之间的关系。例如，根据表 5.8 和表 5.9 中的数据比较 C—C 单键、C═C 双键及 C≡C 叁键的键长和键能。

C—C	C═C	C≡C
154 pm	134 pm	120 pm
348 $kJ \cdot mol^{-1}$	614 $kJ \cdot mol^{-1}$	839 $kJ \cdot mol^{-1}$

当碳原子之间的键数增加，其键能增加，键长减小。也就是说，碳原子被束缚得更近更紧了。总之，两个原子之间的键数增加，其键就变得越短且越牢固。

表 5.9 一些单键、双键、叁键的平均键长

键	键长/pm	键	键长/pm
C—C	154	C—N	1.43
C═C	134	N—N	1.47
C≡C	120	N═N	1.24
C—O	143	N≡N	110
C═O	123		

5.6.2 VB 理论

1927 年，海特勒(W. Heitler，1904—1981)和伦敦(F. London，1900—1954)运用量子力学对氢分子进行了近似处理。结果表明，当两个基态 H 原子以电子自旋相同的方向靠近时，两个电子处于“**排斥态**”(repulsive state)，从而导致 1s 轨道不能重叠[图 5.21(a)]，此时 H_2 分子不能形成。当两个基态 H 原子以电子自旋相反的方向靠近时，两个电子之间的排斥力很小，1s 轨道相互重叠形成 H_2 分子[图 5.21(b)]，同时释放出能量。后一种状态叫做 H_2 分子的“**基态**”(ground state)。

这种量子力学处理共价分子的方法叫做“**电子配对法**”，简称 **VB 法**(valence bond theory)。

(a)　　(b)

图 5.21　量子力学处理氢分子的两种成键状态

(a) 电子自旋方向相同产生排斥态；(b) 电子自旋方向相反产生基态

1) VB 法的基本要点

(1) 两个自旋相反的成单电子可以形成稳定的化学键。假如原子 A 和原子 B 各有一个未成对电子而且自旋方向相反，则可互相配对构成**共价单键**。如果 A 和 B 各有两个或三个未成对电子，则能俩俩配对构成**共价双键**或**共价叁键**。如果 A 有两个未成对电子，B 只有一个，那么 A 就能和两个 B 化合生成 AB_2 分子。

(2) 对称性匹配。量子力学研究表明，共价键的形成需要两个成键轨道的符号相同、能量相近。H 原子的 1s 轨道为正值，而且是球形对称的，因此两个 H 原子的价轨道可从任意方向进行重叠。但 HCl 分子则不同，由于 Cl 原子的成单电子在 3p 轨道，它们分别沿坐标系的 x 轴、y 轴和 z 轴分布，坐标轴的正方向 p_x、p_y、p_z 为正，负方向 p_x、p_y、p_z 为负。假设这个单电子在 p_z 轨道上，由于 s 轨道为正，则 H 原子 1s 轨道必须与 p_z 轨道的正方向才能重叠。

(3) 最大重叠原理。成键轨道重叠愈多，两原子间共用电子的电子云密度也愈大，所形成的共价键就愈牢固。因此，共价键的形成在可能范围内一定采取电子云密度最大的方向。

为满足上述条件，两原子之间形成单键时，原子轨道采取“**头碰头**”的方式进行重叠，即**键轴**与原子轨道的轴线重合[图 5.19(a)、(b)]。这种“头碰头”的方式重叠形成的共价键叫做 **σ 键**；当两原子间形成双键时，除 σ 键外，还可以形成 **π 键**。所谓 π 键，是指成键轨道以“肩并肩”的方式进行重叠，即轨道重叠采取轨道轴线平行的方向[图 5.19(c)]。原子轨道的“肩并肩”重叠方式没有“头碰头”重叠方式稳定(“肩并肩”轨道重叠相对较少)，因此 π 键的键能没有 σ 键的键能大。

2) 共价键的方向性和饱和性解释

(1) 共价键的饱和性。根据上述理论，一个原子有几个未成对电子，便可形成几个共价键，这种性质叫做共价键的“饱和性”。

例如，N 原子的价电子排布为 $2s^2 2p_x^1 2p_y^1 2p_z^1$，共有三个成单电子，因此，N≡N 分子是以叁键结合的。其中一个 σ 键，2 个 π 键。

(2) 共价键的方向性。因为共价键的形成在可能的范围内首先采取电子云重叠最大的方向，即“头碰头”方向，因此在多原子分子中，中心原子成键原子轨道电子云密度最大方向（σ 键键轴）的夹角就是共价键的夹角。以 H_2O 分子为例，O 原子外层的 $2s^2$ 和 $2p_x^2$ 中的电子是孤对电子，$2p_y^1$ 和 $2p_z^1$ 中的电子是两个成单电子，根据对称性匹配和最大重叠原理，成键时两个 H 原子的 1s 轨道只能从 y 轴和 z 轴的正方向接近 O 原子的 $2p_y$ 和 $2p_z$ 轨道才能形成 σ 键（使电子云最大程度的重叠），因此 H_2O 分子中两个共价键的夹角应为 90°（实测键角∠HOH＝104°45′）。

5.6.3　杂化轨道理论

随着近代物质结构理论和测试技术的发展，目前已能精确地测定和预测大多数分子的**空间构型**（steric configuration）。几种典型的分子的空间构型及其键角分别列入表 5.10 中。

表 5.10　几种典型无机分子的键角和分子的空间构型

分　子	$BeCl_2$	BF_3	CCl_4	NH_3	H_2O
分子构型及其键角	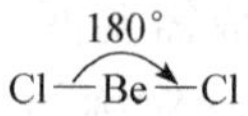		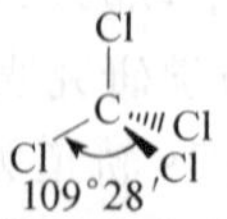	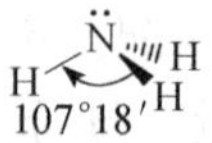	

一个分子的空间构型（几何形状）主要由它的键角决定。分子中的键角由成键原子核间的连线或者 σ 键的轴线所构成。如果知道一个分子的键角和键长，就能准确地描绘出该分子的大小和形状。四氯化碳是所熟知的分子，它的结构是一个正四面体。在四氯化碳分子中，四个 C—Cl 键的键长相等，为 178 pm，四个 Cl—C—Cl 的键角相等，为 109°28′。因此，四氯化碳分子的形状和大小就能被完全描绘出来。

VB 理论运用量子力学的观点较好地解释了共价键的本质，但却不能解释大多数共价分子的成键情况和结构。例如，按照 VB 理论，C 原子的基态是 $1s^2 2s^2 2p_x^1 2p_y^1$，只有两个未成对电子，因此它只能形成两个共价键，而且键角应该是 90°，实际上，甲烷（CH_4）分子中的 C 原子有四个 C—H 键，而且键角为 109°28′。另外已知 H_2O 分子中的两个 O—H 键的键角也不是 90°。为了解决 VB 理论遇到的上述困难，1928～1931 年，鲍林在“电子配对”法的基础上，提出了**杂化轨道理论**（theory of hybridized orbital）。

下面用杂化轨道理论的基本观点说明几种典型化合物的结构。

(1) 甲烷分子的结构。C 原子的电子结构是 $1s^2 2s^2 2p_x^1 2p_y^1$。杂化轨道理论认为，在形成 CH_4 分子时，中心原子 C 原子的 $2s^2$ 中的一个电子先**激发**（excited）到 $2p_z$ 空轨道上，使 C 原子形成 $1s^2 2s^1 2p_x^1 2p_y^1 2p_z^1$ 结构，电子激发所需的能量可以由成键释放的能量来补偿。根据量子力学计算，激发后的 $2s^12p_x^12p_y^12p_z^1$ 价轨道杂化变为四个新的等能量的轨道，它们的图像完全一样，电子云在空间的分布各指向正四面体的角顶[图 5.22(a)]，这四个杂化后的等能量的轨道叫做**杂化轨道**(hybrid orbital)。

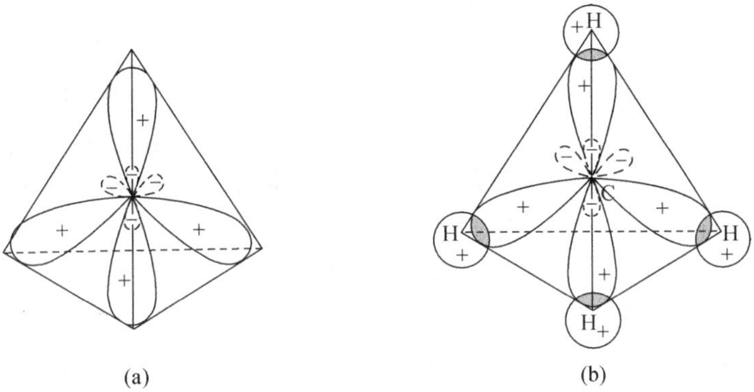

图 5.22　CH_4 分子中 C 原子的 sp^3 杂化轨道与分子的空间构型

(a) sp^3 等性杂化轨道的形状和空间取向：构成一个正四面体；(b) CH_4 分子的构型为正四面体

杂化轨道的形状既不是原来的 s 轨道形状又不是原来的 p 轨道形状，而是类似于“保龄球”的形状，其中大头一端为正，小头一端为负。这种由同层 s 轨道和三个 p 轨道参加的杂化叫做 **sp^3 杂化**。

在甲烷 CH_4 分子中，四个 H 原子的 1s 轨道与 C 原子的四个 sp^3 杂化轨道分别发生重叠，形成四个 σ 键，从而形成 CH_4 分子[图 5.22(b)]。因为 C 原子的 sp^3 杂化轨道具有正四面体的空间结构，因此 CH_4 分子中 C—H 键间的夹角∠HCH 是 109°28′，这与实验测得的结果完全一致。图 5.23 为 CH_4 分子中 sp^3 杂化轨道形成过程的图示方法。

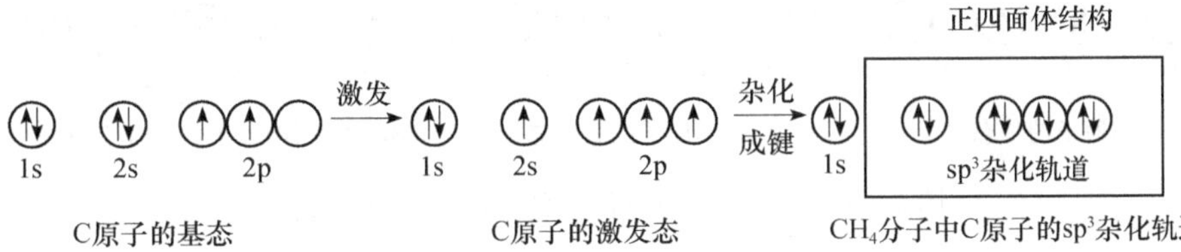

图 5.23　CH_4 分子中 C 原子的 sp^3 杂化图示方法

水分子 H$:\ddot{\underset{..}{O}}:$H 中的中心原子 O 原子在其成键时，其 $2s^2$、$2p_x^2$、$2p_y^1$ 和 $2p_z^1$ 四个原子轨道也是采用 sp^3 杂化的，但有两个 sp^3 杂化轨道被两对孤对电子占据，只有另外两个半充满的 sp^3 杂化轨道分别与 H 原子成键形成 H_2O 分子。孤对电子因为只受 O 原子核的吸引，电子云密度大，离核近，对成键共用电子对的排斥作用力大，以致两个 O—H 键间的夹角∠HOH 被压缩成 104°45′而不是正四面体的

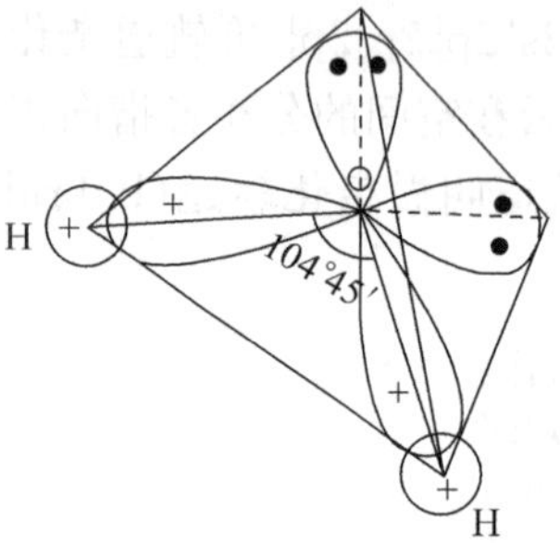

图 5.24 H_2O 分子中 O 原子的不等性 sp^3 杂化使 H_2O 分子的结构成“V”形

109°28′。由于 H_2O 分子中 O 原子的 sp^3 杂化轨道含有孤对电子，因此把这种 sp^3 杂化称为**不等性 sp^3 杂化**(图 5.24)。

H_2O 分子的空间构型为“V”形。

(2) 三氟化硼分子的结构。B 原子的电子结构是 $1s^2 2s^2 2p_x^1$。在 B 与 F 原子的反应中，中心原子 B 原子的一个 2s 电子激发到一个空 2p 轨道，使 B 原子取得 $1s^2 2s^1 2p_x^1 2p_y^1$ 的电子结构。同时 $2s^1 2p_x^1 2p_y^1$ 轨道发生 **sp^2 杂化**生成三个等同的 **sp^2 杂化轨道**[图 5.25(a)]，它们也都具有“保龄球”的形状，但其空间结构为平面三角形。因此，B 原子的三个 sp^2 杂化轨道分别与三个 F 原子的 2p 轨道重叠生成 BF_3 时，BF_3 分子具有平面三角形结构[图 5.25(b)]，F—B—F键角∠FBF 等于 120°。图 5.26 为 BF_3 分子中 B 原子杂化的图示方法。

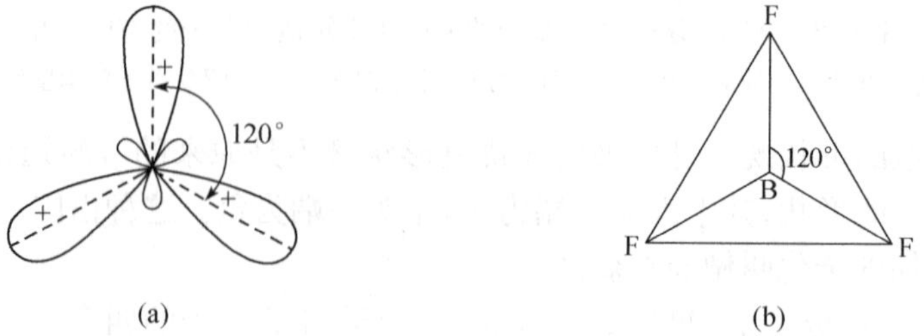

图 5.25 BF_3 分子中 B 原子的 sp^2 杂化轨道与分子的空间构型

(a) sp^2 杂化轨道的形状和空间取向；(b) 平面三角形结构的 BF_3 分子

图 5.26 BF_3 分子中 B 原子的 sp^2 杂化图示方法

(3) 二氯化铍分子的结构。Be 原子的电子结构是 $1s^2 2s^2$。形成 $BeCl_2$ 分子时，Be 的一个 2s 电子激发到 2p 轨道，使 Be 原子取得 $1s^2 2s^1 2p_x^1$ 结构，同时 $2s^1 2p_x^1$ 发生 **sp 杂化**形成两个等同的 **sp 杂化轨道**(形状与 sp^3 杂化轨道相似)。两个 sp 杂化轨道在空间的分布是直线形的[图 5.27(a)]，因此形成气态的 $BeCl_2$ 是一个直线形分子[图 5.27(b)]，Cl—Be—Cl 键角∠ClBeCl 等于 180°。两个 Be—Cl 键的键长和键能都相等。图 5.28 为 $BeCl_2$ 分子中 Be 原子 sp 杂化的图示方法。

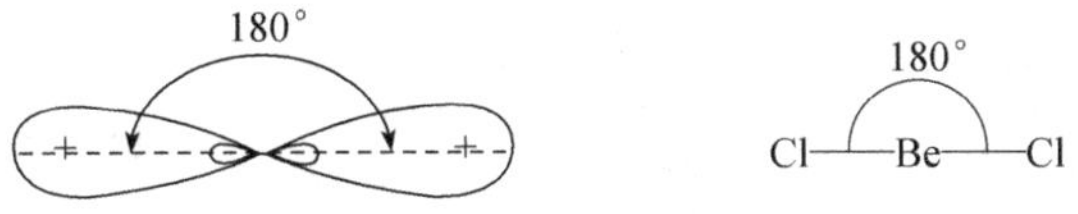

(a)　　　　(b)

图 5.27　$BeCl_2$ 分子中 Be 原子的 sp 杂化与分子的空间构型

(a) sp 杂化轨道的形状和空间取向；(b) 直线形结构的 $BeCl_2$ 分子

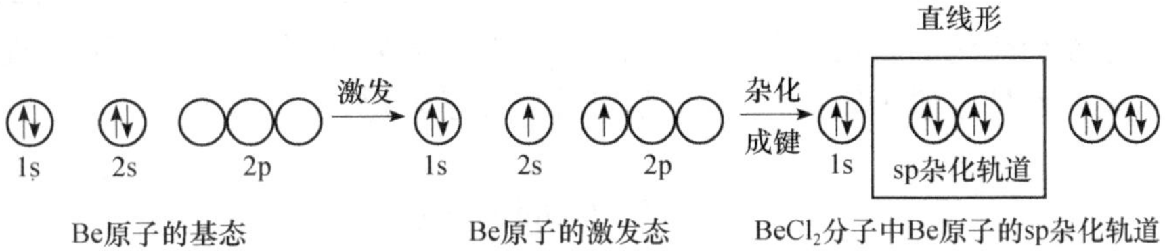

图 5.28　BCl_2 分子中 Be 原子的 sp 杂化图示方法

从第四周期开始，由于一些元素的 d 轨道可以参加成键，因此其杂化轨道有 d 轨道参加。

表 5.11 列出了包括 s、p 和 d 参与的杂化轨道类型及相关实例。

表 5.11　s、p、d 轨道的杂化实例

杂化类型		用于杂化的原子轨道	杂化轨道的数目	杂化轨道间的夹角	几何构型	实　例
sp		1 个 s，1 个 p	2 个 sp 杂化轨道	180°	直线形	$BeCl_2$，CO_2，$Ag(NH_3)_2^+$
sp^2	等性	1 个 s，2 个 p	3 个 sp^2 杂化轨道	120°	正三角形	BF_3，BCl_3，NO_3^-
	不等性 sp^2 杂化	1 个 s，2 个 p	3 个 sp^2 杂化轨道	小于 120°	V 形	$SnCl_2$，$PbCl_2$
sp^3	等性	1 个 s，3 个 p	4 个 sp^3 杂化轨道	109°28′	正四面体	CH_4，SiH_4，SO_4^{2-}，NH_4^+
	不等性 sp^3 杂化	1 个 s，3 个 p	4 个 sp^3 杂化轨道	小于 109°28′	三角锥形或 V 形	NH_3（三角锥形），H_2O（V 形）
dsp^3	等性	1 个 s，3 个 p，1 个 d	5 个 dsp^3 杂化轨道	90°　120°	三角双锥	PCl_5
	不等性 dsp^3 杂化	1 个 s，3 个 p，1 个 d	5 个 dsp^3 杂化轨道	—	变形四面体，T 形，直线形	SF_4（变形四面体），ClF_3（T 形），XeF_2（直线形）
d^2sp^3	等性	1 个 s，3 个 p，2 个 d	6 个 d^2sp^3 杂化轨道	90°	八面体	$[Fe(CN)_6]^{3-}$
	不等性 d^2sp^3 杂化	1 个 s，3 个 p，2 个 d	6 个 d^2sp^3 杂化轨道	—	四方锥，平面四方形	$[Sb(CN)_5]^{2-}$（四方锥），$[Ni(CN)_4]^{2-}$（平面四方形）

续表

杂化类型		用于杂化的原子轨道	杂化轨道的数目	杂化轨道间的夹角	几何构型	实　例
sp^3d^2	等性	1个s,3个p,2个d	6个sp^3d^2杂化轨道	90°	八面体	$[FeF_6]^{3-}$
	不等性sp^3d^2杂化	1个s,3个p,2个d	6个sp^3d^2杂化轨道	—	四方锥,平面四方形	IF_5(四方锥),XeF_4(平面四方形)

注意参加杂化的s轨道和p轨道都是中心原子最外层(同层)的原子轨道,d轨道一般为次外层原子轨道,也可以是最外层原子轨道。

5.7　分子间作用力

5.7.1　范德华力

物质内部除了原子间较强的化学键外,分子之间还存在一些较弱的相互作用,其结合能每摩尔大约只有几十千焦,比化学键能约小一到两个数量级。气体分子能凝聚成液体和固体,靠的就是这种相互作用。1873年,荷兰物理学家范德华(J. D. van der Waals,1837—1923)第一个提出分子间相互作用的理论,因而把分子间的作用力称为**范德华力**(van der Waals force)。范德华力是决定分子型物质的熔点、沸点、溶解度等物理化学性质的一个重要因素。

范德华力一般包括三个部分。

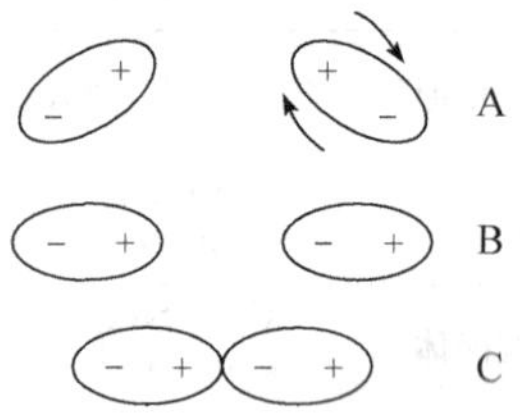

图5.29　两个极性分子相互发生取向作用示意图

(1) 取向力(dipole-dipole force)。取向力发生在极性分子和极性分子之间。由于极性分子具有极性即**固有偶极**,因此极性分子相互作用时,固有偶极会发生相互影响,从而使分子发生相对"取向",最后使体系能量降低并达到最小值。这种分子间固有偶极产生的相互作用力叫做取向力。图5.29是两个极性分子相互发生取向作用的示意图。

由于取向力的本质是静电作用,因此可以根据静电理论分析取向力的影响因素。研究表明,分子的极性越大,取向力越大;温度越高,取向力越小。此外,取向力还与分子间距离的六次方成反比。即随分子间距离的变大,取向力递减非常迅速。

取向力是极性分子之间的一种重要的作用力。在固态或液态时,极性分子之间取向力是明显的,但高温或气态时,这种力将大大减弱。

(2) 诱导力(ion-dipole force)。在极性分子和非极性分子之间以及极性分子和极性分子之间都存在诱导作用。极性分子可以使非极性分子的电子云发生变形

(电子云被吸向极性分子偶极的正端),结果使非极性分子极化,从而产生偶极。这种偶极叫做**诱导偶极**,以区别于极性分子的固有偶极。诱导偶极与固有偶极间的作用力叫做诱导力。图 5.30 是极性分子和非极性分子相互作用的示意图。

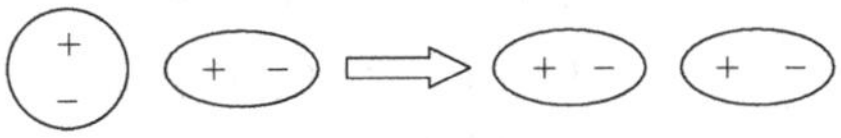

图 5.30　极性分子和非极性分子相互作用的示意图

同样,极性分子和极性分子之间除了取向力外,也会产生诱导偶极,从而使分子之间的相互作用除取向力外还产生额外的吸引力——诱导力。诱导力也会出现在离子和分子以及离子和离子之间。

诱导力的本质也是静电引力。研究表明,极性分子的极性越强,其诱导力越大;非极性分子的半径越大,其诱导力也越大。诱导力也与分子间距离的 6 次方成反比,因而随着分子间距离的增大,诱导力衰减得很快。

(3) 色散力(dispersion force)。研究表明,非极性分子间也有相互作用,这种力叫做色散力。例如,室温下苯是液体,碘、萘是固体,它们的分子间存在着一定的吸引力;在低温下 Cl_2、N_2、O_2 甚至稀有气体也能液化。色散力的产生可以理解为分子中由于电子的运动,导致正电荷重心和负电荷重心发生瞬时的不重合,从而产生瞬时偶极。这种瞬时偶极会诱导邻近分子也产生和它相吸引的"瞬时偶极",而且这种作用是相互的。这种相互作用便是色散力。色散力是所有原子或分子之间都存在的一种最主要的作用力,而且相对分子质量越大色散力越大。

范德华引力一般没有方向性和饱和性,其作用范围一般有几百皮米。表 5.12 列出了一些物质分子间范德华作用力的情况。

表 5.12　分子间作用力的分配

分　子	$E_{取}$/(kJ · mol^{-1})	$E_{诱}$/(kJ · mol^{-1})	$E_{色散}$(kJ · mol^{-1})	$E_{总}$/(kJ · mol^{-1})
Ar	0.000	0.000	8.44	8.44
CO	0.003	0.008	8.69	8.69
HI	0.025	0.112	25.71	25.83
HBr	0.68	0.50	21.80	22.96
HCl	3.29	1.0	16.72	21.01
NH_3	13.23	1.54	14.85	29.41
H_2O	36.15	1.91	8.94	47.01

5.7.2　氢键

分子间除范德华力之外,对于含有—OH、—NH、HF 基团的分子,分子间还存在**氢键**(hydrogen bond)。氢键在许多有机化合物(包括蛋白质)中起着重要作用。有机化合物如羧酸、醇、酚、胺、氨基酸、蛋白质和糖类化合物中也都有氢键存在。

在常温下，氢键容易形成也容易被破坏，这在生理过程中是重要的。有人还提出氢键在遗传机制中起着重要作用。

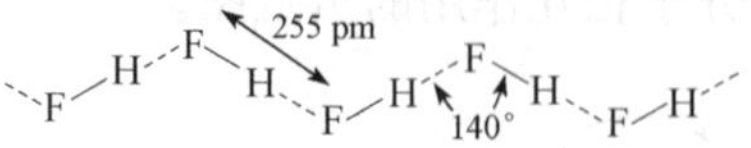

图 5.31 $(HF)_n$ 缔合分子

实验发现，当氢原子与非金属性很强的原子X形成H—X键时，由于键的极性很强，H原子上带有较强的正电荷，X原子上带有较强的负电荷，因此，分子与分子之间易发生相互作用生成X—H…X—H键，这种键叫做氢键。低温时氟化氢分子因分子间有氢键而发生缔合，图5.31描绘示了$(HF)_n$缔合分子的结构，虚线代表氢键。

氢键的形成是由于静电相互作用的结果。为了对氢键有一个全面的认识，下面分以下几个方面进行讨论。

(1) 能形成氢键的元素除F外，还有非金属元素O、N等。而且HX中X的非金属性越强，半径越小，其形成氢键的强度越大。因此，氢键强弱的变化顺序如下：

$$F—H\cdots F > O—H\cdots O > O—H\cdots N > N—H\cdots N$$

表5.13列出一些常见氢键的键能和键长。

表 5.13 氢键的键能和键长

氢 键	键能/$(kJ \cdot mol^{-1})$	键长/pm	实 例
F—H…F	27.9	2.5	$(HF)_n$
O—H…O	18.7	276	冰
	25.8	266	甲醇、乙醇
N—H…F	20.8	268	NH_4F
N—H…O	—	286	CH_3CONH_2
N—H…N	5.4	358	NH_3

(2) 氢键除分子间氢键外还可以形成**分子内氢键**(intramolecular hydrogen bond)。例如，硝酸分子中便有一个分子内氢键(图5.32)。

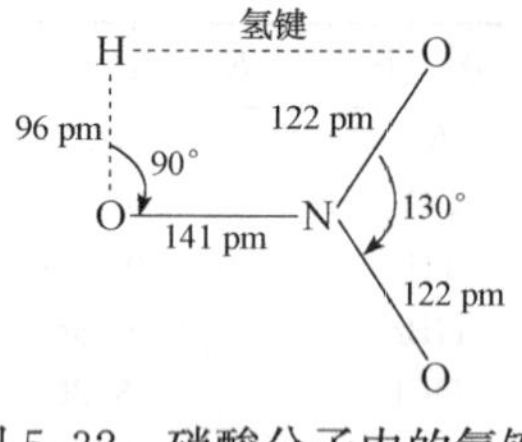

图 5.32 硝酸分子内的氢键

(3) 氢键使分子间产生了较强的结合力，因而会影响化合物的性质。例如，氢键会使沸点和熔点显著升高，因为要使液体气化或固体熔化，必须有额外的能量去破坏分子间的氢键。图5.33和表5.14对比了一些氢化物的沸点。

表 5.14 氢键对某些氢化物沸点的影响 (单位：℃)

ⅣA族	ⅤA族	ⅥA族	ⅦA族
CH_4 −160	NH_3 −33	H_2O +100	HF +20
SiH_4 −112	PH_3 −88	H_2S −61	HCl −85

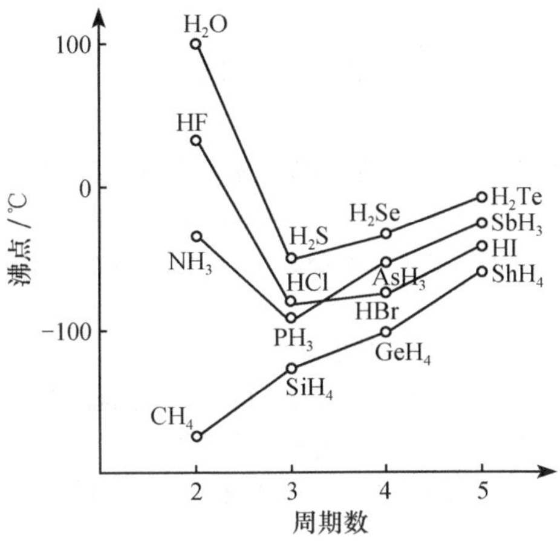

图 5.33　氢键对氢化物沸点的影响

阅读材料　　核旋转和磁共振成像

现代医疗诊断所面临的最大挑战是如何从人体外部看到人体内部。使用 X 射线对人体的骨骼、肌肉和组织进行成像已经成为可能，但 X 射线很难区分正常组织和发生损伤或病变的组织，另外，X 射线是高能射线，即使低剂量也可能使人体组织受到损伤。

19 世纪 80 年代，一种叫**磁共振成像**(MRI)的新技术走到了医学成像技术的前沿。MRI 的基础是一种叫**核磁共振**(NMR)的现象，它是 19 世纪 40 年代中期被发现的，现在已成为化学中最主要的分析方法之一。许多元素的原子核都存在像电子一样的自旋现象，其自旋是量子化的。例如，^{1}H(一个质子)的原子核有两种可能的核自旋量子数，$+1/2$ 和 $-1/2$。氢核在有机化合物的 NMR 研究中是最常见的。

一个旋转的氢核像一个旋转的微小磁石，在无外磁作用下，两个旋转状态能量相同。但当原子核放在外磁场中时，它们按各自的旋转方向要么顺磁场方向排列，要么反磁场方向排列。顺磁场方向排列的原子核比反磁场方向排列的原子核能量要低 ΔE。如果原子核被能量为 ΔE 的光子照射，核的旋转状态会发生“跃迁”，即从顺磁场方向排列向反磁场方向排列激发。对两个旋转态之间的核的跃迁的探测引出了 NMR 光谱，可以用于 NMR 实验的射线在无线电波的频率范围内，通常为 100～500 MHz。

氢是脂肪组织的主要成分，用 MRI 检测氢核是很容易的。在 MRI 检测中，人的身体被放在一个强磁场中，通过无线电脉冲的照射和复杂的探测技术，身体中特定深度处的组织能被检测出来并成像。从而使核磁共振成像用于人体的医学技术成为可能。

MRI 可以将有损伤和病变的组织与健康组织完全区别开来，而且无线电波在使用剂量范围内对人体无害。

思 考 题

1. 原子中电子的运动有何特点？概率与概率密度有何区别与联系？

2. 根据玻尔模型，处于氢原子基态的电子在半径为 53 pm 的轨道上绕原子核运行。用量子力学描述氢原子，电子离原子核最可能的距离是 53 pm。这两种描述有什么不同？

3. 回答下列问题。

(1) 说明四个量子数的物理意义和取值要求；

(2) 讨论 $n=1、2、3、4$ 时，$n、l、m$ 之间的关系以及所包含的相应的 s、p、d、f 各轨道；

(3) s、p、d、f 各轨道最多能容纳多少个电子？为什么？

(4) 当主量子数 $n=4$ 时，有几个亚层？各亚层有几个轨道？$n=4$ 的轨道中最多能容纳多少个电子？

(5) 当氢原子主量子数 $n=4$ 时 s、p、d、f 轨道的能量关系如何？

4. 画出 s、p、d 各原子轨道的角度分布图和径向分布图。这些图形的含义是什么？

5. 什么叫屏蔽效应？什么是钻穿效应？怎样解释多电子原子同一主能层中的能级分裂和不同主能层中的能级交错现象？

6.(1) 主、副族元素的电子构型各有什么特点？

(2) 周期表中 s 区、p 区、d 区和 f 区元素的电子构型各有什么特点？

(3) 具有下列电子构型的元素位于周期表中哪一个区？它们是金属还是非金属元素？

① ns^2　　② ns^2np^4　　③ $(n-1)d^5ns^2$　　④ $(n-1)d^{10}ns^2$

7. 随着原子序数的增加，在周期表中主族元素和过渡元素的原子半径自上而下和从左到右分别呈现什么变化规律？当原子失去电子变为正离子和得到电子变为负离子时，半径分别有何变化？

8. 说明在同周期和同族中元素的原子半径的变化规律，并讨论其原因。

9. 什么是元素的电负性？电负性在同周期、同族元素中各有怎样的变化规律？

10. 结合 Cl_2 分子的形成说明共价键形成的条件。如何理解共价键具有方向性和饱和性？

11. 凡是中心原子采取 sp^3 杂化轨道成键的分子，其几何构型都是正四面体。此话对吗？

12. BF_3 的几何构型是平面三角形，但 NF_3 的几何构型却是三角锥形。试用杂化轨道理论加以说明。

13. 相同原子间的叁键键能是单键键能的三倍，此话正确吗？

习 题

1. 写出下列轨道对应的 n, l 和 m 值。

(1) 2p 亚层的每个轨道；　(2)5d 亚层中的每个轨道。

2. 以下四个选项中的哪一项的 n 和 l 的组合不可能？为什么？

(1) 1p；　　(2) 4s；　　(3) 5f；　　(4) 2d。

3. 下列各组量子数中哪一组是正确的？

(1)$n=2, l=1, m=1$；　　(2)$n=1, l=0, m=-1$；

(3)$n=4, l=2, m=-3$；　　(4)$n=3, l=3, m=0$。

4. 量子数 $n=3, l=2, m=0$ 最多可容纳的电子数是多少？

5. 在 Cl 原子中，3s 轨道上的电子离核的平均距离要比 3p 轨道上的小，在此情况下，哪一个轨道的能量更高？

6. 从某原子的 3p 轨道上电离一个电子与从 2p 轨道上电离一个电子相比哪一个所需的能量较多？并说明原因。

7. 用 s，p，d，f 等符号表示下列元素的原子电子层结构(原子电子构型)，判断它们属于第几周期、第几主族或副族。

(1)$_{20}Ca$；　(2)$_{27}Co$；　(3)$_{31}Ga$；　(4)$_{48}Cd$；　(5)$_{83}Bi$ 。

8. 写出下列各原子电子构型代表的元素名称及符号。

(1) $[Ar]3d^6 4s^2$；　　(2) $[Ar]3d^2 4s^2$；

(3) $[Kr]4d^{10} 5s^2 5p^5$；　　(4) $[Xe]4f^{14} 5d^{10} 6s^2$。

9. 根据下列电子结构，指出它们属于哪一族。

(1) $[X]ns^2 np^5$；　　(2) $[X]ns^2 (n-1)d^2$；

(3) $[X]ns^2 (n-1)d^{10} np^1$；　　(4) $[X]ns^2 (n-2)f^6$。

10. 下列哪一种原子有最多的未成对电子？

(1) Na；　(2) Al；　(3) Si；　(4) P；　(5) S。

11. 某元素的原子序数为 24。试问：

(1) 此元素原子的电子总数是多少？

(2) 它有多少个电子层？有多少个亚层？

(3) 写出它的外围电子构型，指出它的价电子数为多少？

(4) 它属于第几周期？第几族？是主族元素还是副族元素？

(5) 它有多少个成单电子？

12. 指出外围电子构型满足下列条件之一的是哪一族或哪一个元素。

(1) 具有两个 p 电子；

(2) 量子数为 $n=4$ 和 $l=0$ 的电子有两个，量子数为 $n=3$ 和 $l=2$ 的电子有 6 个；

(3) 3d 为全充满，4s 中有一个电子的元素。

13. 回答下列问题。

(1) 为什么阳离子的半径小于其原子半径？

(2) 为什么阴离子的半径大于其原子半径？

(3) 为什么同一族元素从上到下离子半径逐渐增大？

14. 解释下列各组原子或离子半径的变化。

(1) $I^- > I > I^+$；　(2) $Ca^{2+} > Mg^{2+} > Be^{2+}$；　(3) $Fe > Fe^{2+} > Fe^{3+}$。

15. 参照元素周期表指出下列各组元素中电负性最大的元素。

(1) P、S、As、Se；　　(2) Be、B、C、Si；

(3) Zn、Ga、Ge、As；　　(4) Na、Mg、K、Ca。

16. 参照元素周期表，将下列各组元素按电负性从小到大的顺序排列。

(1) O、P、S; (2) Mg、Al、Si;

(3) Be、C、Mg; (4) Br、In、Te。

17. 说明下列各对元素中哪一种元素的第一电离能较高。

(1) 硫与磷; (2) 铝与镁; (3) 锶与铷;

(4) 铜与锌; (5) 铯与金; (6) 氡与砹。

18. 下列元素中哪一种第一电离能最大?哪一种第一电离能最小?

(1) B; (2) Ca; (3) N; (4) Mg; (5) Al; (6) Si; (7) S; (8) Sc。

19. 根据下列分子或离子的几何构型,试用杂化轨道理论加以说明。

(1) $HgCl_2$(直线形);(2)SiF_4(正四面体);(3)BCl_3(平面三角形);

(4) NF_3(三角锥形);(5) NO_2^-(V形,115.4°)。

20. 试用杂化轨道理论推断下列各分子的几何构型。

(1) $SiCl_4$; (2) CS_2; (3) BBr_3; (4) PF_3; (5) OF_2; (6) SO_2。

21. 指出下列分子或离子的几何构型、键角、中心原子的杂化轨道,并估计分子中键的极性。

(1) KrF_2; (2) BF_4^-; (3) SO_3; (4) XeF_4; (5) PCl_5(g); (6) SeF_6。

22. 试根据杂化轨道理论推断下列分子中哪些是极性分子,哪些是非极性分子。并说明其同种物质分子间的作用力。

(1) CH_4; (2) $CHCl_3$; (3) CO_2; (4) BCl_3; (5) H_2S; (6) HCl。

第6章 单质及一些重要无机化合物

元素周期表中100多种化学元素构成了五光十色的大千世界。目前人类已知的化学元素共有113种，其中主族44种，副族69种。主族元素中有22种为非金属，副族元素中有19种是人造元素。地壳中存在的元素有94种，大多数为主族元素，如氧（48.6%）、硅（26.3%）、铝（7.73%）这三种元素就占了地球总质量的83.0%。

6.1 金属、非金属和准金属

元素大致可分为金属、非金属和准金属三大类。金属元素分布在周期表左边和中间部分。非金属元素分布在周期表的右上角，准金属元素位于周期表中金属和非金属元素之间。值得注意的是H元素，它位于周期表的左上角，但它是非金属元素，这也是把H元素与第一主族元素分开的原因之一。金属和非金属元素单质的一些主要性质见表6.1。

表6.1 金属单质与非金属单质的典型性质

金属单质	非金属单质
(1) 具有金属光泽，颜色各异，大多数呈银白色	(1) 不具有光泽性，颜色各不相同
(2) 固体具有可煅性和延展性	(2) 固体一般易碎，有的坚硬，有的柔软
(3) 热与电的良导体	(3) 对热与电的传导性较差
(4) 大多数金属氧化物是离子化合物，它们呈碱性	(4) 大多数非金属氧化物是共价化合物，它们呈酸性，其氧化物的水化物一般是酸
(5) 其氧化物的水化物一般是碱	(5) 在溶液中易于形成阴离子或含氧阴离子
(6) 在溶液中易形成阳离子	

在元素周期表(图6.1)中，每一主族元素的金属性自上而下依次增强，非金属性自上而下依次减弱；在元素周期表的每一周期，金属性从左向右依次减弱，主族元素的性质也表现出明显的周期性变化，非金属性从左向右依次增强。结合第5章原子结构的知识，下面讨论电子构型与金属、非金属和准金属性质之间的关系。

6.1.1 金属单质

金属单质导电导热，原子间靠金属键结合，绝大部分金属具有光泽和延展性（能被拉成细丝和压成薄片）。除了汞是液态（熔点为−38.84℃）外，其他的金属在

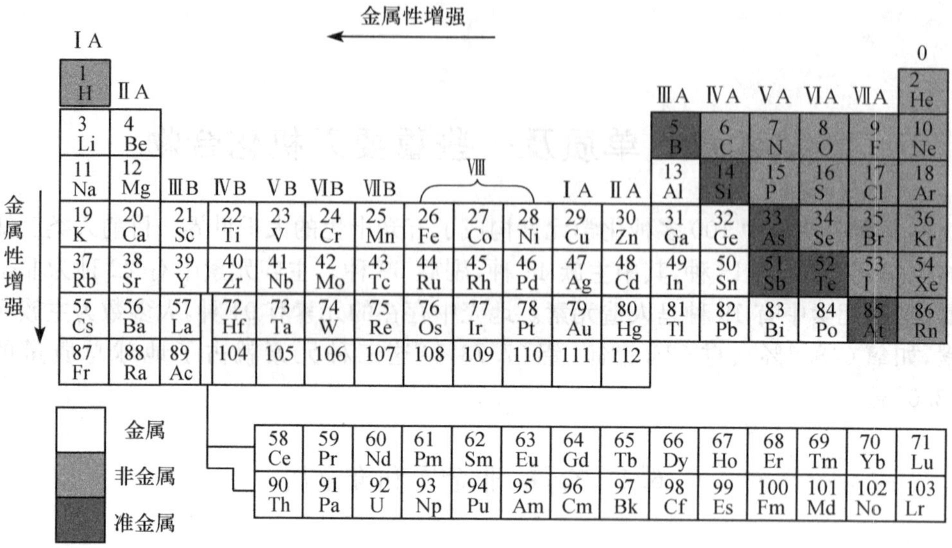

图 6.1 元素周期表

室温下都是固体，其中有两种金属在稍高于室温时会熔化(铯的熔点为 28.40 ℃，镓的熔点为 29.78 ℃)，但大部分金属的熔点很高(图 6.2)，如铬的熔点为 1857 ℃。

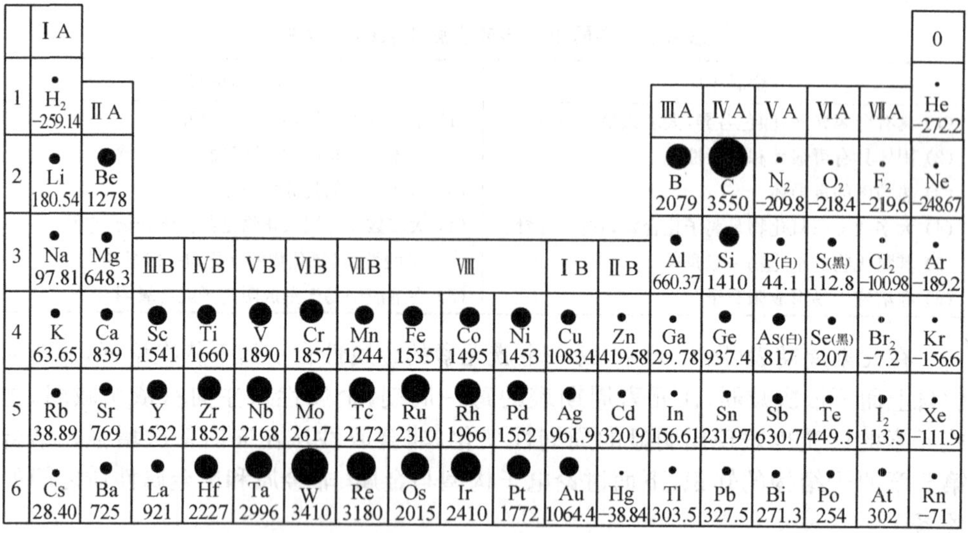

图 6.2 周期表中单质的熔点(单位:℃)

在工程技术上，金属可分为**黑色金属**(ferrous metal)和**有色金属**(non-ferrous metal)两大类。黑色金属包括铁、锰、铬及其合金，有色金属按其密度、化学稳定性及其在地壳中的分布情况可分为五类：

轻金属(light metal)一般指密度小于 5 g · cm^{-3} 的金属，包括锂、镁、铝、钠、钾、钙、钛。其特点是质轻，化学性质活泼。

重金属(heavy metal)一般指密度在 5 g · cm^{-3} 以上的金属，包括铜、镍、铅、锌、锡、锑、钴、汞、铬、铋、锶、钡等。

贵金属(noble metal)指金、银和铂族元素(铂、锇、铱、钌、铑、钯)。这类金属的化学性质特别稳定，在地壳中含量很少，开采和提取都比较困难，所以价格比一般金属高，称为贵金属。

稀有金属(rare metal)通常指在自然界中含量较少，分布稀散，发现较晚，难提取或工业上制备及应用较晚的金属，包括锂、铷、铯、铍、镓、铟、铊、锗、钛、锆、铪、铌、钽、钼、钨、稀土金属等。

放射性金属(radioactive metal)指金属元素的原子核能自发地放射出射线的金属，包括氡、钫、锝、钋、镭和锕系元素。

1. 金属的还原性

大多数金属具有较低的还原电极电位(第 4 章)。活泼金属的还原电位一般小于零($\varphi^{\ominus}<0$)，不活泼金属的还原电位一般小于 1($\varphi^{\ominus}<1$)。它们易被氧化生成阳离子。能够氧化金属的物质很多，特别应该指出的是空气中的 O_2 对金属的氧化，因为金属材料暴露在空气中与氧气作用易造成腐蚀。金属的另外一个重要性质是易形成合金。

图 6.3 列出了一些常见的金属离子的常见价态。注意：碱金属在化合物中总是+1 价，碱土金属总是+2 价。因为这两个主族的最外层电子很容易失去，从而形成惰性气体的电子结构。过渡金属元素的价态一般较为复杂，其中有显+2 价，但有些也显+1 和+3 价等。另外，过渡金属一般形成多个价态的正离子。例如，铁在有些化合物中显+2 价，但在另外一些化合物中显+3 价。

ⅠA	ⅡA	ⅢB	ⅣB	ⅤB	ⅥB	ⅦB	Ⅷ	Ⅷ	Ⅷ	ⅠB	ⅡB	ⅢA	ⅣA	ⅤA	ⅥA	ⅦA	0
H +1																	
Li +1	Be +2																
Na +1	Mg +2											Al +3					
K +1	Ca +2	Sc +3	Ti +4	V +3+5	Cr +3+6	Mn +2+7	Fe +2+3	Co +2+3	Ni +2	Cu +1+2	Zn +2	Ga +3	Ge +4				
Rb +1	Sr +2	Y +3	Zr +4	Nb +5	Mo +6	Tc +2	Ru +4	Rh +3	Pd +2	Ag +1	Cd +2	In +3	Sn +2+4	Sb +3			
Cs +1	Ba +2	La +3	Hf +4	Ta +5	W +6	Re +7	Os +4	Ir +4	Pt +2	Au +1+2	Hg +1+2	Tl +1	Pb +2+4	Bi +3	Po +2		

图 6.3　一些金属离子的常见价态

金属单质和非金属单质反应一般形成离子型化合物。例如，大多数金属氧化物和氯化物是离子型化合物。金属镍与氧气之间反应生成氧化镍，它就是一个由 Ni^{2+} 和 O^{2-} 构成的离子型化合物：

$$2Ni(s) + O_2(g) \longrightarrow 2NiO(s)$$

2. 两性金属

金属元素铝、锡、铅、锌(以及镓和铍)等能与碱作用，生成氢气和相应的含氧酸盐，例如

$$2Al(s) + 2NaOH(aq) + H_2O(l) \longrightarrow 2NaAlO_2(aq) + 3H_2(g)$$
$$Sn(s) + 2NaOH(aq) \longrightarrow Na_2SnO_2(aq) + H_2(g)$$

这些金属通常叫做**两性金属**(amphoteric metal)，其氧化物和氢氧化物通常具有两性。

大多数金属氧化物是碱性氧化物。它们中的一小部分可以直接溶解在水中形成金属氢氧化物，例如

$$Na_2O(s) + H_2O(l) \longrightarrow 2NaOH(aq)$$
$$MgO(s) + H_2O(l) \longrightarrow Mg(OH)_2(s)$$

但绝大多数金属氧化物与酸反应能生成盐和水：

$$NiO(s) + H_2SO_4(aq) \longrightarrow NiSO_4(aq) + H_2O(l)$$
$$Fe_2O_3(s) + 6HCl(aq) \longrightarrow 2FeCl_3(aq) + 3H_2O(l)$$

金属的氧化物极其重要，这不仅因为许多金属在空气中易被氧化，而且因为许多金属的氧化物都是重要的无机非金属材料。

6.1.2 非金属单质

非金属单质的外观相差很大，一般没有光泽性，导电性和导热性都很差(金刚石例外，它具有优良的导热性，导热系数可达到 1000～2000 $W \cdot m^{-1} \cdot K^{-1}$)。它们的熔点和金属相比一般很低(金刚石和石墨除外①，金刚石的熔点为 3550 ℃，石墨的熔点为 3850 ℃)。在通常条件下，存在七种双原子非金属，其中包括五种气体 H_2、N_2、O_2、F_2、Cl_2，一种液体 Br_2，还有一种易挥发的固体 I_2。其他的非金属单质

---

① 金刚石为原子晶体，晶体内部 C 原子以 sp^3 杂化轨道相互连接，构成一个三维网状的巨大分子，C 原子之间共价键的键能为 347.3 $kJ \cdot mol^{-1}$，熔点高、硬度大(莫氏硬度为 10)，是自然界中硬度最大的物质。准金属元素 B 和 Si 的单质也是原子晶体，也有很高的熔点和硬度。单质 B 的熔点为 3850 ℃，莫氏硬度为 9.3。单质 Si 的熔点为 1414 ℃，莫氏硬度为 6.5。石墨为层状结构晶体，在每一层中，C 原子以 sp^2 杂化轨道相互连接形成 σ 键，另一个没有参加杂化的 2p 轨道相互平行，其中的一个单电子互相共用组成一个大 π 键(π_n^n)。石墨晶体中层与层之间由范德华引力相互结合。

多为固体。

1. 非金属与金属的反应

非金属单质与金属反应一般获得电子形成阴离子。例如，金属镁在空气中的燃烧生成氧化镁(MgO)，是一种离子型化合物：

$$2Mg(s) + O_2(g) \longrightarrow 2MgO(s)$$

上述反应中，非金属元素 O 获得两个电子变为 O^{2-}，从而形成惰性气体的电子构型。

氢气与活泼金属(碱金属和碱土金属中的 Mg、Ca、Sr、Ba)反应也表现出氧化性，在生成物中氢的氧化数表现为－1 价，例如

$$2Li(s) + H_2(g) \longrightarrow 2LiH(s)$$

活泼金属的氢化物都是离子型氢化物，是优良的还原剂，遇水能迅速分解生成氢气，可用于救生衣、救生筏和军用气球的充气等。

【例 6.1】 预测下列单质反应形成化合物的化学式。

(a) Ba 与 Te；(b)Ga 与 S。

解 (a) 观察这些元素在元素周期表中的位置。Ba 离子显＋2 价，Te 离子显－2 价，与氧和硫相似，因而其化合物的化学式为 BaTe。

(b) Ga 位于第三主族，遇硫形成＋3 价的阳离子，硫形成－2 价的阴离子，因而其化学式为 Ga_2S_3。

2. 非金属与非金属的反应

非金属单质与非金属单质相互化合生成的化合物都为共价化合物。非金属性强的元素显负价，非金属性弱的元素显正价。例如，H_2O 分子中 O 原子的非金属性较强，因而显－2 价，H 原子的非金属性较弱，因而显＋1 价。

非金属元素也可以发生置换反应。例如，氟可以置换水中的氢：

$$2F_2(g) + H_2O(l) \longrightarrow 4HF(g) + O_2(g)$$

氯、溴、碘的单质与水反应发生歧化，也是非金属元素的特点之一，例如

$$Cl_2(g) + H_2O(l) \rightleftharpoons HCl(aq) + HClO(l)$$

完全由非金属元素构成的化合物通常是分子化合物，一般是气体、液体或低熔点固体。另外，非金属互化物除分子化合物外，也有一些共价键晶体，如 SiC、Si_3N_4、BN、SiO_2、B_2O_3 等，它们都有很高的熔点和硬度，一般用于耐高温材料或磨料。例如，SiC 的熔点为 2830 ℃，莫氏硬度为 9.15，不仅用于工业高温窑炉的窑具材料，而且粉状的 SiC 大量用于工业磨料，如砂纸、抛光膏等。

大多数非金属氧化物是酸性氧化物，它们与水作用生成酸，例如

$$CO_2(g) + H_2O(l) \longrightarrow H_2CO_3(aq)$$

$$P_4O_{10}(s) + 6H_2O(l) \longrightarrow 4H_3PO_4(aq)$$

天然水和自来水一般显酸性，大多是因为空气中的 CO_2 溶于水的缘故。另外，存在于石油和煤中的硫燃烧后会产生 SO_2 和 SO_3，这些物质溶解在雨水中会形成酸雨，它们是大气的主要污染源之一(第 3 章阅读材料Ⅲ)。

非金属氧化物呈酸性也能通过下面的实验表现出来，溶解在碱性溶液中生成盐，例如

$$CO_2(g) + 2NaOH(aq) \longrightarrow Na_2CO_3(aq) + H_2O(l)$$

$$SO_3(g) + 2KOH(aq) \longrightarrow K_2SO_4(aq) + H_2O(l)$$

【例 6.2】 写出 SeO_2 与下列物质反应的方程式。

(a) 水；(b) NaOH 溶液。

解 (a) SeO_2 与水的反应与二氧化碳与水的反应类似：

$$SeO_2(s) + H_2O(l) \longrightarrow H_2SeO_3(aq)$$

所不同的是 SeO_2 固体，而二氧化碳是气体，其共同点是它们都是非金属氧化物。

(b) SeO_2 与氢氧化钠溶液的反应与二氧化碳与 NaOH 溶液的反应类似：

$$SeO_2(s) + 2NaOH(aq) \longrightarrow Na_2SeO_3(aq) + H_2O(l)$$

6.1.3 准金属单质

准金属也称为**半金属**(metalloid)。通常指硼、硅、锗、硒、碲、钋、砷和锑。它们在元素周期表中处于金属向非金属过渡的位置，物理性质和化学性质介于金属和非金属之间。准金属单质一般具有金属光泽，硬而脆，但多是半导体。它们与非金属单质作用时常作为电子给予体，而与金属单质作用时常作为电子的接受体。

图 6.4 直径为 100 mm 的单晶硅

在准金属元素中，硅是最重要的半导体材料。目前的各种半导体器件，有 95%以上是用硅材料制造的。硅看起来像金属(图 6.4)，但易碎，不具有延展性，而且其导电和导热性都很差。硅的最主要的用途是在电子工业。大尺寸的超纯硅单晶被切割成薄片，用来制造集成电路的芯片。多晶硅由于生产加工成本相对较低，而被用于太阳能电池的光电转换材料。

单晶硅及半导体芯片

自 1947 年贝尔(Bell)研究所的肖克利(Shockley)博士等发明**晶体管**(transistor)及之后的

半导体芯片(integrated circuit,又称**集成电路**,缩写为 IC)以来,以电子计算机技术为主导的信息产业革命将人类带入到一个数字化网络的新时代。

在这场信息革命中,半导体芯片是最关键的核心技术。它的生产是以超纯单晶硅材料的制备为基础的。

1. 单晶硅的制备

1) 冶金硅的制备

工业上单质硅通常是在 2100℃左右用碳还原二氧化硅而得到的。其化学反应方程式为

$$SiO_2(l) + 2C(s) \longrightarrow Si(l) + 2CO(g)$$

制得的硅纯度为 97%～98%,一般叫做**冶金硅**或**工业硅**(metallurgical-grade Si)。将冶金硅熔化后重结晶,用酸除去杂质得到纯度为 99.7%～99.8%的金属硅。

2) 多晶硅制备

三氯氢硅合成　用金属硅与氯化氢气体反应得到三氯氢硅:

$$Si(s) + 3HCl(g) \longrightarrow SiHCl_3(g) + H_2(g)$$

三氯氢硅的沸点为 31.5 ℃,与绝大多数氯化物杂质的沸点相差较大,所以可用精馏法提纯。小规模生产超纯硅可采用聚四氟乙烯或石英作为精馏设备的材料。

三氯氢硅氢还原　对三氯氢硅用超纯氢气在 1100～1150 ℃进行还原得到超纯硅:

$$SiHCl_3(g) + H_2(g) \longrightarrow Si(s) + 3HCl(g)$$

再经过区域熔炼法得到多晶硅。此方法制得的高纯硅纯度为 99.999 999 9%～99.999 999 99%。

3) 单晶硅的制备

直拉法制备单晶　用直拉法制单晶硅在单晶炉内进行。温度和晶体直径均采用自动控制,在纯氩气氛下进行常压或减压拉制,n 型掺杂一般掺磷,p 型掺杂一般掺硼。目前直拉硅单晶的生产水平为直径 50～100 mm(图 6.4),并正向 125～150 mm 过渡;电阻率范围:n 型半导体单晶硅的电阻率为 0.03～50 Ω · cm,p 型半导体单晶硅的电阻率一般为 0.001～80 Ω · cm。

区熔法制备单晶　现代大型区熔炉能拉制直径大于 100 mm 的硅单晶,掺杂采用的前驱物为磷化氢(PH_3)或乙硼烷(B_2H_6)。目前区熔法制备硅单晶的生产水平:直径 50～100 mm;电阻率范围:n 型半导体单晶硅的电阻率为 0.04～800 Ω · cm,p 型半导体单晶硅的电阻率一般为 0.001～3000 Ω · cm。

2. 半导体芯片的加工

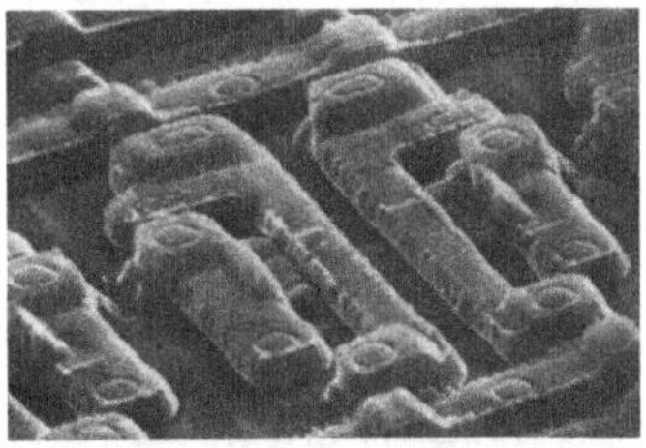

图 6.5　硅片上放大 23 000 倍的部分逻辑电路

光刻过程是在经切割和抛光后的硅片(硅单晶片)上进行图像复印和化学腐蚀。先将设计并制好的光刻板上的集成电路图形精确地印在涂有感光胶的单晶硅片表面上,然后利用光刻胶的选择性保护作用,对其进行选择性化学腐蚀,从而在单晶硅片上刻出与光刻板相对应的电子线路。

目前,超大规模集成电路在 1 cm^2 的硅片上可容纳近一亿个晶体管(图 6.5 为放大 23 000 倍的部分逻辑电路)。其集成电路的线宽国内已达到 0.35～0.25 μm,甚至更窄。据

报道，世界著名的四大计算机芯片制造商[国际商业机器公司(IBM)、超威(AMD)、美光(Micron)及德国英飞凌(Infineon)]将在今后5年内联合开发新一代计算机芯片光刻技术，其线宽仅为22 nm。

6.2 几种特殊的无机化合物

无机化合物种类很多，情况远比单质复杂。下面重点介绍和讨论几种经常遇到的氯化物、氧化物以及硅酸盐等。

6.2.1 含卤化合物

1. 卤化氢

所有的卤素都可与氢生成稳定的双原子分子，它们是极其重要的化合物，因为其水溶液除氢氟酸外都是强酸。表6.2列出了卤化氢的一些重要特性。和其他卤化氢相比，HF熔点异乎寻常的高，这是由于液态时HF分子间存在氢键的缘故。

表6.2 卤化氢的特性

特　性	HF	HCl	HBr	HI
相对分子质量	20.01	36.45	80.92	127.91
溶点/℃	−83	−115	−89	−51
沸点/℃	19.5	−84.2	−67.1	−35.1
键能/($kJ \cdot mol^{-1}$)	567	431	366	299
H—X键长/pm	92	127	141	161
水中溶解度(10℃)/($g \cdot 100g^{-1}$)	233	78	210	234

卤化氢可通过直接反应制得。然而，卤化氢也可以通过不挥发性酸与卤化物盐反应得到。例如，浓硫酸与萤石(CaF_2)或岩盐(NaCl)反应可以得到氟化氢和氯化氢。

$$CaF_2(s) + H_2SO_4(l) \longrightarrow 2HF(g) + CaSO_4(s)$$

$$NaCl(s) + H_2SO_4(l) \longrightarrow HCl(g) + NaHSO_4(s)$$

制备溴化氢和碘化氢一般选用 H_3PO_4 是因为 Br^- 和 I^- 能被浓 H_2SO_4 氧化。特定的卤化物分子水解时，也可生成卤化氢，例如

$$PCl_3(l) + 3H_2O(l) \longrightarrow H_3PO_3(aq) + 3HCl(aq)$$

氟化氢或氢氟酸的一个重要性质是易和硅、二氧化硅以及各种不同的硅酸盐

生成六氟硅酸(H_2SiF_6)。

$$SiO_2(s) + 6HF(aq) \longrightarrow H_2SiF_6(aq) + 2H_2O(l)$$

$$CaSiO_3(s) + 8HF(aq) \longrightarrow H_2SiF_6(aq) + CaF_2(s) + 3H_2O(l)$$

玻璃主要由硅酸盐组成。这些反应能使玻璃腐蚀并使其表面变得粗糙,所以HF(aq)一般储存在塑料容器中。

2. 氯化物

氯化物是卤化物中一类较为常见的物质。氯化物可分为离子型和分子型两大类。

金属元素的氯化物大多为离子型,如氯化钠、氯化钾、氯化镁、氯化钡等。它们的熔沸点一般较高(表 6.3),稳定性好,受热不易分解。但随着金属元素核外电子数的增多和非金属性的增强,这些离子型氯化物中的共价键成分增加,熔沸点降低(表 6.3)。高沸点氯化物常用作高温的加热介质,叫做**盐浴剂**(salt bath agent)。同时也作为**熔盐电解**(molten salt electrolysis)的介质和电解质。

表 6.3 第三周期部分氯化物的性质

氯化物	NaCl	$MgCl_2$	$AlCl_3$	$SiCl_4$
熔点/℃	801	714	190(加压时)	−70
沸点/℃	1413	1412	177.8(升华)	57.6
熔融时摩尔电导率	大	较大	很小	零
晶体类型	离子型	层状结构	层状结构	分子型

高价的金属氯化物其化学键具有明显的共价性,熔沸点低(表 6.4),而且遇水易发生水解,例如

$$TiCl_4(l) + 2H_2O(l) \longrightarrow TiO_2(s) + 4HCl(aq)$$

表 6.4 一些高价金属氯化物的熔点和蒸气压

氯化物	熔点/℃	蒸气压为标准压力时温度/℃	氯化物	熔点/℃	蒸气压为标准压力时温度/℃
$TiCl_4$	−30	136	$SnCl_4$	−33	—
$ZrCl_4$	437(25 个标准压力下)	331	$TaCl_5$	216.5	239.5
$HfCl_4$	432(25 个标准压力下)	317	$SbCl_5$	2.8	—
$ThCl_4$	770	921			

氯化物的这一性质常可用于金属的冶炼、提纯和材料的制备。

大多数金属元素的氯化物是水溶性的。难溶或微溶的有 AgCl、CuCl、AuCl、Hg_2Cl_2、TlCl、$PbCl_2$ 等。因此，一些金属的可溶性试剂一般选用氯化物。非金属元素的氯化物其熔沸点都很低，易挥发，如 BCl_3、CCl_4、PCl_3、PCl_5 等。除有机化合物和四氯化碳外，一般易水解，例如

$$SiCl_4(l) + 4H_2O(l) \longrightarrow Si(OH)_4(s) + 4HCl(aq)$$

它们都是重要的无机化学反应试剂。

3. 氯的含氧酸及其盐

卤素含氧酸的酸性强弱随中心卤原子氧化态的增加而增加。卤素的含氧酸一般都不稳定，它们是强的氧化剂。含氧酸阴离子往往比含氧酸稳定。次氯酸盐可用作漂白剂和消毒剂。

$$ClO^-(aq) + H_2O(l) + 2e^- \longrightarrow Cl^-(aq) + 2OH^-(aq) \qquad \varphi^\ominus = 0.8902\ V$$

亚氯酸钠(可从 $NaClO_2 \cdot 3H_2O$ 分解得到)也可用作漂白剂。氯酸钾($KClO_3$)具有更强的反应活性，与硫的混合物在碰撞时会爆炸，可用于制造火柴和烟火。

$$2KClO_3(s) + 3S(s) \longrightarrow 3KCl(s) + 3SO_2(g)$$

高氯酸($HClO_4$)及其盐是最稳定的含氧酸和含氧酸盐。高氯酸的稀溶液相当安全。大多数高氯酸盐比较稳定，但加热时是一种反应剧烈的氧化剂，因此处理时应小心慎重，严禁高氯酸盐和活泼金属、可燃性的有机化合物等接触。高氯酸铵可用作航天飞机助推火箭的固体氧化剂。

6.2.2 氧化物

氧除了在氟化物(OF_2 和 O_2F_2)中显正价外，在其他的所有化合物中都显负价。一般－2 价的氧化态最常见。另外，氧还可以形成－1 价的过氧化物，如 H_2O_2、Na_2O_2 等都是重要的氧化剂和还原剂。

非金属元素与氧形成共价氧化物，这些氧化物大多数是低熔点和低沸点的分子化合物，如 CO_2、NO_2、SO_2、P_2O_5 等，但 SiO_2、B_2O_3 却具有聚合物的结构(原子晶体)，它们熔点高、硬度大。

1. 氧化物及其水合物的酸碱性

根据氧化物与酸、碱的反应的情况不同，可将氧化物分为四类，即酸性氧化物、碱性氧化物、两性氧化物和不成盐氧化物。不成盐氧化物(又称为惰性氧化物)与水、酸或碱不起反应，如 CO、NO、N_2O 等。酸性氧化物、碱性氧化物和两性氧化物的水合物也有酸性、碱性和两性之分。元素周期中不同元素氧化物的水合物其酸碱性递变规律见表 6.5。

表 6.5　周期表主族元素最高价态的氧化物的水合物的酸碱性及其变化

<table>
<tr><td rowspan="8">向下碱性增强</td><td>ⅠA</td><td>ⅡA</td><td>ⅢA</td><td>ⅣA</td><td>ⅤA</td><td>ⅥA</td><td>ⅦA</td><td rowspan="8">向上酸性增强</td></tr>
<tr><td colspan="7">向右酸性增强</td></tr>
<tr><td>LiOH
中强碱</td><td>$Be(OH)_2$
两性</td><td>H_3BO_3
弱酸</td><td>H_2CO_3
弱酸</td><td>HNO_3
强酸</td><td>—</td><td>—</td></tr>
<tr><td>NaOH
强碱</td><td>$Mg(OH)_2$
中强碱</td><td>$Al(OH)_3$
两性</td><td>H_2SiO_3
弱酸</td><td>H_3PO_4
中强酸</td><td>H_2SO_4
强酸</td><td>$HClO_4$
极强酸</td></tr>
<tr><td>KOH
强碱</td><td>$Ca(OH)_2$
中强碱</td><td>$Ga(OH)_3$
两性</td><td>$Ge(OH)_4$
两性</td><td>H_3AsO_4
中强酸</td><td>H_2SeO_4
强酸</td><td>$HBrO_4$
强酸</td></tr>
<tr><td>RbOH
强碱</td><td>$Sr(OH)_2$
中强碱</td><td>$In(OH)_3$
两性</td><td>$Sn(OH)_4$
两性</td><td>$H[Sb(OH)_6]$
弱酸</td><td>H_6TeO_6
弱酸</td><td>H_5IO_6
中强酸</td></tr>
<tr><td>CsOH
强碱</td><td>$Ba(OH)_2$
强碱</td><td>$Tl(OH)_3$
弱碱</td><td>$Pb(OH)_4$
两性</td><td>—</td><td>—</td><td>—</td></tr>
<tr><td colspan="7">向左碱性增强</td></tr>
</table>

2. 酸性氧化物与碱性氧化物的反应

与酸碱中和反应生成盐类似，在一定条件下，碱性氧化物也可以与酸性氧化物反应生成盐，例如

$$CaO(s) + SiO_2(s) \longrightarrow CaSiO_3(s)$$
$$CaO(s) + Al_2O_3(s) \longrightarrow Ca(AlO_2)_2(s)$$

炼铁时就是利用石灰石分解得到的 CaO 与铁矿石中的杂质硅石(主要成分为 SiO_2)和矾土(主要成分为 Al_2O_3)作用生成 $CaSiO_3$ 和 $Ca(AlO_2)_2$ 炉渣，从而将杂质除掉。同理，二氧化钛以及大多数高价的过渡金属氧化物在高温下也能与碱性氧化物作用生成金属复合氧化物，例如

$$BaO(s) + TiO_2(s) \longrightarrow BaTiO_3(s)$$

3. 氧化物与新材料

大多数氧化物熔沸点高、硬度大、不溶于水，有些氧化物和金属复合氧化物的晶体内部因含有一定成分的共价键和金属键而成为重要的**陶瓷材料**(ceramic materials)。陶瓷是一种多晶烧结体。例如，**高温结构陶瓷**(high temperature structural ceramics)的氧化铝陶瓷、氧化锆陶瓷、氧化镁陶瓷、氧化铍陶瓷等；可用于**电介质**(dielectric)的氧化钛陶瓷、钛酸镁陶瓷、钛酸钙陶瓷、钛酸锌陶瓷等；用于机械能转换为电能(如用于煤气灶和打火机的电子打火器等)的钛酸钡**压电陶瓷**(piezoelectric ceramics)、钛酸铅压电陶瓷等。另外，还有**磁性陶瓷**(magnetic ceramics)，如 Fe_3O_4、$MnO \cdot Fe_3O_4$、$NiO \cdot Fe_3O_4$ 等。

这些氧化物和金属复合氧化物陶瓷的种类和性能举不胜举，构成了现代陶瓷技术庞大体系的一个主要组成部分并具有广泛而重要的用途。

二氧化硅与光纤通信

光纤通信(optical fiber communication)是20世纪最伟大的发明之一。1966年,美籍华裔科学家**高锟**(C. K. Kao)等在《光频率介质纤维表面波导》的论文中开创性地提出了光纤通讯的基本原理,描述了长程及高信息量光通讯所需绝缘性纤维的结构和材料特性,指出利用**光导纤维**(Optical Fiber)进行信息传输的可能性和技术途径,从而奠定了现代光通信的理论和技术基础。由此,高锟被尊称为"光纤之父"。

光导纤维(简称光纤)以玻璃为介质,其主要特点是传输损耗小,容量大,传输质量高,材料来源大,成本低。目前采用的**激光-光导纤维通信**(laser-optical fiber communication)彻底改变了人类通讯的模式,从传统的电话、电报、电视发展到计算机网络和其他电子设备的信息传输,为目前的信息高速公路奠定了基础。光纤传输的信息量之大已超出一般人的想像,20世纪末已出现了一对光纤的传输容量可同时传送达150万路电话和2000套彩色电视的记录。

1) 光纤通信的基本原理

光导纤维作为现代光通信的关键器件,其光信息的传输利用了光的全反射原理。光导纤维由**纤芯**(fiber core)和**包层**(cladding)构成。纤芯是由掺有少量 GeO_2 的石英玻璃(SiO_2)组成,包层是纯石英玻璃。纤芯掺 GeO_2 的目的是提高材料的折射率。

光通信使用的**激光**波长范围是在近红外区内,波长为 0.8～1.8 μm。可分为短波长段(0.85 μm)和长波长段(1.31 μm 和 1.55 μm)。由于纤芯的折射率大于包层的折射率,根据光的反射原理,当入射光与光纤的轴向夹角小于某一值时,光将在光纤和包层的界面上全反射,并呈锯齿状在纤芯中传播(图6.6)。目前,**石英光纤**(silica fiber)已经可以把波长为 1.55 μm 的光信息的传输损耗降低到 0.154 $dB \cdot km^{-1}$,接近于其极限损耗值。

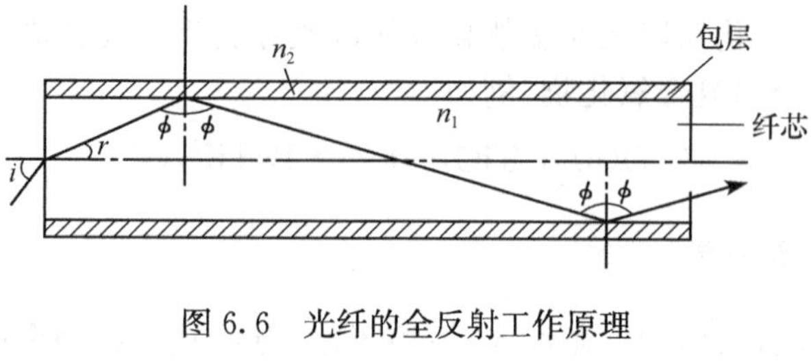

图 6.6　光纤的全反射工作原理

2) 光纤的制备

重金属离子对光有强烈的吸收作用,因此制作光纤的 SiO_2 材料纯度要求极高(大于99.99%)。石英光纤的制备分三个步骤,首先将超纯的 $SiCl_4$ 和少量的 $GeCl_4$ 与 O_2 在密封系统中加热到1400～1600℃生成**光纤预制棒**(optical fiber preform)。其主要反应为

$$SiCl_4(g) + O_2(g) \longrightarrow SiO_2(s) + 2Cl_2(g)$$

$$GeCl_4(g) + O_2(g) \longrightarrow GeO_2(s) + 2Cl_2(g)$$

GeO_2 在 SiO_2 中以原子尺寸均匀分布;然后沉积纯 SiO_2 包层;最后将预制棒加热拉制成直径为125～200 μm 的光导纤维。

通信用的光纤除了包层外表面还要包覆硅树脂和塑料,其目的是增强光纤强度并防止光纤表面受损。

光导纤维是**信息高速公路**(information highway)的主要通道。除此之外，光导纤维在医学上还可以用作食道、直肠、膀胱、子宫、胃等深部探查用的内窥镜(如胃镜、血管镜等)以及外科手术激光刀用的光学元件。

光导纤维在短距离内还可实现一个光源多点照明，利用塑料光纤、光缆传输太阳光用于水下、地下照明是未来最经济实用的光源。另外，在工业方面，光纤可传输激光进行机械加工，制成各种传感器用于测量压力、温度、流量、位移、光泽、颜色、产品缺陷等。

从计算机芯片到光纤通信用的光纤、光缆，充分体现了化学在现代高科技领域中的重要地位与作用。

6.2.3　硼化物和碳化物

1. 硼化物

硼与氢、卤素、碳、氮以及一些金属都能形成二元化合物。其中硼与金属的二元化合物以及硼与碳、硼与氮的化合物等称为硼化物。

碳化硼(B_4C)由氧化硼(B_2O_3)和碳在 2500℃时反应制得：

$$2B_2O_3(l) + 4C(s) \longrightarrow B_4C(s) + 3CO_2(g)$$

它是黑色有光泽的固体，因硬度接近金刚石，故广泛用作磨料。

碳化硼在核工程中既作为结构材料又作为中子吸收剂，据预测它在未来核工业中的用量相当大。

硼和氮可以形成异常稳定的化学键。立方晶型的氮化硼(BN)与金刚石的结构和性质相近。它具有很高的化学稳定性和热稳定性，硬度大，还具有很好的绝缘性，因此在高温技术领域有许多用途。

氮化硼的制备方法有多种。氧化硼与氨在高温下反应可制得六方氮化硼：

$$B_2O_3(s) + 2NH_3(g) \longrightarrow 2BN(s) + 3H_2O(g)$$

实验室制备六方氮化硼是将三氯化硼与氨在 600℃反应得到：

$$BCl_3(g) + NH_3(g) \longrightarrow BN(s) + 3HCl(g)$$

由于立方氮化硼的密度($3.48\ g \cdot cm^{-1}$)比六方氮化硼($2.27\ g \cdot cm^{-1}$)大。立方晶型的氮化硼可以通过六方晶型的氮化硼在 1500℃和 65000 左右的标准压力下发生晶型转变得到：

$$(六方)BN(s) \longrightarrow (立方)BN$$

硼与金属易形成间充型(或填隙式)化合物。这些硼化物可由两种单质混合加热制得。其组成可以在一定范围内变动。这些化合物的晶体结构和性质都与原来的金属很相似，但硬度很大，耐高温并具有高的电导率。绝大多数硼化物具有很高的热稳定性和高温抗氧化性，因此可用于高温耐火材料。典型的硼化物有 Ni_2B、

NiB_2、MnB、MnB_2 和 Cu_3B_2 等。

2. 碳化物

碳和金属、准金属以及一些非金属反应生成的二元化合物叫做碳化物，分为**离子型**(ionic)、**空隙型**(interstitial)和**共价型**(covalent)三种类型。

碳与较活泼的金属化合生成离子型碳化物。最常见的离子碳化物是碳化钙，其中阴离子为 C_2^{2-}，该离子与 N_2 是等电子体(核外电子数相等)，它的路易斯结构 $[:C{\equiv}C:]^{2-}$ 具有碳碳叁键。CaC_2 是在 2000℃的高温下用 C 还原 CaO 而得到的：

$$2CaO(s) + 5C(s) \longrightarrow 2CaC_2(s) + CO_2(g)$$

碳化物的阴离子是一种极强的路易斯碱，能和水反应生成乙炔H—C≡C—H。其反应式为

$$CaC_2(s) + 2H_2O(l) \longrightarrow Ca(OH)_2(aq) + C_2H_2(g)$$

因而碳化钙是乙炔的一种便利的固体来源，它是有机化工的基础原料并可用于金属的切割和焊接。

碳和硼或碳和硅生成共价型碳化物。碳化硅(SiC)也称做金刚砂，由 SiO_2 和 C 加热至 3500℃时高温条件生成：

$$SiO_2(s) + 3C(s) \longrightarrow SiC(s) + 2CO(s)$$

SiC 与金刚石具有相同的结构，熔点高硬度大，是工业上主要的磨料和切割工具。

碳与过渡金属可以生成**填隙式合金**(interstitial alloy)。碳原子在金属晶格中以填隙的形式占据空隙，如碳化钨、碳化钛、碳化钽等。它们具有相当高的硬度和熔点，因而用于制造切割和钻探等用的工具。

6.2.4 硅酸盐

地球的主要成分是硅酸盐。自然界的硅酸盐种类繁多，目前已知的硅酸盐矿物共有 600 多种，约占矿物总量的 1/4，地壳总质量的 3/4。硅酸盐矿物中阳离子有 Ca^{2+}、Na^+、K^+、Mg^{2+}、Fe^{3+}、Al^{3+}、Mn^{2+}、Ti^{4+}、Ba^{2+}、Zr^{4+}、Zn^{2+}、Li^+、Be^{2+}、Rb^+、Ce^{4+}、Sc^{3+} 等。

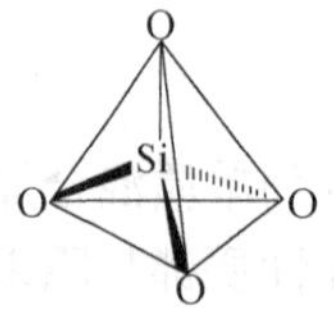

图 6.7 硅氧四面体的示意图

硅酸盐的基本构造单元是**硅氧四面体**(silicatetrahedron)，硅原子作为中心原子位于四面体的中心，硅原子和氧原子以共价单键相互结合(图 6.7)。根据硅氧四面体之间联结方式的不同，硅酸根聚合阴离子的结构又可分为**岛状**(island)、**环状**(cyclic)、**层状**(layer)、**链状**(chain)和**架状**(frame)等多种形式。

1. 天然硅酸盐

天然硅酸盐都是不溶的。长石、云母、黏土、石棉、滑石等都是最常见的天然硅酸盐,其结构和化学式都很复杂。为方便起见,一般将硅酸盐的化学式写成氧化物的形式。几种天然硅酸盐的化学式如下所示:

正长石	$K_2O \cdot Al_2O_3 \cdot 6SiO_2$
白云石	$K_2O \cdot 3Al_2O_3 \cdot 6SiO_2 \cdot 2H_2O$
高岭土	$Al_2O_3 \cdot 2SiO_2 \cdot 2H_2O$
石　棉	$CaO \cdot 3MgO \cdot 4SiO_2$
滑　石	$3MgO \cdot 4SiO_2 \cdot H_2O$
沸　石	$Na_2O \cdot Al_2O_3 \cdot 2SiO_2 \cdot nH_2O$

2. 水溶性硅酸盐

硅酸钠、硅酸钾是常见的可溶性硅酸盐。将二氧化硅与纯碱在 1300℃熔融,可得到硅酸钠,其反应式为

$$SiO_2(s) + Na_2CO_3(s) \xrightarrow{\text{熔融}} Na_2SiO_3(l) + CO_2(g)$$

硅酸钠或硅酸钾的熔体呈玻璃状,溶于水所得到的黏稠液体叫做**水玻璃**(water glass)。它有相当强的黏结能力,在工业上是重要的无机黏结剂。

水玻璃中除含有**正硅酸根**($H_2SiO_4^{2-}$)外,还含有**二聚硅酸根**($H_4Si_2O_7^{2-}$)以及一些**多聚硅酸根**等,因此硅酸钠的化学式一般简写成偏硅酸钠(Na_2SiO_3)。硅酸钠的一个重要特性就是化合物中钠与硅的组成比可以在一定范围内变动,因此通常又将硅酸钠的化学通式写成 $Na_2O \cdot mSiO_2$ 的形式。市售工业用水玻璃中含 SiO_2 与 Na_2O 的物质的量之比(m)一般在 3 左右。通常把 m 叫做水玻璃的**模数**。

硅酸的酸性很弱($K_{a_1}^{\ominus}=1.7\times10^{-10}$,$K_{a_2}^{\ominus}=1.6\times10^{-12}$),硅酸钠(或硅酸钾)在水中会强烈水解而使溶液呈碱性:

$$SiO_3^{2-}(aq) + 2H_2O(l) \rightleftharpoons H_2SiO_3(aq) + 2OH^-(aq)$$

酸与硅酸钠溶液反应会析出硅酸**溶胶**(sol)或**凝胶**(gel),例如

$$Na_2SiO_3(aq) + 2HCl(aq) + (n-1)H_2O(l) \longrightarrow H_2SiO_2 \cdot nH_2O(s) + 2NaCl(aq)$$

这是由于硅酸分子间易发生脱水缩聚反应而形成**多聚硅酸**(poly-silicic acid,简称**多硅酸**)。系统的酸度越大,形成的多聚硅酸的链越长。多聚硅酸的化学式一般用 $mSiO_2 \cdot nH_2O$ 表示,式中 m 和 n 都是正整数。自然界中硅酸盐的种类繁多与硅酸易发生脱水缩聚反应直接相关。

硅酸凝胶受热会完全脱水转变为 SiO_2,若将其中大部分水脱去,可得到白色

透明或半透明的固体，叫做 **硅胶**(silica gel)。硅胶是一种多孔性物质，表面积很大，每克硅胶表面积可达 800～900 m^2，所以硅胶有很强的吸附性能，可用作吸附剂、干燥剂和催化剂载体。用水玻璃制成的纳米级 SiO_2 粉末(直径≤100 nm)是塑料橡胶等的填料，工业上俗称“白炭黑”。

阅读材料　　金属材料和无机非金属材料

材料是人类赖以生存的物质基础。从化学的角度出发，材料可分为**金属材料**(metal material)、**无机非金属材料**(inorganic non-metallic material)、**有机高分子材料**(organic polymer material)三大类，另外还有以这三大类材料为基础进行复合的**复合材料**(composite)。

一、金属及其合金材料

金属材料在国民经济以及科学技术各领域都有十分广泛的应用，它们在产量和使用面上都占有极其重要的地位。我国锂、镁、锡、铅、钒、钼、铁和锌等的蕴藏量均居世界前列，钛、锑、钨和稀土金属的蕴藏量居世界第一位，从而为金属材料的应用和发展提供了重要的物质基础。

由于纯金属种类有限，其性能又往往不及合金，因此工程上实际使用的材料绝大多数是合金。

1. 合金的基本结构类型

合金(alloy)是由两种或两种以上的金属单质(或金属和非金属单质)通过熔炼得到的。钢就是由铁和碳两种元素组成的合金。古代**青铜**(bronze，铜和锡等的合金)的使用，可以将合金使用的年代追溯到上古时代。

合金的结构比纯金属要复杂得多。根据合金组成元素之间的相互作用情况，**合金可分为三种结构类型**：相互溶解形成的**金属固溶体**(metal solid solutions)；相互起化学作用形成的**金属化合物**(metal compound)；不起化学作用形成的**机械混合物**(mechanical mixture)。前两种都是均匀合金；而第三种合金不完全均匀，其机械性能如硬度等性质一般是各组分的平均性质，但熔点降低。**焊锡**(solder)是机械混合物的一个例子，它是由锡和铅形成的合金。

1) 金属固溶体

一种溶质金属或非金属溶解到另一种溶剂金属单质的晶格中形成一种均匀的固态溶液，这类合金称为**金属固溶体**。

按照溶质原子在溶剂原子格点上所占据的位置不同，又可将金属固溶体分为**置换固溶体**(substitutional solid solution)和**间隙固溶体**(interstitial solid solution)两种。

当溶质元素与溶剂元素的原子半径、电负性以及晶格类型等性质都相近时，易形成置换固溶体。在置换固溶体中，溶质原子取代晶体格点上的溶剂原子[图 6.8(b)]。例如，钒、铬、锰、镍和钴等元素与铁都能形成置换固溶体。

当溶质原子半径特别小时，它们易占据在溶剂原子格点的间隙之中[图 6.8(c)]。氢、硼、碳和氮等元素与许多副族金属元素都能形成间隙固溶体。

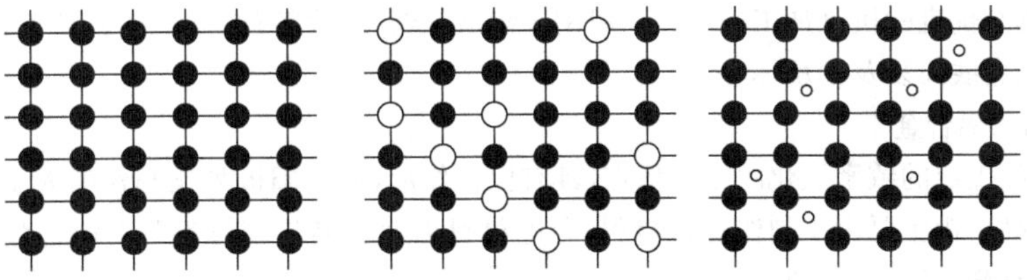

图 6.8　金属固溶体与纯金属的格点对比

(a) 纯金属；(b) 置换固溶体；(c) 间隙固溶体

当金属形成固溶体时，原来的结构将或多或少地发生畸变，这种畸变能阻碍外力对材料引起的形变，因而使固溶体的强度提高，但同时其延展性和导电性将会下降。金属的这种现象称为**固溶强化**(solid solution strengthening)。这种强化的原理对钢的性能和热处理具有重大意义。

2) 金属化合物

当合金中加入的溶质原子数量超过溶剂金属的溶解度时，除能形成固溶体外，同时还会出现新相。这种新相可以是另一种组成的固溶体，但更常见的是形成金属化合物。金属化合物种类很多，从组成元素来说，可以由金属元素与金属元素、金属元素与非金属元素组成。前者如 Mg_2Pb、CuZn 等；后者如硼化物、碳化物和氮化物等，它们对金属和合金材料的应用起着重要的作用。

2. 钢铁

钢铁是用量最大和应用范围最广的金属材料。2005 年全球的钢铁产量为 11.07 亿吨，其中我国的钢铁产量为 3.49 亿吨，占全球钢铁产量的 31.53%。钢铁消费主要集中在建筑、汽车、造船、家电、机械制造等行业。

常用的钢铁一般为铁与碳的合金。其中含碳量为 1.7%～4.5%的为生铁，含碳量小于 0.2%的为**熟铁**(wrought iron)，而含碳量为 0.2%～1.7%的称为**碳素钢**(carbon steel)，一般简称**碳钢**。

在钢铁中，碳主要有两种存在形式，一种是溶于铁中形成间隙固溶体，另一种是和铁原子形成铁碳化合物 Fe_3C，称为**渗碳体**(cemetite)。

除碳素钢外，钢的品种还有合金钢。可加入钢中形成合金的元素种类主要有铬、锰、镍、钼、硅、钒、钛、铌等，它们在钢中的存在形式虽然较为复杂，但总的来说还是形成置换固溶体。

3. 镁和镁合金

镁的密度仅为 1.738 $g \cdot cm^{-3}$，是工业上常用金属中最轻的一种元素。纯镁的机械强度很低，化学性质活泼，在空气中极易被氧化，主要用途是制造合金，其次用于化学工业和制造照明弹、烟火等。镁合金中的加入元素主要有铝、锌和锰等。

铝和锌的加入在一定的含量范围内都能使镁合金的晶粒细化，强度提高。锰的加入可提高材料的抗蚀能力。镁合金的密度小，单位质量材料的强度(比强度)高，能承受较大的冲击荷载，具有优良的机械加工性能。一般用于制造仪器、仪表零件、飞机的起落架、纺织机械中的线轴、卷线筒以及轴承体等。

4. 铝和铝合金

铝表面生成的致密氧化膜十分稳定，具有保护作用，通过阳极氧化制作的人工氧化膜其耐蚀性更高。铝主要用于制作建筑材料、导电材料以及食品包装材料等。铝合金中加入的元素主要有镁、锰、铜、锌和硅等。

铝合金经热处理后快速冷却，产生的过饱和固溶体放置一段时间后，会逐渐析出金属化合物，此时合金的强度将有显著的提高，这种现象称为**"时效硬化"**(age hardening)。含有铜、镁为主的铝合金(如含质量分数3.8%～4.9%的铜、1.2%～1.8%的镁和0.3%～0.9%的锰的铝合金)通过上述处理后的硬铝在飞机制造工业中用作蒙皮、构件和铆钉等，也可以用来制造内燃机活塞、汽缸等。

5. 钛和钛合金

纯钛具有较高的熔点和强度，密度为4.54 $g \cdot cm^{-3}$，尤其是单位质量材料的强度特别高，在600℃以下具有良好的抗氧化性，且可以在较宽的温度范围内保持其机械强度，并对海水及许多酸具有良好的耐蚀性。此外，地壳中钛的储量极为丰富。工业钛是制造化工设备、船舶用零件等的优质材料。

钛的合金中加入的元素主要有铝、钒、铬、钼、锰和铁等。这些合金元素能与钛形成置换固溶体或金属化合物而使合金强度提高。此外，铝的加入还能改善合金的抗氧化能力。钼的加入可显著提高合金对盐酸的耐蚀性，锡能提高合金的抗热性等。钛合金是制造飞机、火箭发动机、人造卫星外壳和宇宙飞船船舱等的重要结构材料。例如，火箭发动机壳体材料广泛使用的钛合金含有质量分数6%的铝和4%的钒。

钛和钛合金已成为一种极有发展前途的新型结构材料，年产量有迅速上升的趋势。我国钛的产量居世界前列。

6. 硬质合金

ⅣB、ⅤB、ⅥB、ⅦB以及铁系元素的碳化物、氮化物、硼化物、硅化物在现代科学技术领域受到普遍的重视，并已形成一类新兴的工程材料。

硬质合金主要的特点是硬度高、耐磨、耐热、耐腐蚀、强度和韧性好等。它具有高硬度和耐磨性，即使在500℃的温度下也基本保持不变，在1000℃时仍有很高的硬度，因此广泛用作刀具材料、钻头、镗刀、凿岩工具、采掘工具、钻探工具、测量量具、耐磨零件、金属磨具、汽缸衬里、精密轴承及喷嘴等。

硬质合金由两部分组成：一部分是硬化相，另一部分是黏结金属。硬化相是元素周期表中过渡金属的碳化物，如碳化钨、碳化钛、碳化钽等，它们的硬度很高，熔点都在2000℃以上，有的甚至接近4000℃。另外过渡金属的硼化物、氮化物、硅化物也有类似的特性，也可以充当硬质合金中的硬化相。硬化相的存在决定了合金具有极高的硬度和耐磨性。黏结金属一般是铁族金属，常用的是钴和镍。

制造硬质合金时，选用的原料粉末粒度一般为1～2 μm，且纯度很高。原料按规定组成比进行配料，加进乙醇或其他介质在湿式球磨机中湿磨，使它们充分混合、粉碎，经干燥、过筛后加入蜡或胶等一类的成型剂，再经过干燥、过筛制得混合料。然后把混合料造粒、压型，再加热到接近黏结金属熔点（1300～1500 ℃）使硬化相与黏结金属形成共晶合金，冷却后硬化相与黏结金属形成一个牢固的整体。硬质合金的硬度取决于硬化相含量和晶粒粒度，即硬化相含量越高，晶粒越细，则硬度也越大。硬质合金的韧性由黏结金属决定，黏结金属含量越高，抗弯强度越大。

二、无机非金属材料

无机非金属材料（简称无机材料）是人类使用最早，用量最大同时也是目前品种最多的一类材料。人类从石器时代开始就在使用天然无机材料。近几十年来无机材料得到了飞速的发展，包括各种金属与非金属元素形成的无机化合物和非金属单质等。无机材料种类繁多，用途又极为广泛，这里仅作简单介绍。

无机材料主要分为传统的**硅酸盐材料**和**新型无机材料**等。传统硅酸盐材料主要是指传统的**陶瓷**、**玻璃**、**水泥**、**耐火材料**、**砖瓦**、**搪瓷**等以天然硅酸盐为原料的制品，一般含有硅酸盐。新型无机材料是指用人工合成方法制得的以化学试剂为原料的材料，包括一些单一的氧化物（如 Al_2O_3、SiO_2、ZrO_2、TiO_2、ZnO、Fe_2O_3）和金属复合氧化物[如 $BaO \cdot TiO_2$（$BaTiO_3$）、$PbO \cdot TiO_2$（$PbTiO_3$）、$PbO \cdot ZrO_2$（$PbZrO_3$）等]、氮化物、碳化物、硼化物、卤化物、硫的化合物和碳素材料（如石墨、金刚石）及其他非金属单质（如半导体硅、硒）等，其种类和用途远比金属材料广泛。

无机材料的特点是耐高温、抗氧化、耐磨、耐腐蚀和硬度大，但其缺点是脆性大。无机非金属材料可分为结构材料和功能材料两大类。结构材料主要是利用其强度，包括耐高温的强度；而无机功能材料主要表现在其有诸如光、电、磁、热、声学等方面的特殊性能，利用这种特殊性能做成的各种功能材料已成为许多科学技术领域以及工程领域中的关键材料。

思 考 题

1. 元素周期表中各单质的熔点、沸点、硬度等变化规律如何？它们与单质的晶体结构和金属键的强弱情况有什么关系？

2. 下列元素哪些是金属？哪些是非金属？哪些是准金属？

(1) 锑； (2) 锶； (3) 钸； (4) 硒； (5) 铑； (6) 氪。

3. 元素周期表中第ⅤA 主族哪一个元素金属性最强？举两个例子说明此族元素的金属性。

4. 比较 s 区元素和 ds 区金属：(1)原子的外层电子构型，(2)化学性质，(3)单质的物理性质。

5. 联系电极电势说明非金属单质的特性之一就是易得电子而呈氧化性。

6. 什么是金属的“钝化”？金属钝化的条件是什么？

7. 有哪些性质可以说明“过渡元素的化学就是 d 电子的化学”？

8. 为什么可以用化学和电化学的方法对金属进行加工？

9. 同周期元素的氧化物和氯化物其熔点、沸点及硬度等性质的变化规律如何？这些性质及变化情况与晶体类型有何关系？联系实际说明。

10. 写出 Cl_2、Br_2、I_2 在水中歧化反应的通式，并说明歧化反应的特点。

11. 简述氧化物及其水合物的酸碱性强弱递变的主要规律(同周期、同族及同一元素不同价态)。

12. 氯化物与水的作用情况大致分为哪几种类型？试举例说明。

13. 举例说明配合物配位体的数目与中心离子配位数的区别。

14. 配位键是如何形成的？为什么说副族元素容易形成配离子？列举若干常见的配离子，并命名。

习　　题

1. 列举下列单质各 2～3 种：(1)耐高温金属；(2)硬度很大的金属；(3)良导电金属；(4)不活泼的金属；(5)低于 1000 ℃熔化的固态非金属单质。

2. 从元素 Li、K、Cl、C、Ne、Ar 中选出：

(1) 最易生成负离子的；　(2)具有最强的金属性；　(3)最易生成正离子的。

3. 下列物质哪些是酸性的？哪些是碱性两性的？哪些是中性的？

(1) CO；　(2) CO_2；　(3) CaO；　(4) Al_2O_3。

4. 写出下列制备 H_2 的化学反应方程式。

(1) Mg 和酸反应；　(2) C 和水蒸气反应；　(3) 甲烷和水蒸气反应。

5. 写出下列离子和化合物的化学式，并指出卤素和惰性气体的氧化态。

(1) 碘酸根离子；　(2) 溴酸；　(3) 三氟化溴；

(4) 次氯酸钠；　(5) 亚碘酸；　(6) 三氧化氙。

6. 写出下列化合物的分子式，并指出每一种化合物中ⅤA 族元素的氧化态。

(1) 正磷酸；　(2) 亚砷酸；　(3) 硫化亚锑(Ⅲ)；

(4) 磷酸二氢钙；　(5) 磷化钾。

7. 完成并配平下列化学反应的方程式(均指在水溶液中的反应)。

(1) $NaNO_2$＋KI＋H_2SO_4(稀)；

(2) 溴水中加入 $AgNO_3$ 溶液，产生浅黄色沉淀；

(3) 铁片加入热浓 $ZnCl_2$ 溶液中，反应放出氢气；

(4) CO_2 通入泡花碱溶液中，产生胶状物质。

8. 下列氧化物的水合物中，哪些能与强酸溶液作用？哪些能与强碱溶液作用？写出化学反应方程式。

(1) $Mg(OH)_2$；　(2) AgOH；　(3) $Sn(OH)_2$；

(4) $SiO_2 \cdot H_2O$；　(5) $Cr(OH)_3$。

9. 下列反应都可以产生氢气，请举例说明并写出相应的化学反应方程式。

(1)金属与水；(2)金属与酸；(3)金属与碱；(4)非金属单质与水蒸气；(5)非金属单质与碱。

10. 在水溶液中，用 H_2S 还原下列反应，控制反应条件，使 H_2S 的还原产物为硫单质，写出这些反应的离子反应方程式。

(1) $Fe^{3+} \longrightarrow Fe^{2+}$；　(2) $Br_2 \longrightarrow Br^-$；

(3) $MnO_4^- \longrightarrow Mn^{2+}$；　(4) $HNO_3 \longrightarrow NO_2$。

11. 解释下列现象。

(1) 在室温下，I_2 是固体，Br_2 是液体，Cl_2 和 F_2 是气体；

(2) F_2 不能通过电解 F^- 的水溶液来制备；

(3) HF 的沸点比其他的卤化物沸点都高；

(4) 卤素的氧化能力按 $F_2 > Cl_2 > Br_2 > I_2$ 的顺序降低。

12. 在元素周期表ⅣA 族中选出每一个符合下列条件的元素。

(1) 酸性最强的氧化物；

(2) 常见氧化态为 +2 价的元素；

(3) 沙的主要组成元素。

13. 下列各组物质能否共存？若不能共存则说明原因，并写出有关的化学反应方程式（未注明状态均指水溶液）。

(1) Sn^{4+}、Sn^{2+} 与 Sn(s)；　(2) Na_2O_2(s) 与 H_2O(l)；　(3) $NaHCO_3$ 与 NaOH；

(4) NH_4Cl 与 Zn(s)；　(5) $NaAlO_2$ 与 HCl；　(6) $NaAlO_2$ 与 NaOH；

(7) $BiCl_3$(s) 与 H_2O(l)。

14. 列举具有下列性能的物质 2～3 种，并写出这些物质（或主要组分）的分子式或化学式。

(1) 熔点很高；　(2) 硬度很大；　(3) 碱性很强；　(4) 酸性很强；

(5) 很容易和水反应；　(6) 很易挥发；　(7) 溶解度很小；　(8) 强氧化性。

15. 一个生产硫酸的工厂产生了相当多的热，为了降低生产成本，这些热被用来发电。硫酸的合成有三个主要的步骤：

(1) 把 S 氧化成 SO_2；

(2) 把 SO_2 氧化成 SO_3；

(3) 用 H_2SO_4 吸收 SO_3 气体，再和水反应生成 H_2SO_4。

如果第三步产生了 130 $kJ \cdot mol^{-1}$ 的热量，那么 1 mol 的硫生成 1 mol 的 H_2SO_4 产生的热量为多少？生产 1 t H_2SO_4 产生的热量为多少？

16. 命名下列配合物，并指出中心离子及其氧化值。

(1) $[Co(NH_3)_6]Cl_2$；　(2) $K_2[Co(SCN)_4]$；　(3) $Na_2[SiF_6]$；

(4) $K_2[Zn(OH)_4]$；　(5) $[CoCl(NH_3)_5]Cl_2$；　(6) $[PtCl_2(NH_3)_2]$。

17. 写出下列化学反应的方程式，并指出这些酸中起氧化作用和起配合作用的离子。

(1) 锌与稀硫酸；　(2) Cu 与浓硝酸；　(3) 金与王水。

18. 选择题

(1) 在配制 $SnCl_2$ 溶液时，为了防止溶液产生 Sn(OH)Cl 沉淀，应采取的措施是(　　)。

(a) 加碱　(b) 加酸　(c) 多加水　(d) 加热

(2) 下列物质中，熔点最高的是(　　)。

(a) SiC　(b) $SnCl_4$　(c) $AlCl_3$　(d) KCl

(3) 下列物质中，酸性最弱的是(　)。

(a) H_3PO_4　(b) $HClO_4$　(c) H_3AsO_4　(d) H_3AsO_3

(4) 能与碳酸钠作用产生沉淀，而此沉淀又能溶于 NaOH 溶液的物质是(　　)。

(a) $AgNO_3$　(b) $CaCl_2$　(c) $AlCl_3$　(d) $Ba(NO_3)_2$

(5) +3 价铬在过量强碱溶液中的存在形式是(　　)。

(a) $Cr(OH)_3$　(b) CrO_2^-　(c) Cr^{3+}　(d) CrO_4^{2-}

(6) 下列物质中具有金属光泽的是(　　)。

(a) TiO_2　(b) $TiCl_4$　(c) TiC　(d) $Ti(NO_3)_4$

(7) 易于形成配离子的金属元素位于周期表中的(　　)。

(a) p 区　(b) d 区和 ds 区　(c) s 区和 p 区　(d) s 区

(8) 在配离子$[PtCl_3(C_2H_4)]^-$中，中心离子的数是(　　)。

(a) +3　(b) +4　(c) +2　(d) +5

(9) 用于合金钢中的合金元素可以是(　　)。

(a) 钾和钠　(b) 钼和钨　(c) 铅和锡　(d) 钙和钡

(10) 超导材料的特性具有(　　)。

(a) 高温下低电阻　(b) 低温下零电阻　(c) 高温下零电阻　(d)低温下恒定电阻

(11) 社会上有些骗子常用铜锌合金制成的假金元宝骗取钱财。下列(　　)方法不易区别其真伪。

(a) 测定密度　(b) 放入硝酸　(c) 放入盐酸　(d) 观察外观

第 7 章　高分子化合物

高分子化合物有天然高分子和人工合成高分子两大类。近半个世纪以来，由于化学的发展，人工合成高分子成为材料领域的后起之秀。它的出现带来了材料领域的重大变革，一方面，它大大减少了天然高分子材料如木材、树脂、橡胶、皮革、棉花等的用量；另一方面，与金属和合金材料、无机非金属材料相比，它具有资源丰富、质轻、耐腐蚀、易加工、柔韧性好等特点。

目前，高分子材料已广泛应用于人类的衣食住行和各产业领域，并与金属材料、无机非金属材料并称为三大基础材料。它的广泛应用和不断创新是材料科学发展的一个重要标志。本章主要介绍人工合成高分子化合物的组成、结构、性能、合成方面的基础知识。

7.1　高分子化合物概述

高分子化学主要研究高分子化合物的合成与反应。前者涉及合成机理、动力学、合成反应与高分子的分子结构、相对分子质量和相对分子质量分布之间的关系；后者涉及高分子的化学反应、改性和防老化。就广义而言，高分子化学还包括聚合物的结构和性能。

7.1.1　高分子化合物的基本概念和特征

1. 基本概念

高分子化合物也称大分子化合物，是由许多小分子通过共价键连接而成的大分子化合物，相对分子质量一般为 $10^4\sim10^6$。例如，聚氯乙烯的相对分子质量通常为 5 万～15 万，天然橡胶的为 40 万～100 万等。高分子化合物的相对分子质量虽然很大，但组成并不复杂，它们的分子往往都是由特定的**结构单元**(constitutional unit)通过共价键多次重复连接而成的，因此可以通过这种特定的结构单元表示其分子和结构。这种结构单元又称**链节**(chain unit)。例如，聚氯乙烯的结构可简写为

$$\left[\!\!-CH_2-\underset{\displaystyle Cl}{\underset{|}{CH}}-\!\!\right]_n$$

括号表示重复连接的意思，n 代表重复连接单元数，又称为聚合度。它是衡量高分子化合物分子大小的一个指标。高分子化合物的聚合度通常都在 1000 以上。

同一种高分子化合物通常是由许多链节相同而聚合度不同的化合物所组成的混合物。因此，实验测得的高分子化合物的相对分子质量和聚合度实际上都是平均值，这也是与小分子化合物的明显不同之处。

不同的高分子化合物常具有不同的结构单元，通常将能提供结构单元的小分子化合物称为**单体**(monomer)，它们是合成聚合物的原料，如聚氯乙烯的单体为氯乙烯 $CH_2=CH-Cl$。

2. 高分子化合物的特征

由于高分子化合物具有很高的相对分子质量和长链结构，决定了它们与小分子化合物相比具有不同的特征：

(1) 几乎无挥发性，常温下主要以固态或液态存在。固态高分子化合物有晶态与非晶态之分，且晶态与非晶态可同时存在于同一种高分子化合物中。

(2) 高分子化合物的分子链很长，且互相缠绕[图 7.1(a)]，分子间相互作用力很大，因此能表现出一定的强度和韧性。

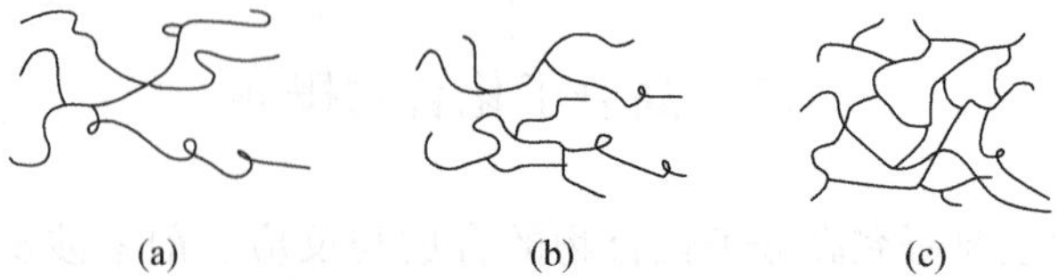

图 7.1　聚合物分子结构的示意图

(a) 链型；(b) 链型(有支链)；(c) 体型

(3) 由于长链高分子一般呈卷曲状，因而高分子化合物通常显示出一定程度的弹性。

(4) 高分子化合物的溶解过程很慢，有时只发生溶胀(见第 7.2 节)，且聚合物溶液的黏度比一般的小分子化合物溶液要大得多。

7.1.2　高分子化合物的命名和分类

1. 高分子化合物的命名

高分子化合物的系统命名法以结构为基础，但因为繁琐，对结构较复杂的高分子化合物很少使用。目前常用的命名法有下列两种：

1) 按原料单体或聚合物的特征结构命名

这种命名法是在单体名称前面冠以“聚”字，如聚乙烯等大多数烯类单体形成的聚合物，也有以聚合物特征结构官能团的名称结合单体名称来命名的。例如，由己二酸与己二胺合成的高聚物称为聚己二酰己二胺(或简称聚酰胺)：

$$\left[HN(CH_2)_6NH-CO(CH_2)_4CO \right]_n$$

由乙二醇与对苯二甲酸合成的高聚物称为聚对苯二甲酸乙二醇酯(或简称聚酯)：

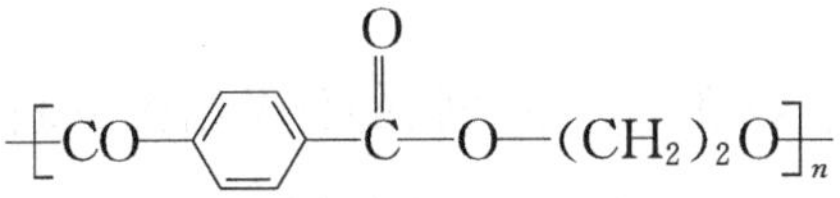

另外，也有在单体名称(或简单地自单体名称中取一两个字作简称)后面加树脂、橡胶或共聚物的命名法。例如，由苯酚和甲醛合成的树脂简称酚醛树脂；由丁二烯与苯乙烯合成的橡胶简称丁苯橡胶。由丙烯腈、丁二烯与苯乙烯合成的聚合物称为丙烯腈-丁二烯-苯乙烯共聚物。

2) 按商品命名

商品名是为简化命名或根据商品需要而产生的。例如，将聚甲基丙烯酸甲酯命名为有机玻璃；将聚己二酰己二胺命名为尼龙-66，尼龙代表聚酰胺，尼龙后的数字中，前一个数字代表二元胺中的碳原子数，后一个数字代表二元羧酸中的碳原子数。用商品名命名，在纤维类高聚物中十分普遍。我国习惯以“纶”作为合成纤维商品名的后缀，如涤纶(聚对苯二甲酸乙二醇酯纤维)、氯纶(聚氯乙烯纤维)等。

此外，为解决聚合物名称冗长、读写不便的问题，可对常见的一些聚合物采用国际通用的英文缩写符号来命名。例如，聚氯乙烯用 PVC(polyvinylchloride)表示，苯乙烯-丁二烯-苯乙烯共聚物用 SBS 表示等。

2. 高分子化合物的分类

聚合物的种类已有上千种，且仍在不断增加。为便于了解和研究需要对其进行分类。常见的两种分类法如下：

1) 按主链结构分类

(1) 碳链聚合物(carbon chain polymer)。大分子主链完全由碳原子组成的聚合物。绝大多数烯烃和二烯烃的聚合物均属此类。

(2) 杂链聚合物(heterochain polymer)。大分子主链除碳原子外，还含有氧、氮、硫等杂原子，如聚醚、聚酰胺等聚合物。

(3) 元素有机聚合物(elemental organic polymer)。大分子主链中无碳原子，由硅、硼、铝与氧、氮、硫、磷等元素组成，但侧基中含碳、氢元素，如有机硅胶

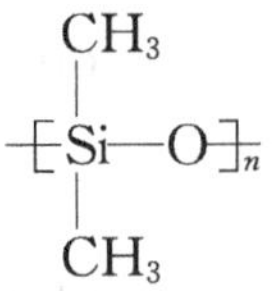

有机基团组成的聚合物，如果大分子主链和侧基均无碳原子，则称为**无机高分子化合物**(inorganic macromolecular compound)。

2) 按性能和用途分类

按所制得高分子化合物的性能和用途不同，可分为**塑料**(plastic)、**橡胶**(rubber)、**纤维**(fiber)、**胶黏剂**(adhesive)、**涂料**(coating)**和功能高分子**(functional polymer)等。

一些常见的碳链聚合物和杂链聚合物的分子结构见表 7.1 和表 7.2。

表 7.1　碳链聚合物

聚合物	符　号	重复单元	单　体
聚乙烯	PE	$-CH_2-CH_2-$	$CH_2=CH_2$
聚丙烯	PP	$-CH_2-CH-$ | CH_3	$CH_2=CH$ | CH_3
聚异丁烯	PIB	CH_3 | $-CH_2-C-$ | CH_3	CH_3 | $CH_2=C$ | CH_3
聚苯乙烯	PS	$-CH_2-CH-$ | C_6H_5	$CH_2=CH$ | C_6H_5
聚氯乙烯	PVC	$-CH_2-CH-$ | Cl	$CH_2=CH$ | Cl
聚偏氯乙烯	PVDC	Cl | $-CH_2-C-$ | Cl	Cl | $CH_2=C$ | Cl
聚氟乙烯	PVF	$-CH_2-CH-$ | F	$CH_2=CH$ | F
聚氟四乙烯	PTFE	$-CF_2-CF_2-$	$CF_2=CF_2$
聚三氟氯乙烯	PCTFE	$-CF_2-CF-$ | Cl	$CF_2=CF$ | Cl
聚丙烯酸	PAA	$-CH_2-CH-$ | COOH	$CH_2=CH$ | COOH
聚丙烯酰胺	PAN	$-CH_2-CH-$ | $CONH_2$	$CH_2=CH$ | $CONH_2$
聚丙烯酸甲酯	PMA	$-CH_2-CH-$ | $COOCH_3$	$CH_2=CH$ | $COOCH_3$
聚甲基丙烯酸甲酯	PMMA	CH_3 | $-CH_2-C-$ | $COOCH_3$	CH_3 | $-CH_2-C-$ | $COOCH_3$
聚丙烯腈	PAN	$-CH_2-CH-$ | CN	$CH_2=CH$ | CN

续表

聚合物	符　号	重复单元	单　体
聚乙烯乙酸酯	PVAc	$-CH_2-CH(OCOCH_3)-$	$CH_2=CH(OCOCH_3)$
聚乙烯醇	PVA	$-CH_2-CH(OH)-$	$CH_2=CH(OH)$ （假设单体）
聚乙烯基烷基醚		$-CH_2-CH(OR)-$	$CH_2=CH(OR)$
聚丁二烯	PB	$-CH_2-CH=CH-CH_2-$	$CH_2=CH-CH=CH_2$
聚异戊二烯	PIB	$-CH_2-C(CH_3)=CH-CH_2-$	$CH_2=C(CH_3)-CH=CH_2$
聚氯丁二烯	PCP	$-CH_2-CCl=CH-CH_2-$	$CH_2=CCl-CH=CH_2$

表 7.2　杂链和有机聚合物

类　型	聚合物	结构单元	原　料
聚酯 —O—	聚甲醛	$-O-CH_2-$	HCHO 或 $(CH_2O)_2$
	聚环氧乙烷	$-O-CH_2CH_2-$	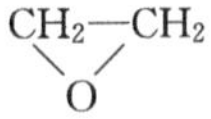
	聚双(氯甲基)丁氧烷	$-O-CH_2-C(CH_2Cl)_2-CH_2-$	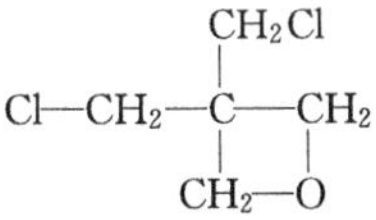
	聚二甲基苯撑	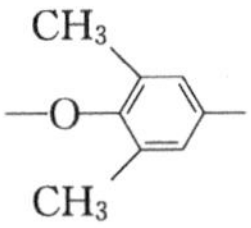	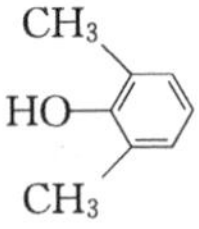
	环氧树脂	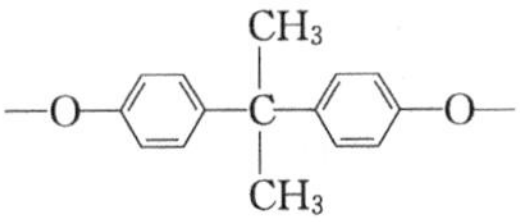 $-CH_2CH(OH)CH_2-$	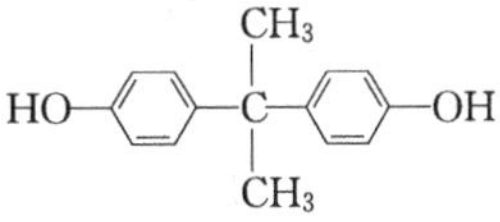 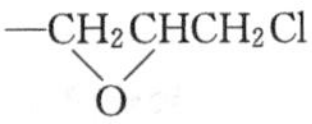
	涤纶	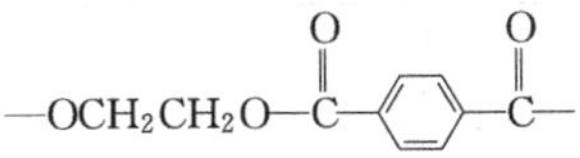	$HOCH_2CH_2OH$ + 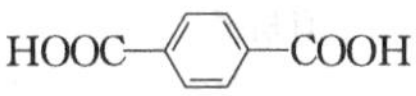

续表

类　型	聚合物	结构单元	原　料
聚酯 —OCO—	聚碳酸酯	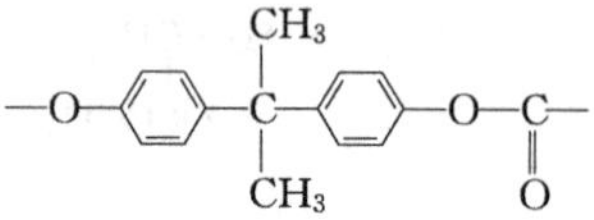	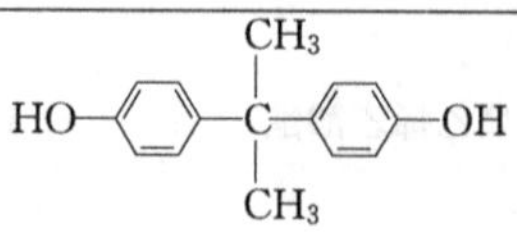 $+COCl_2$
	不饱和树脂	$—OCH_2CH_2OCOCH—CHCO—$	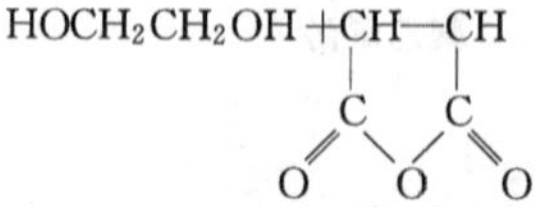
	醇酸树脂	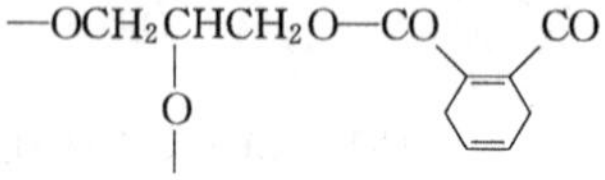	$OHCH_2CHOHCH_2OH+$ $C_6H_4(CO)_2O$
聚酰胺 —NHCO—	尼龙-66	$—NH(CH_2)_6NH—CO(CH_2)_4CO—$	$NH_2(CH_2)_6NH_2+HOOC$ $(CH_2)_4COOH$
	尼龙-6	$—NH(CH_2)_5CO—$	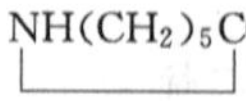
聚氨酯 —NHOCO—		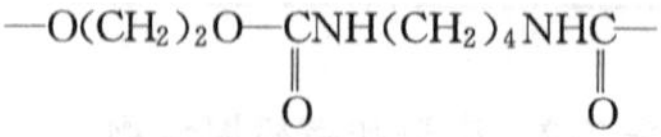	$HO(CH_2)_2OH+OCN(CH_2)_6NCO$
聚脲 —NHCONH—		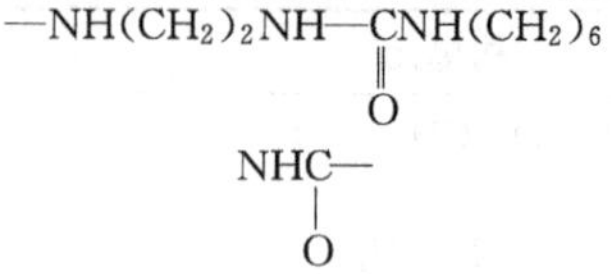	$NH_2(CH_2)_6NH_2+OCN(CH_2)_6NCO$
聚砜 —SO₂—		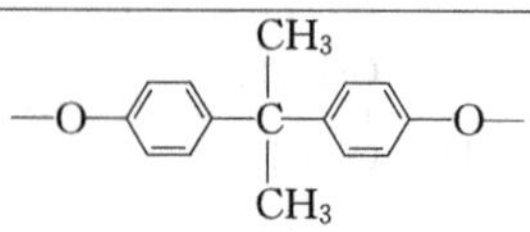 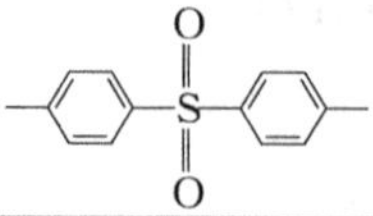	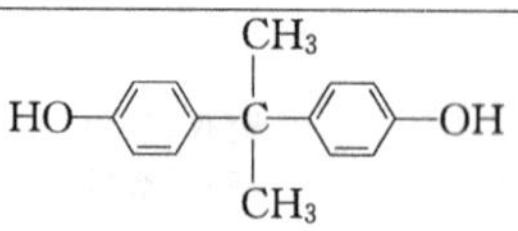 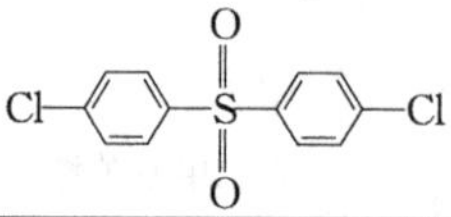
酚醛	酚醛	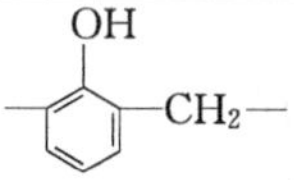	$C_6H_5OH+HCHO$
	脲醛	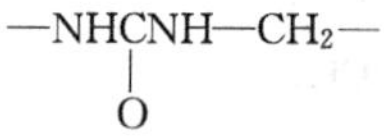	$CO(NH_2)_2+HCHO$
	聚硫橡胶	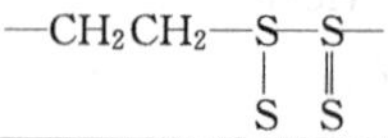	$ClCH_2CH_2Cl+Na_2S$
有机硅 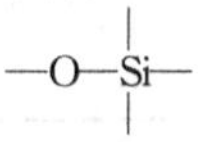	硅橡胶	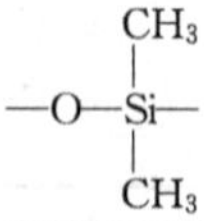	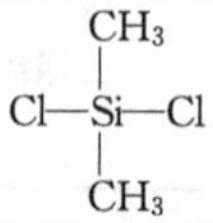

7.1.3　高分子化合物的合成

按单体和聚合物在组成和结构方面的不同，可将聚合反应分为**加成聚合**和**缩合聚合**两大类，简称**加聚**和**缩聚**；按反应动力学和聚合反应机理不同，则可将聚合反应分为连锁式聚合反应和逐步聚合反应两大类，后一种分类方法更加科学合理。

1. 加聚反应

加聚反应(polyaddition reaction)一般按链式反应机理进行，聚合物是唯一的反应产物，因此产生的聚合物的化学组成与所用单体相同。例如，乙烯类单体在光、热或引发剂作用下，双键中的 π 键打开，发生加聚反应：

$$n\mathrm{CH_2{=}\underset{\displaystyle X}{\underset{|}{C}}H} \longrightarrow \left(\mathrm{CH_2{-}\underset{\displaystyle X}{\underset{|}{C}}H}\right)_n$$

式中，X 表示取代基，如—H、—Cl、—CN、烷基、苯基等。X 不同，可以得到各种不同的乙烯类聚合物，它们都属碳链聚合物。

由同一种单体聚合而成的聚合物称为**均聚物**(homopolymer)，如聚氯乙烯和聚丙烯等。由两种或两种以上单体共聚而成的聚合物称为**共聚物**(multipolymer)。例如，由丁二烯和苯乙烯共聚得到的丁苯橡胶，聚合物链分子中含有两种不同的结构单元，聚合物可简单表示如下：

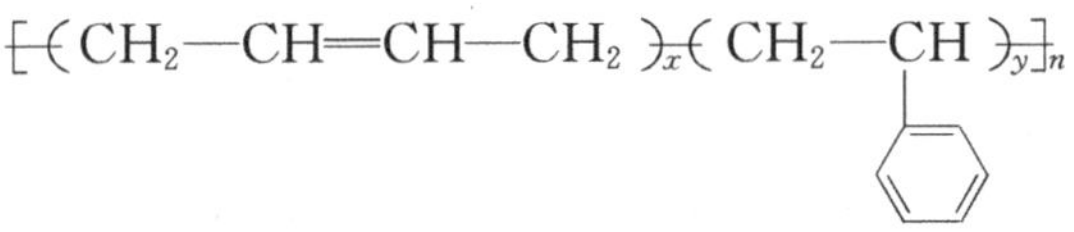

共聚物往往兼有相应均聚物的一些优异性能，所以研究共聚合反应有很大的实用意义。

2. 缩聚反应

缩聚反应(polycondensation)是指两种多官能团的分子发生缩合反应形成聚合物，同时析出低分子副产物(如水、氨、醇、卤化氢等)。缩聚反应与低分子的缩合反应不同，缩聚反应要求单体必须具有两个或两个以上能参加反应的官能团(如—OH、$-NH_2$、—COOH、—Cl 等)。例如，由己二酸和己二胺合成的尼龙-66，即利用己二酸分子两端的羧基(—COOH)和己二胺分子两端的氨基($-NH_2$)相互缩聚而成。其反应式如下：

$$n\mathrm{H{-}\overset{\displaystyle H}{\overset{|}{N}}{-}(CH_2)_6{-}\overset{\displaystyle H}{\overset{|}{N}}{-}H} + n\mathrm{HO{-}\overset{\displaystyle O}{\overset{\|}{C}}{-}(CH_2)_4{-}\overset{\displaystyle O}{\overset{\|}{C}}{-}OH} \longrightarrow$$

$$\left[\!\!-\overset{\displaystyle H}{\overset{|}{N}}-\!\left(CH_2\right)_6-\overset{\displaystyle H}{\overset{|}{N}}-\overset{\displaystyle O}{\overset{\|}{C}}-\!\left(CH_2\right)_4-\overset{\displaystyle O}{\overset{\|}{C}}\!-\right]_n + (2n-1)H_2O$$

上述高聚物的链节中因含有酰胺键 $\left(-\overset{\displaystyle O}{\overset{\|}{C}}-\overset{\displaystyle H}{\overset{|}{N}}-\right)$ 而属于聚酰胺类缩聚物。缩聚物往往具有官能团的结构特征，如含 $-\overset{|}{\underset{|}{C}}-O-\overset{|}{\underset{|}{C}}-$ 或 $-\overset{\displaystyle O}{\overset{\|}{C}}-O-$ 的缩聚物分别称为聚醚或聚酯等，**大部分缩聚物是杂链聚合物。**

杂链聚合物并不都是由缩聚反应生成的。例如，聚己内酰胺（$\left[NH(CH_2)_5CO\right]_n$）和聚环氧乙烷$[\left(OCH_2CH_2\right)_n]$分别是由单体己内酰胺$\left[\underline{HN(CH_2)_5CO}\right]$和环氧乙烷$\left(\begin{array}{c}CH_2-CH_2\\ \diagdown\ \diagup\\ O\end{array}\right)$开环聚合而成的。

当缩聚反应中的原料单体中一种含有两个以上可聚合官能团时，缩聚生成**体型高聚物**。体型聚合物在溶剂中不溶解，加热也不熔融。例如，用于油漆工业中的醇酸树脂，就是由三元醇（甘油）和二元酸酐（邻苯二甲酸酐）经缩聚反应生成的聚酯。甘油有三个羟基，因此缩聚反应可在三维方向上发生。

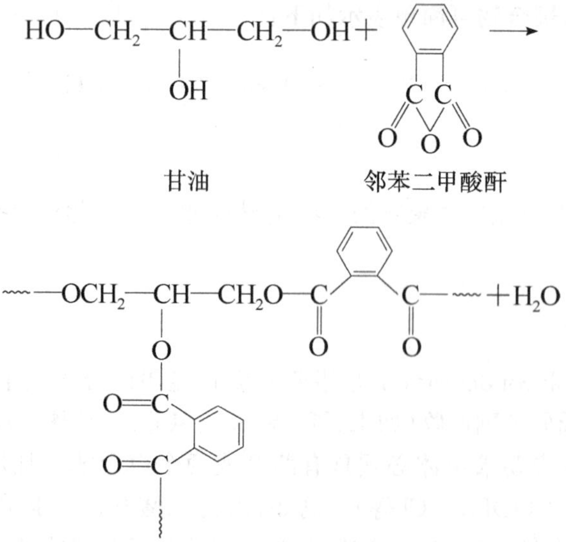

7.2 高分子化合物的基本结构和基本特性

高聚物的许多特性如塑性、弹性、机械性能、电绝缘性、化学稳定性等，都与其结构有着密切的关系。

高聚物按其分子形状不同可分为**线型(包括带支链的)聚合物**和**体型聚合物**两大类,如图 7.1 所示。线型的高聚物除了分子链可以运动外,分子链中 σ 单键还可以在一定的角度内旋转,即构象改变,如图 7.2 所示。因此,一个分子链在无外力作用时会有众多的**分子空间形态**,而呈伸直状的极少,绝大部分为**卷曲状**。若以外力作用时,分子链的形态会发生改变,同时引起物体外形的改变。当外力去除时,又能借 σ 单键的内旋转而恢复其卷曲形态。高分子链这种强烈卷曲的倾向称为**链的柔顺性**,对高聚物的**弹性和塑性**等有着重要影响。

固态高聚物按其分子链在空间的堆砌情况不同而分为晶态与非晶态。在**晶态高聚物**中,分子链作有规则的排列;非晶态高聚物中,分子链的堆砌是无规则的。但一般的所谓晶态高聚物只能部分结晶,有结晶区同时还有非晶区,即具有**两相共存**的特殊结构,并且每一个高聚物的分子链可贯穿好几个结晶区和非晶区(图 7.3)。对晶态高聚物,通常用结晶度作为结晶部分含量的量度。

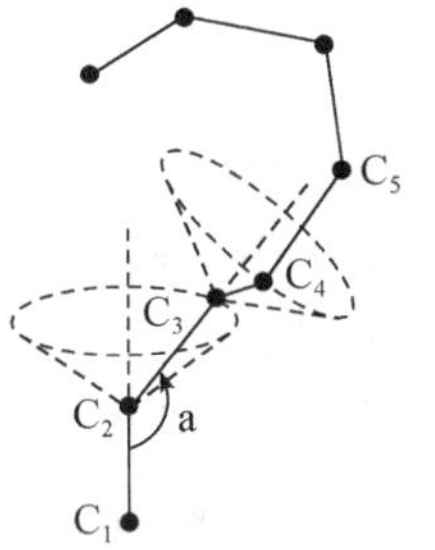

图 7.2　键角固定的高分子 σ 单键的内旋转示意图

图 7.3　聚合物中结晶区与非结晶区分布示意图

高聚物的结晶度依高聚物的种类、结晶条件等不同而不同。结晶度的大小是影响高分子材料的机械强度、密度、耐热、耐溶剂(溶解性)等性能的重要因素。

对称整齐的分子链有利于进行周期性的有序堆砌,形成结晶区。例如,聚乙烯、聚四氟乙烯,链节结构对称,结晶度往往很高,其中聚乙烯的结晶度可高达 95%,而一般高聚物的结晶度只有 50%左右。

7.2.1　弹性和塑性

高聚物的宏观性质表现为刚性、弹性或是塑性,主要取决于大分子链间的相互作用力及链的柔顺性。一般来说,分子链之间的作用力较大,而链节内旋转又较困难时,高聚物的刚性较大。此外,温度是一个很重要的因素。温度升高时,分子的热运动增强,刚性降低。

高聚物(不形成气态,因为气化前已裂解)从固态转变为液态时一般没有确定

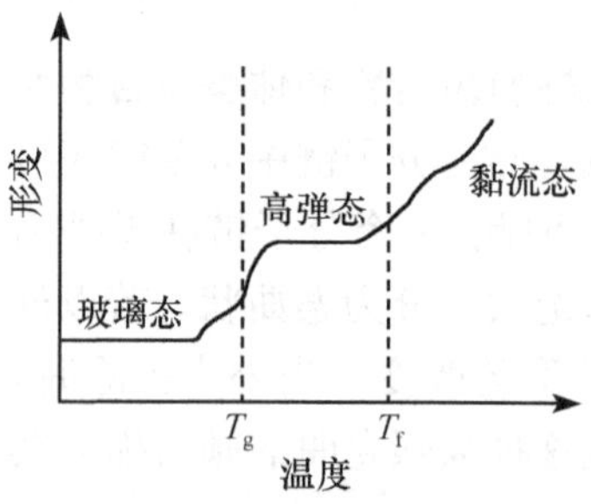

图 7.4　线型非晶态聚合物的形变-温度曲线

的熔点，但有一个熔融的温度范围。对线型非晶态高聚物来说，随着温度的升高，从固态逐步软化变为液态的过程中，出现三种不同的力学状态，即**玻璃态**、**高弹态**和**黏流态**(图 7.4)。它们是分子处于不同运动状态的宏观表现。

(1) 玻璃态。温度较低时，分子热运动的能量很低，尚不足以使分子链段或整个分子链产生运动，此时高聚物呈现如玻璃体状的固态，称为玻璃态。常温下的非晶态塑料一般处于玻璃态，呈脆性。

(2) 高弹态。当温度升高到一定程度时，聚合物的链段可以较自由地运动，但整个大分子链还不能运动。此时在不大的外力作用下，聚合物可产生相当大的可逆性形变，当外力去除后，通过链段的运动又恢复原状。在外力作用下所产生的这种形变可达到一个很大的数值，即聚合物表现出很高的弹性，所以此温度下高聚物的力学状态称为高弹态。常温下的橡胶就处于高弹态。

(3) 黏流态。当温度继续升高时，高聚物得到的能量足够使整个分子链都自由运动，成为能够流动的黏液，由于大分子间分子相互作用力很大，所以高分子聚合体黏度比液态低分子化合物的黏度要大得多，称为黏流态。此时，除去外力后的形变不能再恢复原状。塑料等制品的加工成型，即利用此阶段软化而可塑制的特性。室温或略高于室温时处于黏流态的聚合物，通常用作胶黏剂或涂料(如聚乙烯乙酸酯)。

一个高聚物表现出**弹性**还是**塑性**，也不是绝对的，它们可以在改变温度的情况下由一种力学状态转变为另一种力学状态。橡胶在室温时呈高弹性，若升高到一定温度，可转变为黏流态；在低温时，则可转变为玻璃态。又如，聚甲基丙烯酸甲酯、聚氯乙烯等树脂或塑料，在室温时呈玻璃态，若升高到一定温度后也可转变为高弹态，继续升高温度则可转变为黏流态。

由玻璃态向高弹态转变的温度称为**玻璃化转变温度**，用 T_g 表示。由高弹态向黏流态转变的温度称为**黏流化温度**，用 T_f 表示。T_g 是高聚物的一项重要性质，它的高低不仅可确定该高聚物是适合作橡胶还是适合作塑料，而且还能显示材料的耐热、耐寒性能。通常将 **T_g 远高于室温的高聚物称为塑料**；将 **T_g 远低于室温的高聚物称为橡胶**。塑料要求在室温下保持固定的形状，因此，用作塑料的高聚物 T_g 要高；可是作为橡胶，T_g 与 T_f 之间的温度差决定了橡胶类物质的使用温度范围，T_g 越低，T_f 越高，则橡胶的耐寒性与耐热性越好，性能越优良。表 7.3 中列出了一些非晶态高聚物的 T_g 和 T_f 值。

表 7.3　一些非晶态高聚物的 T_g 和 T_f 值

高聚物	T_g/℃	T_f/℃
聚氯乙烯	81	175
聚苯乙烯	100	135
聚甲基丙烯酸甲酯	105	150
聚丁二烯(顺丁橡胶)	−108	—
天然橡胶	−73	122
聚二甲基硅氧烷(硅橡胶)	−125	250

7.2.2　力学性能

高聚物力学性能的指标主要有力学强度、模量衡量韧性的冲击强度等。它们主要与分子链之间的作用力大小等因素有关。

一般来讲,高聚物的平均相对分子质量(或平均聚合度)越高,分子链间的作用力越大,高聚物的力学性能越好。但当相对分子质量超过一定的数值后,不但拉伸强度变化不大,而且会使 T_f 升高而不利于加工。

高聚物的机械强度与其所含的官能团特别是链结构有主要关系。当高聚物分子链中含有极性取代基或链间能形成氢键时,都可增加分子链之间的作用力而提高强度。例如,聚氯乙烯因含极性基团—Cl,其拉伸强度一般比聚乙烯的要高;聚酰胺的长链分子中存在着酰胺键(—CO—NH—),分子链之间由于形成氢键而使聚酰胺显示出较高的力学强度。

适度交联有利于增加分子链之间的作用力。例如,聚乙烯交联后冲击强度可提高 3～4 倍。但过分交联往往并不有利,例如,由酚醛树脂制造的塑料(俗称胶木),常因交联程度过高而易于脆裂。

一般来说,在结晶区内分子链排列紧密有序,可使分子链之间的作用力增大,机械强度也随之增高。纤维的强度和刚性通常比塑料、橡胶的都要好,原因在于制造纤维用的高聚物(特别是经过拉伸处理后)的结晶度比较高。结晶度的增加也会使链段运动变得困难,从而降低高聚物的弹性和韧性,影响其冲击强度。

主链含苯环的高聚物,强度和刚性比含脂肪族主链的高聚物的要高。因此,一般工程塑料大都是主链含芳环、杂环的。例如,芳香尼龙的强度比普通尼龙的要高。此外,引入芳环、杂环取代基也可以提高聚合物的强度和模量。聚苯乙烯的强度和模量通常超过聚乙烯。

7.2.3 电绝缘性

高聚物按结构对称性的不同,可以分为非极性和极性两类。非极性高聚物是指分子链中链节结构对称的高聚物,如聚乙烯、聚四氟乙烯等。极性高聚物是指分子链中链节结构不对称的高聚物,如聚氯乙烯、聚酰胺等。

对直流电来说,由于高聚物内部一般没有自由电子和离子(或只有很少的自由电子或离子),绝大多数具有较好的电绝缘性,且差别甚微。但对交流电而言,极性高聚物由于极性基团或极性链节会随着交变电场的方向发生周期性的取向而导电。也就是说,高聚物的电绝缘性与其极性有关。一般说来,高聚物的极性越小,电绝缘性越好。通常可按其链节结构与电绝缘性能的不同,分为下列几种情况:

(1) 除含碳和氢外,链节结构对称且无极性基团的高聚物(如聚乙烯)对直流电和交流电都绝缘。在聚四氟乙烯中,C—F 键虽有相当大的极性,但由于整个链节结构是对称的,使键的极性相互抵消,所以聚四氟乙烯是非极性高聚物,可用作高频率的电绝缘材料(电介质)。

(2) 除含碳和氢外,虽是无极性基团但链节结构不对称的高聚物(如聚苯乙烯、天然橡胶等)具有弱极性,可用作中频率的电绝缘材料。

(3) 除含碳和氢外,链节结构不对称且有极性基团的高聚物(如聚氯乙烯、聚酰胺、酚醛树脂等)具有极性,可根据其极性的大小,用作低频率或中频率的电绝缘材料。例如,酚醛树脂、脲醛树脂、聚乙烯醇等强极性高聚物可用作低频率的电绝缘材料,而聚氯乙烯、聚甲基丙烯酸甲酯、聚酰胺等极性高聚物则可用作中频率的电绝缘材料。分子的极性越大,在外电场作用下因取向而极化的程度也越大,可用相对介电常数(ε)衡量分子的极化程度,因此 ε 成为衡量分子极性的物理量,表 7.4 中列出了一些常见高聚物的介电常数。通常**非极性高聚物的介电常数 $\boldsymbol{\varepsilon}$　2,弱极性或中等极性高聚物的 $\boldsymbol{\varepsilon=2\sim4}$,强极性高聚物的 $\boldsymbol{\varepsilon}$　4。**

表 7.4　常见高聚物的相对介电常数 ε

高聚物	ε	高聚物	ε
聚四氟乙烯	2.0	聚氯乙烯	3.2～3.6
聚丙烯	2.2	聚甲基丙烯酸甲酯	3.3～3.9
低密度聚乙烯	2.25～2.35	尼龙-6	3.8
高密度聚乙烯	2.30～2.35	尼龙-66	4.0
聚苯乙烯	2.45～3.10	酚醛树脂	5.0～6.5

7.2.4 溶解性

固态低分子化合物的溶解是由于溶质分子直接被溶剂化,进而分散于溶剂中,而高聚物的溶解需经历两个阶段:

(1) 溶胀(dissolution)。溶剂分子渗入高聚物内部,使高分子链间产生松动,并通过溶剂化使高聚物膨胀成凝胶状。此现象称为溶胀。

(2) 溶解(swelling)。高分子链从凝胶表面分散进入溶剂中,形成均一的溶液。

一般线型(包括带支链)的高聚物,在适当的溶剂中可以溶解,但当链间产生化学交联而成为体型高聚物时,由于链间形成化学键,通常聚合物只发生溶胀而不能溶解,如经硫化后的橡胶。

晶态高聚物由于分子链堆砌较紧密,分子链之间的作用力较大,溶剂分子难以渗入其中,因此其溶解常比非晶态高聚物困难,一般需将其加热至熔点附近,待晶态转变为非晶态后,溶剂分子才能渗入,使高聚物逐渐溶解。例如,聚乙烯需在熔点(135℃)附近才能溶于对二甲苯等非极性溶剂中。但极性的晶态高聚物却可以在常温下溶解于极性溶剂中。例如,尼龙在常温下可溶于甲酸等极性溶剂中,主要原因是尼龙能与甲酸溶剂形成氢键,极强的溶剂化作用破坏了晶格结构。

此外,高聚物的相对分子质量与其溶解性也有关。相对分子质量大的高聚物,链间作用力大,显然不利于其溶解。

在高分子溶液(如胶黏剂、涂料等)的配制或使用中,都有如何选择溶剂的问题。通常可用**“极性相近”**或**“相似相溶”原则**,极性大的高聚物应选用极性大的溶剂;极性小的高聚物应选用极性小的溶剂。例如,未硫化的天然橡胶是弱极性的,可溶于汽油、苯、甲苯等非极性或弱极性溶剂中;聚苯乙烯也是弱极性的,可溶于苯、乙苯等非极性或弱极性溶剂中,也可溶于极性不太大的丁酮中。聚甲基丙烯酸甲酯(俗称有机玻璃)是极性的,可溶于极性的丙酮中。聚乙烯醇极性相当大,可溶于水或乙醇等极性溶剂中。

用上述“极性相近”原则来选择溶剂比较笼统、粗糙,精确性差。按聚合物溶解过程的热力学分析,一般采用**“溶解度参数相近”**原则。即高聚物的溶解度参数与溶剂的溶解度参数越接近,越容易溶解。溶解度参数用 δ 表示,计算公式如下:

$$\delta = \left(\frac{\Delta E}{V_{\mathrm{m}}}\right)^{1/2}$$

式中,ΔE 为高聚物的摩尔内聚能或溶剂的摩尔汽化能;V_{m} 为高聚物或溶剂的摩尔体积。表 7.5 中列出了几种常用的溶剂和高聚物的溶解度参数。

表 7.5　一些常用溶剂和高聚物的溶解度参数

溶　剂	溶解度参数 /(J · cm^{-3})$^{1/2}$	高聚物	溶解度参数/(J · cm^{-3})$^{1/2}$	
			理论值	实验值
矿质松节油	14.1	聚四氟乙烯	12.7	—
正辛烷	15.46	聚二甲基硅氧烷	14.9	15.3～15.5

续表

溶剂	溶解度参数 $/(J\cdot cm^{-3})^{1/2}$	高聚物	溶解度参数 $/(J\cdot cm^{-3})^{1/2}$	
			理论值	实验值
乙醚	15.7	聚丙烯	16.2	16.0～16.4
环己烷	16.73	聚乙烯	16.6	16.2
乙酸(正)戊酯	17.0	天然橡胶	16.67	16.2～16.6
四氯化碳	17.6	聚丁二烯-苯乙烯	(85/15)17.34	17.4
甲苯	18.2		(75/25)17.46	17.2～17.6
乙酸乙酯	18.6		(60/40)17.6	17.4～17.8
苯	18.71	氯丁橡胶	18.7	18.5
三氯甲烷	19.2	聚苯乙烯	18.65	18.6
氯苯	19.4	聚甲基丙烯酸甲酯	18.92	18.4～19.4
丙酮	20.0	聚氯乙烯	19.6	19.4
二硫化碳	20.5	环氧树脂	19.73	19.8～22.3
乙酸	25.8	酚醛树脂	22.4	21.5～23.5
乙醇	26.0	硝酸纤维素	22.8	21.7～23.5
乙二醇	29.0	聚甲醛(均聚)	22.9	22.5
苯酚	29.7	尼龙类	26.7	26.0～27.8
水	47.87	聚丙烯腈	26.07	31.5

7.2.5 化学稳定性和老化

化学稳定性通常是指物质对水、酸、碱、氧等化学因素的作用所表现的稳定性。一般高聚物主要由 C—C、C—H、C—O 等牢固的共价键连接而成，含活泼的基团较少，且分子链相互缠结，使分子链上不少基团难以参与反应，所以一般化学稳定性较好。尤其是称做“塑料王”的聚四氟乙烯，不仅耐酸碱，还能经受煮沸、王水的侵蚀。此外，高聚物一般是电绝缘体，因而也不受电化学腐蚀。

高聚物虽有较好的化学稳定性，但不同的高聚物的化学稳定性还是有差异的。一些含 $-\overset{\overset{\displaystyle O}{\|}}{C}-\overset{\overset{\displaystyle H}{|}}{N}-$、$-\overset{\overset{\displaystyle O}{\|}}{C}-O-$、$-CN$ 等极性基团的高聚物不耐水，在酸或碱的催化下会与水反应。尤其当这些基团在主链中时，对材料的耐化学性能影响更大。例如，聚酰胺与水的反应可简单用下式表示：

$$\sim\sim\sim-NH\text{⁅}CH_2\text{⁆}_m NH-CO\,\vdots\,\text{⁅}CH_2\text{⁆}_n CO-\sim\sim\sim$$

$$+\ H\vdots OH \longrightarrow$$

$$\sim\sim\sim-NH\text{⁅}CH_2\text{⁆}_m NH_2 + HOOC\text{⁅}CH_2\text{⁆}_n CO-\sim\sim\sim$$

高聚物及其材料的缺点是不耐久、易产生常见的**老化现象**。老化是指高聚物及其材料在加工、储存和使用过程中，长期受化学和物理(热、光、电、机械等)以及生物(霉菌)等因素的综合影响，从而发生裂解或交联，导致性能变坏的现象。例如，塑料制品变脆、橡胶失去弹性和龟裂、纤维泛黄、油漆发黏等。

高聚物的老化可归结为**链的交联**和**链的裂解**，或简称**交联**和**裂解**。裂解又称为降解(指大分子断链变为小分子的过程，上述聚酰胺与水的反应即是一种裂解)，使高聚物的聚合度降低，以致变软、发黏，丧失机械强度。例如，天然橡胶易发生氧化而降解，使其发黏。老化通常以降解反应为主，有时也伴随有交联。交联可使链型高聚物变为体型结构，增大聚合度，从而使其丧失弹性，变硬发脆。例如，丁苯橡胶等合成橡胶的老化以交联为主。

在引起高聚物老化的诸因素中，以氧、热、光最为重要。通常又以发生氧化而降解的情况为主，且光、热等因素往往会加速和促进老化现象。

一般含双键、羟基或醛基等易氧化基团的高聚物，易与氧气或其他氧化剂反应而发生降解。主链中含有双键的高聚物在室温下即可被氧化，加热则更加速氧化过程。例如，天然橡胶、顺-丁橡胶等便属于此类情况。氧气使天然橡胶发生裂解的反应可简单表示如下：

$$\sim\sim\sim-CH_2-\underset{\displaystyle CH_3}{\underset{|}{C}}=CH-CH_2-\sim\sim\sim + O_2 \longrightarrow$$

$$\sim\sim\sim-CH_2-\underset{\displaystyle CH_3}{\underset{|}{C}}=O + O=\underset{\displaystyle H}{\underset{|}{C}}-CH_2-\sim\sim\sim$$

由于紫外线的能量高，高聚物的氧化还会因紫外光的辐照而加速，例如，长期置于室外作遮盖用的聚乙烯薄膜，其韧性和强度会因光照而急剧下降，以致最终完全脆化碎裂，这就是紫外线促进氧化的结果。

高聚物有时也发生纯粹的热降解。例如，聚氯乙烯通常是在 180～200℃加工成型的，但在 100～120℃即开始分解，放出 HCl，使高聚物的强度降低。

若在高聚物分子链中引入较多的芳环、杂环结构，或在主链或支链中引入无机元素(如硅、磷、铝等)，均可提高其热稳定性。

为了延缓光、氧、热对高聚物的老化作用，通常可在高聚物中加入各类光稳定剂、抗氧剂(芳香族胺类如二苯胺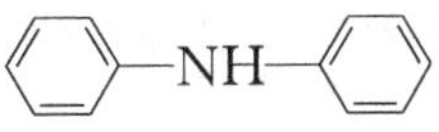和酚类等)或热稳定剂(如硬脂酸盐等)。

7.3　有机高分子材料及其应用

有机高分子材料中，除橡胶外，塑料、纤维等高聚物在加工成材料前均称为合成树脂，以区别于加工成型后的塑料或纤维。而有机胶黏剂、离子交换树脂、涂料也都称为合成树脂，因为它们都可以树脂形式不经加工直接使用。

各类有机高分子材料之间没有严格的界限。虽然从 T_g 的数据可判断出有些高聚物适合作橡胶，另一些适合作塑料，但若采用不同的合成方法和工艺，同一种高聚物可制成不同的材料。例如，尼龙、涤纶可作纤维，其相应的高聚物也可制成塑料；环氧树脂既可配制成胶黏剂和涂料，也可加工成塑料。

一类称作聚氨酯的高聚物，可用作泡沫塑料、橡胶、纤维、胶黏材料、涂料和合成皮革等，是典型的“多功能高聚物”，特别是一种被称作热塑性弹性体的聚氨酯产品，例如

$$\left[\left(R-NH-\overset{\overset{\displaystyle O}{\|}}{C}-O-R_1-O-\overset{\overset{\displaystyle O}{\|}}{C}-NH\right)_x \left(R-NH-\overset{\overset{\displaystyle O}{\|}}{C}-O-R_2-O-\overset{\overset{\displaystyle O}{\|}}{C}-NH\right)_y\right]_n$$

它是一种介于橡胶与塑料之间的材料。由于大分子结构的特点，它既具有橡胶的弹性，又可以用加工热塑性塑料的方法加工（不需硫化），因而又称为“热塑性弹性体”。

下面简要介绍一些工程塑料、合成橡胶和有机胶黏材料的性能和应用（表 7.6、表 7.7）。

表 7.6 有机高分子材料的特性和用途

有机高分子材料	名称、结构	性 能	用 途
工程塑料	聚酰胺（PA，即尼龙）	具有韧性、耐磨、自润滑、抗霉性和无毒等优点	可代替不锈钢和铝、铜等有色金属，用于制造机械、仪器仪表等零件
	聚四氟乙烯（PTFE）	是目前含氟塑料中综合性能最突出、应用最广的一种，其产量约占含氟塑料总产量的 85%～90% 具有耐高温耐腐蚀的特点，电绝缘性能十分优异，并且不受温度的影响和交流电频率的限制，同时具有较低的摩擦系数，使制得的零件耐磨损 缺点是刚性不够	可用作高温环境中化工设备的密封零件，以及在无油润滑条件下作轴承、活塞环等，其薄膜材料可用作电容器、通信电缆的绝缘材料
	苯乙烯-丁二烯-丙烯腈共聚物（ABS）	既保持了聚苯乙烯优良的电性能和加工成型性，又具有丁二烯的弹性和冲击强度，丙烯腈可增加耐热、耐腐蚀性和表面硬度，使其成为综合性能优良的刚韧兼备的工程材料	主要用于制造纺织器材，汽车、飞机的零件，仪表、洗衣机等家电的外壳 ABS 的表面还可电镀，因此，在建筑行业中可代替金属、木材作装潢材料

续表

有机高分子材料	名称、结构	性　能	用　途
工程塑料	聚碳酸酯(PC)	具有很高的耐热性能，使用温度范围较宽（$-100\sim130$℃），还具有良好的机械性能与电绝缘性，特别是韧性好，具有优异的抗冲击能力，透光率高达 90%，因而被誉为“透明金属”	可代替金属和玻璃，用作齿轮等机械零件、仪表外壳、照相灯罩、防弹玻璃以及防护用面盔等，而且还是宇航工程中不可缺少的材料
合成橡胶	丁二烯类合成橡胶	具有优良的耐磨性，弹性、耐老化性能和耐低温性能（$T_g=-105$℃）都超过天然橡胶，成为合成橡胶的第二大品种 缺点是抗撕裂能力差，易出现裂纹，特别是制成的轮胎抗滑性差，影响它在载重车中使用	主要用于制造轮胎，还可用于制造耐磨制品（如胶鞋、胶辊）、耐寒制品和防震制品，可作为塑料的改性剂
	丁苯橡胶	由 1,3-丁二烯与苯乙烯两种单体加聚得到的丁苯橡胶，其耐老化性能，特别是耐磨性比天然橡胶要好 缺点是它与天然橡胶、顺-丁橡胶都有同样的缺点，即不耐油和有机溶剂	可用来制轮胎、皮带等，且可与天然橡胶共混用作密封材料和电绝缘材料
	硅橡胶	是一种耐热性和耐老化性很好的橡胶。它的特点是既耐低温又耐高温，能在$-65\sim250$℃保持弹性，耐油、防水、电绝缘性能也很好 缺点是机械性能较差，易撕裂，耐碱性不及其他橡胶	硅橡胶可用作高温高压设备的衬垫、油管衬里、火箭导弹的零件和电绝缘材料等，且因制品柔软光滑，对人体无害而用作医用高分子材料，如静脉插管、人造关节等

表 7.7　一些常用的有机胶黏材料

有机胶黏材料分类	例　子	性　质	应　用
橡胶型胶黏材料	氯丁橡胶胶黏材料	具有较理想的黏结强度，还具有良好的耐油、耐溶剂性能。可在室温下快速固化，初黏力很大、黏接强度较高、综合性能优良 缺点是耐寒性、储存稳定性不够	能够黏接橡胶、皮革、织物、泡沫、人造革、玻璃、陶瓷、混凝土、木材、金属等多种材料，是性能优异的高效橡胶型胶黏剂
热固性树脂胶黏材料	环氧树脂胶黏材料	黏结强度很高，同时，固化过程中收缩率也比其他树脂胶黏材料的要低，电绝缘性能和化学稳定性也较好。能黏结金属、木材、玻璃和陶瓷等各种材料，人们称之为“万能胶”	可用于金属与大多数非金属材料之间的黏接，广泛用于建筑、汽车、电子、电器及日常家庭用品方面

续表

有机胶黏材料分类	例 子	性 质	应 用
热固性树脂胶黏材料	聚氨酯树脂胶黏材料	优点：对多种材料有很强的黏附性。它与环氧树脂相似，适用于多种材料的黏接，不同之处在于它的分子链的柔顺性好，因而黏接部位的耐振动性好，特别适合不同材料之间的胶接。此外，聚氨酯胶黏材料的耐寒性也比其他胶黏材料的要优异	能黏接多种材料，主要应用于制鞋、包装、汽车、磁性记录材料等领域

阅读材料　　高分子材料

以高分子化合物为基础的材料，包括橡胶、塑料、纤维、涂料、胶黏剂等，称为**高分子材料**(macromolecular material)。高分子材料按来源分为天然高分子材料、半合成高分子材料(改性天然高分子材料)和合成高分子材料。人类很早就开始利用天然高分子材料，如蚕丝、棉、毛、木材、麻等。19 世纪 30 年代末科学家开始对天然高分子材料进行改性，从而出现了半合成高分子材料，如甲基纤维素、乙基纤维素、羧甲基纤维素等。1907 年酚醛树脂的出现，标志着人类应用合成高分子材料的开始。现在，高分子材料已与金属材料、无机非金属材料并称为三大基础材料。

高分子材料按其特性分为橡胶、纤维、塑料、高分子胶黏剂、高分子涂料和高分子基复合材料等。

一、橡胶

橡胶(rubber)是一类线型柔性高分子聚合物。其分子链间次价力小，分子链柔性好，在外力作用下可产生较大形变，除去外力后能迅速恢复原状。橡胶属于完全无定型聚合物，它的玻璃化转变温度(T_g)低，相对分子质量往往很大，大于几十万。

橡胶可以分为**天然橡胶**(natural rubber)和**合成橡胶**(synthetic rubber)。天然橡胶的主要成分是聚异戊二烯。合成橡胶的主要品种有丁基橡胶、顺-丁橡胶、氯丁橡胶、三元乙丙橡胶、丙烯酸酯橡胶、聚氨酯橡胶、硅橡胶、氟橡胶等。合成橡胶因其具有很强的弹性、良好的绝缘性、可塑性、隔水隔气、抗拉和耐磨等特点，广泛地运用于工业、农业、国防、交通、运输、机械制造、医药卫生领域和日常生活等方面。例如，交通运输上用的轮胎(顺-丁橡胶)；工业上用的输油管(丙烯酸酯橡胶)、运输带、传动带、电缆、各种密封圈(丁基橡胶)；医用手套(氯丁橡胶)、输液管；日常生活中所用的球鞋、暖水袋等；国防上使用的飞机、大炮、坦克，以及尖端科技领域里的火箭、人造卫星、宇宙飞船、航天飞机等也都需要大量的橡胶零部件。

橡胶的分子结构可分为线性结构、支链结构和交联结构。**线型结构**(linear structure)：未硫化橡胶的普遍结构。由于相对分子质量很大，无外力作用下，呈细团状。当有外力作用时，撤除外力，细团的纠缠度发生变化，分子链发生反弹，产生强烈的复原倾向，这便是橡胶高弹性的由来。**支链结构**(branched chain structure):橡胶大分子链的支链的聚集形成凝胶。凝胶对橡胶的性能和加工都不利。在炼胶时,加入的各种配合剂往往很难进入凝胶区,形成局部空白,不能形成补强和交联,成为产品的薄弱部位。**交联结构**(crosslinking structure):线型分子通过一些原子或原子团的架桥而彼此连接起来,形成三维网状结构。随着硫化历程的进行,这种结构不断加强。这样,链段的自由活动能力下降,可塑性和伸长率下降,强度、弹性和硬度上升,压缩永久变形和溶胀度下降。

二、纤维

聚合物经一定的机械加工(牵引、拉伸、定型等)后形成细而柔软的细丝,形成**纤维**(fiber)。纤维的相对分子质量小,一般为几万,有很高的结晶能力,因此弹性模量大,受力时形变小,强度高。

纤维分为**人造纤维**(artificial fiber)和**合成纤维**(synthetic fiber)。前者是利用自然界的天然高分子化合物——纤维素(如木材、棉籽绒、稻草、甘蔗渣等)或蛋白质(牛奶、大豆、花生等)做原料纤维,经过一系列化学处理与机械加工而制成类似棉花、羊毛、蚕丝一样能够用来纺织的纤维,如人造棉、人造丝等。合成纤维的化学组成和天然纤维完全不同,是从一些本身并不含有纤维素或蛋白质的物质,如石油、煤或农副产品加工提炼出来的有机物质,再用化学合成与机械加工的方法制成纤维,如涤纶(聚对苯二甲酸乙二醇酯)、锦纶(聚酰胺纤维,也称尼龙)、腈纶(聚丙烯腈纤维)、丙纶(聚丙烯纤维)、氯纶(聚氯乙烯)等。

纤维的作用不仅体现在日常的穿着上和生活用品上,而且在工业、农业、医疗、建筑和国防等方面也有重要的用途。

纤维在医药方面的应用已非常广泛。例如,用甲壳素纤维(*N*-乙酰-D-葡萄糖胺的聚糖)做成医用纺织品,具有抑菌除臭、消炎止痒、保湿防燥、护理肌肤等功能,因此可以制成各种止血棉、绷带和纱布,废弃后还会自然降解,不污染环境。

在建筑领域,防渗防裂纤维可以增强混凝土的强度和防渗性能,纤维技术与混凝土技术相结合,可研制出能改善混凝土性能,提高土建工程质量的聚丙烯纤维,对于大坝、机场、高速公路等工程可起到防裂、抗渗、抗冲击和抗折等作用。

除了有机高分子基纤维材料,近 30 年来,由无机材料制作的特种纤维材料也崭露头角。例如,以高纯 SiO_2 制作的光导纤维,美国隐形飞机和一些体育器材制作用的碳纤维,以及火箭和卫星上用的耐高温无机陶瓷纤维等。

三、塑料

塑料(plastics)是具有塑性行为的材料。塑料高分子的结构一般有两种:一种是线型高分子化合物,一种是体型高分子化合物。

线型高分子制成的塑料称为**热塑性塑料**(thermoplastic plastics)。由于线型结构高分子聚合物由独立的分子组成,分子间由范德华力(有些有氢键)相互作用,故热塑性塑料硬度和脆性都较小,加热能熔融,易于成型加工。热塑性塑料具有优良的电绝缘性而且易于加工,特别是聚四氟乙烯(PTFE)、聚苯乙烯(PS)、聚乙烯(PE)、聚丙烯(PP)都具有极低的介电常数和介质损耗，宜于作高频和高电压绝缘材料。

由体型高分子制成的塑料称为**热固性塑料**(thermosetting plastics)。体型结构高聚物是一种网状结构，故不能溶解和熔融，硬度和脆性都较大。典型的热固性塑料有酚醛、环氧、氨基、不饱和聚酯、呋喃、聚硅醚等材料等，具有耐热性高、受热不易变形等优点。

塑料最主要的缺点是机械强度一般不高。

塑料按用途可分为**通用塑料**(general plastics)和**工程塑料**(engineering plastics)。通用塑料是指来源丰富、产量大、应用面广、价格较低、力学性能一般，且容易成型加工，主要作为非结构材料使用的塑料，主要的品种有聚氯乙烯、聚乙烯、聚丙烯、聚苯乙烯、ABS、酚醛塑料、氨基塑料等。工程塑料是工程上应用的塑料或可用作工程材料的塑料，如聚碳酸酯、聚酰胺、聚甲醛、聚砜、聚芳酯、聚苯酯、聚酰亚胺、含氟塑料等。塑料已被广泛用于农业、工业、建筑、包装、国防尖端工业以及人们日常生活等各个领域。在农业方面，大量塑料被用于制造地膜；在工业上，可用塑料作为绝缘材料和封装材料，也用于替代用金属制造的传动齿轮、轴承、轴瓦及许多零部件制品，还可以用塑料作防腐材料等；在国防工业和尖端技术中，塑料也是不可缺少的材料；在人们的日常生活中，塑料的应用更广泛，如塑料凉鞋、拖鞋、雨衣、手提包等；塑料作为一种新型包装材料，在包装领域中也已获得广泛应用，如包装袋等。

四、高分子胶黏剂

高分子胶黏剂(polymer adhesive)是以天然和合成高分子化合物为主体制成的胶黏材料。

天然高分子胶黏剂由天然动、植物的胶黏物质制成，如皮胶、骨胶、淀粉胶、蛋白胶、树脂胶、天然橡胶浆等。其特点是能充分利用天然资源，如造纸业副产品木质素、废木材及草本植物的纤维素、海洋生物资源等。其价格低廉、无毒或低毒、加工简便，但不耐潮、强度低，因此应用受到限制。

合成高分子胶黏剂以合成聚合物或预聚体、单体为主体料制成。除聚合物外，还可根据情况加入固化剂、增柔剂、无机填料和溶剂等。其品种繁多、性能优异，是一种用途广泛的胶黏材料。

高分子胶黏剂按化学组成和性能又分为热固性胶黏剂、热塑性胶黏剂、橡胶型胶黏剂和复合型胶黏剂。

热固性胶黏剂(hot-setting adhesive)以含有反应性基团的热固性树脂为主体制成。按所用树脂不同可分别获得耐热、耐水、耐光照、耐超低温等特性。用于木材加工、金属和非金属结构联结、层压板层间黏结等。如热固性酚醛树脂，主要用于胶合板和精铸砂型的黏结。

热塑性胶黏剂(thermosetting resin adhesive)以线型高分子结构的热塑性树脂为主体制成。由于树脂分子间不产生交联，因此可配制成单组分溶剂型胶黏剂和加热呈熔融状态的固态热熔胶黏剂。其黏结力较好、固化快、韧性好，用于金属零件、电子器件、纸制品的黏接，也用于木材加工和包装、装订等。如 EVA 热熔胶，为基本树脂是乙烯与乙酸乙烯在高压下共聚而成的，再配以增黏剂、黏度调节剂、抗氧剂等制成热熔胶，主要用于出版物的胶黏。

橡胶型胶黏剂(rubber adhesive)以合成橡胶或天然橡胶为主体制成。有溶液型、胶乳型和低聚合度液体橡胶型，常用的是溶液型。其黏附性好，耐老化，使用方便，用于金属、橡胶制品及皮革、织物的黏接。如 SBS 等橡胶型胶黏剂，主要用于书本封面双向拉伸聚丙烯薄膜(BOPP)与纸张的复合。

复合型胶黏剂(composite adhesive)以热固性树脂和合成橡胶或热塑性树脂为主体制成，既具有热固性胶黏剂的高强度又具有耐热、耐老化、耐化学介质腐蚀等特点，还具有橡胶型(或热塑性树脂)胶黏剂的高剥离、高抗冲击性等，主要用作结构胶黏剂。

五、涂料和高分子基复合材料

涂料(coating)又称油漆，指涂布于物体表面在一定的条件下能形成薄膜而起保护、装潢或其他特殊功能(绝缘、防锈、防霉、耐热等)的物质。

涂料的主要成分包括：①成膜物质：涂膜的主要成分，包括油脂、油脂加工产品、纤维素衍生物、天然树脂和合成树脂。②助剂：如消泡剂、流平剂等，还有一些特殊的功能助剂，如底材润湿剂等。③颜料：一般分两种。一种为着色颜料，常见的钛白粉，铬黄等；另一种为体质颜料，也就是常说的填料，如碳酸钙、滑石粉。④溶剂：包括烃类溶剂(矿物油精、煤油、汽油、苯、甲苯、二甲苯等)、醇类、醚类、酮类和酯类物质。

根据涂料中使用的主要成膜物质可将涂料分为油性涂料、纤维涂料、合成涂料和无机涂料。常用的工业涂料有环氧树脂、聚氨酯等。

高分子基复合材料(polymer-based composite)是以高分子化合物为基体，添加各种增强材料，如玻璃纤维等制得的一种复合材料。它综合了原有材料的性能和特点，具有很高的力学性能和强度。最典型的高分子复合材料是玻璃纤维增强不饱和聚酯复合材料，俗称玻璃钢，是一种以玻璃纤维或其制品作增强材料的增强塑料复合材料。一般采用玻璃钢取代一些钢材制品等。例如，化工厂采用酚醛树脂的玻璃钢代替不锈钢做各种耐腐蚀设备，许多导弹和地面雷达站的雷达罩都是玻璃钢制造的。

六、现代材料

自 19 世纪新化学时代以来，发现并改进材料的性能已成为化学研究中的一项最重要的任务。化学家发明的新物质包括从天然存在的物质到合成纤维、薄膜、涂料、胶黏剂以及具有特定电性、磁性、光学性能的物质。现代科学技术的发展越来越多地依赖新材料的发现与改善。

1. 液晶

1888 年，澳大利亚植物学家 Frederick Reinitzer 发现他所研究的有机物安息香酸胆固醇当被加热至 145℃时熔化成乳白色液体，至 179 ℃以上时乳白色变清，而冷却至 179 ℃时又转变成乳白色，至 145℃时乳白色液体固化，这就是最初的有关液晶的系统报道。

液晶加热时并不直接从固相变至液相，而是经过一具有固体的结构、液体的自由运动特征的中间态液晶相。由于结构的部分有序，液晶黏度较大并具有介于固液相之间的性能。

液晶自发现到现在已广泛应用于压力与温度元件、电子显示器，如电子表、计算器、手机、手提电脑等。

1) 液晶相的类型

液晶是一种介于晶态和无序液态之间的中间状态,这种状态一般称为介晶相(mesophase),其分子通常是由刚性棒状结构分子组成。正常液相中的分子排列是随机[图 7.5(a)],但在液晶相中,分子的排列却具有一定的规则。根据分子排列方式的不同,液晶可分为向列型(nematic)、近晶型(smectic)及胆甾醇型。

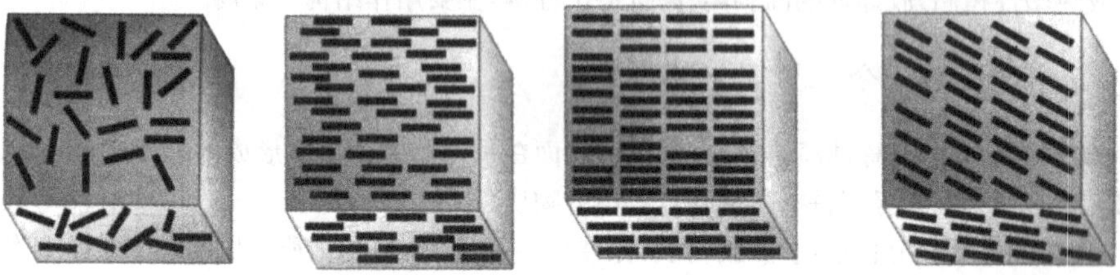

(a)　(b)　(c)　(d)

图 7.5　标准液相和有序液晶相的比较

(a) 标准液相;(b) 向列型液;(c) 近晶型液晶;(d) 胆甾醇液

在向列型液晶中,分子排列一维有序,棒状的分子相互平行[图 7.5(b)],其排列就像一捆未对齐的筷子。

近晶型液晶中,分子排列较向列型液晶相规则,呈二维有序。其排列好似一捆捆叠放整齐的筷子。胆甾醇型液晶每层分子近晶型排列但方向转有一个角度[图 7.5(c)]。

液晶高分子具有一系列优异的性能,如耐高温、高强度、耐辐射,特别是其颜色和透明度可随外界条件如温度、电场、磁场等的变化而变化,因此广泛用于手表、计算器和电脑屏幕等电控显示设备以及航天用高性能合成纤维、工程塑料和复合材料。

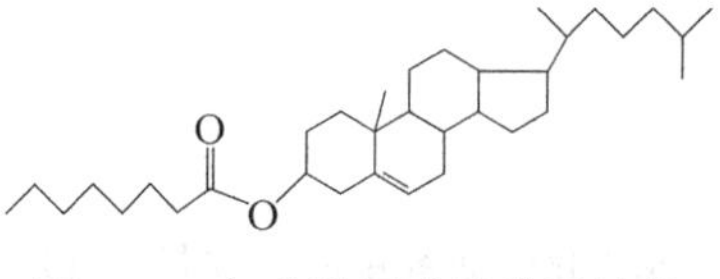

图 7.6　辛酸胆固醇的分子结构

图 7.6 为辛酸胆甾醇(辛酸胆固醇)的分子结构。

2) 液晶显示器的工作原理

液晶显示器有很多种结构,但从原理来看,却基本上是相似的。下面以 TN 扭曲向列型显示器为例简单介绍一下其工作原理。

扭曲向列型(TN)单色液晶显示器由两片相当精致的无钠玻璃片组成,中间夹有一层液晶。玻璃片内表面刻有平行的沟槽,以利于液晶分子整齐排列,从而使光线能顺利地透过液晶层。为了达到整齐排列的效果,这些沟槽制作得非常精细,平行度非常高。

这两个玻璃片通常称为上下夹层,其沟槽相互之间是垂直的,即上层沟槽的排列是横向的,下层的沟槽排列是纵向的,这样就使得位于上下夹层之间的液晶分子接近上层的就呈横向排列,接近下层的则呈纵向排列。整体来看,上下层玻璃之间的液晶分子呈螺旋形的扭转排列,而扭转的关键区域正是夹层间的分子。在夹层中设置一个关键的元件——极化滤光片,这两块滤光片的排列和透光角度与上下夹层的沟槽排列相同。假设在正常情况下光线从上向下照射时,通常只有一个角度的光线能够穿透下来,通过上滤光片导入上部夹层的沟槽中,再通过液晶分子扭转排列的通路从下滤光片穿出,形成一个完整的光线穿透途径。而一旦通过电极给这些液晶分子加电之后，由于受到外界电压的影响，液晶分子不再按照正常的方式排列，而变成竖立的状态，这样光线就无法通过，结果在显示屏上出现黑色。这样会形成透光时（不加电压时）为白、不透光时（加电压时）为黑，字符也就可以显示在屏幕上了。这便是液晶显示器的工作原理，如图 7.7 所示。

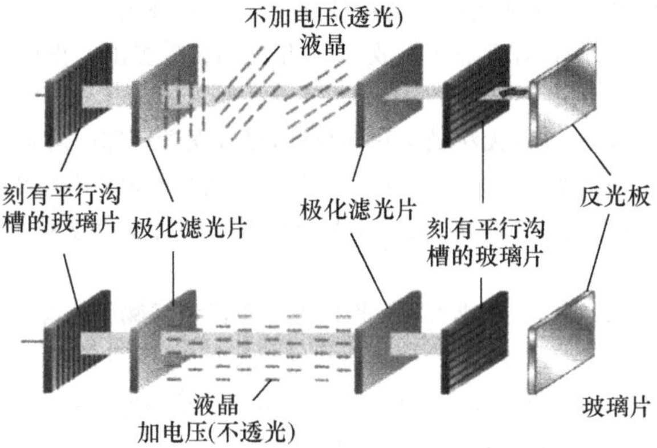

图 7.7　扭曲向列型液晶显示器工作原理示意图

2. 先进高分子材料 Kevlar 芳纶纤维

聚合物材料的许多应用在其开发之初是完全没有预料到的。例如，尼龙除了用于制造纤维外，还可用于承轴、绝缘体、钓鱼竿及绝缘轮胎等方面。尼龙和其他一些聚合物的广泛应用引起了人们对先进高分子材料的极大兴趣。这些先进高分子材料具有石棉的耐热性、玻璃的硬度、比钢还大的强度等性能。

典型的先进高分子材料如 Kevlar，分子结构为

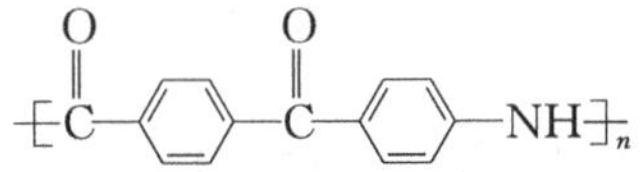

这是一种芳香族聚酰胺，平均相对分子质量为 10^5，Kevlar 特殊的性能源于其聚合物分子间的相互作用，如图 7.8 所示。其中单个链通过氢键与附近的链相连，氢键形成的网络使链结构规整，因此其性能也发生了主要的变化。

Kevlar 具有许多独特的性能。例如，由 Kevlar 纤维制成的绳在海洋石油钻井平台中可取代钢丝绳。相同直径的 Kevlar 绳在海水中的强度是钢丝绳的 20 倍。纤维 B 也可用于防弹背心及高性能滑板的制造中。由于其在高温时很稳定，因而也用于消防员穿的防护衣。

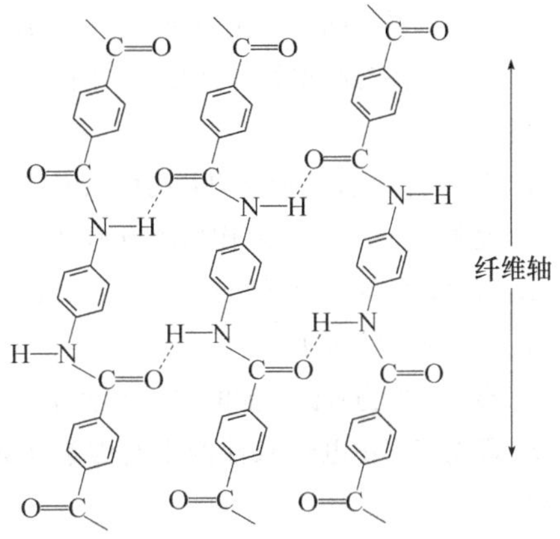

图 7.8　纤维 B 分子薄片中的氢键结构

七、有关塑料引起的环境问题

早在20世纪60年代中期，人们就发现聚氯乙烯塑料中残存的氯乙烯单体能引起一种被称为“肢端骨溶解症”的怪病。当人们长期接触氯乙烯单体后就会发生手指、浮肿，皮肤变厚、变僵、失去弹性，产生不能用力握物的皮肤硬化症，同时还有人出现脾肿大、胃及食道静脉瘤、门静脉压亢进、肝脏血管肉瘤等。故1975年美国首先提出禁止用聚氯乙烯塑料包装食品和饮料。

由于塑料制品在动物体内无法被消化和分解，以致误食后即引起胃部不适、行动异常、生育繁殖能力下降，甚至死亡。1970～1987年，科学家调查了太平洋海域的543只白额鸌等大型海鸟，它们分不清塑料与海草，其中458只白额鸌的胃中有塑料类物品，海龟的胃中也有。

废弃塑料对海洋的污染已经成为国际性问题。海洋漂浮物中泡沫聚苯乙烯占22%，其他塑料占23%。这些废弃塑料不但会缠住船只的螺旋桨，损坏船身和机器引起事故和停驶，给航运造成重大损失，而且每清除1 t海上垃圾要用去清除陆地垃圾10倍的花费。1995年香港为打捞4765.6吨海上垃圾，耗资1200万港元。

热固性塑料同样会严重污染环境。例如，由玻璃纤维增强塑料(FRP)制成的中、小型船身，一旦报废就很难处理。在日本每年约有3000只这类废船被丢弃在港岸，既影响观瞻，又影响渔业，成为日本沿海的一大公害。

塑料焚烧时会产生有毒气体二噁英，它包括210种化合物，毒性十分大，是氰化物的130倍、砒霜的900倍，有“世纪之毒”之称。

思 考 题

1. 如何按主链结构和用途的不同对高聚物进行分类？

2. 试举例说明缩聚反应和加聚反应有何不同。

3. 线性非晶态高聚物有哪几种不同的力学状态？这与高聚物的链段运动和分子链运动有什么联系？

4. 说明 T_g 的含义和影响其高低的因素。

5. 说明 T_f 的含义。用作橡胶或塑料的高聚物是否应选择 T_f 值越低的越好？

6. 高聚物的弹性、缩性与分子链的柔顺性、分子链之间的作用力大小有何关系？温度能否影响高聚物的弹性、缩性？

7. 影响高聚物机械性能的主要因素有哪些？尼龙的强度与其分子链或链节结构有何联系？

8. 影响高聚物电绝缘性的主要因素有哪些？是否高聚物所含基团极性越大，电绝缘性越差？

9. 高聚物降解极慢(有人计算，在土壤中完全降解需300～400年)，造成“白色污染”，有什么措施来解决这一严重问题？

习　题

1. 选择题。

(1) 下列化合物中可以用来合成加聚物的是(　　)。

(a) $CHCl_3$　(b) C_2F_4　(c) $CH_2{=}CH{-}CH{=}CH_2$　(d) C_3H_8

(2) 下列化合物中可以用来合成缩聚物的是(　　)。

(a) CH_3NH_2　(b) HCOOH　(c) $H_2N{-}(CH)_6{-}COOH$　(d) 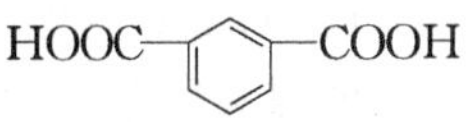

(3) 下列有机高分子中电绝缘性最好的是(　　)。

(a) 聚乙烯　(b) 聚氯乙烯　(c) 聚苯乙烯　(d) 聚甲基丙烯酸甲酯

(4) 下列高聚物中,由缩聚反应生成的缩聚物是(　　)。

(a) PVC　(b) PVA　(c) ABS　(d) 尼龙-6

(5) 下列高聚物中,由加聚反应生成的加聚物是(　　)。

(a) 有机玻璃　(b) 尼龙-66　(c) 聚酯类树脂　(d) 酚醛树脂

2. 填空题。

(1) 聚合物 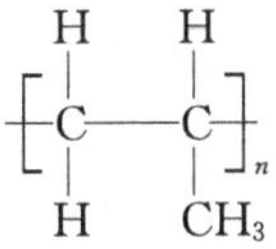 的名称是________,其中 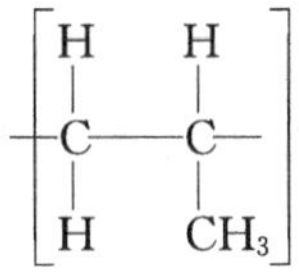 是________,n 是________。合成此聚合物的单体结构是________。

(2) 聚苯乙烯是________(填“有”或“无”)极性基团的,链节结构________(指是否对称)的________性高聚物(定性说明其是否有极性、极性强弱)。它可溶于________等溶剂中(填溶剂名称)。

(3) 纤维可以分为________和________两大类。化学纤维又可以分为________和________。

(4) 天然橡胶是由________单体聚合而成,其聚合产物分为________和________两种构型聚合物。

3. 能否直接使用下列物质作为唯一的单体(原料)进行聚合反应?若能进行,写出聚合产物的名称和结构(简)式。

(1) C_2H_6　(2) C_2H_4　(3) HCHO　(4) $CH_2{=}C(CH_3){-}CH{=}CH_2$

4. 下表中各线性非晶态高聚物在室温下处于什么物理形态?可做什么材料使用?

高聚物	T_g/℃	T_f/℃	(T_f-T_g)/℃
聚苯乙烯	100	135	35
聚甲基丙烯酸甲酯	105	150	45
聚异戊二烯	−73	122	195
聚异丁烯	−74	200	274

5. 写出由下列单体聚合而得的高聚物结构式，并指出聚合反应类型。

(1) $CH_2=CHCl$

(2) 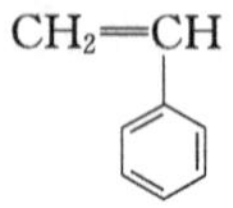

(3) 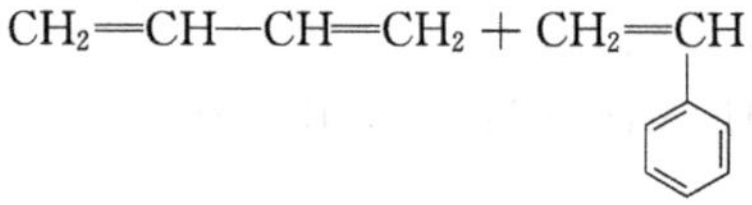

(4) $CH_2=C(CH_3)-CH=CH_2$

(5) $HOOC\text{-}(CH_2)_4\text{-}COOH + H_2N\text{-}(CH_2)_6\text{-}NH_2$

(6) $H_2N\text{-}(CH_2)_5\text{-}COOH$

6. 某高聚物结构如下：

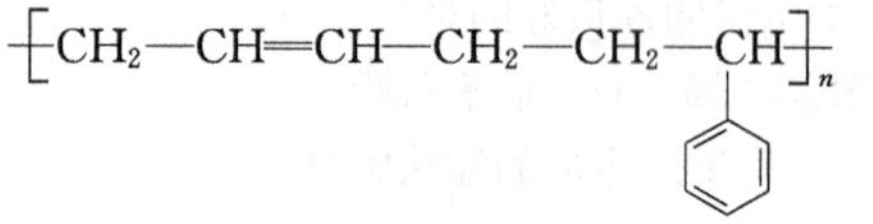

其玻璃化温度 T_g＝198～213 K，试指出：(1)该高聚物的名称；(2)单体；(3)电绝缘性能的好坏。

7. 简述环氧树脂具有极好的黏接性能，被人们称为万能胶的原因。

8. 下列高聚物可以作为橡胶材料使用的是(　　)。

(a) T_g 高、T_f 高的高聚物　　(b) T_g 低、T_f 高的高聚物

(c) T_g 低、T_f 低的高聚物　　(d) T_g 高、T_f 低的高聚物

9. 下列高聚物可以作为纤维使用的是(　　)。

(a) 有机玻璃　　(b) ABS 树脂　　(c) 聚四氟乙烯　　(d) 尼龙-66

10. 简述功能高分子化合物的类型。

11. 高聚物的老化作用有哪些理论意义和实际价值？举出若干日常生活中高聚物老化的实例。

第8章　生命化学

生命是信息控制的物质运动，是物质运动的高级形式。生命化学(life chemistry)是运用化学原理和方法研究生命现象，阐明生命现象的化学本质，探讨其发生和发展规律的科学。

诺贝尔奖得主罗杰·大卫·科恩伯格提出“把生命理解为化学”，这一提法揭示了生命的基础是化学。利用化学的原理和方法研究生物体的化学组成和生命过程中的化学变化规律，有助于人们深入了解生命的奥秘，开拓富有应用价值的生物资源，在农业、工业、医药卫生、环境保护等领域造福于人类。

8.1　生命的元素组成和无机分子

8.1.1　生命的元素组成

生物体中不可缺少的元素约有25种，按其含量不同分为常量元素和微量元素。常量元素包括C、H、O、N、S、P、Cl、Ca、K、Na、Mg，共11种元素，其中C、H、O、N四种元素在大多数生物体中占总质量的96%以上。微量元素包括Fe、Cu、Zn、Mn、Co、Mo、Se、Cr、Ni、V、Sn、Si、I、F，共14种元素，这些元素在生物体中的含量很低，但功能非常重要(表8.1)。

表8.1　生物体内一些重要元素的组成和功能

元　素	占人体重的百分含量/%	占非木本植物体重的百分含量/%	功　能
氧(O)	65	78	参与细胞呼吸；存在于大多数有机物、水中
碳(C)	18	11	有机分子的骨架；能与其他原子形成四个共价键
氢(H)	10	9	存在于大多数有机分子中；水的组成元素；氢离子(H^+)参与能量传递
氮(N)	3	*	蛋白质和核酸的成分；植物叶绿素的成分
钙(Ca)	1.5	*	骨和牙的结构成分；重要的信号分子；参与血凝集；参与形成植物细胞壁
磷(P)	1	*	核酸和磷脂的成分；在能量转移反应中起重要作用；骨的结构成分
钾(K)	*	*	动物细胞中主要的阳离子；在神经功能中有重要作用；影响肌收缩，控制植物气孔的开启
硫(S)	*	*	大多数蛋白质的成分

续表

元　素	占人体重的百分含量/%	占非木本植物体重的百分含量/%	功　能
钠(Na)	*	*	钠离子是动物体液中的阳离子，维持体液离子平衡，神经脉冲传导中具有重要作用，在植物光合作用中有重要作用
镁(Mg)	*	*	动物的血液和其他组织必需离子；激活酶；植物叶绿素的成分
氯(Cl)	*	*	氯离子是动物体液中主要的阴离子；在维持平衡中起重要作用；光合作用中有重要作用
铁(Fe)	*	*	动物血红蛋白的成分；酶的活性中心
铜(Cu)	*	*	发生冠心病的主要原因，与酶的活性有关
锌(Zn)	*	*	在青少年的发育生长，癌症等的发病和防治起作用
钼(Mo)	*	*	与酶的活性、食道癌的发病率和防治有关
碘(I)	*	*	缺碘产生地方性甲状腺肿，幼儿发生呆小症
锰(Mn)	*	*	与酶的活性有关

注：* 表示检测量在1%以下。

8.1.2　生命的无机分子

生物体内的物质分为有机物和无机物两大类，其中无机物有水和无机盐两类。

1. 水

水(water)是生物体内含量最高的化合物，含量通常在50%以上，甚至可达99%。人体的含水量随年龄增长而减少，从新生儿的80%到老年的55%。

水是极性分子，形成极性共价键，相邻水分子间能够形成不稳定的氢键。氢键赋于水分子一些独特的性质，而这些性质对于生物细胞是十分重要的。

氢键的形成导致水具有很高的比热容，使其比其他物质具有较好的热稳定性，从而维持适于生命生存的温度。当水被加热时，热能首先必须破坏氢键才能使水分子的运动加快。由于水开始吸收并储存了大量的热能，温度就不会很快升高。相反，当水温下降时，也会释放大量的热。此外，水还能通过蒸发冷却进行温度调节。

氢键的形成导致水分子具有一定的黏性，使水具有较高的表面密度和张力。水的黏性对于生物体来说具有重要的作用。在植物运输水分的过程中，如果水分子没有黏性，地上部分的供水就无法完成。

水是良好的极性溶剂，食盐、糖等极性分子或离子化合物很容易溶于水，众多的化学反应都能在水中进行。生命现象主要是生物体内一系列生物化学反应的外部体现，因此水是生命存在的介质环境，没有水就没有生命。

2. 无机盐

细胞中**无机盐**(inorganic salt)的含量很低，通常为1%～1.5%。人体内无机盐的种类很多，总含量大约为体重的5%，其中含量最多的无机盐是钙和磷盐，约占无机盐含量的一半左右，主要沉积在骨骼和牙齿中，无机盐的另一半大多以水合离子状态存在于体液中。

无机盐的种类多样，功能不一。总体来说，人体内无机盐具有如下功能：

(1) 构成骨骼和牙齿的无机成分，对身体起支撑作用。骨骼中无机物约占1/3，有机物约占2/3。存在于骨骼中的无机盐主要是钙和磷，有机物主要是蛋白质。有机物使骨骼具有韧性，无机盐使骨骼具有硬度。骨骼中的钙磷盐是体液中钙磷盐的储存场所(钙磷库)。

(2) 维持细胞内的pH和渗透压，以保持细胞的正常生理活动。体内各种酶的作用需要相对恒定的pH，体液的缓冲系统由无机盐类构成，发挥稳定氢离子浓度的功能。此外，无机盐在维持细胞内外渗透压方面也起着重要的作用。

(3) 参与或调节新陈代谢。体内很多酶需要离子结合才具有活性，有些离子可以增强或抑制酶的活性。某些离子具有参与物质的转运、代谢反应、信息传递等多种功能。

由此可知，无机盐是机体新陈代谢的重要调节和参与因子。

8.2 生物大分子

8.2.1 糖类

糖类(saccharide)化合物是自然界中分布最广、数量最多的有机化合物。从最简单的细菌到高等植物和高等动物都含有各种糖类。糖类旧称**碳水化合物**(carbohydrate)，用$C_n(H_2O)_m$通式来表示。随着研究的深入，发现有许多糖并不符合这一通式，如鼠李糖($C_6H_{12}O_5$)和脱氧核糖($C_5H_{10}O_4$)等。但又有许多非糖物质反而符合这一通式，如乙酸($C_2H_4O_2$)等。所以糖的概念应定义为多羟基的醛或酮及其缩聚物和衍生物。

糖类是一切生物体维持生命活动所需能量的主要来源，糖代谢实质上是糖经过彻底氧化生成二氧化碳与水的过程，并同时放出能量。这些能量供生物体维持其生命活动所需。另一方面糖也是生物体合成其他化合物的基本原料，有些糖类还可以充当体内的结构物质，如生物的细胞质、细胞核中都含有核糖和脱氧核糖，它们是组成核酸大分子的主要成分。植物的根茎叶都是由纤维素组成的，它们组成了植物的主干。此外，有些糖类还具有分子识别功能。

糖类化合物的分类有不同的方法，按其组成可分为单糖、寡糖和由单糖构成的大分子的多糖。

如果糖类化合物中还含有非糖物质，则称为复合糖类，如糖脂、糖蛋白等。

1. 单糖

单糖(monosaccharide)是最简单的糖,不能再水解为更小的糖单位,根据单糖所含碳原子的数目可分为丙糖、丁糖、戊糖和己糖等,根据其羰基的特点又可分为醛糖或酮糖。最简单的单糖是三碳糖,又称丙糖:甘油醛和二羟丙酮。核糖和脱氧核糖是五碳糖,它们是 DNA 和 RNA 的结构成分。葡萄糖、果糖和半乳糖是六碳糖。

葡萄糖是生物界中最重要的单糖,分子式为 $C_6H_{12}O_6$,其碳骨架上第一碳是醛基,第二至五碳上都连接有羟基。葡萄糖是组成淀粉、纤维素、糖原等重要多糖大分子的单体成分,是生物体内重要的能源物质。

果糖、半乳糖的分子式与葡萄糖完全一样,只是结构式不同,它们是**同分异构体**(isomer)。

葡萄糖在水溶液中通常不是直链结构式而是以环状结构式存在,葡萄糖通过第一碳和第五碳的羟基相连而形成环式,同时,第一碳的醛基因接受原在第五碳羟基上的氢而成为羟基。新形成的第一碳的羟基或者位于环平面的上方,或者在平面的下方,这样就会有两种构型,分别称为 α 构型和 β 构型(图 8.1)。如果第一碳羟基和第六碳的羟基同在一方,即在环平面上方,则称为 β 构型;如果第一碳的羟基和第六碳的羟基不在同一方,即分别位于环平面的上、下方,则称为 α 构型。实际上,葡萄糖环状结构式的 α 型和 β 型在水溶液中是可以互变的。只是到了单糖聚合成多糖时,这种构型上的差别才充分显示出来。

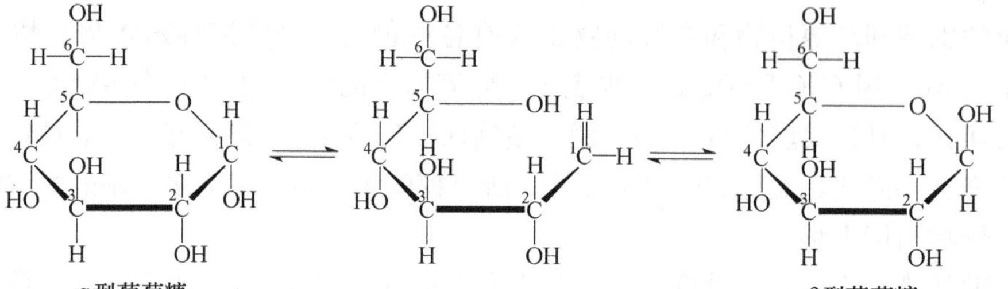

α 型葡萄糖　　β 型葡萄糖

图 8.1　葡萄糖结构的 α 和 β 构型

细胞除了利用单糖作为能源,合成淀粉等外,也可利用单糖的碳骨架合成细胞内其他的一些重要的物质(如氨基酸)。糖也可被细胞转变成脂肪,这就是即使不吃脂肪,如果摄取过多的食物也会发胖的原因。

2. 寡糖

寡糖(oligosaccharide)是由 2～10 个分子的单糖缩合而成,寡糖可水解成单糖。也可将寡糖看成多糖的不完全水解物。蔗糖、乳糖和甘露糖是重要的二糖。

两分子葡萄糖缩合成一分子麦芽糖，其中一个葡萄糖脱下一个—OH 与另一个葡萄糖分子的—H 结合形成水分子，留下的氧原子以共价键的形式将两个单体连接起来，形成**麦芽糖**。同理，一分子葡萄糖和一分子果糖经过脱水缩合反应形成蔗糖。连接两分子单糖的键称为**糖苷键**(glycosidic linkage)，由一个中心氧原子、两侧各与一个 C 原子共价连接。两个碳原子通常是一个单糖碳骨架中第一位的碳和另一个单糖碳骨架中第四位的碳。

3. 多糖

多糖(polysaccharide)是由多个单糖分子缩合而成。完全由相同的单糖组成的多糖称为同多糖，由不相同的单糖组成的多糖称为杂多糖。如果按多糖分子中有无支链，则可分为直链多糖和支链多糖。多糖通常是几百个或几千个单糖(主要是葡萄糖)脱水缩合形成的多聚体，是细胞的重要支持材料，是细胞壁的主要结构成分。多糖可以是一条很长的直链，也可以有分支。最重要的多糖是淀粉、糖原和纤维素。

淀粉是植物储存能量的多糖分子，是由 α-葡萄糖单体组成的多聚体分子，连接方式为 α-1，4-糖苷键连接。淀粉有两种形式：**直链淀粉**(amylose)和**支链淀粉**(amylopectin)，前者没有分支，后者有分支，分支通过 α-1，6-糖苷键与主链连接。豆类种子中的淀粉全是直链淀粉，糯米淀粉全是支链淀粉。由于连接葡萄糖分子的糖苷键角度不同，使得淀粉分子盘卷成螺旋状。稻米、小麦、玉米、马铃薯等含有丰富的淀粉，是人类最重要的食物。

糖原是动物细胞中储存葡萄糖能源的形式，是由葡萄糖组成的链状多聚体分子，它与淀粉的结构相似，但具有更多的支链，而分支的长度较短。大多数糖原以颗粒状储存于动物的肝脏和肌肉细胞中，人的消化系统能够水解肉类食物中的糖原。

纤维素是植物组织中最丰富的多糖，占植物含碳物质的 50%以上。纤维素是结构性多糖，是植物细胞壁的主要成分。它所形成的网状纤维结构对植物细胞起保护作用。纤维素占木材含量的一半，棉花中 90%为纤维素。

纤维素是葡萄糖通过 β-1，4-糖苷键连接起来的水不溶性的多糖，葡萄糖单体相互连接形成不分支的杆状而不是盘卷成螺旋状，纤维素的长链分子相互平行排列，上千个纤维素分子再由氢键相互连接，形成了纤维的一部分。

由于与淀粉和糖原中葡萄糖单体之间糖苷键的连接方式不同，纤维素一般不能被大多数动物消化水解。植物中的纤维素虽然不能作为人体的营养，但可刺激肠道蠕动，有助于消化系统的健康。一些微生物具有消化纤维素的能力，实际上，消化纤维素的微生物生活在牛和羊等的消化系统中，帮助草食动物从纤维素中获得营养。

4. 复合糖

糖蛋白是一类在生物体内分布极广的**复合糖**(glycoconjugate)。在哺乳动物的组织、体液及分泌物中都有糖蛋白，具有不同的功能。植物的糖蛋白一部分与细胞壁的多糖结合，另一部分以可溶的形式存在。

糖蛋白及其糖链具有很多重要的作用：①作为机体内外表面的保护剂及润滑剂，如鱼体表面黏液中就含有高唾液酸的糖蛋白，能防止水分的丧失。消化道、呼吸道、尿道等体腔黏膜能帮助运输，保护体腔不受机械、化学损伤和微生物感染及润滑等功能。②作为载体与维生素、激素、离子等结合，有助于这些物质在体内转移和分配。③参与细胞识别，是细胞识别的重要分子。

近年来，对糖蛋白中的糖链结构和功能有了更深的了解。发现细胞识别包括黏着、接触抑制和归巢行为，免疫保护(抗原与抗体)，代谢调控(激素与受体)，受精机制，形态发生、发育、癌变、衰老、器官移植等，都与糖蛋白的糖链有关，并因此出现了一门新的学科，称为**糖生物学**(glycobiology)。

8.2.2 脂类

脂类(lipid)定义为脂肪酸(多是四个碳以上的长链一元羧酸)和醇(包括甘油醇、鞘氨醇、高级一元醇和固醇)等所组成的酯类及其衍生物，包括单纯脂类、复合脂类及衍生脂质。脂类化合物是非极性化合物，具有疏水性，通常不溶于水，可溶于有机溶剂(或称脂溶性溶剂)，如丙酮、氯仿和乙醚等。

脂类是生物膜的主要成分，也是生物体内储存的能源物质，每克脂肪氧化产生的能量为 9.3 kcal，大约是糖氧化产能的两倍。脂类可构成生物表面的保护层，如皮肤、羽毛和果实外表的蜡质；动物皮下脂肪有保持正常体温的作用；维生素 A、维生素 D、肾上腺皮质激素等脂类分子是重要的生物活性物质。

在生物学中具有重要作用的脂类包括脂肪、磷脂和类固醇。

1. 脂肪

动物的**脂肪**(fat)和植物的油都是由甘油和脂肪酸结合成的酯类。

油脂的分子结构相似，均是三个脂肪酸分别结合在甘油分子的三个羟基上而成，称为甘油三酯或三酰甘油。脂肪酸分子呈酸性，但与甘油分子中羟基结合为酯键后，便不呈酸性，所以油、脂又称为中性脂肪。

脂肪酸烃链含有双键的称为**不饱和脂肪酸**(unsaturated fatty acid)，没有双键的则为**饱和脂肪酸**(saturated fatty acid)。具有高饱和脂肪酸的脂肪在室温下趋于呈固态。大多数动物脂肪为饱和脂肪酸,熔点较高,在室温下就呈固态,如猪油和牛油。

含有一个不饱和双键的脂肪酸称为单不饱和脂肪酸,含有两个或两个以上不饱和双键的脂肪酸称为多不饱和脂肪酸。由于不饱和双键易发生扭曲弯折,造成不饱和脂肪酸与相邻的不含双键的饱和脂肪酸不能紧密平行排列,因而熔点较低,在室温条件下保持液态,不容易凝固。

必需脂肪酸是人体不能合成的,需要从食物中摄取的脂肪酸。亚麻酸和亚油酸是人体的必须脂肪酸,这两种不饱和脂肪酸在营养上具有重要性,是合成其他两个以上双键的不饱和脂肪酸的前体。

2. 磷脂

磷脂(phospholipid)又称磷酸甘油酯,是细胞膜中含量最丰富和最具特性的脂。磷脂与脂肪不同之处在于甘油的一个羟基不是与脂肪酸结合成酯,而是与磷酸及其衍生物结合,如与磷酸胆碱结合形成卵磷脂。

磷脂分子中磷酸及小分子部分是极性的,即水溶性的,两个脂肪酸长碳氢链部分仍是非极性的,即脂溶性的。所以,磷脂具有一个极性的头和两条非极性的尾。磷脂的尾巴一般含有14~24个偶数碳原子。其中一条烃链常含有一个或数个双键,双键的存在造成这条不饱和链有一定角度的扭转。

磷脂又分为**甘油磷脂和鞘磷脂**两大类。甘油磷脂包括磷脂酰乙醇胺、磷脂酰胆碱(卵磷脂)、磷脂酰肌醇等。鞘磷脂是一种由神经酰胺的C-1羟基上连接了磷酸胆碱(或磷酸乙醇胺)构成的鞘脂。鞘磷脂存在于大多数哺乳动物细胞的质膜内,是髓鞘的主要成分。

3. 类固醇

类固醇(steroid)如胆固醇(cholesterol)等是含有三个六元环和一个五元环的脂类。四个环构成了固醇类的母核,不同的固醇类化合物,只是在母核上连上不同的侧链基团和取代基团。

胆固醇存在于真核细胞膜中。动物细胞质膜中胆固醇的含量较高,有的占膜脂的50%。胆固醇分子分为三部分:羟基团组成的极性头部、非极性的类固醇环结构和一个非极性的碳氢尾部。胆固醇的分子较其他膜脂要小,双亲媒性也较低。由于胆固醇分子是扁平环状,在质膜中对磷脂的脂肪酸尾部的运动具有干扰作用,所以胆固醇对调节膜的流动性、加强膜的稳定性有重要作用。

在动物细胞中类固醇也是生成其他甾类或类固醇化合物如雌性和雄性激素的前体物质。血液中类固醇含量高时易引发动脉血管粥样硬化。

8.2.3　蛋白质

蛋白质(protein)是氨基酸构成的聚合物。在生物体内,活细胞中蛋白质的含量在15%以上,约占细胞干物质的50%。估计人体中蛋白质的种类有十万多种,而整个生物界约有10^{10}～10^{12}种蛋白质。

1. 蛋白质分子的基本组成单位——氨基酸

蛋白质的基本组成单位是**氨基酸**(amino acid,AA)。虽然自然界中存在着300多种氨基酸,但构成蛋白质的只有20种氨基酸,且都是L型α-氨基酸。每个氨基酸的α-碳上连接一个羧基、一个氨基、一个氢原子和一个侧链R基团(图8.2)。20种氨基酸结构的差别就在于它们的R基团结构的不同。

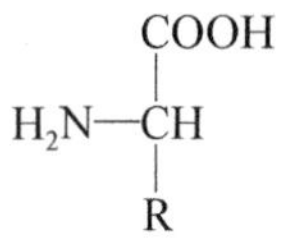

图8.2　氨基酸的结构通式

根据20种氨基酸侧链R基团的极性,可以分为以下四组(表8.2)。

表8.2　氨基酸的分类和性质

分　类	中文名	英文缩写	R基团极性	相对分子质量	等电点
疏水性氨基酸	丙氨酸	Ala	疏水性	89.09	6.11
	缬氨酸	Val	疏水性	117.15	6.00
	亮氨酸	Leu	疏水性	131.17	6.01
	异亮氨酸	Ile	疏水性	131.17	6.05
	苯丙氨酸	Phe	疏水性	165.19	5.49
	色氨酸	Trp	疏水性	204.23	5.89
	脯氨酸	Pro	疏水性	115.13	6.30
	蛋氨酸	Met	疏水性	149.21	5.74
亲水性氨基酸	甘氨酸	Gly	亲水性	75.07	6.06
	丝氨酸	Ser	亲水性	105.09	5.68
	苏氨酸	Thr	亲水性	119.12	5.60
	半胱氨酸	Cys	亲水性	121.16	5.05
	天冬酰胺	Asn	亲水性	132.12	5.41
	谷氨酰胺	Gln	亲水性	146.15	5.65
	酪氨酸	Tyr	亲水性	181.19	5.64
碱性氨基酸	组氨酸	His	碱性	155.16	7.60
	精氨酸	Arg	碱性	174.20	10.76
	赖氨酸	Lys	碱性	146.19	9.60
酸性氨基酸	天冬氨酸	Asp	酸性	133.10	2.85
	谷氨酸	Glu	酸性	147.13	3.15

疏水性氨基酸:疏水性氨基酸有丙氨酸(Ala)、缬氨酸(Val)、亮氨酸(Leu)、异亮氨酸(Ile)、苯丙氨酸(Phe)、色氨酸(Trp)、脯氨酸(Pro)和蛋氨酸(Met),共8种。

亲水性氨基酸：亲水性氨基酸有甘氨酸(Gly)、丝氨酸(Ser)、苏氨酸(Thr)、半胱氨酸(Cys)、天冬酰胺(Asn)、谷氨酰胺(Gln)和酪氨酸(Tyr)共7种。

碱性氨基酸：组氨酸(His)、精氨酸(Arg)和赖氨酸(Lys)带正电荷。

酸性氨基酸：天冬氨酸(Asp)和谷氨酸(Glu)带负电荷。

甘氨酸的侧链只有一个氢原子，是最简单的氨基酸，具有独特的性质，可以单作为一类，也可以归于亲水性氨基酸。

已知有8种氨基酸人体不能合成，但它们却是机体正常生长所不可缺少的，称为必需氨基酸，它们是Leu、Ile、Lys、Met、Phe、Val、Thr和Trp，必须从食物中摄取。

氨基酸在结晶形态或在水溶液中，并不是以游离的羧基或氨基形式存在，而是离解成两性离子。在两性离子中，氨基是以质子化($—NH_3^+$)形式存在，羧基是以离解状态($—COO^-$)存在。

在不同的pH条件下，两性离子的状态也随之发生变化。当溶液浓度为某一pH时，氨基酸分子中所含的$—NH_3^+$和$—COO^-$数目正好相等，净电荷为0。这一pH即为氨基酸的等电点，简称pI。在等电点时，氨基酸既不向正极也不向负极移动，即氨基酸处于两性离子状态。

2. 蛋白质分子的结构

蛋白质分子中，氨基酸之间以**肽键**(peptide bond)相连。肽键是一个氨基酸的α-COOH和相邻的另一个氨基酸的α-NH_2脱水形成的共价键。氨基酸借肽键连接起来叫**肽**，氨基酸连成的长链称为**肽链**，构成肽链的氨基酸已残缺不全，称为**氨基酸残基**。肽链两端有自由$—NH_2$和—COOH，自由$—NH_2$端称为N端(氨基端)，自由—COOH端称为C端(羧基端)。肽链中的氨基酸的排列顺序，一般从$—NH_2$端开始，由N指向C，即多肽链有方向性，N端为头，C端为尾。

蛋白质是具有特定构象的大分子，为研究方便，将蛋白质结构分为四个结构水平，包括一级结构、二级结构、三级结构和四级结构(图8.3)。一般将二级结构、三级结构和四级结构称为三维构象或空间结构。

一级结构指蛋白质多肽链中氨基酸的排列顺序。由于肽键具有部分双键的性质，所以整个肽单位是一个刚性的平面结构。

蛋白质的二级结构是指多肽链骨架盘绕折叠所形成的有规律性的结构。最基本的二级结构类型有α螺旋结构和β折叠结构，此外还有β转角和自由回转。右手α螺旋结构是在纤维蛋白和球蛋白中发现的最常见的二级结构，每圈螺旋含有3.6个氨基酸残基，螺距为0.54 nm，螺旋中的每个肽键均参与氢键的形成以维持螺旋的稳定。β折叠结构也是一种常见的二级结构，在此结构中，多肽链以较伸展的曲折形式存在，肽链(或肽段)的排列可以有平行和反平行两种方式。氨基酸之

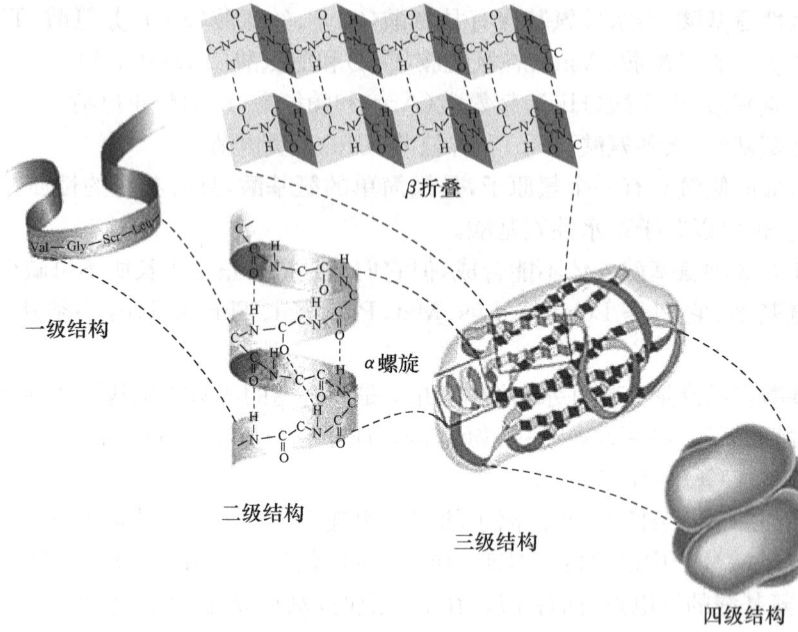

图 8.3　蛋白质的结构图

间的轴心距为 0.35 nm,相邻肽链之间借助氢键彼此连成片层结构。

蛋白质的三级结构是整个多肽链的三维构象,它是在二级结构的基础上,多肽链进一步折叠卷曲形成复杂的球状分子结构。具有三级结构的蛋白质一般是球蛋白,这类蛋白质的多肽链在三维空间中沿多个方向进行盘绕折叠,形成十分紧密的近似球形的结构,分子内部的空间只能容纳少数水分子,几乎所有的极性 R 基都分布在分子外表面,形成亲水的分子外壳,而非极性的基团则被埋在分子内部,不与水接触。蛋白质分子中侧链 R 基团的相互作用对稳定球状蛋白质的三级结构起着重要作用。

蛋白质的四级结构指数条具有独立的三级结构的多肽链通过非共价键相互连接而成的聚合体结构。在具有四级结构的蛋白质中,每一条具有三级结构的多肽链称为亚基或亚单位,缺少一个亚基或亚基单独存在都不具有活性。四级结构涉及亚基在整个分子中的空间排布以及亚基之间的相互关系。

维持蛋白质空间结构的作用力主要是氢键、离子键、疏水作用力和范德华力等非共价键,又称次级键。此外,在某些蛋白质中还有二硫键,二硫键在维持蛋白质构象方面也起着重要作用。

蛋白质的空间结构取决于它的一级结构,多肽主链上的氨基酸排列顺序包含了形成复杂的三维结构(正确的空间结构)所需要的全部信息。

3. 蛋白质的理化性质

蛋白质是由氨基酸组成的大分子化合物，其理化性质一部分与氨基酸相似，如两性电离、等电点、呈色反应、成盐反应等，也有一部分又不同于氨基酸，如高分子量、胶体性、变性等。

1) 蛋白质的胶体性质

蛋白质是高分子化合物，分子质量一般为 10～1000 kDa。蛋白质分子颗粒的直径一般为 1～100 nm，在水溶液中呈胶体溶液，具有丁铎尔现象、布朗运动、不能透过半透膜、扩散速度慢、黏度大等特征。

蛋白质分子表面含有很多亲水基团，如氨基、羧基、羟基、巯基、酰胺基等，能与水分子形成水化层，把蛋白质分子颗粒分隔开来。此外，蛋白质在一定 pH 溶液中都带有相同电荷，因而使颗粒相互排斥。水化层的外围还可有被带相反电荷的离子所包围形成双电层，这些因素都是防止蛋白质颗粒的互相聚沉，促使蛋白质成为稳定胶体溶液的因素。

蛋白质分子不能透过生物膜的特点，在生物学上有重要意义，能使各种蛋白质分别存在于细胞内外不同的部位，对维持细胞内外水和电解质分布的平衡、物质代谢的调节都起着非常重要的作用。

2) 蛋白质的两性电离和等电点

蛋白质是由氨基酸组成的，分子中除两端的游离氨基和羧基外，侧链中尚有一些解离基，如谷氨酸、天冬氨酸残基中的 γ-和 β-羧基，赖氨酸残基中 ε-氨基，精氨酸残基的胍基和组氨酸的咪唑基。作为带电颗粒它可以在电场中移动，移动方向取决于蛋白质分子所带的电荷。蛋白质颗粒在溶液中所带的电荷，既取决于其分子组成中碱性和酸性氨基酸的含量，又受所处溶液的 pH 影响。当蛋白质溶液处于某一 pH 时，蛋白质游离成正、负离子的趋势相等，即成为**兼性离子**(净电荷为 0)，此时溶液的 pH 称为蛋白质的**等电点**(isoelectric point，简写 pI)。处于等电点的蛋白质颗粒，在电场中并不移动。蛋白质溶液的 pH 大于等电点，该蛋白质颗粒带负电荷，反之则带正电荷。各种蛋白质分子由于所含的碱性氨基酸和酸性氨基酸的数目不同，因而有各自的等电点。

凡碱性氨基酸含量较多的蛋白质，等电点就偏碱性，如组蛋白、精蛋白等。反之，凡酸性氨基酸含量较多的蛋白质，等电点就偏酸性，人体体液中许多蛋白质的等电点在 pH=5.0 左右，所以在体液中以负离子形式存在。

3) 蛋白质的变性

天然蛋白质在某些物理或化学因素作用下，特定的空间结构被破坏，从而导致理化性质改变和生物学活性的丧失，如酶失去催化活力，激素丧失活性称为蛋白质的**变性作用**(denaturation)。变性蛋白质只有空间构象的破坏，一般认为蛋白质变性本质是次级键、二硫键的破坏，并不涉及一级结构的变化。

变性蛋白质和天然蛋白质最明显的区别是溶解度降低，同时蛋白质的黏度增加，结晶性破坏，生物学活性丧失，易被蛋白酶分解。

引起蛋白质变性的原因可分为物理和化学因素两类。物理因素可以是加热、加压、脱水、搅拌、振荡、紫外线照射、超声波的作用等；化学因素有强酸、强碱、尿素、重金属盐、十二烷基磺酸钠(SDS)等。

变性并非是不可逆的变化，当变性程度较轻时，如去除变性因素，有的蛋白质仍能恢复或部分恢复其原来的构象及功能，变性的可逆变化称为**复性**。如果蛋白质变性时被破坏严重，不能恢复，称为**不可逆性变性**。

4) 蛋白质的沉淀

蛋白质分子凝聚从溶液中析出的现象称为**蛋白质沉淀**(precipitation)，变性蛋白质一般易于沉淀，但也可不变性而使蛋白质沉淀，在一定条件下，变性的蛋白质也可不发生沉淀。

蛋白质所形成的亲水胶体颗粒具有两种稳定因素，即颗粒表面的水化层和电荷。若无外加条件，不致互相凝集。若除掉这两个稳定因素(如调节溶液 pH 至等电点和加入脱水剂)，蛋白质便容易凝集析出。如将蛋白质溶液 pH 调节到等电点，蛋白质分子呈等电状态，虽然分子间同性电荷相互排斥作用消失，但是还有水化膜起保护作用，一般不至于发生凝聚作用。如果这时再加入某种脱水剂，除去蛋白质分子的水化膜，则蛋白质分子就会互相凝聚而析出沉淀；反之，若先使蛋白质脱水，然后再调节 pH 到等电点，也同样可使蛋白质沉淀析出。

沉淀蛋白质的方法主要有盐析、有机溶剂沉淀、重金属盐沉淀、生物碱以及某些酸类沉淀等。

5) 蛋白质的呈色反应

蛋白质与水合茚三酮(苯丙环三酮戊烃)作用时，产生蓝色反应；蛋白质在碱性溶液中与硫酸铜作用呈现紫红色，称**双缩脲反应**；蛋白质溶液中加入米伦试剂(亚硝酸汞、硝酸汞及硝酸的混合液)，蛋白质首先沉淀，加热则变为红色沉淀，此为酪氨酸的酚核所特有的反应，因此含有酪氨酸的蛋白质均能发生米伦反应。

此外，蛋白质溶液还可与酚试剂、乙醛酸试剂、浓硝酸等发生颜色反应。

6) 蛋白质的紫外吸收特征

蛋白质溶液能吸收一定波长的紫外线，主要是带芳香环的氨基酸决定的。芳香氨基酸对紫外光(280 nm)吸收能力的强弱顺序为 Trp＞Tyr＞Phe。

4. 蛋白质的功能

蛋白质是生命的结构基础和功能基础。蛋白质广泛存在于细胞膜、液态基质、细胞器、核膜、染色体等结构中，蛋白质中的一半左右是酶，细胞中众多的化学反应由酶分子催化。蛋白质种类众多，功能各异，总体来说，主要具有下述功能：

1）催化和调控

体内物质代谢的一系列化学反应绝大部分是由酶催化的。体内各组织细胞各种代谢的进行和协调，都与蛋白质的调控功能密切相关。

2）在协调运动中的作用

肌肉收缩是一种协调运动，肌肉的主要成分是蛋白质，肌肉收缩是肌肉中多种蛋白质组装成的粗丝、细丝完成的，从微观上看是细胞内微丝、微管的活动，精子、纤毛的运动等都与蛋白质的作用有关。

3）在运输及储存中的作用

蛋白质在体内物质的运输和储存中起重要作用。例如，全身各组织细胞所需的氧分子，就是由血红蛋白运输的；氧在肌肉中的储存靠肌红蛋白来完成。铁在细胞内需与铁蛋白结合才能储存。

4）在识别、防御和神经传导中的作用

体内各种传递信息的信使需与特异的受体相互识别，受体多为蛋白质，可见蛋白质在信息传递过程中起重要作用。另外，抗体对抗原的结合，神经冲动的传递等也是蛋白质参与完成的。

8.2.4 酶

1. 酶的概念

酶（enzyme）是由活细胞产生的生物催化剂，本质是蛋白质或核酸，包括 RNA 及 DNA。与非生物催化剂相比，酶的催化作用有高度专一性、高催化效率及其催化活性的可调节性等特点。酶的这些性质使细胞内错综复杂的物质代谢过程能有条不紊地进行，使物质代谢与正常的生理机能互相适应。

绝大多数酶都是蛋白质，但是也发现了具有催化功能的 RNA 和 DNA，具有催化功能的 RNA 称为**核酶**（ribozyme）。由于核酸参与催化反应有限，而且这些反应均可有相应的酶所催化，因此蛋白质性质的酶仍是体内最主要的催化剂。

2. 酶作用的分子基础

根据酶的分子组成，可分为**单纯酶**和**结合酶**类两种。单纯酶分子中只含有氨基酸，结合酶类也称为全酶或复合酶类。全酶由酶蛋白和非蛋白质部分组成，蛋白质部分称为**酶蛋白**，非蛋白质部分统称为辅助因子。只有全酶才有催化活性，如果两者分开则酶活力消失。非蛋白质部分如铁卟啉或含 B 族维生素的化合物若与酶蛋白以共价键相连的称为**辅基**，用透析或超滤等方法不能使它们与酶蛋白分开；反之，两者以非共价键相连的称为**辅酶**，可用上述方法把两者分开。酶蛋白决定反应的专一性，辅助因子则参与催化底物反应，起转移电子、原子和功能基团的作用。

酶的催化作用有赖于酶分子的一级结构及空间结构的完整。若酶分子变性或亚基解聚均可导致酶活性丧失。酶与一般蛋白质的不同之处在于它能催化各类热力学上可能进行的化学反应。酶的催化活性与其分子的特殊结构密切相关。研究证明，酶在催化反应时，必须同底物形成酶-底物复合物，当复合物解离时，释放出产物，而酶本身没有任何改变。

不同的酶尽管在结构、专一性及催化机理方面都有相当大的差异，但它们的活性中心确有许多相似之处。活性中心只占酶分子的很小一部分结构，酶蛋白的大部分氨基酸残基并不与底物接触。组成酶活性中心的氨基酸残基的侧链存在不同的功能基团，如—NH_2、—COOH、—SH、—OH 和咪唑基等，它们来自酶分子多肽链的不同部位。有的基团在与底物结合时起结合基团的作用，有的在催化反应中起催化基团的作用。但有的基团既在结合中起作用，又在催化中起作用，所以常将活性部位的功能基团统称为必需基团。它们通过多肽链的盘曲折叠，组成一个在酶分子表面、具有三维空间结构的孔穴或裂隙，以容纳进入的底物与其结合并催化底物转变为产物，这个区域即称为酶的**活性中心**。

酶活性中心以外的功能集团在形成并维持酶的空间构象上也是必需的，故称为活性中心以外的必需基团。对需要辅助因子的酶来说，辅助因子也是活性中心的组成部分。酶催化反应的特异性实际上取决于酶活性中心的结合基团、催化基团及其空间结构。

酶的分子结构的基础是其氨基酸的序列，它决定着酶的空间结构和活性中心的形成以及酶催化的专一性。例如，哺乳动物中的磷酸甘油醛脱氢酶的氨基酸残基序列几乎完全相同，说明相同的一级结构是酶催化同一反应的基础。又例如，消化道的糜蛋白酶、胰蛋白酶和弹性蛋白酶都能水解食物蛋白质的肽键，但三者水解的肽键有各自的特异性，糜蛋白酶水解含芳香族氨基酸残基提供羧基的肽键，胰蛋白酶水解赖氨酸等碱性氨基酸残基提供羧基的肽键，而弹性蛋白酶水解侧链较小且不带电荷氨基酸残基提供羧基的肽键。研究显示这三种酶有相似的空间结构，这是它们都能水解肽键的基础。而它们水解肽键时的特异性则来自酶的底物结合部位上氨基酸组成上有微小的差别所致。

3. 酶的分类和命名

根据国际酶学委员会(IEC)规定，按酶促反应的性质，可把酶分成六大类：

① **氧化还原酶类**(oxidoreductase)指催化底物进行氧化还原反应的酶类，如乳酸脱氢酶、琥珀酸脱氢酶、细胞色素氧化酶、过氧化氢酶等。

② **转移酶类**(transferase)指催化底物之间进行某些基团的转移或交换的酶类，如转甲基酶、转氨酸、己糖激酶、磷酸化酶等。

③ **水解酶类**(hydrolase)指催化底物发生水解反应的酶类，如淀粉酶、蛋白酶、脂肪酶、磷酸酶等。

④ **裂解酶类**(lyase)指催化一个底物分解为两个化合物或两个化合物合成为一个化合物的酶类，如柠檬酸合成酶、醛缩酶等。

⑤ **异构酶类**(isomerase)指催化各种同分异构体之间相互转化的酶类，如磷酸丙糖异构酶、消旋酶等。

⑥ **合成酶类**(连接酶类，ligase)指催化两分子底物合成为一分子化合物，同时还必须偶联有 ATP 的磷酸键断裂的酶类，如谷氨酰胺合成酶、氨基酸：tRNA 连接酶等。

酶的命名传统上采用习惯命名法，一般采用底物加反应类型而命名，如蛋白水解酶、乳酸脱氢酶、磷酸己糖异构酶等。习惯命名法简单，应用历史长，但缺乏系统性，有时出现一酶数名或一名数酶的现象。

系统命名法是国际酶学委员会规定的命名法，规定一种酶只有一种名称，包括酶的系统命名和四个数字分类的酶编号，如对催化下列反应酶的命名：

$$\text{ATP}+\text{D-葡萄糖}\longrightarrow\text{ADP}+\text{D-葡萄糖-6-磷酸}$$

该酶的正式系统命名是 ATP：葡萄糖磷酸转移酶，表示该酶催化从 ATP 中转移一个磷酸到葡萄糖分子上的反应。它的分类数字是 E. C. 2. 7. 1. 1，其中，E. C 代表按国际酶学委员会规定的命名，第一个数字“2”代表酶的分类名称(转移酶类)，第二个数字“7”代表亚类(磷酸转移酶类)，第三个数字“1”代表亚亚类(以羟基作为受体的磷酸转移酶类)，第四个数字“1”代表该酶在亚-亚类中的排号(D 葡萄糖作为磷酸基的受体)。

4. 酶促反应的特点

1) 酶促反应具有高催化速率

酶是高效生物催化剂，比一般催化剂的效率高 $10^{7}\sim10^{13}$ 倍。酶能加快化学反应的速度，但不能改变化学反应的平衡点，即酶在促进正向反应的同时也以相同的比例促进逆向的反应，所以酶的作用是缩短达到平衡所需的时间，但平衡常数不变。在无酶的情况下达到平衡点需几个小时，在有酶时可能只要几秒钟就可达到平衡。

酶和一般催化剂都是通过降低反应活化能的机制来加快化学反应速度的。

2) 酶催化具有高度特异性

酶的催化特异性表现在对底物的选择性和催化反应的特异性两方面。体内的化学反应除了个别自发进行外，绝大多数由专一的酶催化，一种酶能从成千上万种反应物中找出自己作用的底物，这就是酶的特异性。根据酶催化特异性程度上的差别，分为绝对特异性、相对特异性和立体异构特异性三类。一种酶只催化一种底物进行反应的称为绝对特异性，如脲酶只能水解尿素使其分解为二氧化碳和氨；若一种酶能催化一类化合物或一类化学键进行反应的称为相对特异性，如酯酶既能催化甘油三酯水解，又能水解其他酯键。具有立体异构特异性的酶对底物分子立体构型有严格要求，如L-乳酸脱氢酶只催化L-乳酸脱氢，对D-乳酸无作用。

3）酶活性的可调节性

有些酶的催化活性可受许多因素的影响，如别构酶受别构剂的调节，有的酶受共价修饰的调节，激素和神经体液通过第二信使对酶活力进行调节，以及诱导剂或阻抑剂对细胞内酶含量（改变酶合成与分解速度）的调节等。

不具催化活性的酶的前体称为酶原。某种物质作用于酶原使其转变为有活性的酶的过程称为**酶原的激活**。这是机体内存在的重要的调控酶活性的一种方式。

5. 影响酶促反应的因素

酶的催化活性受环境条件如温度、pH、激活剂、抑制剂等的影响。

每种酶都有其作用的最适温度和最适pH，对于人体内的酶来说，作用的最适温度接近人的体温，即35～40℃。在低温下，酶反应的速度很慢甚至完全丧失。高温使酶变性（改变三维构像）而失活。有些生活在温泉的细菌，具有耐高温的酶，已被人用于基因工程进行DNA的体外扩增。反应的pH对酶的活性也有很大的影响。每种酶只是在一个很窄的pH范围内表现出活性，例如，胃蛋白酶作用的最适pH为2。

凡能提高酶活性的物质都称为该酶的**激活剂**。有些物质能与酶分子上的某些基团，特别是活性中心的一些基团结合而使酶活性下降或丧失，这种作用称为抑制作用，引起这种抑制作用的物质称为酶的抑制剂。有些抑制剂与酶以非共价键形式结合而引起酶活性降低或丧失，但可用透析等方法除去抑制剂而使酶活性恢复。这种抑制作用称为**可逆的抑制作用**。有些抑制剂与酶的底物的结构相似，可与底物竞争与酶的结合，此种抑制作用称为**竞争性抑制作用**。

酶的竞争性抑制有重要的实际应用，很多药物是酶的竞争性抑制剂。例如，磺胺类药物的抑制作用就基于这一原理。细菌以对氨基苯甲酸、二氢蝶呤及谷氨酸为底物，在二氢叶酸合成酶的催化下合成二氢叶酸，后者还可转变为四氢叶酸，它是细菌合成核酸所不可缺的辅酶。磺胺的化学结构与对氨基苯甲酸十分相似，故能与对氨基苯甲酸竞争二氢叶酸合成酶的活性中心，抑制该酶活性，进而减少四氢叶酸和核酸的合成，最终导致细菌繁殖生长停止。

8.2.5　核酸

核酸(nucleic acid)是由核苷酸构成的酸性聚合物，天然存在的核酸可分为脱氧核糖核酸(DNA)和核糖核酸(RNA)两类。DNA储存细胞所有的遗传信息，是物种保持进化和世代繁衍的物质基础。RNA中参与蛋白质合成的有三类：转移RNA(tRNA)、核糖体RNA(rRNA)和信使RNA(mRNA)。20世纪末，发现许多新的具有特殊功能的RNA，几乎涉及细胞功能的各个方面。

1. 核酸的分子组成

核酸可以降解成核苷酸，核苷酸还可以进一步降解为核苷和磷酸，核苷再进一步分解生成含氮碱基和戊糖。碱基分两大类：嘌呤碱和嘧啶碱。所以，核酸由核苷酸组成，而核苷酸又由碱基、戊糖与磷酸组成。两类核酸的基本化学组成见表8.3。

表8.3 两类核酸的基本化学组成

组成成分		DNA	RNA
碱基	嘌呤碱	腺嘌呤(A)、鸟嘌呤(G)	腺嘌呤(A)、鸟嘌呤(G)
	嘧啶碱	胞嘧啶(C)、胸腺嘧啶(T)	胞嘧啶(C)、尿嘧啶(U)
戊糖		D-2-脱氧核糖	D-核糖
酸		磷酸	磷酸

核苷酸可分为核糖核苷酸和脱氧核糖核苷酸两类。两者基本化学结构相同，只是所含戊糖不同，个别碱基不同。核糖核苷酸是RNA的结构单位，脱氧核糖核苷酸是DNA的结构单位。细胞内还有各种游离的核苷酸和核苷酸衍生物，他们具有重要的生理功能。由此可见，对于核酸和蛋白质系统来说，核苷酸相当于氨基酸，碱基相当于氨基酸的功能基团(氨基酸侧链)。几种核苷酸的结构式列于图8.4。

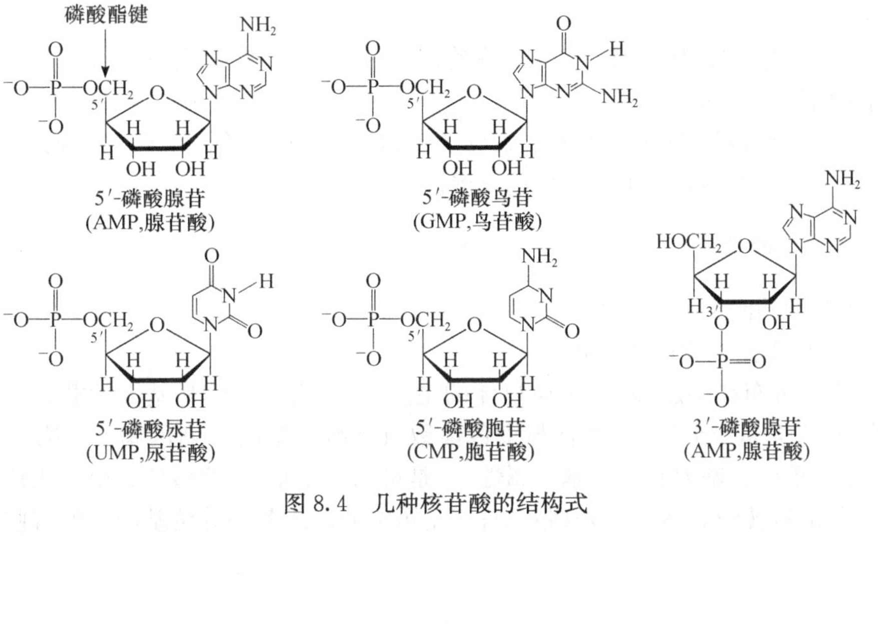

图8.4 几种核苷酸的结构式

2. DNA 的分子结构

核苷酸通过磷酸二酯键连接成的多聚核苷酸链，DNA 的一级结构是指构成 DNA 分子的核苷酸连接及其顺序。

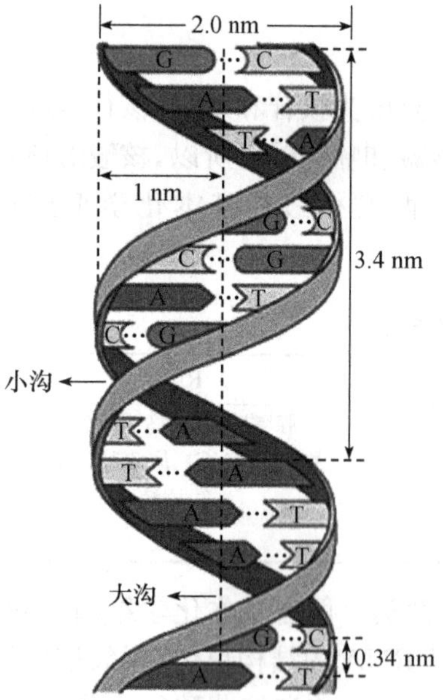

图 8.5　DNA 双螺旋结构模型

DNA 的二级结构就是 DNA 双螺旋结构(图 8.5)，该结构模型由沃森（Watson，1928—）和克里克(Crick，1916—2004)于 1953 年提出。

DNA 双螺旋结构的要点：

(1) 主链：DNA 的两条多核苷酸链缠绕同一中心轴以反向平行的右手螺旋方式盘旋，相互平行而走向相反形成双螺旋构型。

(2) 碱基对：碱基位于螺旋的内侧，它们以垂直于螺旋轴的取向通过糖苷键与主链糖基相连。同一平面的碱基在二条主链间形成碱基对。配对碱基总是 A 与 T 和 G 与 C。碱基对以氢键维系，A 与 T 间形成两个氢键，G 与 C 间形成三个氢键。

(3) 大沟和小沟：大沟和小沟分别指双螺旋表面凹下去的较大沟槽和较小沟槽。小沟位于双螺旋的互补链之间，而大沟位于相毗邻的双股之间。这是由于连接于两条主链糖基上的配对碱基并非直接相对，从而使得在主链间沿螺旋形成空隙不等的大沟和小沟。

(4) 结构参数：螺旋直径 2 nm，螺旋周期包含 10 对碱基，螺距 3.4 nm，相邻碱基对平面的间距 0.34 nm。

DNA 双螺旋结构模型的确立在分子生物学发展中具有划时代的贡献，极大地推动了分子生物学和分子遗传学的发展。

3. 核酸的功能

核酸的功能主要有以下三点：

1) DNA 是主要的遗传物质

DNA 分布在细胞核内，是染色体的主要成分，而染色体是基因的载体。细胞内的 DNA 含量十分稳定，而且与染色体数目平行。基因是染色体上占有一定位置的遗传单位。基因有三个基本属性：一是可通过复制，将遗传信息由亲代传给子代；二是通过转录表达产生表型效应；三是可突变形成各种等位基因。但有些病毒的基因组是 RNA,基因是 RNA 的一个片段。一些可作用于 DNA 的物理化学因素均可引起 DNA 突变从而引起遗传性状的改变。DNA 的突变是生物进化的基础,即突变的累积导致生物进化。

2) RNA 参与蛋白质的生物合成

实验表明,由 3 类 RNA 共同控制着蛋白质的生物合成。核糖体是蛋白质合成的场所。过去以为蛋白质肽键的形成是由核糖体的蛋白质所催化,称转肽酶。1992 年,Noller 等证明 23S rRNA 具有核酶活性,能够催化肽键形成。rRNA 约占细胞总 RNA 的 80%,是装配者并起催化作用。tRNA 占细胞总 RNA 的 15%,是转换器,携带氨基酸并起解译作用。mRNA 占细胞总 RNA 的 3%~5%,是信使,携带 DNA 的遗传信息并起蛋白质合成的模板作用。

3) RNA 功能的多样性

20 世纪 80 年代 RNA 的研究揭示了 RNA 功能的多样性,归纳起来,RNA 有 5 类功能:①控制蛋白质合成;②作用于 RNA 转录后加工与修饰;③基因表达和细胞功能的调节;④生物催化与其他细胞持家功能;⑤遗传信息的加工与进化。病毒 RNA 是上述功能 RNA 的游离成分。

生物体通过 DNA 复制使遗传信息由亲代传给子代;通过 RNA 转录和翻译使遗传信息在子代得到表达。RNA 具备诸多功能,关系着生物机体的生长和发育,核心作用是基因表达的信息加工和调节。

8.2.6 新陈代谢

新陈代谢(metabolism)是生物体的各组成物质通过合成及降解不断更新的过程和能量交换过程的总称,简称代谢。生物体内的各种物质之间有着错综复杂的关系,在不停地发生变化。生物体从外界摄取物质,即营养物质,以维护其生命活动。这些物质进入体内,转变为生物体自身的分子以及生命活动所需的物质与能量等。

生物体内的新陈代谢是由酶催化的,是生物体表现其生命活动的重要特征之一。生物体是一个开放体系,在其一生中,一直与外界环境发生着复杂的联系。生物体的生长发育、运动、思维活动等,无一不是通过机体的新陈代谢来实现的。以人体为例,人体内的水(指代谢水)每周就有一半为新的水分子所代替;人体中的蛋白质每 80 天就有一半被更新;其中肝脏、血浆内的蛋白质 10 天就更新一半。组成人体的原子,经过一年时间,98%可得到更新。

新陈代谢可概括为 5 个方面:①从周围环境获得营养物质;②将外界摄入的营养物质转变为自身需要的结构元件,即大分子的组成前体;③将结构元件装配成自身的大分子,如蛋白质、核酸、脂类和其他组分;④形成或分解生物体特殊功能所需的生物分子;⑤提供生命活动所需的一切能量。研究代谢是从分子水平上进一步探讨生命的奥妙和规律。

1. 同化作用和异化作用

新陈代谢包括**同化作用**(assimilation)和**异化作用**(dissimilation)两个方面的代谢过程。生物有机体把从环境中摄取的物质,经一系列的化学反应转变为自身物质的过程,称为同化过程或同化作用,即从环境到体内、由小分子合成大分子物质的过程。因此,同化作用是一个耗能过程。生物体内的物质经一系列的化学反应,最终变为排泄物的过程,称为异化过程或异化作用,即从体内到环境,由大分子物质转变为小分子物质的过程,它是一个释放能量的过程。

合成代谢指生物体内一切物质的合成作用,属于同化作用的范畴;分解代谢指生物体内一切物质的分解作用,属于异化作用的范畴。在生物体内,同化作用和异化作用相互依存,没有同化作用,就没有异化作用,反之亦然。生物体内的物质,如蛋白质、糖类和脂类等的代谢变化统称为物质代谢,包括分解代谢和合成代谢。

应当注意的是,同一种物质的合成和分解途径往往不是简单的可逆反应,而是通过不同的中间反应或不同的酶来实现的。分解代谢和合成代谢选择不同的途径,使生物机体增加了体内化学反应的数量,并使其对代谢活动的调控具有更大的灵活性和应变能力。

不仅分解代谢和合成代谢采取不同的途径,而且同一种物质的两种过程是在细胞的不同部位进行的。例如,ATP 的合成反应在线粒体内进行,而 ATP 的分解反应(供能反应)大多是在细胞质的液态基质(细胞浆)中进行的。虽然合成和分解的代谢途径往往不同,但有许多代谢环节还是双方都可共同利用的。典型的例子有三羧酸循环,多种物质的分解代谢和合成代谢都可利用这一途径进行代谢。

2. 能量代谢

生命的一切活动必须靠能量来启动,而能量来自体内有机物质的氧化分解。能量包括热能和自由能,后者对生物体有特别重要的意义。能量代谢包括**吸能反应**和**放能反应**,同化作用是吸能的代谢过程,异化作用是放能的代谢过程。

合成代谢和分解代谢都伴随着能量转化,合成代谢需要能量推动,分解代谢释放能量。生物体的一切过程都需要提供能量。生物体的生长、发育,包括核酸、蛋白质的生物合成,机体运动,包括肌肉的收缩以及生物膜的传递、运输功能等,都需要消耗能量。如果没有能量来源,生命活动也就无法进行,生命也就停止。

自养生物通过光合作用,由 CO_2 和 H_2O 合成葡萄糖,将太阳能储存在葡萄糖分子中;异养生物从自养生物取得葡萄糖等有机物,分解有机物最终生成 CO_2 和 H_2O,释放的能量的 60%左右以热的形式释放,40%左右的能量转化储存到 ATP 等高能化合物中。

1) ATP 是细胞流通能量

在所有的生活细胞中，能量被暂时储存在**三磷酸腺苷**(ATP)中。当细胞分解淀粉、脂肪等有机分子获得能量后，一部分用于反应，剩余部分以流通 ATP 的形式储存。ATP 是由三部分组成的核苷酸：腺嘌呤，一种含氮的有机碱，一分子核糖和三分子磷酸基团(图 8.6)。

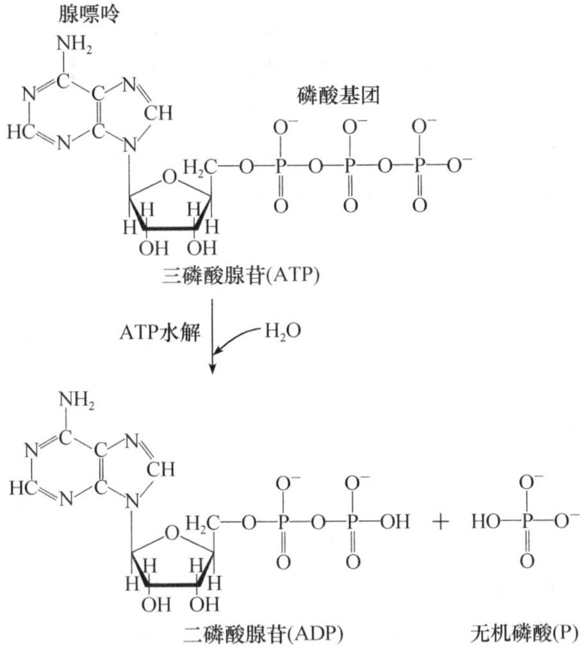

图 8.6　ATP 和 ADP 分子

ATP 可通过磷酸基团的转移提供能量。ATP 分子中一个末端磷酸基团水解后，剩下的分子称为 ADP。如果释放的磷酸基团没有转移到其他分子中，则是无机磷(Pi)，是一种放能反应。通常称 ATP 为高能化合物，因为水解释放磷酸时会释放自由能。

实际上，细胞内的放能反应与吸能反应是偶联的，ATP 水解生成 ADP 和无机磷时释放的能量可用于其他的合成反应，如葡萄糖与果糖合成蔗糖就需要能量。同样，在 ADP 分子上添加一个磷酸基团生成 ATP 则需要自由能。所以，ATP 与放能反应和吸能反应相连接。在细胞的放能反应中，可通过 ATP 的合成储存自由能；而在吸能反应中，ATP 水解释放自由能。所以，细胞中很多反应与 ATP 相关联。

ATP 等高能化合物是细胞生命活动能量的直接提供者，ATP 在细胞里担负着能量传递者的作用，ATP 被形象地称为生命的推动者。生物机体对能量的消耗是惊人的，据计算，一个处于安静状态的成人，一日内消耗 40 kg 的 ATP。在激烈运动时，ATP 的利用率每分钟可达 0.5 kg。能够直接提供自由能推动生物体多种化学反应的核苷酸类分子除 ATP 外，还有 GTP、UTP、CTP 等。

2) ATP 的生成

细胞可以通过厌氧呼吸和有氧呼吸生成 ATP，但主要是有氧呼吸。

厌氧呼吸是在无氧情况下，将放能反应释放的能量合成 ATP 的过程。这种反应持续的时间较短，肌肉细胞运动时就是利用厌氧呼吸获取能量的。通过厌氧呼吸利用葡萄糖产生 ATP 的过程，又称为**糖酵解**，也是有氧呼吸的第一步。

有氧呼吸是细胞在有氧的条件下，将糖类等有机物彻底氧化分解，产生二氧化碳和水，同时释放出大量能量的过程。有氧呼吸反应通式为

$$C_6H_{12}O_6+6H_2O+6O_2 \longrightarrow 6CO_2+12H_2O+\text{能量}$$

在反应过程中，除需要氧外，还需要氧化性的 NAD 和 FAD 的参与，反应的部位主要是线粒体。有氧呼吸产能的效率极高，一分子葡萄糖最终产生 36(或 38)个 ATP 分子。

根据能量的来源不同，ATP 的生成分为两种方式：底物水平的磷酸化和氧化磷酸化。

底物水平的磷酸化是指在底物被氧化的过程中，底物分子内部能量重新分布产生高能磷酸键(或高能硫酯键)，由此高能键提供能量使 ADP(或 GDP)磷酸化生成 ATP(或 GTP)的过程。底物水平的磷酸化与光合磷酸化或呼吸链无关，是生物体在厌氧条件下生活的主要能量来源。糖酵解生成 ATP 即属这方面例子，其机理是由醛脱氢而生成酰基磷酸和磷酸基向 ADP 转移。此外，伴随脂酰基 CoA 的分解而产生 GTP 和 ATP 等也是如此。

氧化磷酸化是指当电子从 NADH 或 $FADH_2$ 经过电子传递体系(呼吸链)传递给氧形成水时，同时伴有 ADP 磷酸化为 ATP 的全过程。这种方式是通过对底物的氧化，释放高能电子，将高能电子通过膜传递链转移到分子氧受体，高能电子在传递过程中能够驱动质子泵进行 ATP 的合成。氧化磷酸化发生在原核生物的细胞膜，或者真核生物的线粒体内膜上。

3. 有氧呼吸的途径

葡萄糖(或糖原)生物氧化的过程分为 4 个阶段：

糖酵解⟶生成乙酰 CoA⟶三羧酸循环⟶氧化磷酸化

1) 糖酵解

葡萄糖进入细胞后先在细胞质中通过酵解作用生成丙酮酸，如果有氧存在，丙

酮酸进入线粒体基质经过三羧酸循环、电子传递和氧化磷酸化，最后生成 ATP 和水。如果没有氧，丙酮酸经过发酵生成乳酸(图 8.7)。

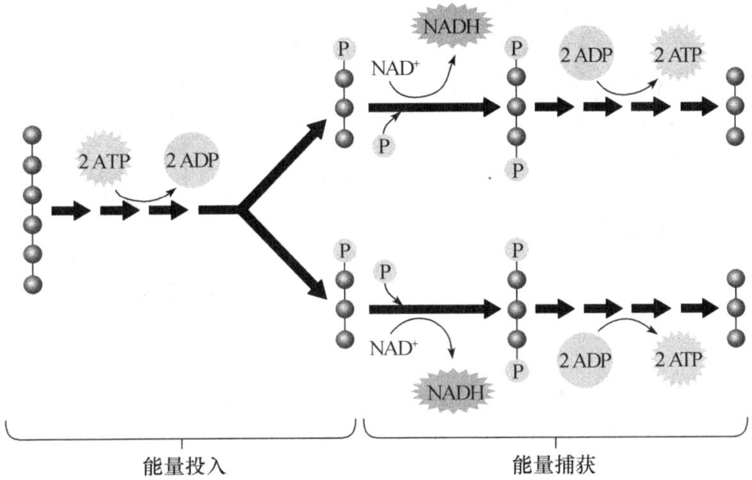

图 8.7　糖酵解

糖酵解由一组酶催化，并在起始阶段需要消耗 ATP 去水裂解葡萄糖。但是，葡萄糖裂解释放的能量并没有以热的形式释放，而是储存在 ATP 或 NADH 中。

2) 乙酰辅酶 A 的生成

生物氧化的第二阶段是丙酮酸进入线粒体，并被氧化生成乙酰 CoA。丙酮酸氧化时首先生成乙酸和一分子 CO_2，乙酸立即与辅酶 A 结合，生成乙酰 CoA，同时将 NAD^+ 还原成 NADH(图 8.8)。

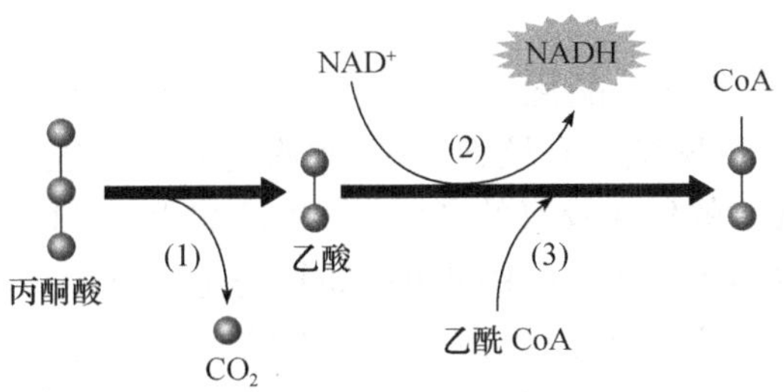

图 8.8　乙酰 CoA 的生成

3) 三羧酸循环

有氧呼吸的第三个阶段是三羧酸循环。三羧酸循环途径将两个碳的乙酰辅酶 A 分子彻底氧化为 CO_2 和 H_2O(图 8.9)。

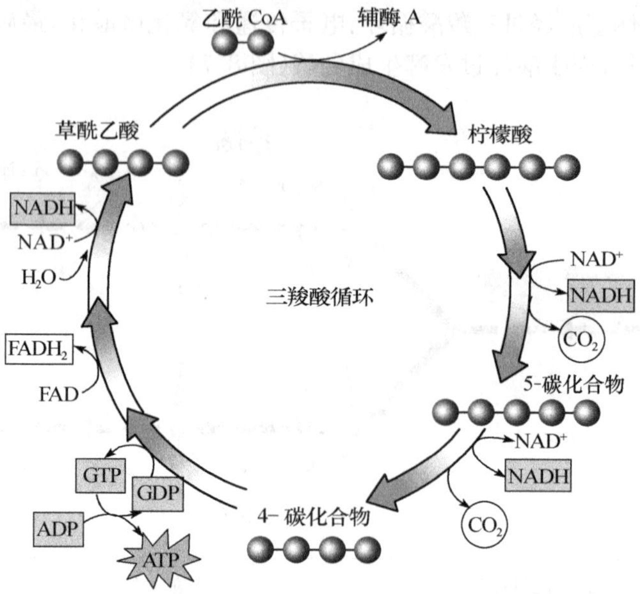

图 8.9　三羧酸循环示意图

乙酰 CoA 一旦形成，立即进入线粒体基质的循环氧化途径，即三羧酸循环(TCA)，又称 Krebs 循环(以发现的科学家命名)或柠檬酸循环。参与 TCA 循环的酶有很多种，除琥珀酸脱氢酶结合在内膜上以外，其他的酶都存在于线粒体基质。循环开始，由乙酰 CoA 和草酰乙酸缩合成有 3 个羧基的柠檬酸，柠檬酸经一系列反应，一再氧化脱羧，经酮戊二酸、琥珀酸，再降解成草酰乙酸。每循环一次，仅用去 1 分子乙酰基中的二碳单位，最后生成 2 分子的 CO_2、1 分子 GTP、4 分子的 NADH(连同丙酮酸脱羧形成乙酰 CoA 时产生的 1 分子 NADH 在内)和 1 分子的 $FADH_2$。

4) 电子传递链与氧化磷酸化

电子传递链又称**呼吸链**。真核细胞中，呼吸链是位于线粒体内膜上的一组酶复合体，进行电子、H^+ 的传递及氧的利用，产生 H_2O 和 ATP。

在三羧酸循环中，乙酰 CoA 中的两个碳被完全氧化生成两分子 CO_2 释放出来，直接产生的能量(ATP)又很少，此过程释放的大部分能量储存在辅酶(NADH 和 $FADH_2$)分子中。只有将这些还原型的辅酶氧化成氧化型的辅酶，才能将能量释放出来，该过程涉及电子从 NADH 或 $FADH_2$ 传递到氧，最后生成水，氧化型的 NAD^+ 和 FAD 又可参与三羧酸循环：

$$NADH + 1/2\ O_2 \longrightarrow NAD^+ + H_2O + 能量$$

$$FADH_2 + 1/2\ O_2 \longrightarrow FAD + H_2O + 能量$$

如果上述反应将能量一次性释放，能量会太大，不仅不能全部收集和储存，还会使细胞受到损伤。为此,细胞利用线粒体内膜中一系列的电子载体(呼吸链),伴随着电子逐步传递,将 NADH 或 $FADH_2$ 进行氧化,自由能逐步收集最后用于 ATP 的合成,将能量储存在 ATP 的高能磷酸键。电子通过呼吸链的流动称为电子运输或电子传递,而将 ADP 转变成 ATP 称为磷酸化,伴随氧化进行的磷酸化称为氧化磷酸化。

组成呼吸链的成员除了作为电子载体外,有些还具有将 H^+ 跨膜传递到膜间间隙的作用。能够传递 H^+ 的复合物称为递氢体。H^+ 从线粒体基质跨膜传递到线粒体膜间间隙是一种耗能的过程,递氢体利用电子在呼吸链中传递时释放的自由能完成递氢过程。实际上,正是呼吸链中的递氢体通过对 H^+ 的跨膜传递,将 NADH 和 $FADH_2$ 在氧化过程中释放出来的自由能转变成势能,这种势能可进一步用于 ATP 的合成。

化学渗透假说由英国生物化学家 Mitchell 于 1961 年提出。该假说认为电子传递的结果是将 H^+ 从线粒体内膜上的内侧"泵"到内膜的外侧,于是在内膜内外两侧产生 H^+ 的浓度梯度。即内膜的外侧与内膜的内侧之间形成一种势能,该势能是 H^+ 返回内膜内侧的一种动力。H^+ 通过 F_0F_1-ATP 酶分子上的特殊通道又流回内膜的内侧。当 H^+ 返回内膜内侧时,释放出自由能的反应和 ATP 的合成反应相偶联。这一学说具有大量的实验证明得到公认,并获得了 1978 年诺贝尔化学奖。

综上所述,生物大分子有四类:多糖、脂质、核酸和蛋白质。糖和脂质的合成由酶(蛋白质)催化完成,它们与蛋白质一起增加了蛋白质结构与功能的多样性。蛋白质的合成取决于核酸;然而生物功能通过蛋白质来实现,包括核酸的合成也需要蛋白质的作用。因此,生物体内最重要的大分子物质是核酸和蛋白质。由生物大分子和有关生物分子与无机分子或离子共同构成生物机体不同层次的结构;生物大分子之间以及与其他分子之间的相互作用决定了一切生命活动。简而言之,核酸(主要是 DNA)是生命的操纵者,蛋白质是生命的表现者,糖和脂肪是生命的能源物质,磷脂是生物膜的结构基础,水是生命存在的介质环境,无机盐参与和调节新陈代谢。

阅读材料 基因工程

目前世界上许多国家将生物技术、信息技术和新材料技术作为三大重中之重的技术,而生物技术可以分为传统生物技术、工业生物发酵技术和现代生物技术。现在人们常说的生物技术实际上就是现代生物技术。现代生物技术包括基因工程、蛋白质工程、细胞工程、酶工程和发酵工程五大工程技术,其中基因工程技术是现代生物技术的核心技术。

随着 DNA 结构和遗传机制的阐明,生物学家开始尝试从分子的水平改变生物的遗传特性。基因工程起始于 20 世纪 70 年代,生物学家将一种生物的 DNA 中的某个遗传密码片段连接到另外一种生物的DNA链上，通过DNA重组，使生物体的遗传性状发生定向变异，获得人们所需的性状和新物种。通过这种技术，已经可以使细菌产生胰岛素和人类生长激素，提高乳牛产奶量，还能将抗御病虫害的特殊基因注入马铃薯、玉米、棉花等农作物中。近年来，基因治疗取得了明显成效。生物技术正在改变着这个世界，21世纪正在成为生物学的世纪。

一、基因工程的概念

基因工程(genetic engineering)是在分子水平上对基因进行操作的复杂技术，是将外源基因通过体外重组后导入受体细胞内，使这个基因能在受体细胞内复制、转录、翻译表达的操作。它是用人为的方法将所需要的某一供体生物的遗传物质——DNA大分子提取出来，在离体条件下用适当的工具酶进行切割后，把它与作为载体的DNA分子连接起来，然后与载体一起导入某一更易生长、繁殖的受体细胞中，以让外源物质在其中进行正常的复制和表达，从而获得新物种的一种崭新技术。按目的基因的克隆和表达系统，分为原核生物基因工程、酵母基因工程、植物基因工程和动物基因工程。

基因工程有两个重要的特征，第一是可把来自任何生物的基因转移到与其毫无关系的任何其他受体细胞中，因此实现按照人们的愿望改造生物的遗传特性，创造出生物的新性状；第二是某一段DNA可在受体细胞内进行复制，为准备大量纯化的DNA片段提供了可能，拓宽了分子生物学的研究领域。

二、基因工程的应用

1. 基因疗法

随着对基因研究的不断深入，人类发现许多疾病是由于基因结构与功能发生改变所引起的。科学家不仅能检测有缺陷的基因，而且还能对缺陷基因进行修复，进而预防和治疗遗传病，这是生物技术发展的前沿。这项成果将给人类的健康和生活带来不可估量的利益。

基因治疗(gene therapy)是指用基因工程的技术方法，将正常的基因转入病患者的细胞中，以取代病变基因，从而表达所缺乏的产物，或者通过关闭或降低异常表达的基因等途径，达到治疗某些遗传病的目的。目前，已发现的遗传病有6500多种，其中由单基因缺陷引起的有3000多种。因此，遗传病是基因治疗的主要对象。

第一例基因治疗是1990年在美国进行的。当时，两个4岁和9岁的小女孩由于体内腺苷脱氨酶缺乏而患了严重的联合免疫缺陷症。科学家对她们进行了基因治疗，并取得了成功。这一开创性的工作标志着基因治疗已经从实验研究过渡到临床实验。1991年，我国首例B型血友病的基因治疗临床实验也获得了成功。

基因治疗的最新进展是基因枪技术即将用于基因治疗。采用该方法将特定的DNA用改进的基因枪技术导入小鼠的肌肉、肝脏、脾、肠道和皮肤，获得成功的表达。这一成功预示着人类未来可能利用基因枪传送药物到人体内的特定部位，以取代传统的接种疫苗，并用基因枪技术来治疗遗传病。目前，科学家们正在研究的是胎儿基因疗法。如果现在的实验疗效得到进一步确证的话，就有可能将胎儿基因疗法扩大到其他遗传病，以防止出生患遗传病症的新生儿，从而从根本上提高后代的健康水平。

2. 基因工程药物

基因工程药物是重组 DNA 的表达产物。广义地说，凡是在药物生产过程中涉及用基因工程的，都可以成为基因工程药物，这方面的研究具有十分诱人的前景。

治疗糖尿病的胰岛素是一种由 51 个氨基酸残基组成的蛋白质，传统的生产方法是从牛的胰脏中提取。每 1000 lb(注：1lb=0.453 592 kg)牛胰脏，只能得到 10 g 胰岛素。通过基因工程方法，把编码胰岛素的基因转移到大肠杆菌细胞中去，构建产胰岛素的工程菌，从 200 L 发酵液就可得到 10 g 胰岛素。干扰素具有广谱抗病毒的效能，是一种治疗乙型和丙型病毒性肝炎的有效药物。从人血中提取 1 mg 干扰素，需要血液 8000 mL，成本十分昂贵。1980 年后，采用基因工程进行干扰素的生产，成本不到血液提取的 0.5%。

需要引起注意的是，由于细菌产生了耐药性，许多曾经被控制的传染病又卷土重来。据世界卫生组织统计，全世界现有 17.22 亿人感染了结核病菌，每年有 900 万新结核病人，约 300 万人死于结核病，相当于每 10 s 就有一人死于结核病。科学家们在人体、昆虫和植物种子中找到一些小分子的抗微生物多肽，它们的相对分子质量小于 4000，仅有 30 多个氨基酸。这些多肽具有强烈的广谱杀伤病原微生物的活力，有可能成为新一代的“超级抗生素”。

基因工程疫苗是指使用 DNA 重组技术，把天然的或人工合成的遗传物质定向插入细菌、酵母菌或哺乳动物细胞中，使其充分表达，经纯化后而制得的疫苗。应用基因工程技术能制出不含感染性物质的亚单位疫苗、稳定的减毒疫苗及能预防多种疾病的多价疫苗。例如，把编码乙型肝炎表面抗原的基因插入酵母菌基因组，制成 DNA 重组乙型肝炎疫苗；把乙肝表面抗原、流感病毒血凝素、单纯疱疹病毒基因插入牛痘苗基因组中，制成多价疫苗等。

3. 转基因农作物新品种

科学家们在利用基因工程技术改良农作物方面已取得重大进展，一场新的绿色革命近在眼前。这场新的绿色革命的一个显著特点就是生物技术、农业、食品和医药行业将融合到一起。

基因技术的突破使科学家们得以用传统育种专家难以想像的方式改良农作物。例如，将固氮菌的固氮基因转移到非固氮作物的根际微生物或致瘤微生物中，或将其引入这些作物的细胞中，获得能独立固氮的新型作物品种。

基因技术可以使农作物自身释放出杀虫剂，也可以提高农作物对干旱或盐碱的抗性，或者生产出营养更丰富的食品。科学家们还在开发可以产生疫苗和食品的农作物。

基因技术也使培育农作物新品种的时间大为缩短。利用传统的育种方法，需要七八年时间才能培育出一个新的植物品种，基因工程技术可以打破物种间杂交的障碍，按照人们的意愿去改造生物的遗传性，从而快速和定向培育出农作物新品种。

尽管还有不少人，特别是欧洲国家消费者对转基因农产品心存疑虑，但是专家们指出，由于全球人口的不断增加，利用基因工程改良农作物势在必行。专家们估计，今后 40 年内，全球的人口将比目前增加一半，为此，粮食产量需增加 75%。另外，人口的老龄化对医疗系统的压力不断增加，开发可以增强人体健康的食品十分必要。

加快农作物新品种的培育也是第三世界发展中国家发展生物技术的一个共同目标，我国的农业生物技术的研究与应用已经广泛开展，并已取得显著效益。

4. 用于环境保护的工程菌

利用基因工程可获得同时能分解多种有毒物质的新型菌种。1975 年科学工作者把降解芳烃、萜烃、多环芳烃的质粒转移到能降解烃的一种假单胞菌细胞内，从而获得了能同时降解四种烃类的"超级菌"，它能把原油中约三分之二的烃消耗掉。据报道，自然菌种消化海上浮油要一年以上，而"超级菌"只要几小时即可完成。另外，日本学者将嗜油酸单胞杆菌的耐汞基因转入腐臭假单胞杆菌，构建的工程菌能将汞化物摄入细胞，用它处理污水就能解决被汞污染的环境问题，又使汞得以回收。

三、人类基因组计划

人类基因组计划(Human Genomic Project，HGP)被认为是人类最伟大的认识自身的科学探索之一，它与曼哈顿原子弹计划和阿波罗登月计划，被誉为人类科学史上的三项重大工程。1986 年，著名生物学家、诺贝尔奖获得者雷纳托·杜尔贝科(Renato Dulbecco)在*Science*杂志上率先提出"人类基因组计划"。1990 年 10 月，美国政府决定正式启动"人类基因组计划"，随后，英、法、德、日和我国先后加入此项研究，共有 16 个实验室及 1100 多名生物科学家、电脑学家和技术人员参与，组成国际人类基因组测序合作组，其中位于美、英的五个最大的实验室测定了 82%的基因组序列。我国完成人类 3 号染色体短臂上从 D3S3610 至端粒的 30 Mb 区域上 3000 万个碱基对的测序，占人类整个基因组的 1%。2003 年 4 月 14 日，国际人类基因组测序组宣布完成了人类基因组序列图。从此生物学被重新划分为前基因组和后基因组两部分，人类步入了后基因组时代。

人类的基因组约有 1 m 长，含有 30 亿碱基对，它折叠盘旋与组蛋白构成 46 条染色体。人类基因组中核苷酸只有 1%左右是含有与蛋白质合成相关基因的外显子，其余的 99%是具体功能尚待探究的内含子和重复序列，也即人类基因仅占基因组的 1%左右。人类基因数量曾估计约为 10 万，而现在估计为 3 万～4 万左右，不及低等生物如线虫(*C. elegans*)或果蝇(*Drosophila*)的基因数的两倍。人类基因在全基因组中常分成几个小组，而低等动物多平均分布。

人类基因组计划的实施，在诸多科技领域均有极其重要的意义。

1. 生物学领域

人类基因组计划在研究人类基因过程中建立起来的策略、思想与技术，构成了生命科学新的学科——基因组学。它也可以用来研究微生物、植物及其他动物，可支持和推动生命科学中一系列重要的基础性研究，如基因组基因结构与功能关系，细胞发育、生长、分化的分子机制，疾病发生的机理，生命的起源和进化等。

2. 医学领域

随着人类基因组计划的完成，科学家将弄清人类全部基因的位置、结构和功能。人类 4000 多种单基因遗传性疾病，以及严重危害人类健康的多基因易感性疾病的病因、发病机制有望从本质上得到阐明，为这些疾病的诊断、治疗和预防奠定基础，为人类征服多种疑难病症铺平道路。医学将发生又一次革命。

3. 农业领域

人类基因组计划带动了动植物基因组的研究。例如，在水稻方面，1994 年 7 月国际上建立了水稻基因组文库，1997 年又完成水稻基因组物理图的构建；我国在 2001 年 10 月完成了水稻基因组“工作框架图”及数据库建设，并把阶段性成果应用于水稻育种上。玉米、小麦、番茄和猪、牛、羊等模式生物的基因组及其相应的后基因组研究也都在进行中，无疑将对农、林、牧、渔业产生深远影响。

4. 信息技术领域

DNA 由四种核苷酸构成，蕴含着巨量的信息。从中得到启示的计算机专家正同数学家、分子生物学家、化学家们通力合作，研制 DNA 计算机，即基因计算机或分子计算机。

人类基因组计划成果将揭示人类生命活动的奥秘，推动生命科学中一系列重要的基础性研究，促进生命科学与信息科学和材料科学相结合，刺激相关学科与技术领域的发展，带动起一批新兴的高技术产业，具有不可估量的社会效益和经济效益，其深远意义已得到人们的共识。

思 考 题

1. 生物体中微量元素与常量元素的共同点与不同点。
2. 水在生物体的组成中占体重的绝大部分，试从水的生物功能对这一现象进行分析。
3. 人体内无机盐具有哪些功能？
4. 比较淀粉与纤维素结构的异同。
5. 人体必需脂肪酸有哪些？
6. 什么是蛋白质的一、二、三、四级结构？为什么说蛋白质的一级结构决定其空间结构？
7. 蛋白质有哪些重要功能？
8. 在很多酶的活性中心均有 His 残基参与。请解释。
9. 将核酸完全水解后可得到哪些组分？DNA 和 RNA 的水解产物有何不同？
10. 某些细菌能够在很高的 pH（pH 约为 10）环境下生存，这些细菌能利用跨膜的质子梯度产生 ATP 吗？

习 题

1. 选择题。

(1) 在生理 pH 条件下，下列哪种氨基酸带正电荷？（　　）

(a) 丙氨酸　　(b) 酪氨酸　　(c) 赖氨酸

(d) 蛋氨酸　　(e) 异亮氨酸

(2) 下列氨基酸中哪一种是非必需氨基酸？（　　）

(a) 亮氨酸　　(b) 酪氨酸　　(c) 赖氨酸

(d) 蛋氨酸　　(e) 苏氨酸

(3) 蛋白质空间构象的特征主要取决于下列哪一项？(　　)。

(a) 多肽链中氨基酸的排列顺序　　(b) 次级键

(c) 链内及链间的二硫键　　(d) 温度及 pH

(4) 酶催化作用对能量的影响在于(　　)。

(a) 增加产物能量水平　　(b) 降低活化能

(c) 降低反应物能量水平　　(d) 降低反应的自由能

(e) 增加活化能

(5) 竞争性抑制剂作用特点是(　　)。

(a) 与酶的底物竞争激活剂　　(b) 与酶的底物竞争酶的活性中心

(c) 与酶的底物竞争酶的辅基　　(d) 与酶的底物竞争酶的必需基团

(e) 与酶的底物竞争酶的变构剂

(6) 根据 Watson-Crick 模型，每一微米 DNA 双螺旋含核苷酸对的平均数为(　　)。

(a) 25 400　　(b) 2540　　(c) 29 411　　(d) 2941　　(e) 3505

(7) 与 DNA 片段 TAGAp 互补的片段为(　　)。

(a) AGATp　　(b) ATCTp　　(c) TCTAp　　(d) UAUAp

(8) 以克为单位计算，脂肪中的脂酸完全氧化所产生的能量比糖多。糖和脂肪完全氧化时最接近的能量比为(　　)。

(a) 1∶2　　(b) 1∶3　　(c) 1∶4　　(d) 2∶3　　(e) 3∶4

(9) 糖的有氧氧化的最终产物是(　　)。

(a) CO_2+H_2O+ATP　　(b) 乳酸　　(c) 丙酮酸　　(d) 乙酰 CoA

(10) 在原核生物中，1 mol 葡萄糖经糖有氧氧化可产生的 ATP 为(　　)mol。

(a) 12　　(b) 24　　(c) 36　　(d) 38

2. 组成蛋白质的氨基酸有多少种？它们的结构有什么特点？

3. 什么是必需氨基酸？人体必需氨基酸有哪几种？

4. 蛋白质胶体稳定的因素有哪些？如何使蛋白质沉淀？

5. 什么是蛋白质的变性作用？蛋白质变性后哪些性质会发生改变？

6. 简述酶作为生物催化剂的特性。

7. 什么是酶的竞争性抑制？酶的竞争性抑制有什么应用价值？

8. 简述 DNA 双螺旋结构的要点。

9. 比较脱氧核糖核苷酸与核糖核苷酸在结构和功能上的异同。

10. 氧化作用和磷酸化作用是怎样偶联的？

习题参考答案

第 1 章

1.(1) 46.37 kJ;(2) 0.0613 mol;(3) 18.545 kJ。

2.(1) 正反应;(2) 增加,$H_2O(g) \longrightarrow H_2O(l)$会放热。

3.(1) $-210\ kJ \cdot mol^{-1}$;(2) 630 kJ;(3) 减小,$C_6H_6(l) \longrightarrow C_6H_6(g)$要吸热。

4.(1) 14.42 kJ;(2) 5.34;(3) 3.64 ℃。

5. $-4038.828\ kJ \cdot mol^{-1}$。

6.(1) $90\ kJ \cdot mol^{-1}$;(2) 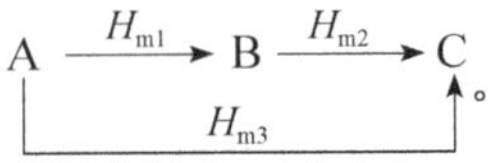

。

7. $180.8\ kJ \cdot mol^{-1}$。

8. $-2486.3\ kJ \cdot mol^{-1}$。

9. $-86\ kJ \cdot mol^{-1}$。

10. $807.8\ kJ \cdot mol^{-1}$。

11. $-203\ kJ \cdot mol^{-1}$。

12. $-2106.972\ kJ \cdot mol^{-1}$;$-2119.360\ kJ \cdot mol^{-1}$。

13. (1) $-176.013\ kJ \cdot mol^{-1}$;(2) $-45.944\ kJ \cdot mol^{-1}$;(3) $-870.917\ kJ \cdot mol^{-1}$;
(4) $-905.468\ kJ \cdot mol^{-1}$。

14. (1) $C_2H_6O_2(l) + \frac{5}{2}O_2(g) \longrightarrow 2CO_2(g) + 3H_2O(l)$,$\Delta_r H_m^\ominus(298.15K) = -1190\ kJ \cdot mol^{-1}$;
(2) $2C(石墨,s) + 3H_2(g) + O_2(g) \longrightarrow C_2H_6O_2(l)$;
(3) $-454.508\ kJ \cdot mol^{-1}$。

15. $35.4\ kJ \cdot mol^{-1}$。

16. $-924.75\ kJ \cdot mol^{-1}$。

17.(1) 185.4 kJ,20.4 kJ,103.8 kJ;(2) 4635 kJ,485.7 kJ,2359.1 kJ;(3) 丙炔。

18. 16.696 kJ;29.938 kJ。

19. 乙醚提供的能量最多。

20. $-939.632\ kJ \cdot mol^{-1}$。

21.(1) $CH_4(g) + O_2(g) = C(s) + 2H_2O$ ①
$2CH_4(g) + 3O_2(g) = 2CO(s) + 4H_2O(l)$ ②
$CH_4(g) + 2O_2(g) = CO_2(s) + 2H_2O(l)$ ③
(2) ①$-496.86\ kJ \cdot mol^{-1}$;②$-1214.77\ kJ \cdot mol^{-1}$;③$-890.369\ kJ \cdot mol^{-1}$。

22. $\Delta_r H_m^\ominus[NH_3(l)] = 1247.7\ kJ \cdot mol^{-1}$,$\Delta_r H_m^\ominus[CH_3OH(l)] = 1276\ kJ \cdot mol^{-1}$,氨的焓变较小。

第 2 章

1.(1) $\bar{v}=8.3\times10^{-5}\ mol\cdot L^{-1}\cdot s^{-1}$。

2.(2) 一级,二级,三级;(3) $L^2\cdot mol^{-2}\cdot s^{-1}$。

4.(1) $2SO_2(g)+O_2(g)=SO_3(g)$;(2) 略;(3) 均相催化。

5. $\nu_{Cl_2}=3.92\times10^{-7}mol\cdot L^{-1}\cdot s^{-1}$;$\nu_{Cl^-}=7.84\times10^{-7}\ mol\cdot L^{-1}\cdot s^{-1}$。

6.(1) $\nu=k[HgCl_2][C_2O_4^{2-}]^2$;(2) $k=8.7\times10^{-3}\ L^2\cdot mol^{-2}\cdot s^{-1}$。

7. $K_p=52.0$,$p_{NOCl}=0.283p^{\ominus}$。

8. (1) $[H_2]=0.012\ mol\cdot L^{-1}$;$[N_2]=0.019\ mol\cdot L^{-1}$;$[H_2O]=0.138\ mol\cdot L^{-1}$。
   (2) $K_c=2.51\times10^2$;$K_p=10.27$。

9. (1) $[H_2]=0.283\ mol\cdot L^{-1}$,$[Br_2]=0.025\ mol\cdot L^{-1}$,$[HBr]=0.195\ mol\cdot L^{-1}$;
   (2) $K_c=5.37$。

10.(1) $K_p=13.30$;(2) $K_p=0.2742$;(3) $K_c=4.643$。

11. (1) $[H_2]=0.0454\ mol\cdot L^{-1}$,$[CO]=0.0046\ mol\cdot L^{-1}$,$[H_2O]=0.1046\ mol\cdot L^{-1}$;
   (2) $K_c=0.1111$;(3) $K_p=0.1111$。

12.(1) $K_p=0.070$,$p_{NH_3}=p_{H_2S}=0.26p^{\ominus}$;(2) $m=8.16$ g。

13. $K_c^{\ominus}=317.7$。

14. 反应正向进行; $p_{CO}=0.24p^{\ominus}$,$p_{Cl_2}=0p^{\ominus}$,$p_{COCl_2}=1.14p^{\ominus}$。

15.(1) 右移;(2) 右移;(3) 左移;(4) 不变;(5) 不变;(6) 不变。

16.(1) 自发;(2) 非自发;(3) 非自发;(4) 自发;(5) 自发。

18. (1) $1p^{\ominus}$,373 K,1 mol $Cl_2(g)$;
   (2) 100 ℃, 1 mol $H_2O(g)$;
   (3) 2 mol,300 K,60.0 L 的 $O_2(g)$;
   (4)40 ℃ $KNO_3(aq)$。

19. (1) 负值,$\Delta S^{\ominus}=-284.76\ J\cdot mol^{-1}\cdot K^{-1}$;
   (2) 负值,$\Delta S^{\ominus}=-626.85\ J\cdot mol^{-1}\cdot K^{-1}$;
   (3) 负值,$\Delta S^{\ominus}=-213.56\ J\cdot mol^{-1}\cdot K^{-1}$;
   (4) 正值,$\Delta S^{\ominus}=-12.32\ J\cdot mol^{-1}\cdot K^{-1}$。

20.(1) 错;(2) 对;(3) 错;(4) 对;(5) 错。

22. (1) $\Delta G^{\ominus}=-218.14\ kJ\cdot mol^{-1}$,$\Delta H^{\ominus}=-269.29\ kJ\cdot mol^{-1}$,
   $\Delta S^{\ominus}=-172.06\ J\cdot mol^{-1}\cdot K^{-1}$,自发。
   (2) $\Delta G^{\ominus}=-225.78\ kJ\cdot mol^{-1}$,$\Delta H^{\ominus}=-78.03\ kJ\cdot mol^{-1}$,
   $\Delta S^{\ominus}=494.39\ J\cdot mol^{-1}\cdot K^{-1}$,自发。
   (3) $\Delta G^{\ominus}=-1370.55\ kJ\cdot mol^{-1}$,$\Delta H^{\ominus}=-1277.09\ kJ\cdot mol^{-1}$,
   $\Delta S^{\ominus}=313.77\ J\cdot mol^{-1}\cdot K^{-1}$,自发。
   (4) $\Delta G^{\ominus}=-85.43\ kJ\cdot mol^{-1}$,$\Delta H^{\ominus}=-84.03\ kJ\cdot mol^{-1}$,
   $\Delta S^{\ominus}=4.63\ J\cdot mol^{-1}\cdot K^{-1}$,自发。

23.(1) $\Delta G^{\ominus}=-655.61\ kJ\cdot mol^{-1}$;(2) 3195 K。

24. (1) $SnO_2 \xrightarrow{\triangle} Sn + O_2$，$\Delta G^{\ominus} = -519.7\ kJ \cdot mol^{-1}$；

(2) $SnO_2 + C \xrightarrow{\triangle} Sn + CO_2$，$\Delta G^{\ominus} = 124.6\ kJ \cdot mol^{-1}$；

(3) $SnO_2 + 2H_2 \xrightarrow{\triangle} Sn + 2H_2O$，$\Delta G^{\ominus} = 62.6\ kJ \cdot mol^{-1}$。

25. (1) $\Delta H^{\ominus} = -90.14\ kJ \cdot mol^{-1}$，$\Delta S^{\ominus} = -219.23\ J \cdot mol^{-1} \cdot K^{-1}$；

(2) $\Delta H^{\ominus}$随温度升高而增大；

(3) $\Delta G^{\ominus} = -24.873\ kJ \cdot mol^{-1}$，自发反应；

(4) $\Delta G^{\ominus} = 19.365\ kJ \cdot mol^{-1}$，非自发反应。

27. $p_{CO_2}(298\ K) = 1.25 \times 10^{-23} p^{\ominus}$，$p_{CO_2}(800\ K) = 5.18 \times 10 p^{\ominus}$。

28. (1) $\Delta G^{\ominus} = 27.068\ kJ \cdot mol^{-1}$；(2) $\Delta G = 19.65\ kJ \cdot mol^{-1}$。

29. $\Delta G = -2.95\ kJ \cdot mol^{-1}$。

第 3 章

1. (1) $p_A = 2.3 \times 10^4\ Pa$；(2) $p_A = 2.4 \times 10^4\ Pa$；(3) $p_A = 3.0 \times 10^4\ Pa$。

2. (1) $T_b = 78.6\ ℃$，$T_f = -115.0\ ℃$；(2) $T_b = 64.67\ ℃$，$T_f = -67.98\ ℃$；

(3) $T_b = 100.33\ ℃$，$T_f = -1.18\ ℃$。

3. $\Pi = 5.656 \times 10^5\ Pa$。

4. $\Pi = 2.832 \times 10^5\ Pa$。

5. $M = 182.13\ g \cdot mol^{-1}$。

6. $M = 1.39 \times 10^4\ g \cdot mol^{-1}$。

7. (1) ClO_2^-；(2) HS^-；(3) SO_4^{2-}；(4) NH_3。

8. (1) NH_4^+；(2) HIO；(3) CH_3COOH；(4) H_2AsO_4。

9. (1) $H_2PO_4^- + H_2O \rightleftharpoons H_3PO_4 + OH^-$；

(2) $H_2PO_4^- + H_2O \rightleftharpoons H_3PO_4^{2-} + H_3O^+$；

(3) $H_3PO_4 + OH^- \rightleftharpoons H_2PO_4^- + H_2O \rightleftharpoons HPO_4^{2-} + H_3O^+$。

10. $K_a = 5.134 \times 10^{-5}$。

11. $[H^+] = 1.8 \times 10^{-3}\ mol \cdot L^{-1}$；$[C_6H_5COO^-] = 1.8 \times 10^{-3}\ mol \cdot L^{-1}$；$[C_6H_5COOH] = 4.8 \times 10^{-3}$。

12. $[H^+] = 0.0188\ mol \cdot L^{-1}$；$[A^-] = 0.0188\ mol \cdot L^{-1}$；$[HA] = 0.1812\ mol \cdot L^{-1}$；$K_a = 1.95 \times 10^{-3}$。

13. (1) pH=11.15；(2) pH=11.10；(3) pH=8.40。

14. pH=9。

15. pH=2.897。

17. $K_b = 1.587 \times 10^{-6}$。

18. (1) 变大；(2) 变小；(3) 变大；(4) 变大；(5) 变大；(6) 变小；(7) 变大；(8) 变大；(9) 不变。

19. 0.328 mol。

20. (1) pH=4.48；(2) pH=5.02；(3) pH=4.74。

21. pH=2.24。

22.(1) pH=3.74;其余略。

25. 3.29 L,$[NH_3]=0.108\ mol\cdot L^{-1}$, $[NH_4^+]=0.196\ mol\cdot L^{-1}$。

26.(1) 7.6×10^{-9};(2) 8.757×10^{-4};(3) $5.313\times10^{-4}\ mol\cdot L^{-1}$。

27.(1) $3.35\times10^{-4}\ mol\cdot L^{-1}$;(2) $6.7\times10^{-9}\ mol\cdot L^{-1}$;(3) $2.17\times10^{-5}\ mol\cdot L^{-1}$。

30. 3.8×10^{-14}。

31. $[I^-]=3.05\times10^{-3}\ mol\cdot L^{-1}$,$[Ag^+]=2.72\times10^{-14}\ mol\cdot L^{-1}$。

32. (1) 在 $BaSO_4$-H_2O 中,$[SO_4^{2-}]=1.1\times10^{-8}\ mol\cdot L^{-1}$,
在 $SrSO_4$-H_2O 中,$[SO_4^{2-}]=3.2\times10^{-5}\ mol\cdot L^{-1}$;
(2) Ba^{2+}先沉淀;(3) $[SO_4^{2-}]=3.2\times10^{-5}mol\cdot L^{-1}$。

33. (1) $K_{sp}^{\ominus}(CdS)=8\times10^{-27}$,$K_{sp}^{\ominus}(CuS)=6\times10^{-36}$,CdS 的溶解度大;
(2) $K_{sp}^{\ominus}(PbCO_3)=7.4\times10^{-14}$,$K_{sp}^{\ominus}(BaCrO_4)=1.2\times10^{-10}$,$BaCrO_4$ 的溶解度大;
(3) $K_{sp}^{\ominus}[Hg(OH)_2]=3.0\times10^{-25}$,$K_{sp}^{\ominus}[Fe(OH)_3]=4\times10^{-38}$,$Hg(OH)_2$ 的溶解度大;
(4) $K_{sp}^{\ominus}[Ba_3(PO_4)_2]=3.4\times10^{-23}$,$K_{sp}^{\ominus}(NiC_2O_4)=4\times10^{-10}$,$NiC_2O_4$ 的溶解度大。

34. $[Pb^{2+}]=2.94\times10^{-5}\ mol\cdot L^{-1}$,$[Sr^{2+}]=5.145\times10^{-4}\ mol\cdot L^{-1}$,
$[SO_4^{2-}]=5.439\times10^{-4}\ mol\cdot L^{-1}$。

36. pH= 4.48~8.71。

37.(1) 5.06×10^{-8};(2) 0.0254。

38.(1) 半透膜;(2) 丁铎尔现象。

第 4 章

1.(1) $2N_2H_4+N_2O_4 = 3N_2+4H_2O$;(2) N_2O_4 为氧化剂,N_2H_4为还原剂。

2. (1) $Co^{2+}(aq)\longrightarrow Co^{3+}(aq)+e^-$;
(2) $Sn^{4+}(aq)+2e^-\longrightarrow Sn^{2+}(aq)$;
(3) $Mn^{2+}(aq)+2H_2O(l)\longrightarrow MnO_2(s)+4H^+(aq)+2e^-$;
(4) $NO_3^-(aq)+4H^+(aq)+3e^-\longrightarrow NO(g)+2H_2O(l)$;
(5) $H_2O_2(aq)+2OH^-(aq)\longrightarrow O_2(g)+2H_2O(l)+2e^-$;
(6) $ClO_3^-(aq)+3H_2O(l)+6e^-\longrightarrow Cl^-(aq)+6OH^-(aq)$;
(7) $4OH^-(aq)\longrightarrow 2O_2(g)+2H_2O(l)+4e^-$;
(8) $SO_2(g)+4OH^-(aq)\longrightarrow SO_4^{2-}(aq)+2H_2O(l)+2e^-$;
(9) $ClO^-(aq)+H_2O(l)+2e^-\longrightarrow Cl^-(aq)+2OH^-(aq)$;
(10) $Cr(OH)_3(s)+5OH^-(aq)\longrightarrow CrO_4^{2-}(aq)+8H_2O(l)+3e^-$。

3. (1) $8H^+(aq)+Cr_2O_7^{2-}(aq)+I^-(aq) = 2Cr^{3+}(aq)+IO_3^-(aq)+4H_2O(l)$;
(2) $12H^+(aq)+4MnO_4^-(aq)+5CH_3OH(aq) = 4Mn^{2+}(aq)+5HCO_2H(aq)+11H_2O(l)$;
(3) $3H^+(aq)+6H_2O(l)+4As(s)+3ClO_3^-(aq) = 4H_3AsO_3(aq)+3HClO(aq)$;
(4) $2H^+(aq)+2H_2O(l)+As_2O_3(s)+2NO_3^-(aq) = 2H_3AsO_4(aq)+N_2O_3(aq)$;
(5) $16H^+(aq)+2Cr_2O_7^{2-}(aq)+3CH_3OH(aq) = 3HCOOH(aq)+4Cr^{3+}(aq)+$

$11H_2O(l)$；

(6) $16H^+(aq)+10Cl^-(aq)+2MnO_4^-(aq)$ ══ $2Mn^{2+}(aq)+5Cl_2(aq)+8H_2O(l)$；

(7) $8H^+(aq)+3NO_2^-(aq)+Cr_2O_7^{2-}(aq)$ ══ $2Cr^{3+}(aq)+3NO_3^-(aq)+4H_2O(l)$。

4. (1) $H_2O(l)+2MnO_4^-(aq)+Br^-(aq)$ ══ $2MnO_2(s)+BrO_3^-(aq)+2OH^-(aq)$；

(2) $4H_2O_2(l)+Cl_2O_7(g)+2OH^-(aq)$ ══ $2ClO_2^-(aq)+4O_2(g)+5H_2O(l)$；

(3) $Pb(OH)_4^{2-}+ClO^-(aq)$ ══ $PbO_2(s)+Cl^-(aq)+2OH^-(aq)+H_2O(l)$；

(4) $Tl_2O_3(s)+4NH_2OH(aq)$ ══ $2TlOH(s)+2N_2(g)+5H_2O(l)$；

(5) $2OH^-(aq)+H_2O_2(aq)+2ClO_2(aq)$ ══ $2ClO_2^-(aq)+O_2(g)+2H_2O(l)$。

5. (1) $Ni(s) \longrightarrow Ni^{2+}(aq)+2e^-$，$Ag^+(aq)+e^- \longrightarrow Ag(s)$；

(2) Ni 为阴极，Ag 为阳极；

(3) $(-)Ni(s) | Ni^{2+}(1\ mol \cdot L^{-1}) \| Cu^{2+}(1\ mol \cdot L^{-1}) | Cu(s)(+)$。

6. (1) 1.687 V；(2) −0.92 V；(3) −2.23 V。

7. (1) Al；(2) K；(3) $Ag^+(aq)$；(4) $Fe(CN)_6^{4-}$。

8. H_2O_2，Zn。

9. Zn，F^-。

10. (1) Cu^{2+}，O_2，$Cr_2O_7^{2-}$；Cl_2，H_2O_2；(2) H_2O_2，I^-，Sn^{2+}，Zn，Al。

11. $S_2O_6^{2-}+4H^++2Fe^{2+}$ ══ $2H_2SO_3+2Fe^{3+}$，$\Delta G^{\ominus}=32.8\ kJ \cdot mol^{-1}$；

$N_2O+2H^++2Fe^{2+}$ ══ $N_2+H_2O+2Fe^{3+}$，$\Delta G^{\ominus}=490.2\ kJ \cdot mol^{-1}$；

$VO_2^++2H^++Fe^{2+}$ ══ $VO^{2+}+H_2O+Fe^{3+}$，$\Delta G^{\ominus}=-22.2\ kJ \cdot mol^{-1}$。

12. (1) $Zn+Fe^{2+}$ ══ $Zn^{2+}+Fe$，$E^{\ominus}=0.32$ V；

(2) Cl_2+2Fe^{2+} ══ $2Cl^-+2Fe^{3+}$，$E^{\ominus}=0.56$ V；

(3) $Co^{3+}+Fe^{2+}$ ══ $Co^{2+}+Fe^{3+}$，$E^{\ominus}=1.30$ V；

(4) $Ag+Ag^+(0.1\ mol \cdot L^{-1})$ ══ $Ag^+(0.01\ mol \cdot L^{-1})+Ag$，$E^{\ominus}=0.06$ V。

13. (1) $E^{\ominus}=0.07$ V，

$(-)\ Sn(s) | Sn^{2+}(0.0100\ mol \cdot L^{-1}) \| Pb^{2+}(1.00\ mol \cdot L^{-1}) | Pb(s)(+)$，

$(-)\ Sn \longrightarrow Sn^{2+}+2e^-$，

$(+)\ Pb^{2+}+2e^- \longrightarrow Pb$，

$Sn(s)+Pb^{2+}(aq) \longrightarrow Sn^{2+}(aq)+Pb(s)$；

(2) $E^{\ominus}=0.02$ V，

$(-)\ Pb(s) | Pb^{2+}(0.10\ mol \cdot L^{-1}) \| Sn^{2+}(1.00\ mol \cdot L^{-1}) | Sn(s)(+)$，

$(-)\ Pb \longrightarrow Pb^{2+}+2e^-$，

$(+)\ Sn^{2+}+2e^- \longrightarrow Sn$，

$Sn^{2+}(aq)+Pb(s) \longrightarrow Sn(s)+Pb^{2+}(aq)$。

14. (1) $E^{\ominus}<0$，反应不能发生；(2) $E^{\ominus}<0$，反应不能发生。

15. (1) $E^{\ominus}=0.50$ V；(2) $E^{\ominus}=0.47$ V。

16. (1) $E^{\ominus}=0.44$ V；(2) $E=0.45$ V。

17. (1) $E^{\ominus}=0.769$ V；(2) $E=0.420$ V。

18. $[Pb^{2+}]=1.2\times10^{-8}\ mol \cdot L^{-1}$。

19. (2) $E=\varphi_+ - \varphi_- = -0.73+0.77=0.04$ V。

20. (1) $E=\varphi_+ - \varphi_- =0.04$ V；(2) Cu^+/Cu；
(3)$E^\ominus>0$ V，发生变化；(4) $[I^-]=1.36\ mol \cdot L^{-1}$。

21. (1) $E^\ominus=0.698$ V，$\Delta G^\ominus=-134.7\ kJ \cdot mol^{-1}$，$K^\ominus=3.8\times10^{23}$，
$\Delta G=127.3\ kJ \cdot mol^{-1}$；
(2) $E^\ominus=0.460$ V，$\Delta G^\ominus=-88.8\ kJ \cdot mol^{-1}$，$K^\ominus=3.47\times10^{15}$，
$\Delta G=-77.39\ kJ \cdot mol^{-1}$；
(3) $E^\ominus=1.138$ V，$\Delta G^\ominus=-219.6\ kJ \cdot mol^{-1}$，$K^\ominus=2.79\times10^{38}$，
$\Delta G=-214.1\ kJ \cdot mol^{-1}$。

22. $\varphi_{PbS/Pb}=-0.929$ V。

23. $K^\ominus=1.8\times10^4$。

24. (1) $Au+NO_3^-+4H^+ = Au^{3+}+NO\uparrow+2H_2O$，$E^\ominus=-0.534$ V，非自发反应；
(2) $2Au+8Cl^-+6H^+ = 2[AuCl_4]^-+3H_2$，$E^\ominus=-1.002$ V，非自发反应；
(3) $Au+4Cl^-+NO_3^-+4H^+ = [AuCl_4]^-+NO\uparrow+2H_2O$，$E^\ominus=-0.0383$ V，非自发反应。

25. (1) $E^\ominus=0.60$ V，$\Delta G^\ominus=-231.6\ kJ \cdot mol^{-1}$；(2) $n=6.14$ mol。

27. (1) (−)$O_2+4H^++4e^- \longrightarrow 2H_2O$，
(+) $Fe(s) \longrightarrow Fe^{2+}+2e^-$，
$Fe+O_2+2H^+ \longrightarrow Fe^{2+}+2OH^-$；
(2) $Fe^{2+} \longrightarrow Fe^{3+}+e^-$，
$4Fe^{2+}+O_2+4H_2O+6H_2O \longrightarrow 2Fe_2O_3 \cdot 3H_2O+8H^+$。

29. 不能。

第5章

1. (1) $n=2, l=1, m=1,0,-1$；(2) $n=5, l=2, m=2,1,0,-1,-2$。
2. (1) 不可能；(2) 可能；(3) 可能；(4) 不可能。
3. (1)。
4. 2个。
5. 3p。
6. 2p。
7. (1) $1s^2 2s^2 2p^6 3s^2 3p^6 4s^2$；(2) $[Ar]4s^2 3d^7$；(3) $[Ar]4s^2 3d^{10} 4p^1$；
(4) $[Kr]5s^2 4d^{10}$；(5) $[Xe]6s^2 4f^{14} 5d^{10} 6p^3$。
8. (1) Fe；(2) Ti；(3) I；(4) Hg。
9. (1) ⅦA；(2) ⅣB；(3) ⅢA；(4) ⅢB。
10. (2)。
11. (1) 24；(2) 4，3；(3) $3d^4 4s^2$；(4) 第四周期ⅥB；(5) 5个。
12. (1) ⅣA；(2) Fe；(3) Cu。
14. 电子。

15.(1) S;(2) C;(3) As;(4) Mg。

16.(1) P<S<O;(2) Mg<Al<Si;(3) Mg<Be<C;(4) In<Te<Br。

17.(1) 磷;(2) 镁;(3) 锶;(4) 锌;(5) 金;(6) 氡。

18. N,Al。

19.(1) sp 杂化;(2) sp^3 杂化;(3) sp^2 杂化;(4) sp^3 杂化;(5) sp^2 杂化。

20. (1) 四面体,sp^3 杂化;(2) 直线形,sp 杂化;(3) 三角形,sp^2 杂化;
(4) 三角锥,sp^3 杂化;(5) V 形,sp^3 杂化;(6) V 形,sp^2 杂化。

22. 极性:(2) ,(5) ,(6);
非极性:(1) ,(3) ,(4)。

第 6 章

2.(1) Cl;(2) K;(3) K。

3. 酸性:CO_2;碱性两性的:Al_2O_3CaO; 中性的:CO。

4. (1) $Mg(s)+2H^+(aq)=\!=\!=Mg^{2+}(aq)+H_2(g)$;
(2) $C(s)+H_2O(g)=\!=\!=CO(g)+H_2(g)$;
(3) $CH_4(g)+H_2O(g)=\!=\!=H_2(g)+CO(g)$。

5. (1) IO_3^-,+5;(2) $HBrO_3$,+5;(3) BF_3,+3;
(4) NaClO,+1;(5) HIO_3,+3;(6) XeO_3,+6。

6.(1) H_3PO_4,+5;(2) H_3AsO_3,+3;(3) Sb_2S_3,+3;(4) $Ca(H_2PO_4)_2$,+5;(5) K_3P,−3。

7. (1) $NaNO_2(aq)+2KI(aq)+H_2SO_4(aq)=\!=\!=NaNO_3(aq)+I_2(s)+H_2O(l)+K_2SO_4(aq)$;
(2) $Ag^+(aq)+Br^-(aq)=\!=\!=AgBr(s)$;
(3) $2ZnCl_2(aq)+2H_2O(l)+Fe(s)=\!=\!=Fe[Zn(OH)Cl_2](aq)+H_2(s)$;
(4) $CO_2(g)+Na_2SiO_3(aq)+H_2O(l)=\!=\!=H_2SiO_3(s)+Na_2CO_3(aq)$。

8. (1) $Mg(OH)_2+2H^+=\!=\!=Mg^{2+}+2H_2O$;
(2) $2AgOH+2H^+=\!=\!=2Ag^++2H_2O$;
(3) $Sn(OH)_2+OH^-=\!=\!=Sn(OH)_3^-$;
(4) $SiO_2+2OH^-=\!=\!=SiO_3^{2-}+H_2O$;
(5) $Cr(OH)_3+OH^-=\!=\!=Cr(OH)_4^-$。

10. (1) $2Fe^{3+}+H_2S=\!=\!=2Fe^{2+}+S+2H^+$;(2) $Br_2+H_2S=\!=\!=S+2Br^-+2H^+$;
(3) $2MnO_4^-+5H_2S=\!=\!=2Mn^{2+}+5S+10H^+$;(4) $H_2S+2HNO_3=\!=\!=S+2NO_2+4H^+$。

12.(1) Cl_2O_7;(2) Ca;(3) SiO_2。

14. (1) 钨丝,W;(2) 金刚石,C;(3) 苛性钠,NaOH;(4) 浓硫酸,H_2SO_4;
(5) 金属钠,Na;(6) 酒精,C_2H_5OH;(7) 重晶石,$BaSO_4$;(8) 高锰酸钾,$KMnO_4$。

15. $\Delta_r H_m^\ominus=-297.04+(-395.72+297.04)-130=-525.72\ kJ\cdot mol^{-1}$,

$$q=\Delta_r H_m^\ominus\times\frac{1000}{98}=1.02\times10^4\times525.72=5.36\times10^6\ kJ。$$

16. (1) 二氯化六氨合钴(Ⅱ);(2) 四硫氰根合钴(Ⅲ)酸钾;
(3) 六氟合硅(Ⅳ)化钠;(4) 四氢氧根合锌(Ⅱ)化钾;

(5) 二氯化一氯·五氨合钴(Ⅲ);(6) 二氯·二氨合铂(Ⅱ)。

17. (1) $Zn+H_2SO_4$(稀)$=ZnSO_4+H_2$;

(2) $Cu+4HNO_3$(浓)$=Cu(NO_3)_2+2NO_2+2H_2O$;

(3) $Au+3HCl+HNO_3=AuCl_3+NO+2H_2O$,

$AuCl_3+HCl=HAuCl_4$。

18. (1) b;(2) a;(3) d;(4) c;(5) b;(6) c;(7) b;(8) b;(9) c;(10) b;(11) d。

第7章

1. (1) b;(2) c;(3) c;(4) a;(5) d。

2. (1) 聚丙烯,链节,聚合度,$CH_2=CHCH_3$;

(2) 无,不对称,极弱,苯,乙烯;

(3) 人造,合成,再生纤维,合成纤维;

(4) 丁二烯,顺,反。

3. (1) 不能;(2) 能,聚乙烯$\left[CH_2-CH_2\right]_n$;(3) 能,聚甲醛$\left[O-CH_2\right]_n$;

(4) 能,聚异戊二烯$\left[CH_2-C(CH_3)=CH-CH_2\right]_n$。

4. (1),(2) 塑料,玻璃态;(3),(4) 橡胶,高弹状。

5. (1) 均聚,$\left[CH_2-CHCl\right]_n$;(2) 均聚,$\left[CH_2-\underset{\underset{C_6H_5}{|}}{CH}\right]_n$;

(3) 共聚,$\left[(CH_2-CH=CH-CH_2)_x-(CH_2-\underset{\underset{C_6H_5}{|}}{CH})_y\right]_n$;

(4) 均聚,$\left[CH_2-C(CH_3)=CH-CH_2\right]_n$;

(5) 缩聚,$\left[CO-(CH_2)_4-CO-NH-(CH_2)_6-NH\right]_n$;

(6) 缩聚,$\left[NH-(CH_2)_5-CO\right]_n$。

6. (1) 聚丁二烯-苯乙烯;(2) $CH_2=CH-CH=CH_2$, $CH_2=\underset{\underset{C_6H_5}{|}}{CH}$;(3) 好。

8. b。

9. d。

第8章

1. (1) c;(2) b、d;(3) a;(4) b;(5) b;(6) c;(7) b;(8) a;(9) a;(10) d。

附　　录

附录1　水的性质

密度：	0.99987 g·mL^{-1}	(0 ℃)
	1.00000 g·mL^{-1}	(4 ℃)
	0.99707 g·mL^{-1}	(25 ℃)
	0.95838 g·mL^{-1}	(100 ℃)
融化热：	6.008 kJ·mL^{-1}	(0 ℃)
蒸发热：	44.94 kJ·mL^{-1}	(0 ℃)
	44.02 kJ·mL^{-1}	(25 ℃)
	40.67 kJ·mL^{-1}	(100 ℃)
电离常数 K_w：	1.14×10^{-15}	(0 ℃)
	1.01×10^{-14}	(25 ℃)
	5.47×10^{-14}	(50 ℃)
热容：	冰(－3 ℃)	－2.092 J·g^{-1}·K^{-1}
	水(14.5 ℃)	－4.184 J·g^{-1}·K^{-1}
	水蒸气(100 ℃)	－1.841 J·g^{-1}·K^{-1}

水的蒸气压

T/℃	p/Pa	T/℃	p/Pa	T/℃	p/Pa	T/℃	p/Pa
0	610.61	21	2486.46	35	5626.19	92	75593.57
5	871.92	22	2643.78	40	7372.71	94	81446.41
10	1227.90	23	2809.09	45	9585.85	96	87672.55
12	1402.55	24	2983.75	50	12332.28	98	94298.65
14	1598.53	25	3167.73	55	15732.00	100	101324.72
16	1817.18	26	3361.05	60	19918.31	102	108777.42
17	1937.17	27	3565.03	65	24997.88	104	116670.08
18	2063.82	28	3779.68	70	31157.35	106	125042.70
19	2197.15	29	4004.99	80	47342.64	108	133908.62
20	2338.47	30	4242.31	90	70100.71	110	143267.82

附录 2　一些物质的标准热力学数据

($p^{\ominus}$=100 kPa, T=298 K)

物　质	$\Delta_f H_m^{\ominus}/(kJ \cdot mol^{-1})$	$\Delta_f G_m^{\ominus}/(kJ \cdot mol^{-1})$	$S_m^{\ominus}/(J \cdot mol^{-1} \cdot K^{-1})$
Al(s)	0	0	28.32
$AlCl_3$(s)	−704.2	−628.8	110.67
Al_2O_3(s,刚玉)	−1675.7	−1582.3	50.92
Ba(s)	0	0	63.2
$BaCO_3$(s)	−1216.3	−1137.6	112.1
BaO(s)	−553.5	−525.1	70.42
Be(s)	0	0	9.44
BeO(s)	−609.6	−580.3	14.14
$Be(OH)_2$(s)	−897.9	—	—
Br(g)	111.884	82.396	175.022
Br^-(aq)	−120.9	−102.8	80.71
Br_2(g)	30.907	3.110	245.463
Br_2(l)	0	0	152.231
HBr(g)	−36.40	−53.45	198.59
Ca(g)	178.2	144.3	154.884
Ca(s)	0	0	41.2
$CaCO_3$(s,方解石)	−1207.1	−1128.76	92.9
$CaCl_2$(s)	−795.8	−748.1	104.6
CaF_2(s)	−1219.6	−1167.3	68.87
CaO(s)	−635.5	−604.17	38.2
$Ca(OH)_2$(s)	−986.09	−898.49	83.39
$CaSO_4$(s)	−1434.0	−1321.8	106.7
C(g)	718.4	672.9	158.0
C(s,金刚石)	1.895	2.900	2.377
C(s,石墨)	0	0	5.740
CCl_4(g)	−106.7	−64.0	309.4
CCl_4(l)	−135.436	−65.27	216.40
CF_4(g)	−679.9	−635.1	262.3
CH_4(g)	−74.8	−50.8	186.3
C_2H_2(g)	226.7	209.2	200.8
C_2H_4(g)	52.26	68.15	219.56
C_2H_6(g)	−84.68	−32.82	229.60

续表

物　质	$\Delta_f H_m^\ominus/(kJ\cdot mol^{-1})$	$\Delta_f G_m^\ominus/(kJ\cdot mol^{-1})$	$S_m^\ominus/(J\cdot mol^{-1}\cdot K^{-1})$
$C_3H_8(g)$	−103.85	−23.47	269.9
$C_4H_{10}(g)$	−124.73	−15.71	310.0
$C_4H_{10}(l)$	−147.6	−15.0	231.0
$C_6H_6(g)$	82.9	129.7	269.2
$C_6H_6(l)$	49.04	124.5	172.8
$CH_3OH(g)$	−200.66	−161.96	239.81
$CH_3OH(l)$	−238.6	−166.23	126.8
$C_2H_5OH(g)$	−235.10	−168.49	282.6
$C_5H_5OH(l)$	−288.3	−181.64	148.5
$C_6H_{12}O_6(s)$	−1273.02	−910.4	212.1
$CO(g)$	−110.525	−137.168	197.9
$CO_2(g)$	−393.5	−394.4	213.6
$CH_3COOH(l)$	−487.0	−392.4	159.8
$Cs(g)$	76.50	49.53	175.6
$Cs(s)$	0	0	85.23
$CsCl(s)$	−443.04	−414.53	101.17
$Cl(g)$	121.679	105.680	165.198
$Cl^-(aq)$	−167.159	−131.228	56.5
$Cl_2(g)$	0	0	223.066
$HCl(aq)$	−167.2	−131.2	56.5
$HCl(g)$	−92.307	−95.299	186.80
$Cr(g)$	397.5	352.6	174.2
$Cr(s)$	0	0	23.77
$Cr_2O_3(s)$	−1139.7	−1058.1	81.2
$Co(g)$	439	393	179
$Co(s)$	0	0	30.04
$Cu(g)$	338.4	298.6	166.3
$Cu(s)$	0	0	33.150
$CuCl_2(s)$	−220.1	−175.7	108.07
$CuO(s)$	−157.3	−129.7	42.63
$Cu_2O(s)$	−168.6	−146.0	93.14
$F(g)$	78.99	61.91	158.754
$F^-(aq)$	−332.63	−278.79	−13.8
$F_2(g)$	0	0	202.78
$HF(g)$	−271.1	−273.1	173.7
$H(g)$	217.965	203.247	114.713
$H^+(aq)$	0	0	0
$H^+(g)$	1536.202	—	—
$H_2(g)$	0	0	130.684

续表

物 质	$\Delta_f H_m^{\ominus}/(kJ \cdot mol^{-1})$	$\Delta_f G_m^{\ominus}/(kJ \cdot mol^{-1})$	$S_m^{\ominus}/(J \cdot mol^{-1} \cdot K^{-1})$
I(g)	106.838	73.250	180.791
I^-(aq)	−55.19	−51.57	111.3
I_2(g)	62.438	19.327	260.69
I_2(s)	0	0	116.73
HI(g)	26.48	1.70	206.48
Fe(g)	415.5	369.8	180.5
Fe(s)	0	0	27.28
Fe^{2+}(aq)	−89.1	−78.90	−137.7
Fe^{3+}(aq)	−48.5	−4.7	−315.9
$FeCl_2$(s)	−341.8	−302.3	117.9
$FeCl_3$(s)	−399.49	−334.00	142.3
FeO(s)	−271.9	−255.2	60.75
Fe_2O_3(s)	−822.16	−740.98	89.96
Fe_3O_4(s)	−1117.1	−1014.2	146.4
FeS_2(s)	−178.2	−166.9	52.93
Pb(s)	0	0	64.81
$PbBr_2$(s)	−278.7	−261.92	161.5
$PbCO_3$(s)	−699.1	−625.5	131.0
$Pb(NO_3)_2$(aq)	−421.3	−246.9	303.3
$Pb(NO_3)_2$(s)	−451.9	—	—
PbO(s)	−217.32	−187.89	68.70
PbS(s)	−100.4	−98.7	91.2
Li(g)	159.37	126.66	138.77
Li(s)	0	0	29.12
Li^+(g)	685.783	—	—
LiCl(s)	−408.61	−384.37	59.33
Mg(g)	147.70	113.10	148.65
Mg(s)	0	0	32.68
$MgCl_2$(s)	−641.32	−592.79	89.62
MgO(s)	−601.70	−569.43	26.94
$Mg(OH)_2$(s)	−924.54	−833.51	63.18
Mn(g)	280.7	238.5	173.6
Mn(s)	0	0	32.01
MnO(s)	−385.2	−362.9	59.7
MnO_2(s)	−520.03	−465.14	53.05
MnO_4^-(aq)	−541.4	−447.2	191.2
Hg(g)	61.317	31.820	174.96
Hg(l)	0	0	76.02
$HgCl_2$(s)	−224.3	−178.6	146.0
Hg_2Cl_2(s)	−265.22	−210.745	192.5

续表

物 质	$\Delta_f H_m^{\ominus}/(kJ \cdot mol^{-1})$	$\Delta_f G_m^{\ominus}/(kJ \cdot mol^{-1})$	$S_m^{\ominus}/(J \cdot mol^{-1} \cdot K^{-1})$
Ni(g)	429.7	384.5	191.5
Ni(s)	0	0	29.87
$NiCl_2$(s)	−305.3	−259.0	97.65
NiO(s)	−239.7	−211.7	37.99
N(g)	472.704	455.563	153.298
N_2(g)	0	0	191.61
NH_3(aq)	−80.29	−26.50	111.3
NH_3(g)	−46.19	−16.66	192.5
NH_4^+(aq)	−132.51	−79.31	113.4
N_2H_4(g)	95.40	159.4	238.5
NH_4CN(s)	0.0	—	—
NH_4Cl(s)	−314.43	−202.87	94.6
NH_4NO_3(s)	−365.56	−183.87	151.08
NO(g)	90.25	86.55	210.761
NO_2(g)	33.18	51.31	240.06
N_2O(g)	82.05	104.20	219.85
N_2O_4(g)	9.16	97.89	304.29
NOCl(g)	52.6	66.3	264
HNO_3(aq)	−206.6	−110.5	146
HNO_3(g)	−134.3	−73.94	266.4
O(g)	249.170	231.731	161.055
O_2(g)	0	0	205.138
O_3(g)	142.7	163.2	238.93
OH^-(aq)	−230.0	−157.3	−10.7
H_2O(g)	−241.818	−228.572	188.87
H_2O(l)	−285.8	−237.129	69.91
H_2O_2(g)	−136.10	−105.48	232.9
H_2O_2(l)	−187.78	−120.35	109.6
P(g)	316.4	280.0	163.2
P_2(g)	144.3	103.7	218.1
P_4(g)	58.9	24.2	280
P_4(s,红磷)	−17.6	−12.1	22.80
P_2(s,白磷)	0	0	41.09
PCl_3(g)	−287.0	−267.8	311.78
PCl_3(l)	−319.7	−272.3	217.1
PF_5(g)	−1595.8	—	—
PH_3(g)	5.4	13.4	210.23
P_4O_6(s)	−1640.1	—	—
P_4O_{10}(s)	−2984.0	−2697.7	228.86

续表

物 质	$\Delta_f H_m^{\ominus}$/(kJ · mol^{-1})	$\Delta_f G_m^{\ominus}$/(kJ · mol^{-1})	$S_m^{\ominus}$/(J · mol^{-1} · K^{-1})
$POCl_3$(g)	−542.2	−502.5	325
$POCl_3$(l)	−597.0	−520.9	222
HPO_4^{2-}(aq)	−1292.14	−1130.28	−33.5
$H_2PO_4^-$(aq)	−1296.29	−1089.15	90.4
H_3PO_4(aq)	−1288.34	−1042.54	158.2
K(g)	89.24	60.59	160.336
K(s)	0	0	64.18
KCl(s)	−436.747	−409.14	82.59
$KClO_3$(s)	−397.73	−296.25	143.1
$KClO_3$(aq)	−349.5	−284.9	265.7
KNO_3(s)	−494.63	−394.86	133.05
K_2O(s)	−361.5	—	—
KO_2(s)	−284.5	−240.6	122.5
K_2O_2(s)	−494.1	−425.1	102.1
KOH(s)	−424.764	−379.08	78.9
KOH(aq)	−482.4	−440.5	91.6
Rb(g)	80.85	53.06	170.089
Rb(s)	0	0	76.78
RbCl(s)	−435.35	−407.80	95.90
$RbClO_3$(s)	−392.4	−292.0	152
Sc(g)	377.8	336.1	174.7
Sc(s)	0	0	34.64
H_2Se(g)	19.2	22.2	163.6
Si(g)	368.2	323.9	167.8
Si(s)	0	0	18.83
SiC(s)	−65.3	−62.8	16.61
$SiCl_4$(l)	−687.0	−619.84	239.7
Sn(s)白色	0	0	51.55
SnO_2(s)	−580.7	−519.6	52.3
SiO_2(s,石英)	−910.94	−856.64	41.84
Ag(s)	0	0	42.55
Ag^+(aq)	105.579	77.107	72.68
AgCl(s)	−127.068	−109.789	96.2
Ag_2O(s)	−31.05	−11.20	121.3
$AgNO_3$(s)	−124.39	−33.41	140.92
Na(g)	107.32	76.761	135.712
Na(s)	0	0	51.21
Na^+(aq)	−240.12	−261.905	59.0
Na^+(g)	609.358	—	—

续表

物　质	$\Delta_f H_m^\ominus/(kJ \cdot mol^{-1})$	$\Delta_f G_m^\ominus/(kJ \cdot mol^{-1})$	$S_m^\ominus/(J \cdot mol^{-1} \cdot K^{-1})$
NaBr(aq)	−360.6	−364.7	141
NaBr(s)	−361.062	−348.983	86.82
Na_2CO_3(s)	−1130.68	−1044.44	134.9
NaCl(aq)	−407.1	−393.0	115.5
NaCl(g)	−181.4	−201.3	229.8
NaCl(s)	−411.153	−384.138	72.13
$NaHCO_3$(s)	−950.81	−851.0	101.7
$NaNO_3$(aq)	−446.2	−372.4	207
$NaNO_3$(s)	−467.85	−367.00	116.52
NaOH(aq)	−470.114	−419.150	48.1
NaOH(s)	−425.609	−379.494	64.455
SrO(s)	−592.0	−561.9	54.4
Sr(g)	164.4	110.9	164.62
S(s,斜方)	0	0	31.80
SO_2(g)	−296.830	−300.194	248.22
SO_3(g)	−395.72	−371.06	256.76
SO_4^{2-}(aq)	−909.27	−744.53	20.1
$SOCl_2$(l)	−245.6	—	—
H_2S(g)	−20.63	−33.56	205.79
H_2SO_4(aq)	−909.3	−744.5	20.1
H_2SO_4(l)	−814.0	−689.9	156.1
Ti(g)	468	422	180.3
Ti(s)	0	0	30.63
$TiCl_4$(g)	−763.2	−726.7	354.9
$TiCl_4$(l)	−804.2	−737.2	252.34
TiO_2(s)	−944.7	−889.5	50.33
V(g)	514.2	453.1	182.2
V(s)	0	0	28.91
Zn(g)	130.7	95.2	160.9
Zn(s)	0	0	41.63
ZnCl(s)	−415.05	−369.398	111.46
ZnO(s)	−348.28	−318.30	43.64

附录 3 离解平衡常数

附表 3-1 酸的离解常数(298.15 K)

名 称	化学式	$K_{a_1}^{\ominus}$	$K_{a_2}^{\ominus}$	$K_{a_3}^{\ominus}$
乙酸	$HC_2H_3O_2$	1.8×10^{-5}	—	—
砷酸	H_3AsO_4	5.7×10^{-3}	1.7×10^{-7}	2.5×10^{-12}
亚砷酸	H_3AsO_3	5.9×10^{-10}	—	—
维生素 C	$HC_6H_7O_6$	8.0×10^{-5}	1.6×10^{-12}	—
苯甲酸	$HC_7H_5O_2$	6.5×10^{-5}	—	—
硼酸	H_3BO_3	5.8×10^{-10}	—	—
正丁酸	$HC_4H_7O_2$	1.5×10^{-5}	—	—
碳酸	H_2CO_3	4.3×10^{-7}	5.6×10^{-11}	—
氯乙酸	$HC_2H_2O_2Cl$	1.4×10^{-3}	—	—
亚氯酸	$HClO_2$	1.0×10^{-2}	—	—
柠檬酸	$H_3O_6H_5O_7$	7.4×10^{-4}	1.7×10^{-5}	4.0×10^{-7}
氰酸	HCNO	3.5×10^{-4}	—	—
甲酸	$HCHO_2$	1.8×10^{-4}	—	—
叠氮酸	HN_3	2.4×10^{-5}	—	—
氢氰酸	HCN	4.9×10^{-10}	—	—
氟化氢	HF	6.8×10^{-4}	—	—
铬酸氢离子	$HCrO_4^-$	3.0×10^{-7}	—	—
双氧水	H_2O_2	2.0×10^{-12}	—	—
硒酸氢离子	$HSeO_4^-$	2.2×10^{-2}	—	—
硫化氢	H_2S	8.9×10^{-8}	7.1×10^{-19}	—
次溴酸	HBrO	2.6×10^{-9}	—	—
次氯酸	HClO	3.0×10^{-8}	—	—
次碘酸	HIO	2.4×10^{-11}	—	—
碘酸	HIO_3	1.6×10^{-1}	—	—
2-羟基丙酸(乳酸)	$HC_3H_5O_3$	1.4×10^{-4}	—	—
丙二酸	$H_2C_3H_2O_4$	1.5×10^{-3}	2.0×10^{-6}	—
亚硝酸	HNO_2	4.5×10^{-4}	—	—
草酸	$H_2C_2O_4$	5.4×10^{-2}	5.4×10^{-5}	—
高碘酸	H_5IO_6	4.4×10^{-4}	2×10^{-7}	6.3×10^{-13}
苯酚	HC_6H_5O	1.3×10^{-10}	—	—
磷酸	H_3PO_4	7.5×10^{-3}	6.2×10^{-8}	4.2×10^{-13}
亚硒酸	H_2SeO_3	2.7×10^{-1}	5.0×10^{-8}	—
硫酸	H_2SO_4	强酸	1.2×10^{-2}	—
亚硫酸	H_2SO_3	1.7×10^{-2}	6.4×10^{-8}	—
酒石酸	$H_2C_4H_4O_6$	1.0×10^{-3}	4.6×10^{-5}	—

附表 3-2　碱的离解常数(298.15 K)

名　称	化学式	$K_b^{\ominus}$
氨	NH_3	1.8×10^{-5}
苯胺	$C_6H_5NH_2$	4.3×10^{-10}
二甲胺	$(CH_3)_2NH$	5.4×10^{-4}
乙胺	$C_2H_5NH_2$	6.4×10^{-4}
肼	H_2NNH_2	1.3×10^{-6}
羟胺	$HONH_2$	1.1×10^{-8}
甲胺	CH_3NH_2	4.4×10^{-4}
吡啶	C_5H_5N	1.7×10^{-9}
三甲基胺	$(CH_3)_3N$	6.4×10^{-5}

附表 3-3　化合物的溶度积常数(298.15 K)

名　称	化学式	$K_{sp}^{\ominus}$
碳酸钡	$BaCO_3$	5.1×10^{-9}
铬酸钡	$BaCrO_4$	1.2×10^{-10}
氟化钡	BaF_2	1.0×10^{-6}
氢氧化钡	$Ba(OH)_2$	5×10^{-3}
草酸钡	BaC_2O_4	1.6×10^{-7}
磷酸钡	$Ba_3(PO_4)_2$	3.4×10^{-23}
硫酸钡	$BaSO_4$	1.1×10^{-10}
碳酸镉	$CdCO_3$	5.2×10^{-12}
氢氧化镉	$Cd(OH)_2$	2.5×10^{-14}
硫化镉	CdS	8×10^{-28}
碳酸钙	$CaCO_3$	2.8×10^{-9}
铬酸钙	$CaCrO_4$	7.1×10^{-4}
氟化钙	CaF_2	3.9×10^{-11}
氢氧化钙	$Ca(OH)_2$	5.5×10^{-6}
磷酸钙	$Ca_3(PO_4)_2$	2.0×10^{-29}
硫酸钙	$CaSO_4$	9.1×10^{-5}
三氟化铬	CrF_3	6.6×10^{-11}
氢氧化铬	$Cr(OH)_2$	6.3×10^{-31}
碳酸钴	$CoCO_3$	1.4×10^{-13}
氢氧化亚钴	$Co(OH)_2$	2.3×10^{-16}
氢氧化钴	$Co(OH)_3$	1.6×10^{-44}
硫化钴	CoS	5×10^{-22}
溴化亚铜	$CuBr$	6.9×10^{-9}
氯化亚铜	$CuCl$	1.7×10^{-7}
碳酸铜	$CuCO_3$	1.4×10^{-10}
铬酸铜	$CuCrO_4$	3.6×10^{-6}

续表

名　称	化学式	$K_{sp}^{\ominus}$
氢氧化铜	$Cu(OH)_2$	2.2×10^{-20}
磷酸铜	$Cu_3(PO_4)_2$	1.3×10^{-37}
硫化铜	CuS	6.3×10^{-36}
二氯化金	$AuCl_2$	2.0×10^{-13}
三氯化金	$AuCl_3$	3.2×10^{-25}
碳酸亚铁	$FeCO_3$	3.1×10^{-11}
氢氧化亚铁	$Fe(OH)_2$	4.86×10^{-17}
硫化亚铁	FeS	6×10^{-19}
氢氧化铁	$Fe(OH)_3$	2.8×10^{-39}
氟化镧	LaF_3	4×10^{-17}
碘酸镧	$La(IO_3)_3$	6.1×10^{-12}
碳酸铅	$PbCO_3$	1.5×10^{-13}
氯化铅	$PbCl_2$	1.6×10^{-5}
铬酸铅	$PbCrO_4$	2.8×10^{-13}
氟化铅	PbF_2	2.7×10^{-8}
氢氧化铅	$Pb(OH)_2$	1.2×10^{-15}
硫酸铅	$PbSO_4$	1.6×10^{-8}
硫化铅	PbS	8×10^{-28}
氢氧化镁	$Mg(OH)_2$	5.1×10^{-12}
草酸镁	MgC_2O_4	8.6×10^{-5}
碳酸锰	$MnCO_3$	2.2×10^{-11}
氢氧化锰	$Mn(OH)_2$	2.1×10^{-13}
硫化锰	MnS	3×10^{-14}
氯化亚汞	Hg_2Cl_2	1.4×10^{-18}
草酸亚汞	$Hg_2C_2O_4$	2.0×10^{-13}
氢氧化汞	$Hg(OH)_2$	3.0×10^{-26}
硫化汞	HgS	2×10^{-53}
碳酸镍	$NiCO_3$	1.4×10^{-7}
氢氧化镍	$Ni(OH)_2$	1.6×10^{-14}
草酸镍	NiC_2O_4	4×10^{-10}
硫化镍	NiS	3×10^{-20}
砷酸银	Ag_3AsO_4	1.0×10^{-22}
溴化银	$AgBr$	5.3×10^{-13}
碳酸银	Ag_2CO_3	8.3×10^{-12}
氯化银	$AgCl$	1.8×10^{-10}
铬酸银	Ag_2CrO_4	1.1×10^{-12}
氰化银	$AgCN$	5.9×10^{-17}
碘化银	AgI	8.3×10^{-17}
硫酸银	Ag_2SO_4	1.2×10^{-5}

续表

名　称	化学式	$K_{sp}^{\ominus}$
硫化银	Ag_2S	6×10^{-51}
碳酸锶	$SrCO_3$	5.6×10^{-10}
氢氧化锡	$Sn(OH)_2$	5.0×10^{-27}
硫化锡	SnS	1×10^{-26}
碳酸锌	$ZnCO_3$	1.2×10^{-10}
氢氧化锌	$Zn(OH)_2$	6.8×10^{-17}
草酸锌	ZnC_2O_4	2.7×10^{-8}
硫化锌	ZnS	2.5×10^{-22}

附录 4　标准电极电势

(298 K)

电极反应	$\varphi^{\ominus}$/V
$Ag^+(aq)+e^-\longrightarrow Ag(s)$	0.80
$AgBr(s)+e^-\longrightarrow Ag(s)+Cl^-(aq)$	0.07317
$AgCl(s)+e^-\longrightarrow +Cl^-(aq)$	0.222
$Ag(CN)_2{}^-(aq)+e^-\longrightarrow Ag(s)+2CN^-(aq)$	−0.31
$Ag_2CrO_4(s)+2e^-\longrightarrow 2Ag(s)+CrO_4^{2-}(aq)$	0.4456
$AgI(s)+e^-\longrightarrow Ag(s)+I^-(aq)$	−0.1515
$Ag(S_2O_3)_2^{3+}(aq)+e^-\longrightarrow Ag(s)+2S_2O_3^{2-}(aq)$	0.01
$Al^{3+}(aq)+3e^-\longrightarrow Al(s)$	−1.66
$H_3AsO_4(aq)+2H^+(aq)+2e^-\longrightarrow H_3AsO_3(aq)+H_2O(l)$	0.5748
$Ba^{2+}(aq)+2e^-\longrightarrow Ba(s)$	−2.906
$BiO^+(aq)+2H^+(aq)+3e^-\longrightarrow Bi(s)+H_2O(l)$	0.3134
$Br_2(l)+2e^-\longrightarrow 2Br^-(aq)$	1.06
$BrO_3^-(aq)+6H^+(aq)+5e^-\longrightarrow 1/2Br_2(l)+3H_2O(l)$	1.513
$2CO_2(g)+2H^+(aq)+2e^-\longrightarrow H_2C_2O_4(aq)$	−0.5950
$Ca^{2+}(aq)+2e^-\longrightarrow Ca(s)$	−2.869
$Cd^{2+}(aq)+2e^-\longrightarrow Cd(s)$	−0.403
$Ce^{4+}(aq)+e^-\longrightarrow Ce^{3+}(aq)$	1.61
$Cl_2(g)+2e^-\longrightarrow 2Cl^-(aq)$	1.36
$HClO(aq)+H^+(aq)+e^-\longrightarrow 1/2Cl_2(g)+3H_2O(l)$	1.630
$ClO^-(aq)+H_2O(l)+2e^-\longrightarrow Cl^-(aq)+2OH^-(aq)$	0.8902
$ClO_3^-(aq)+6H^+(aq)+5e^-\longrightarrow Cl^-(aq)+3H_2O(l)$	1.47
$Co^{2+}(aq)+2e^-\longrightarrow Co(s)$	−0.282
$Co^{3+}(aq)+e^-\longrightarrow Co^{2+}(aq)$	1.95
$Cr^{3+}(aq)+3e^-\longrightarrow Cr(s)$	−0.74
$Cr^{3+}(aq)+e^-\longrightarrow Cr^{2+}(aq)$	−0.41

续表

电极反应	$\varphi^{\ominus}/V$
$Cr_2O_7^{2-}(aq)+14H^+(aq)+6e^- \longrightarrow 2Cr^{3+}(aq)+7H_2O(l)$	1.33
$CrO_4^{2-}(aq)+4H_2O(l)+3e^- \longrightarrow Cr(OH)_3(s)+5OH^-(aq)$	−0.12
$Cu^{2+}(aq)+2e^- \longrightarrow Cu(s)$	0.34
$Cu^{2+}(aq)+e^- \longrightarrow Cu^+(aq)$	0.1607
$Cu^+(aq)+e^- \longrightarrow Cu(s)$	0.5180
$CuI(s)+e^- \longrightarrow Cu(s)+I^-(aq)$	−0.1858
$F_2(g)+2e^- \longrightarrow 2F^-(aq)$	2.87
$Fe^{2+}(aq)+2e^- \longrightarrow Fe(s)$	−0.44
$Fe^{3+}(aq)+e^- \longrightarrow Fe^{2+}(aq)$	0.77
$Fe(CN)_6^{3+}(aq)+e^- \longrightarrow Fe(CN)_6^{4+}(aq)$	0.3557
$2H^+(aq)+2e^- \longrightarrow H_2(g)$	0.000
$2H_2O(l)+2e^- \longrightarrow H_2(g)+2OH^-(aq)$	−0.83
$HO_2^-(aq)+H_2O(l)+2e^- \longrightarrow 3OH^-(aq)$	0.8670
$H_2O_2(l)+2H^+(aq)+2e^- \longrightarrow 2H_2O(l)$	1.763
$Hg_2^{2+}(aq)+2e^- \longrightarrow 2Hg(l)$	0.7956
$2Hg^{2+}(aq)+2e^- \longrightarrow Hg_2^{2+}(aq)$	0.9083
$Hg^{2+}(aq)+2e^- \longrightarrow Hg(l)$	0.8519
$I_2(s)+2e^- \longrightarrow 2I^-(aq)$	0.54
$IO_3^-(aq)+6H^+(aq)+5e^- \longrightarrow 1/2I_2(s)+3H_2O(l)$	1.209
$K^+(aq)+e^- \longrightarrow K(s)$	−2.936
$Li^+(aq)+e^- \longrightarrow Li(s)$	−3.05
$Mg^{2+}(aq)+2e^- \longrightarrow Mg(s)$	−2.357
$Mn^{2+}(aq)+2e^- \longrightarrow Mn(s)$	−1.182
$MnO_2(s)+4H^+(aq)+2e^- \longrightarrow Mn^{2+}(aq)+4H_2O(l)$	1.2293
$MnO_4^-(aq)+8H^+(aq)+5e^- \longrightarrow Mn^{2+}(aq)+4H_2O(l)$	1.51
$MnO_4^-(aq)+2H_2O(l)+3e^- \longrightarrow MnO_2(s)+4OH^-(aq)$	0.59
$HNO_2(aq)+H^+(aq)+e^- \longrightarrow NO(g)+H_2O(l)$	1.04
$N_2(g)+4H_2O(l)+4e^- \longrightarrow 4OH^-(aq)+N_2H_4(aq)$	−1.16
$N_2(g)+5H^+(aq)+4e^- \longrightarrow N_2H_5^+(aq)$	−0.2138
$NO_3^-(aq)+4H^+(aq)+3e^- \longrightarrow NO(g)+2H_2O(l)$	0.96
$Na^+(aq)+e^- \longrightarrow Na(s)$	−2.71
$Ni^{2+}(aq)+2e^- \longrightarrow Ni(s)$	−0.28
$O_2(g)+4H^+(aq)+4e^- \longrightarrow 2H_2O(l)$	1.23
$O_2(g)+2H_2O(l)+4e^- \longrightarrow 4OH^-(aq)$	0.40
$O_2(g)+2H^+(aq)+2e^- \longrightarrow H_2O_2(aq)$	0.68
$O_3(g)+2H^+(aq)+2e^- \longrightarrow O_2(g)+H_2O(l)$	2.075
$Pb^{2+}(aq)+2e^- \longrightarrow Pb(s)$	−0.1266
$PbO_2(s)+HSO_4^-(aq)+3H^+(aq)+2e^- \longrightarrow PbSO_4(s)+2H_2O(l)$	1.685
$PbSO_4(s)+H^+(aq)+2e^- \longrightarrow Pb(s)+HSO_4^-(aq)$	−0.3555

续表

电极反应	$\varphi^{\ominus}$/V
$PtCl_4^{2-}(aq)+2e^- \longrightarrow Pt(s)+4Cl^-(aq)$	0.8473
$S(s)+2H^+(aq)+2e^- \longrightarrow H_2S(g)$	0.1442
$H_2SO_3(aq)+4H^+(aq)+4e^- \longrightarrow S(s)+3H_2O(l)$	0.4497
$HSO_4^-(aq)+3H^+(aq)+2e^- \longrightarrow H_2SO_3(aq)+H_2O(l)$	0.17
$Sn^{2+}(aq)+2e^- \longrightarrow Sn(s)$	−0.136
$Sn^{4+}(aq)+2e^- \longrightarrow Sn^{2+}(aq)$	0.1539
$VO_2^+(aq)+2H^+(aq)+e^- \longrightarrow VO^{2+}(aq)+H_2O(l)$	1.00
$Zn^{2+}(aq)+2e^- \longrightarrow Zn(s)$	−0.76

科学出版社 高等教育出版中心
www.sciencep.com

教学支持说明

科学出版社高等教育出版中心为了对教师的教学提供支持，特对教师免费提供本教材的电子课件，以方便教师教学。

获取电子课件的教师需要填写如下情况的调查表，以确保本电子课件仅为任课教师获得，并保证只能用于教学，不得复制传播用于商业用途。否则，科学出版社保留诉诸法律的权利。

地址：北京市东黄城根北街 16 号，100717
科学出版社　高等教育出版中心　化学与资源环境分社　丁　里（收）
电话：010-64002239
传真：010-64034327

（登陆科学出版社网站：www.sciencep.com“教材天地”栏目可下载本表。）

请将本证明签字盖章后，传真或者邮寄到我社，我们确认销售记录后立即赠送。

如果您对本书有任何意见和建议，也欢迎您告诉我们。意见经采纳，我们将赠送书目，教师可以免费赠书一本。

证　明

兹证明________大学________学院/____系第____学年□上/□下学期开设的课程，采用科学出版社出版的____________/________（书名/作者）作为上课教材。任课老师为____________共____人，学生____个班共____人。

任课教师需要与本教材配套的电子课件。

电　话：____________
传　真：____________
E-mail：____________
地　址：____________
邮　编：________

院长/系主任：________（签字）
（盖章）
____年____月____日